Twenty Studies That Revolutionized Child Psychology
(2nd Edition)

改变儿童心理学的20项研究

（第二版）

【美】Wallace E. Dixon 著

王思睿 许应花 译

中国轻工业出版社

图书在版编目(CIP)数据

改变儿童心理学的20项研究：第二版 / (美) 华莱士·狄克逊 (Wallace E. Dixon) 著；王思睿，许应花译. —北京：中国轻工业出版社，2017.7 (2022.3重印)

ISBN 978-7-5184-1233-4

Ⅰ.①改… Ⅱ.①华… ②王… ③许… Ⅲ.①儿童心理学-研究 Ⅳ.①B844.1

中国版本图书馆CIP数据核字 (2016) 第316535号

版权声明

Authorized translation from the English language edition, entitled TWENTY STUDIES THAT REVOLUTIONIZED CHILD PSYCHOLOGY, 2E, by WALLACE E. DIXON, published by Pearson Education, Inc., Copyright © 2016 by Pearson Education, Inc.

All rights reserved. No part of this book may be reproduced or transmitted in any form or by any means, electronic or mechanical, including photocopying, recording or by any information storage retrieval system, without permission from Pearson Education, Inc.

CHINESE SIMPLIFIED language edition published by PEARSON EDUCATION ASIA LTD., and CHINA LIGHT INDUSTRY PRESS Copyright © 2017.

本书贴有Pearson Education（培生教育出版集团）激光防伪标签。无标签者不得销售。

保留所有权利。非经中国轻工业出版社"万千心理"书面授权，任何人不得以任何方式（包括但不限于电子、机械、手工或其他尚未被发明或应用的技术手段）复印、拍照、扫描、录音、朗读、存储、分发本书中任何部分或本书全部内容。中国轻工业出版社"万千心理"未授权任何机构提供源自本书内容的电子文件阅览、收听或下载服务。如有此类非法行为，查实必究。

总 策 划：石 铁
策划编辑：高小菁　　　责任终审：杜文勇
责任编辑：高小菁　　　责任监印：刘志颖

出版发行：中国轻工业出版社（北京东长安街6号，邮编：100740）
印　　刷：三河市鑫金马印装有限公司
经　　销：各地新华书店
版　　次：2022年3月第1版第5次印刷
开　　本：710×1000　1/16　印张：25.50
字　　数：322千字
书　　号：ISBN 978-7-5184-1233-4　　定价：76.00元
著作权合同登记 图字：01-2016-6836
读者热线：010-65181109，65262933
发行电话：010-85119832　传真：010-85113293
网　　址：http://www.chlip.com.cn　http://www.wqedu.com
电子信箱：1012305542@qq.com
如发现图书残缺请与我社联系调换
161041Y2X101ZYW

译者序

本书的译稿交付不久,我就从朋友那里得知了某位爸爸一直拒绝抱自己哭泣的孩子,导致孩子脱力昏厥,而不得不紧急送往医院的故事。

"孩子多大?"我问朋友。

"才4个多月!就因为他看的育儿书上说不能让孩子觉得一哭就有人抱。他说怕把孩子惯坏了!"

当我在微信朋友圈里分享出这个真实案例时,许多朋友留言说"好心疼这个孩子""当爹的好狠心"。虽然我在讲课和讲座中反复批判过这种生搬硬套的所谓哭声免疫法对婴儿的负面影响,但我也要指出,这位父亲或许并非有意伤害孩子,很有可能,他只是被一些来自"民间心理学家"的谣言迷惑了。虽然我们身处信息时代,但公众领域中传播着的信息普遍存在断章取义、良莠不齐的问题,与育儿有关的文章尤其如此。这些文章要么用"心灵鸡汤"让父母对孩子的成长盲目乐观,要么用威胁恐吓让父母因为孩子的一点点风吹草动而惶惑不安。

心理学之所以是一门科学,是因为它建立在实证研究的基础上;心理学的发展,离不开实验研究的推动。儿童心理学作为心理学的一个重要分支,自然也是如此。因此,本书作者 Wallace E. Dixon 统计业内众多研究者的投票结果,选出半个世纪以来深刻影响了儿童心理学领域的 20 项经典研究,为广大心理学专业的本科生和研究生充分展现出儿童心理世界的魅力所在。这一写作思路,既科学严谨,又令人耳目一新。另一方面,诚如作者在引言中所述,"我认为，导致很多人对这一领域不感兴趣的部分原因可以归纳为大多数儿童心理学教科书的写作风格问题"，所以，生动诙谐的语言便成为了本书的另一大特色。作者采取幽默而生活化的笔触来讲解一个个本就充满创意的实验范式，将复杂变为简单，将枯燥变为有趣。在作者看来，儿童心理学是这个世界上最迷人的学科。（我也是这么想的！）怀着这样的心情，作者成功地把这本《改变儿童心理学的20项研究》写成了当今最让人爱不释手的儿童心理学图书！

因此，我在阅读英文原书后便欣然应允了出版社的翻译邀约。在工作过程中，我始终战战兢兢，生怕自己水平不足，会辜负这样一本好书。在此，我要对我的每一位翻译同事表达我最真挚的感谢，感谢他们全程支持、付出，并配合我进行反复的审阅及修改。这几位同事分别是：许应花，一位有着可爱女儿并且拥有双学士学位、双硕士学位（心理学和管理学）的学霸母亲，现在IBM公司担任高级顾问（第10-14章及第16-20章）；邹丽娜，心理学硕士，国家早期教育指导师，国家二级心理咨询师，现任中国科学院幼儿园教研中心主任（第3、4章）；孙梦，哈佛大学人类发展和心理学专业研究生（第5、21、22章）；李泊，中国科学院心理研究所心理学硕士（第9章）；以及我的学生荣珂（第7章）和姜宛如（第15章）。我本人翻译了本书的前言和第1、2、6、8章，并对全书进行了审校。另外，我也要感谢北京民康医院的丁琳医生、中国人民解放军陆军总医院（原北京军区总医院）的申州医生，以及北京师范大学心理学部发展与教育心理学专业吴慧中博士为本书翻译工作提出的宝贵意见与建议。尽管如此，但我也必须承认自己能力有限。书中如有错讹之处，恳请大家批评指正。

最后，在本书即将出版之际，我还想在这里感谢翻开《改变儿童心理学的20项研究》的每一位读者，感谢你们为关爱和理解儿童所付出的点滴努力。我衷心地希望，每一位读者都能跟随本书完成一场令人难以忘怀的奇妙之旅。

王思睿　博士
于中国科学院心理研究所
2016年12月

前　言

　　我从来不认为自己在儿童心理学领域掌握了任何特殊的知识。我只是芸芸众生之中的一个普通人，一个以研究儿童心理学作为职业赖以谋生的人，这一点和其他儿童心理学家并无二致。对于儿童心理学家来说，最重要的工作之一就是阅读其他儿童心理学家的研究报告。在过去三十年左右的时间里，我也阅读了大量的研究报告，形成了自己虽然不太成熟却也相对系统的想法，对儿童心理学有着自己的分类方式：哪些是我认为最重要的研究主题，谁是最有影响力的儿童心理学家，哪些研究是在本领域内最具革命性的科学发现。我在阅读其他儿童心理学家的论文时会按照自己的方式加以分类，并且我在看论文时要做的第二项工作就是去看一看论文的参考文献部分（看论文时我做的第一项工作是阅读标题和摘要部分）。在看过标题和摘要之后我会即刻转向参考文献，这是因为我希望对这篇论文的基调、目的以及结果形成一个大致的印象，通过对文章引用文献的了解，我就能迅速达到上述目的。

　　然而，当我最初着手写作本书的第一版时，我开始好奇：其他儿童心理学家是否也和我一样会有自己的主观分类系统，他们的分类系统是否和我的分类系统具有相似之处。例如，我认为 Robert Fantz and Renee Baillargeon 的研究工作是具有革命性意义的，而其他儿童心理学家是否也与我持有同样的看法。于是，在 2000 年夏天，我开始了一项自己的研究，我想了解在 20 世纪的第二个 50 年里，在已发表的儿童心理学研究论文中，有哪些能够被称为是具有重大意义的研究项目。我在整个儿童心理学领域发起了一场"运动"，希望所有的儿童心理学家都能指出自己心目中"最重要""最有革命性意义""最有争议"以及"最令人着迷"的研究，并且能够为这些研究投上一票。在本书的第一版里，我收录的20项研究就是这场"运动"的结果：我们选出的"最具有革命性意义"的研究。

现在，十多年过去了（具体数字取决于你的计算方式），我觉得再回头看一看这个领域内的研究工作会是一件很有趣味的事情，因为时过境迁，很多事情已经发生了改变。随着技术的发展，研究人员能够开展更大规模且综合性更强的研究了，其中包括了加入到更大规模的研究社群或机构当中，以及借助调查猴子（Survey Monkey）①，从调查参与者身上获得更多有价值的信息。借助三个不同的专业学术团体，即儿童发展研究学会（Society for Research in Child Development）、认知发展学会（Cognitive Development Society）以及国际婴儿研究学会（International Society on Infant Studies），我研发了一套嵌入式交叉检索系统，它的作用是帮助我了解某些儿童心理学家是否对一些特定的研究问题更加感兴趣，而其他儿童心理学家则对这些研究问题兴趣一般。结果发现，三个学术团体对研究兴趣的评价具有一定的共性。例如，三个学术团体都把艾斯沃斯（Ainsworth）的研究排在了第一位，而被三个学术团体共同排在第四位的是班杜拉（Bandura）的研究。如果三个学术团体对某一项研究所持的态度有重大分歧，那么这项研究在排行榜上的位置就会非常靠后。如果发生了这种情况，那就意味着对某一项研究来说，某一个学术团体的成员认为它非常具有革命性意义，而其他学术团体的成员可能持有相左的看法。

我的朋友兼同事Karen Adolph曾经这样写道，在科学领域，一个经典的研究范式需要包含三个特征：能够打动人心且易于记忆的图像、简单却精巧的实验设计，以及与人们常识相反的研究内容。收录在本书第二版（也就是当前版本）中的绝大多数研究都满足以上三个特征。在本书中，有少数几个研究看似并不与人们的常识冲突，但是深挖下去读者就会发现，这些研究其实内有乾坤。除此之外，本书中还有一些研究的方法论乍看之下会让人感觉到相当复

---

① 调查猴子：美国著名的在线调查系统服务网站，功能强大，界面便于操作。——译者注

杂，但是细细思索之后，便会有豁然开朗的感觉。有时候，如果读者用心用思维去审视实验程序会更易于理解，这比用寥寥数语描述实验过程要更加有效。

写作这样一本书并非易事，很多人都曾为本书的完成给予了无私的帮助。如果由于我的疏忽而没有对他们一一表达我的谢意，我希望能够得到他们的谅解。在此，我希望再次对为本书第一版做出巨大贡献的 Debbie Hoffman 表示感谢。可以说，没有 Debbie 就没有本书第一版的问世。我还要感谢 Chuck Moon、Matt McBee 以及 Stacy Williams，感谢他们，帮助我确定了在儿童心理学领域最具革命性意义的那些研究工作。我还要感谢很多人，他们阅读了本书，并且给予了我有价值的反馈意见，或者帮助我完成了某些章节的写作，他们是 Cynthia Anderson、Tim Anderson、Daniel Cruikshanks、Brain Haley、Farrah Hughes、Elizabeth Mcrae、Michele Moser、Matt Palmatier 以及 Ken Porada。我还要感谢太多的人，他们为本书的使用提供了额外的建议，他们是 Bob Berg、Sarah Dixon、Xiaoming Huang、Muthoni Kimemia、Steve Velazquez、Ayako Tabusa、Hendrix 以及 Julia Price（他们中有一位是真真正正、货真价实的这个星球上最让人闹心的人）。我特别要鸣谢 Nadege Dufort，感谢他辛苦的翻译工作；还要鸣谢 Jean-Jacques Ducret 和让·皮亚杰基金会（Jean Piaget Foundation），他们的帮助使得本书的第 3 章能够使用皮亚杰 1945 年用法语发表的原版稿件。最后，我想要表达我对这 20 篇出色论文的作者及相关人士的谢意，他们给予了本书指导与建议，特别是 Karen Adolph、Dick Aslin、Renee Baillargeon、Joe Fagan、Andrew Meltzoff、Jenny Saffran、Beverly Ulrich 以及 Janet Werker。

有太多的人值得提及，是他们的鼓励让我坚定了完成这项工作的信心：Esther Strahan 跟我说，我一定要写书；Peg Smith 跟我说，现在正是写一本书的时机；Wallace Dixon, Sr. 告诉我，"书中自有黄金屋"；以及 Tim Lawson 超越了我，写出了比我更多的书。最后，特别要甜蜜地感谢我的太太 Michele Moser 以及我的孩子们 Aiden 和 Sarah，在我为日益逼近的交稿期限而"压力山大"的时候给予了我无限支持。

Wallace E. Dixon, Jr.

目 录

第 1 章 引 言 ································· 1

第一部分　改变认知发展的四项研究　15

第 2 章 从软体动物到淘气小兵
　　　　生物学原则与心理学理念 ················ 17

第 3 章 思维开端
　　　　游戏,梦和模仿 ························ 32

第 4 章 心理学中的马克思主义革命
　　　　社会中的心理:高级心理过程的发展 ······ 52

第 5 章 吊桥研究
　　　　五个月大婴儿眼中的客体恒存性 ·········· 67

第 6 章 混乱中的孩子
　　　　隐藏的技能:在生命的第一年,跑步机踏步行为的
　　　　动力系统分析 ·························· 85

第二部分　改变知觉与语言发展的五项研究　105

第 7 章 你能承受什么?
　　　　视觉悬崖 ····························· 107

第 8 章 目之所及
　　　　形状知觉的起源 ······················· 125

第 9 章 从幼猫大脑获得的发展经验
　　　　　猫的感受野、双眼交互以及视觉皮层的功能性结构 ……… 138
第 10 章 是因为我说过什么吗？
　　　　　跨语言的言语知觉：生命第一年知觉重组的证据 ……… 154
第 11 章 欢迎来到机器的世界
　　　　　8 个月大婴儿的统计学习 ……………………………… 172

第三部分　改变社会性发展的四项研究　193

第 12 章 有样学样
　　　　　模仿攻击型榜样导致攻击性传播 ……………………… 195
第 13 章 舌头引发了 1000 项研究
　　　　　新生儿对面部表情与手部姿势的模仿 ………………… 213
第 14 章 政府、小学和杂货店——影响的多层级
　　　　　向人类发展的实验生态学迈进 ………………………… 232
第 15 章 迟来的糖果会更甜
　　　　　儿童的延迟满足 ………………………………………… 250

第四部分　改变家长教养方式与儿童临床心理学的七项研究
　　　　　269

第 16 章 她爱我，可她不爱我
　　　　　情感系统 ………………………………………………… 271
第 17 章 隐形的蹦极绳
　　　　　依恋与失落 ……………………………………………… 285
第 18 章 一个多么陌生的情境
　　　　　依恋的类型 ……………………………………………… 302

第19章 "如果是你先出生，我就不会再要孩子了"
儿童的气质与行为障碍 ………………… 318

第20章 "这样伤你之深将远胜于伤我"
当前的父母权威模式 ………………… 334

第21章 另一位母亲的声音
感情纽带：新生儿更喜欢自己母亲的声音 ………………… 352

第22章 心胜于物
自闭症患儿有"心理理论"吗？ ………………… 366

参考文献　　　　　　　　　　　　388

第 1 章　引　言

　　恭喜你！你已经向令人兴奋的儿童心理学世界迈出了第一步。当然，我这么说可能是有失偏颇的。毕竟，我已经在儿童心理学领域摸爬滚打了将近三十年，而且我的生计也有赖于让别人相信我所做的事业是至关重要的。（如果我的雇主不这么想，那么我就失业了！）另外，我最初进入这一领域一部分是因为儿童心理学是如此的让人着迷，另一部分是因为儿童心理学的研究成果斐然，研究进展的速度似乎比神经信号传导得还要快。事实上，还有什么事业可以容许你每天关注玩具和一群可爱的小宝宝呢（而且你还不用和臭烘烘的尿片打交道）？有了这些，夫复何求？

　　但是，随着我接触到了更高层次的儿童心理学课程，这个领域的"阴暗面"也随之变得明显了。我发现，不是所有的儿童心理学研究都充斥着五彩斑斓的气球和彩虹。临床儿童心理学家和应用儿童心理学家必须要面对这个领域中让人极度挫败的方面。他们需要应对和解决问题，比如说帮助受到身体虐待和忽视的儿童弥合创伤，帮助出生时就被诊断为唐氏综合征和患有自闭症的儿童提高生活质量。这些发展性的缺陷对儿童的破坏力是异常惊人的，这需要每天同这样的儿童打交道的心理学家有钢铁般的意志与情感。无论怎样，工作还是要做，并且事实上投身专业领域以解决此类问题，正是让我为自己感到颇为骄傲的地方。

　　尽管我自己对儿童心理学抱有极大的热情，但是同时我也承认，其他人看待这些事的视角与我不同。这么多年了，我还发现了另一些事情：许多人不喜欢打高尔夫球；大多数人不喜欢下国际象棋；除了海洋生物学家和水族馆馆长，也极少有人会去关注软体珊瑚和硬体珊瑚之间有什么区别。因此，这么长时间以来，很多人说儿童心理学的内容让人昏昏欲睡，虽然我不这么想，但是我对此也并不意外。

我对这种情况做了一些思考。我认为，导致很多人对这一领域不感兴趣的部分原因可以归纳为大多数儿童心理学教科书的写作风格问题。让我们正视这个事实：儿童心理学书籍读起来确实不像阅读《暮光之城》那样舒畅。即便这样，我自己还是觉得儿童心理学教科书和这个领域一样，像我开篇描绘的那样吸引着我。儿童心理学教科书的作者们都是在专业领域内能力出色的教授，他们要把整个学科的海量信息浓缩到不足700页的纸面上，这是一项异常艰巨的工作。现在，你可能会觉得700页真是"好多啊"，但是，皮亚杰只是用他100多份手稿中的2份就写出了超过700页的篇幅，而且皮亚杰也只是过去50年里成千上万笔耕不辍的儿童心理学研究者的其中之一而已。对我来说，至少我能理解儿童心理学教科书作者们要面对的"不可能的任务"。哪怕只有一瞬，也请你把自己放在作者的位置上，想象一下作者要完成的任务。一方面，你希望自己的著作囊括尽可能多的内容；但是另一方面，你也必须要考虑到版面有限的问题。我觉得没人会妄想去卖出一本5000页的教科书。因此，教科书也经历了类似达尔文自然选择理论式的"物竞天择"，现在已经"演化"成了这样的一种形态：将科学研究与发现高度浓缩，借助作者们的创造性才智，将这些浓缩在一起的研究发现以某种架构"黏合"在一起。

导致这种现状的另一个原因是儿童心理学教师们面临的困境。儿童心理学教授都是极有天赋的人，他们努力工作，努力科研。请相信，我这么说并不带有任何个人偏见。但是，他们仍然逃不开某些束缚。首先，作为教科书的作者，教师们需要在近乎无限的信息中利用极为有限的时间完成写作，任务艰巨。在每个学期结束的时候，我都会吃惊地发现我在课堂上的45分钟内完成的内容和教学工作是极其有限的。此外，教师们还要应对学生"五花八门"的要求。如果一名教师的授课内容偏离课程选用教材太多，那么她可能就要面临学生们的不满：花190美元买了一本教科书，可是老师上课没用到。但是，如果教师照本宣科，那么她可能就要面临学生们的另一种抱怨：花1000美元选了一门课，可是自己只需要读读教科书就够了。这是一种双输的局面。

即使学生确实认真阅读了教科书，即使他们上课确实认真听讲了，但儿童心理学中许多理论和发现还是会被他们忽略过去，这种情况还不是个例。首先，学生必须要挣脱常识的束缚。许多人来到儿童心理学课堂后信心满满地期待课程的内容会证实他们已知的内容。毕竟，学生们曾经都是儿童，有一些学生甚至已经自己做了父母。显而易见，父母肯定对儿童心理所知甚多，不是吗？当儿童心理学的很多发现和人们的常识信念以及约定俗成的育儿方法背道而驰的时候，问题就出现了。我一直难以忘记的是，有一天下课之后，一位中年女学生找到我（那时我自己也很年轻，如果我想买酒，还得掏出我的证件），只为告诉我，我不必为她丰富的育儿经验而感到惊讶。

随着时间的推移，儿童心理学的理论也在过去的基础上，经历了巨大的修正与修改。理解当代儿童心理学理论就像用一只钝头的箭无数次地击打一只泥捏的鸽子。一些理论表述相当复杂且离题甚远，以至于这些理论甚至都不能再被视为儿童心理学的理论。我还记得若干年前我在自己的课上提到过这样一种理论。这种理论，儿童心理学家称之为"信息加工论"，它是当代的一种理论取向，它用电脑的思维来隐喻儿童的思维。那天，为了让学生们理解心理加工理论与儿童思维之间的关系，我展示了一张图，图上包含了一台电脑的主要部分：键盘、打印机、RAM①以及硬盘驱动器。我把学生们分成几组，每一组在从输入到输出的流程图上寻找信息的路径，学生们需要思考的是信息在一台电脑中通过的方式，并使用最恰当的方法把这种方式表达出来。大多数被分配到任务的学生都兴致勃勃地投入到了活动当中。但是，大约10分钟之后，我站在教室的前面，看到一个气急败坏的学生爆发了，"这些乱七八糟的东西和小孩子有什么关系？"我被这个问题问住了，不是因为这个学生气势汹汹，而是因为这二者之间的关系对我来说完全是显而易见的。我曾经以为学生们肯定可以理解电脑信息加工过程和儿童思维过程之间的平行类比关系。但事实却并非如此。信息加工理论和学生们印象里鲜活生动的孩子之间相去甚远，毫无联

---

① RAM，随机存取存储器，计算机专业专用术语，英文全称为 random access memory。
——译者注

系，因此，他们把握不住其中的核心点。时至今日，我明白了，如果儿童心理学教师希望自己的教学工作富有成效，那么他们必须从向儿童心理学全身心投入的热情中稍稍冷却一下。皮亚杰理论的追随者会把这种过程称为：少一点自我中心化。

如果想取得教学成效，儿童心理学教师确实必须在学生们不熟悉，甚至对他们来说有点稀奇古怪的理论知识和儿童这一研究对象之间建立联系。我认为，对于教师来说，更加明智的方式是多花一些时间去了解学生们的所思所想，而不是让学生花时间去了解教师们的所思所想。不幸的是，即便我们已经意识到了这一点，想要做到也是极富挑战性的。儿童心理学的内容浩如烟海，想要实现有效的教学，谈何容易。

现在，我们先不去关注一线儿童心理学教师、努力工作的教科书作者以及一头雾水的学生们，他们对儿童心理学来说都是无名英雄。我们先去看一下所有充斥在儿童心理学教科书页面上的各种奇闻异事和小道消息，也就是科学研究本身。对于一些对心理学发展有着巨大推动作用的创新性工作来说，并非所有的内容都能被纳入科学的范畴。这些内容帮助儿童心理学在过去的50年间取得了革命性的进步，这种进步可以说是从未有过的。但是，出于某些原因，科研的魅力所在、研究者们的独创性以及研究背后的驱动力却常常为人们所忽视，就像编辑室里散落满地的纸屑一样不能勾起人们的兴趣。取而代之的是，教师们把学生禁锢在死记硬背的窠臼之中，要求学生们记忆关于研究的事实、发现、阶段、年代以及时序等。我承认，很多时候我自己也是这样做的。但是，这样做导致的结果是儿童心理学的教学太过于关注研究的产出和结果，而忽视了背后推动研究发生的种种要素。我认为，如果把学生们从学习儿童心理学零零碎碎的知识中解脱出来，那么他们会对这门学科产生更大的兴趣。而我们所要做的是，让学生们沐浴在真正有影响力的那些重大的研究中。就我个人观点而言，如果学生对那些零散的知识有兴趣，他们会自己去学习。

是的，有些个体研究包含了大量细节。例如，许多儿童心理学的学生还记得皮亚杰以对自己三个孩子的观察为基础的认知发展研究。毫无疑问，在这个世界上的某处，肯定有学生正在眼神发直地背诵着皮亚杰的儿童认知发展四阶段。但是，我想知道的是，如果学生们了解到皮亚杰最初的兴趣不是儿童，那么他们会不会觉得皮亚杰这个人更有趣？实际上，皮亚杰最开始感兴趣的是软体动物。虽然皮亚杰最终的职业发展路线包含了对儿童的观察，但即便如此，一开始他并不觉得研究儿童的工作有什么吸引力。皮亚杰第一篇学术论文是与他人合著的，当时皮亚杰还正处于青春期，并且是作为生物学家，而非心理学家。我还想知道的是，如果学生们了解到这些背景信息，会不会兴趣盎然？由于这篇文章的受欢迎程度，皮亚杰被迫拒绝了瑞士日内瓦国家博物馆软体动物区的管理员的好工作，当时他年仅15岁（他必须要完成高中学业）。我在此介绍这些的意图是，让他的学术成就因为这些背景信息而看上去更有趣，如果让儿童心理学的学生了解到皮亚杰的这些八卦轶事，是不是会让关于他的其他信息更加有吸引力呢？如果真是如此，那么学生的记忆也会更好更深刻。

　　我愿意相信的是，一旦学生们对理论背后的研究者或研究本身了解更全面，他们会对这些理论有更强的代入感，也会投入更多。他们会觉得自己和所学的内容之间存在着某种联系，让他们对所学更加严肃认真。如果学生认真对待所学，他们会提出这样的问题："仅以三个儿童的观察材料为基础的理论如何能够代表所有的儿童？"或者，在学习西格蒙德·弗洛伊德时，他们会提出这样的问题："我们凭什么要相信一个可卡因瘾君子提出的理论？"（弗洛伊德曾经有服食可卡因的习惯。）当然，这是我的个人观点。通过邀请学生到演出的后台看一看，教师可以向他们展示儿童心理学研究背后的动机和动力。当学生们理解了这些时，他们就能从更宽广的视角出发，对所学内容做出更好的评价和理解，并获得更深刻的体验。

　　写作这本书的目的在于，我希望把自己对儿童心理学的热情传递出去。在本书中我会向读者展示这一领域中具有革命性意义的20项研究，正是这些研究改变了我们理解儿童的方式。我的目标是，帮助读者以儿童心理学家的视角看待这门学科，否则我觉得读者难以体会到我对这门学科的热情。在获得这种视角的过程中，读者必须要学习一些有关儿童心理学发展史的内容。现在我们知道了婴儿也具备一些超能力，了解到即使新生儿也具备对事物的理解、组织以及思维能力，那么我们也应当知道在研究做出这些发现之前，人们对上述问题的看法。我觉得，如果我能够让读者在钦佩这些研究方法论的同时还能够了解到这些研究的历史背景，那么他们一定会喜欢上儿童心理学。在此，我所有的诉求只是希望你们能够阅读这本书，思考一下我在书中说到的内容，并且能在课堂上就这些内容提出问题。如果你能做到上述所有，那么我虽然不能保证，但至少我会认为你在儿童心理学这门课上得 A 的可能性很大。

在我们正式开始之前，应当事先说明几个儿童心理学领域的假设。第一，我觉得必须要指出的是，儿童心理学，和更宽泛意义上的心理学一样，乃至和生物学、化学、天文学、物理学以及其他所有学科一样，是一门科学。无论从哪个角度来考察，儿童心理学都是一门真正的科学。这种话有时候等于白说，但有时候却又意义重大。等于白说是因为，说儿童心理学是一门真正的科学只是指出一个简单的事实：它遵从科学的方法。也就是说，儿童心理学遵循科学的准则，提出问题，进行推理，收集数据，分析数据，并且形成理论。和其他你在初中课堂上了解的科学门类一样，儿童心理学和它们没有本质上的不同。但是，说儿童心理学是一门科学也可以说是一种异端。在我们的社会中，有许多人质疑分析儿童这件事的合理性，就好像对儿童的分析会揭露一些机密的计划。还有一些人认为，儿童心理学根本算不上是科学，因为儿童心理学与其他科学门类的研究相比，遵从的科学法则不同。比如研究线虫、化学反应以及流星雨的办法和对儿童的研究方式大相径庭。对于这种态度，我的反应是"白说一样！"科学方法只是一种过程，一种探索世界的方式，科学方法对自己的考察对象一无所知。因此，你可以使用科学方法去研究所有的问题。预测一个 10 千克重的学步儿在花园里的前进方向及速率和预测一个 50 克球体在土星上前进的方向及速率相比，这二者可能在准确度上无法比拟，但是，儿童心理学所使用的研究方法和探索世界的其他方式一样具有科学性。重要的是，儿童心理学是一门科学，我们并非仅仅靠想来确定各种理念的真实性与正确性，关于这门科学的所有事实都有坚实的论证和强有力的证据支持。关于儿童的各种理论如果没有系统地获取数据，这在科学上就是站不住脚的，这一点我在自己的课堂上无数次强调过。任何关于儿童如何行为、如何思维以及如何感受的理论观点都应当得到科学数据的支撑，学生们对此也欣然接受。

另外一种错误的观点是，除非儿童心理学的发现能够适用于所有儿童，否则它就是无效的。这种想法再次暴露了人们对科学方法的无知。准确来说，儿童心理学在一些时候适用于所有儿童，而在所有时间适用于一些儿童，但是一定不会所有时间适用于所有的儿童。孩子之间是如此的不同，孩子们生活的环境也是如此的不同，儿童心理学家从不会认为这些科学发现能够适用于所有孩子，只是单纯地尽自己所能在尽可能多的不同情境下对尽可能多的儿童做出解释。因此，当儿童心理学家开展科研工作时，他们希望把尽可能多的儿童囊括进来。然而，许多非专业人士似乎完全不了解研究大样本的价值。事实上，他们笃定一次性的观察或事件就足以系统性地了解人类复杂心理的一些层面。这些非专业人士的论调有时候是这样的："心理学不就是关于人的嘛。我整天和人在一起，那么，我也懂心理学。"目前看，有些时候这种论调有其合理之处，但是有些时候它只会让人陷入麻烦之中。例如，如果你了解到有人吸食可卡因，后来他成为了一名成功的企业高管，那么你会得出结论说所有吸食可卡因的人都会成为成功的企业高管吗？你可能了解某个人或者了解某些事，但它们还不足以支持你推翻儿童心理学上的某些发现，任何事物都有例外。

科学研究是如何开展的

当我还在读大学二年级的时候，我终于发现研究对我而言就是一个新的锚点。看到心理学家写道"近期的研究已经表明……"时常会让我很激动。作为一个心理学专业的学生，这意味着也许有一天我自己也能做一项研究，然后研究结果能进入晚间新闻。当然，不是所有的研究都值得晚间新闻加以报道。它必须是一项优秀的研究，而且必须让本领域以外的人也激动起来。但最重要的是，通常一项研究在最终被新闻报道之前，它已经经历了一段相当长且令人煎熬的发展过程，以及各种事先评估。

做一项科学研究除了吸引眼球之外还包含大量其他工作。首先，科研人员要思考某些事物如何运作。在这个时候，想法仅仅是一种想法，它和其他人的想法还没有什么不同，也没有更大的价值。但是，与其他人不同的是，科研人员会进一步收集信息以验证这种想法的准确性，信息来自于世界上与此有关的各个来源。这个过程被称为数据收集。科研人员的初始想法通常具有结构性，要提出某一个具体问题。接下来数据收集工作的目的就是为了回答这个问题。一旦找到了问题的答案，最初使科研人员产生想法的这个具体假设就能被证明是否正确。然后，研究人员会继续探索由此而衍生出的其他想法。这种想法→问题→数据收集过程循环往复数次之后，更加完善的问题就会被提出。到了这个更为精细化的层面，这些想法就能被称为一种理论了。大多数教科书作者对"一种理论"的定义是，能够很好地解释一系列已有的数据集合的表述集合。一个优秀的理论还应该同时能够对未来做出准确且具体的预测。

但是，为最初提出的问题找到一个适当的答案并不是最后一步。最后一步被称为论文。论文是科研人员把自己的研究工作展示给科学界同行的一种手段。论文阶段本身也要遵守若干规范和程序。首先，研究工作及其所得结果必须被写出来。写出来的文档称为原稿。科研人员向专业科学期刊的编辑投交自己的论文原稿，希望发表。期刊的编辑会将稿件发给本领域内的其他几位专家进行评阅。这些专家被称为审稿人。审稿人阅读论文原稿，找出文章中可能存在的所有问题，然后把这些研究工作中的失误汇总起来，返还给期刊编辑。如果研究本身或者用来陈述研究的原稿不存在太多的问题，编辑可能会将文章直接发表（也可能是在科研人员对文章进行过一次或两次修改之后）。一旦原稿发表在期刊上，全世界所有的科研人员就都能阅读到这项研究发现了。一些教科书作者会在自己最新版的书里面引用这些研究的成果。

论文结构

在科学期刊中发表的论文看上去都具有极其标准化的样式。心理学论文的格式可能和其他学科的论文格式略有不同，但是大体结构是一样的。首先，心理学论文有一个引言部分，之后是方法部分，接下来是结果部分，最后以讨论或结论部分收尾。文章中的这四个部分每一个都有自己存在的目的。因为期刊论文都是标准化了的，因此读者知道如何针对文章中的某个具体问题找到答案。

引言部分

一篇论文的引言是科研人员（现在是文章作者）描述自己研究目的的部分。此外，研究者还要说明自己为什么会对这项研究感兴趣，以及在这个研究问题上，前人已经完成了什么工作，前人研究工作的不足之处是什么，有哪些工作还没有完成，以及自己的这项研究将会对当前的儿童心理学知识体系做出怎样的贡献。

方法部分

我在此举一个蛋糕的例子吧。研究方法部分就像是烤蛋糕的配方。在这个部分，作者需要真实且事无巨细地把开展研究的方式描述出来。作者需要对研究对象加以介绍：有多少研究参与者，年龄多大，什么性别，什么民族或种族（如果是人类的话），什么物种，以及研究对象是如何招募来的。（人类对象通常是自愿招募来的。其他动物通常，我必须得说，是被强制而来的。）在过去，我们曾经把心理学研究的对象简单地称为"被试"，但是现在我们称他们为"参与者"，特别是当研究对象是人类的时候更是如此。这种称谓上的变化反映了心理学在整个学科范围内的一种取向，即把人视为人，而不仅仅是研究的对象。但是，无论心理学研究对人类参与者有怎样的称呼，他们仍旧是研究的对象。

在方法部分，作者还需要做的是，对研究中涉及的所有心理学抽象概念进行操作定义。操作定义对于科研人员来说是至关重要的，因为他们可以使用操作定义来清晰且无歧义地描述自己希望探索、考察或测量的概念，离开了操作定义，这些概念只能是抽象的。例如，如果你想要研究一年级学生的智力发展，那么只是看一看这些一年级的学生是无法达到目的的。你需要的是以某种方法来测量这些学生的智力。通常说来，你可能需要使用某种 IQ（智商）测验工具。在这个例子中，IQ 测验分数可以作为学生智力的操作定义。当科研人员对一个抽象概念进行操作定义的时候，并不意味着她认为这种方式是测量或考察这个抽象概念最好的方式，而是通过这种操作定义告诉读者，这是她开展研究的方式而已。如果其他科研人员愿意，他们也可以使用其他方式来测量或考察同一个抽象概念。方法部分的目的是让读者了解到，在这种情境下这个研究人员用了哪种方法来考察这个抽象概念。

方法部分不但涉及研究的组成成分（参与者，以及操作定义），同时还包括如何将这些成分放在一起进行实验操纵（方法论上的步骤和过程）。测量或考察如何实施，什么时候实施以及实施的次数、先后顺序等不同条件，这些都要在方法部分加以具体说明。如果你曾经烤过蛋糕，你就会知道先后顺序的不同会导致极大的差异。例如，把所有食材进行恰当混合之前，你不会把做蛋糕的模具放到烤箱中。回到具体的实验步骤和过程，研究人员要告诉读者自己在进行实验的过程中究竟混合了哪几种食材，这些食材混合的方式和先后顺序又是什么。由于作者公开了这些信息，那么任何一位讨厌这块蛋糕味道（也就是对研究结果不满）的读者都至少可以尝试自己来重新烤一块蛋糕，如果读者愿意，他还可以改变一下蛋糕的配方，或者改变一下食材的混合步骤。这样具有公开性，并且向各种监督或评审公开的菜谱，是科学研究最优秀的特性之一。科学家们不是在秘密组织中谋划着要推翻一些美好而真诚的事物。科学是优雅的、公开的，它接受公众的监督，接受公众的批评和质疑，并面向所有认为自己可以比前人做得更优秀的后来者。这种公开的特性保证了科学持续不断地向前进步。

结果部分

如果说一项研究的参与者、操作定义以及实验过程就像是烘焙一块蛋糕所需的原料，那么研究的结果就是蛋糕的味道了。在一篇期刊论文的结果部分，科研人员呈现的是数据结果的细节，这些数据是通过研究方法部分所描述的操作定义和实验过程从研究的参与者身上得来的。通常，你会在这个部分看到大量的统计数字。高级的心理学专业期刊论文中会充斥着各种各样的数学符号，我们总能在结果部分看到那些古怪的 F、t 和 p。嗯，心理学专业的学生要学习一门以上的统计课程这不是一种巧合。心理学期刊论文中的结果部分会出现大量描述性统计、推断统计、p 值、F 值（方差比）、自由度、β（beta）、η（etas）、λ（lambdas）以及 Δ（delta）。在论文中至少会出现其中一个，但是通常情况下是多个，统计课程的目的是让学生们理解呈现在论文结果部分的统计学内容。

当然，在此我不会去长篇大论地解释各种统计符号的含义；但我要说的是，绝大多数研究人员在论文中使用统计学并不是为了好玩儿。事实上，这是一种呈现统计数据的重要方式：它的目的是向读者说明，研究得到的结果并不是一种随机现象。总而言之，研究人员写作结果部分的目的是审视自己在研究初始阶段提出的那些科学问题，并且通过呈现统计数据来引导自己回答这些问题，然后判断对于每个问题来说，研究发现的相关关系或差异是否源于随机。接下来，科研人员就可以结合自己提出的问题向读者来解读这些统计结果了。

讨论

我们还是继续用烤蛋糕的比喻吧。讨论部分的目的是展示这块蛋糕吃起来味道有多好以及自己在烘焙蛋糕过程中操作有多成功。在讨论部分，科研人员可以说自己曾经考虑过使用其他原料，这些原料是什么；下次自己可能会考虑烤一块巧克力蛋糕而不是烤一块戚风蛋糕出来；下次自己是不是会用不同的温度来烤；或者甚至是，自己下次是不是要考虑换一个全新的烤箱。科研人员还会在讨论部分向读者展示，自己的研究会让自己所从事的研究领域更加完整，为未来研究指明方向，从而探索该领域的未知部分，或者甚至还可能会创造出一块待探索的学术"空地"。我研究生阶段的导师曾经向我这样描述一篇论文的讨论部分，它就好像"策马奔向夕阳"。我觉得她的意思是，每一项研究都有其优势之处，讨论部分之于一项研究就像皆大欢喜的结局之于一个故事。一个故事应该有开头，有发展，并且有一个结局。故事里有人物，有道具。讲述一个故事要有一个目的性的导引（引言），有达成目的的方式方法（方法部分），有故事的高潮（结果部分），还有结局（讨论部分）。如果从这个角度来看，讨论部分应当给读者一种完成感，一种成就感，让读者在离开时带着愉快的心情。

我的目的

我写作这本书的目的是和大家分享儿童心理学领域中曾经发表过的最具革命性的 20 项研究。在向读者展示这 20 项研究的过程中，如果有可能的话，我会花一点时间向你们展示每项研究四个方面的信息。也就是，我会介绍作者为什么要开展这项研究，作者希望通过研究获得怎样的成果，研究是如何开展的，以及研究的发现如何对儿童心理学领域产生颠覆性影响。如果可能的话，我还会向读者展示这些研究获得的原始结果如何与当今的儿童心理学产生联系，或者当年的研究结果又怎样在普遍意义上对现代社会产生影响。

现在，因为我非常坚信新知识产生于科学，所以我不想假惺惺地说，本书对研究的选择依赖于我自己的直觉。虽然，我觉得自己对儿童心理学领域有很好的专业判断，我也自认为有能力恰当地选出该领域最具革命性的若干研究。但是，我还是坚持以下的操作方式，即由儿童心理学领域的科研工作者投票决定哪些研究具有革命性意义。我在儿童心理学界最具权威地位的三个学术组织中开展了调查，它们分别是儿童发展研究学会（Society for Research in Child Development，简称 SRCD）、婴儿研究国际学会（International Society on Infant Studies，简称 ISIS），以及认知发展学会（Cognitive Development Society，简称 CDS）。调查分为两个阶段。在第一阶段，我只是简单地询问这些组织中的科研人员，哪些研究是他们觉得在儿童心理学领域具有革命性意义的。这是我的调查中"开放性"的部分。在这个阶段，被提名的研究简直可以说是不计其数。由于第一阶段收集到的信息过多，为了对备选名单上的研究进一步筛选，我进行了第二阶段的调查。这一次，我向这三个协会的人员提供了一份清单，清单上列出了 30 个被提名次数最多的具有革命性意义的儿童心理学研究。我要求参与调查的人给他们认为最有革命性意义的前 10 项研究进行排序，这是我调查工作中"封闭性"的部分。调查的最终结果就是你们在本书中看到的这 20 项研究。

主题

许多儿童心理学教科书的作者都会强调一个重点，在儿童心理学领域，有些共同的主题会始终贯穿于整个学科。在本书介绍的革命性研究当中，读者也会看到这些共同的主题。其中一些主题和其他儿童心理学教科书中的描述相同，而另一些主题则只出现在这些具有革命性意义的研究中。纵观本书介绍的 20 项研究，最突出的几个主题包括：

主题：先天对后天 在本书介绍的 20 项研究中，最频繁出现的主题就是"先天对后天"。正如读者可能已经知道的，先天/后天的问题在一定程度上可以被这样描述：儿童是先天基因的产物，还是后天所处独特环境的产物。现在研究人员已经不再关注究竟是先天还是后天对儿童的影响更大。他们转而关注的是，先天和后天以怎样的机制对儿童施加影响。不同的研究人员花在先天或后天问题上的时间略有不同，至少从本书介绍的研究来看是这样的，但是大多数研究都在一定程度上和这个主题相关。先天阵营的研究者包括：Fantz（第 8 章），Baillargeon、Spelke 和 Wasserman（第 5 章），Harlow 和 Harlow（第 16 章），Bowlby（第 17 章），以及 Anisworth（第 18 章）。后天阵营的研究者包括：维果茨基（Vygotsky，第 4 章），Bronfenbrenner（第 14 章），Baumrind（第 20 章），Saffran、Aslin 和 Newport（第 11 章），以及 Bandura、Ross 和 Ross（第 12 章）。坚定站在先天与后天相互作用阵营的研究者是，皮亚杰（Piaget，第 2、3 章），Gibson 和 Walk（第 7 章），Thomas、Chess 和 Birch（第 16 章），Thelen 和 Ulrich（第 6 章），以及 Hulel 和 Wiesel（第 9 章）。

主题：主动的儿童 儿童心理学教科书中另一个共同的主题是，儿童在自身发展的过程中起到了积极的主动性作用。例如，皮亚杰（第 2、3 章）指出，儿童在生物学上先天拥有一些知识，这是儿童发展的起点；与此同时，儿童还会通过后天的感觉运动来构建这种先天业已存在的知识。Gibson 和 Walk（第 7 章）研究的是运动对儿童通过视觉悬崖意愿的影响程度。其他一些研究关注儿童在自身发展过程中所起到的积极作用，其中包括了 Bowlby（第 17 章），Thomas、Chess 和 Birch（第 19 章），Hulel 和 Wiesel（第 9 章）以及 Bronfenbrenner（第 14 章）等人的研究工作。

主题：进化论 另一个主题在一般儿童心理学教科书中提及甚少，与这一主题相关的理论和研究基础是达尔文的进化论。在本书介绍的不少研究中，研究者或多或少地受到了达尔文进化论的影响。例如，皮亚杰的整个认知发展理论的基础就是他在儿童智力发展问题上对达尔文进化论观点的应用。Bowlby 的整个依恋理论（第 17 章）以及 Anisworth（第 18 章）对依恋理论的应用，也有其深刻的进化论理论根基。Fantz（第 8 章）提出，婴儿由于进化的塑造而更加偏好观看人类的面孔。

主题：视角　例如，皮亚杰对儿童心理学的发展做出了极大的贡献，这部分是因为皮亚杰从一个生物学家的视角对儿童展开了研究。Thelen（第6章）的研究也是这样的，她的生物科学博士论文的研究对象就是动物在自然环境中的行为模式。维果茨基（第4章）在学界名声大噪，很大程度上是因为将马克思理论的意识形态用于儿童的认知和语言发展研究。班杜拉（第12章）是一位社会心理学家，他认为儿童的攻击性行为是一种社会学习的现象。

主题：颠覆　如果一些研究所包含的主题在一个科学领域内非常明显地具有革命性意义，那么这个主题一定是颠覆。本书所介绍的一些研究对儿童心理学领域产生了革命性的冲击，究其原因是这些研究对当时学界的现状进行了颠覆。行为心理学经常是许多革命性研究者的共同目标。例如，Fantz（第8章），Harlow和Harlow（第16章），Bandura、Ross和Ross（第12章）以及Thomas、Chess和Birch（第19章）的成果都源自受到主流行为心理学的排斥后激发的研究灵感。

另一些革命性研究者的特点是找到一个"攻击的靶子"。例如，Baillargeon（第5章）的目标是反驳皮亚杰的理论。与之相对，Harlow和Harlow（第16章），Bowlby（第17章），以及Thomas、Chess和Birch（第19章）都瞄准了弗洛伊德的理论。Thelen和Ulrich（第6章）的动力系统理论（Dynamic System Theory）则旨在证明固定行为模式并不是真正的固定不变。

第一部分
改变认知发展的四项研究

第 2 章　从软体动物到淘气小兵
生物学原则与心理学理念

（排名 3）

任何对儿童心理学稍有所知的人都会听过皮亚杰这个名字（发音是"pee-ah-JAY"，j 的发音非常轻柔）。事实上，在我的课堂上，我问学生们的第一个问题就是"你们谁听说过皮亚杰这个名字？"下面几乎所有的人都会举手！这件事情本身就很有意思，因为这些学生很显然还没有上过儿童心理学这门课，但是他们仍然对这个名字耳熟能详。接下来，我会问"你们这些举手的同学里有没有人知道皮亚杰都做过些什么？"瞬间，所有的手全都放下了！大约 10 秒钟的寂静之后，有人怯生生地举起手说："他是不是……提出过什么阶段？"

阶段。呃……皮亚杰和他的同事们写了上百本著作和上百篇论文，结果学生们关于他的记忆就只是这位老先生做了"关于阶段的一些事情"。这看起来太讽刺了。因为如果你问我同样的问题，我会说皮亚杰的阶段理论是他成果中最无趣的部分。但是，全美国的高中生和大学生都学过皮亚杰的理论：从出生到青春期，一个人的成长过程中会经历四个阶段，这四个阶段之间存在着本质的差异，并且是按顺序出现的，每个阶段之间有明确的分界线。如果你说皮亚杰的主要成果就是"阶段"，那么你对米开朗基罗（Michelangelo）在西斯廷教堂① (Sistine Chapel) 中留下的珍品的描述可能就是"一幅画"。你看，皮亚杰对科学所作出的贡献是巨大的，并且影响深远。我甚至会说，就当前所有生命科学领域所取得的成果而言，皮亚杰的工作可能是最深刻、最具内部一致性且最具重大意义的了。（但是，读者也可以阅读第6章Thelen和Ulrich的工作，她们的动力系统理论可能也具备同样的潜质。）

即便如此，我还是能够理解为什么学生只记得皮亚杰的阶段理论的。理由之一是阶段理论简单易记，即皮亚杰只提出了四个发展阶段。对于儿童心理学教师来说，四个阶段的教学难度比给学生们讲清楚所有生命科学的理论整合要简单得多。理由之二是皮亚杰的文章可谓汗牛充栋，且艰深晦涩，即使头脑聪明的儿童心理学博士研究生级专业人士也不容易吃透。在研究生院读书的时候，我就觉得皮亚杰的著作晦涩难懂，我以为那是因为这些著作是用法语写成却翻译为英语，但后来我发现，能够直接阅读法语原文的人也有同感。在儿童心理学课堂上讲清楚皮亚杰的理论是一项"系统工程"，可能需要几个月的时间。通常，儿童心理学教科书会单独留出一章专门介绍皮亚杰，也就是说换算成课堂时间，这些内容大约相当于3个50分钟，可是要在150分钟左右的时间里完整介绍皮亚杰的理论显然是不现实的。因此由于时间与版面所限，只介绍皮亚杰理论中的四个阶段的内容便合情合理了。但是，这样一来皮亚杰出色的理论精华就被错过了；因此，学生们对皮亚杰的印象就不会是一个学术集大成者，而变成了"一个提出四阶段理论的人"。

在本章接下来的篇幅中，我要做的工作是折衷。在本章和下面的第3章中，我将要奉献给大家的是皮亚杰"大宴"上的两道主菜。第一道主菜是，向读者介绍皮亚杰投身儿童发展心理学领域研究的原因与目标。这是关于皮亚杰理论的部分。你们知道，这部分内容相当于对皮亚杰的概述。阅读这些文字会让皮亚杰的形象生动起来：他是哪里人，为什么他可以被称为集大成者。在接下来的第3章中，我将要介绍的内容直接来源于皮亚杰的研究工作及研究发

---

① 西斯廷教堂，位于梵蒂冈，是罗马教皇的私用经堂，也是教皇选出仪式的举行之处。——译者注

现，这些内容选自他1962年出版的著作《游戏、梦和模仿》(*Play, Dream and Imitation*)。在我的票选列表中，这本书也入选了儿童心理学领域20项最有革命性的研究之一。在第3章中，我将遵循这本书的模式——介绍一项研究，及其对儿童心理学领域所产生的革命性影响。鉴于皮亚杰对该学科领域的影响深度和广度，我认为，在本书留出两章的篇幅才能和这种影响力相匹配。

皮亚杰：儿童生物学家

让我们回到我最初的论调，皮亚杰的目标是整合整个生命科学领域。在这个目标的背后，我们要注意到这样一个事实：皮亚杰首先是一名生物学家，这是他最重要的一个角色。在孩提时代，皮亚杰感兴趣的是生物学，他所接受的科研训练也是生物学方向，并且在早期的科研生涯中，他所发表的论文都是关于人类以外的生物的。当我说"早期"科研工作时，我的意思是，真正的非常非常早期。19世纪与20世纪之交，在瑞士的纳沙泰尔（Neuchatel），还是孩子的皮亚杰发表了他的第一篇学术论文——研究的对象是患有白化病的麻雀，这是他在当地公园玩儿的时候看到的，而这一年他只有10岁！在12岁那年，皮亚杰对收集软体动物产生了强烈的兴趣，到了13岁时，皮亚杰已经给当地自然历史博物馆的主任Paul Godet做助手了。作为回报，Godet把各种软体动物的标本送给他来丰富这个小伙子的藏品。对皮亚杰而言，Godet可谓亦师亦友，在协助博物馆给大量软体动物标本和贝壳分类的工作过程中，皮亚杰体会到了令人兴奋之处和艰辛与不易。于是，皮亚杰童年的大量时间花在了对标本的测量、记录以及分类当中。如今在你看来，要是哪个孩子用大量的休闲时光目不转睛盯着软体动物和贝壳标本分类，估计你会说这完全是一种书呆子的生活。但是，对于皮亚杰来说，至少有两股力量在支撑着他这样做。

首先，就连皮亚杰自己都说，他的童年麻烦不断，这主要是因为他的母亲笃信宗教，并且患有精神疾病。沉浸在科学中皮亚杰感受到了美好，再加上他对身为历史学家的父亲的崇拜；他的父亲是一位坚定的无神论者。当这些因素综合在一起，那么对于皮亚杰来说，为了家庭的和睦，为了不和母亲在理念上起冲突，做一个"书呆子"似乎并不是个坏主意。对皮亚杰而言，收集软体动物和在博物馆工作是一种解脱，一种逃避，不然他就要陷入另一种麻烦之中了。而且，我认为考虑到所有的因素之后，和其他可供选择的逃避方式相比，皮亚杰的这种逃避方式十分明智。

由此看来，把皮亚杰叫成"书呆子"是有失公允的。他热衷于给软体动物分类的兴趣无非反映了所有生物体都会出现的自然倾向，即把自己周围环境中的事物加以分类。人在还是婴儿的时候就开始对事物进行分类了。婴儿时时刻刻都试图把物品放到嘴里。当婴儿把物品放到嘴里的时候，他们便似乎形成了一种最初的分类方式："这东西能用来吸吮"。回家问问父母，你小时候曾经把多少种物品塞进过嘴里？当你把自己的时间花在给周围的事物做可吸吮和不可吸吮的分类时，你会把自己当成一个书呆子婴儿吗？等到婴儿长大一点之后，他们依然很喜欢给东西分类。我女儿Rachel 3岁的时候，在她脑袋里出现了这样一种有意思的想法，她觉得应该把自己所有黄色的玩具都放在一起，而红色和蓝色的玩具决不能混进来。她用楼梯上上下下，在自己的游戏区进进出出，去寻找所有她可以找到的黄色的东西。当她完成了这项"工作"，她就坐在地上欣赏自己这一堆黄澄澄的"战利品"。是的，人类给物品分类是天性使然，是我们身上一种基本的特性，我们终其一生都在这样做。如果我们在分类事物的时候能够做到客观和系统，我们就可以将其称为科学。那么，为什么像皮亚杰这样的小男孩就不能从事他自己的科学研究了呢？

很快，在皮亚杰刚进入青春期的时候，在他看过了许多软体动物的贝壳之后，皮亚杰开始了自己的科学发展之路。到了此时此刻，我还没有看到皮亚杰真正展示出任何与众不同的天赋来。在我看来，任何花了足够多的时间观察贝壳的人多多少少都会发现花纹模式上的相似与不同。但是，在Godet的鼓励下，皮亚杰把自己的观察向前推进了一步。他向当时的一些学术团体展示了自己的工作（都是由Godet引荐给皮亚杰的团体），而且在此之前，皮亚杰已经声名鹊起了，因为他得到了一个工作机会：瑞士日内瓦国家博物馆软体动物区的管理员。我估计当时那些人并不知道皮亚杰只有15岁。可能是皮亚杰觉得自己还应该先好好过完自己的青春期吧，于是他拒绝了这份工作。无论如何，正如你看到的，在进入大学学习之前很久皮亚杰就已经投身到了生物科学领域了，自然而然，生物学领域的主要原则与法则影响了皮亚杰看待生命意义的方式。

皮亚杰：进化论的坚定支持者

现在，如果你回想一下初中科学课，你会发现其中生物科学的核心指导思想正是进化论中的自然选择。皮亚杰同样也把这种理念全面引入了他关于儿童心理发展的理论构想之中。他是这种理念的坚定拥护者。如果有人认为自然世界中一些部分的发展是基于一系列法则，而另一些部分的发展是基于另一系列不同的法则，那么对于皮亚杰来说这样的观念完全是无稽之谈。对他而言，无论是低等的软体动物还是高等的智能人类，所有生命体的发展都应当遵循同样的法则。如果有人认为身体的发展和智力的发展之间有任何差异，那么对于皮亚杰来说这样的观念也不能认同。他相信生物所有的发展都必须遵从同样一套规则、时间表。

对皮亚杰来说，所谓生物学和心理学之间存在的任何不同在很多层面上都是武断且微不足道的。他认为，遵循自然选择的进化论一视同仁，因此研究儿童心理发展无非是他生物学研究兴趣的延续罢了。但是，这仍然没能完全解释为什么皮亚杰放弃了软体动物研究。就我个人而言，要是说皮亚杰对搞软体动物这件事彻底烦了，我不会觉得奇怪。然而，问题是为什么他会对儿童心理发展产生兴趣呢？他有那么多可研究的领域，为什么偏偏选择了儿童？并不是他对自己的孩子感到好奇，因为他在投身这个领域的时候还没有孩子呢。促使皮亚杰改变兴趣的"催化剂"好像是他的教父，教父觉得皮亚杰关注的东西太窄了。毕竟，如果一个孩子全身心地被软体动物贝壳所吸引，这个事情不太合乎人之常情。为了拓展皮亚杰的视野，教父 Samuel Cornut 给了他一本哲学书，书的作者名叫 Bergson。无心插柳柳成荫，教父无意中的举动永久性地改变了儿童发展心理学。

这本书燃起了皮亚杰对于认识论（epistemology）这个话题的热情。好的。哇哦！回到刚才的内容上吧，什么是认识论？嗯，认识论就是哲学的一个分支，它研究的是知识的意义和起源。研究认识论的人需要回答若干深刻的问题,诸如"什么是知识?知识从何而来?什么是可知的,我们已知的内容是否是我们确知的内容?知识是恒定的还是变化的?"显然,Bergson 促使皮亚杰思考这样一个问题,人类知识的发展是否同样遵循生物发展的原则,尤其是知识的发展是否遵循进化论中的自然选择原则。皮亚杰思考的逻辑可能如下:如果通过自然选择而实现的进化是生物学的基础,如果人类属于生物有机体,并且如果知识的发展是这些生物有机体的产物,那么知识发展的本身也将会遵循进化论中的自然选择原则。没有理由认为人类心智与其他任何生物过程存在差异。

现在我们知道,生物体进化的根本原因是为了帮助自己比自己的先辈更好地适应生存的外部环境。如果你把一条鱼从水里捞上船来,那么这条鱼首先会挣扎一段时间,最终的结果是窒息而死。当然,这条鱼死亡的原因仅仅是因为鱼类进化后只能从水中获取氧,而不是从空气中获取氧气。鱼类已经适应了在水里的环境中生存。与此相似,人类智力的进化在很大程度上也应当遵循同样的逻辑:为了让本物种(人类)更好地适应自己的生存环境。

人类智力的进化,是摆在皮亚杰面前的一个相当大的问题。进化已经进行了一代又一代,而且更加复杂的物种,诸如智人(*Homo sapiens*,即现代人的学名)的进化代数更多。虽然皮亚杰是一位杰出的科学家,但他同时也是一个凡人。他短短几十年的一生使他无法精确追寻人类几百万年的进化过程。为了解决这个问题,皮亚杰使用了一种古老的表述:"个体发育重演种系发育(ontogeny recapitulates phylogeny)"。这种说法的确切含义就是,个体的发展(个体发育)是物种发展(种系发育)的写照。基于这种逻辑,皮亚杰相信针对人类物种的智力发展研究只需要关注人类个体智力发展即可。此外,由于智力的发展始于婴儿期,或者说可能在出生前就开始了,那么对儿童心理发展的研究就有了意义。事实上,儿童是研究人类智力进化的一个理想的切入点。现代人类儿童智力的原始功能可能反映了远古人类成人的原始思维。无论如何,我希望读者能够了解为什么皮亚杰的兴趣从软体动物转向了儿童。对皮亚杰来说,这两种生物体,无论是软体动物也好,儿童也好,都是研究的"媒介",而对适用于不同生物体进化的通用原则的研究,才是皮亚杰理念的核心成分。

儿童智力发展的进化

现在，我们可以把关注点集中在皮亚杰对智力发展的兴趣之上了。回想一下，进化过程的关键结果是适应。如果一个物种或单独的个体想要成功地在环境中生存下来，就必须适应这个环境中的各种变化。如果一个物种无法适应，那么结局就是灭绝。如果环境的变化发生缓慢，比如说历经几万或几百万年，那么就有可能发生通过自然选择的进化了。但是，如果环境变化迅速或者发生了巨变，那么最有可能发生的是所有物种被"一扫而光"。关于恐龙为什么灭绝的一种相当流行的观点认为，一个巨型陨石撞击地球，导致地球表面扬起一股从未有过的大尘暴。由于恐龙无法从满天的尘土颗粒中获得氧气，于是它们灭绝了。显而易见的是，恐龙的灭绝是极其突然的。但是，有些时候环境的变化可以非常快但是变化的程度却不是很大。一旦发生了这种情况，那么一个物种中的有些成员可能会死亡，而另一些则可能会存活下来。更重要的是，幸存下来的成员有一天会彼此相见，繁衍生息。如果它们的后代能够拥有和父母一样的特征，那么这些后代也极有可能具备在变化的环境中生存下来的能力。这就是为什么这种过程被称为自然选择：某些自然灾害会发生，而能够活下来的生物体则或多或少是"被选择"的结果。

在不停变化的周围环境中，人类的生存是相当成功的。有多少其他物种可以同时在50℃的肯尼亚和-70℃的南极洲生存繁衍呢？又有多少物种能够在空气稀薄的外太空和没有氧气的水下生存呢？当然，人类能够适应这种多样化环境的原因是智力。人类的智力帮助这个物种创造出了工具。借助工具和更多一点的智力，人类学会了建造房舍以及其他能够保护生命的结构。借助房舍、其他这些结构还有再多一点的智力，人类根据自己的需求创造出了控制环境温度的方法。当然，现代的人类婴儿依然无法自己控制周围环境温度。既然如此，这些婴儿如何成长为拥有复杂智慧的成年人呢？对皮亚杰来说，答案很简单：智力适应（intellectual adaptation）。

皮亚杰关于智力适应的观点在一定程度上是进化论中自然选择理念的翻版。但是，不同于物种整体的进化，他的观点反映的是个体智力的进化。智力进化和物种进化之间的相似之处甚多。就像无法适应恶劣环境的物种成员会死亡一样，面临逻辑不一致情境时难以适应的个体，其智力也会"凋亡"。因此，皮亚杰认为，要解释儿童智力的发展真正要做的是观察儿童的思维：在什么样的情境下儿童的思维会"灭绝"，以及在什么样的情况下儿童的思维会得以"存活"。

皮亚杰相信，在和丰富多样的环境进行互动的过程中，人们形成了独一无二的个人经历，继而形成了智力。几乎所有人都会遵循这种方式。他认为，在人类的一生中，特别是在儿童阶段，那些傻乎乎或者不具有适应性的想法或思维会"死亡"，而那些被证明具有适应性，能够帮助个体应对丰富多变环境的想法或思维则会"生存"。在婴儿期，吸吮母亲乳房的想法就是一个好的想法，因为在婴儿饥饿的时候，这种想法能够填饱自己的肚子。因此，婴儿会毫不犹豫地认为吸吮具有适应性价值，然后很可能保持这个想法，并且将其纳入可以帮助自己生存的想法集合中——至少在一段时期之内是这样。但是，如果孩子保持这个想法的时间过长，比如说到了儿童晚期还继续这样想，那么这个孩子很有可能会被自己的朋友嘲笑，那么她最终会逐渐抛弃这种想法。

皮亚杰认为，保存好想法并且抛弃坏想法的过程是智力适应最核心的部分。他指出，所谓智力适应就是有机体在环境中的行为和环境对有机体的作用之间的平衡态。（平衡态指的是，一个系统保持在平衡的状态。）因此，什么是真正的智力，就是人类努力在自己的智力和周围的环境之间找到平衡。吸吮乳房能够为婴儿提供充足的营养，因此这个想法和生存环境的关系是平衡的。到了儿童后期，吸吮乳房就会变得古怪，并且会让儿童感受到来自环境中的反对和敌意，其中一种表现形式可能就是嘲笑，这就会反映出一种儿童和自身环境之间的不平衡。

然而，不是所有的智力都能够通过经验获得。皮亚杰相信，人类同样还具备一些与生俱来的重要特征以便让环境能够发挥作用。毕竟，其他生物系统在出生时就已经"各就各位"开始工作了，为什么智力就要有所不同呢？对皮亚杰来说，智力发展的起始点和其他生物机能发育的起始点相同，不存在差异。在智力结构及过程与生物结构及过程之间寻找相似性，这是皮亚杰另一个广为人知的观点。例如，我们拿消化过程的生物活动来说，在婴儿出生那一刻，许多结构便已经就位并帮助着婴儿获取和运用环境中的养分。我们来看一看，我们人类有一张嘴、一个胃、大肠和小肠，以及一整套内分泌腺体。各种各样的过程也已经就位了，随便想一想就能想到几个过程，比如说吞咽、蠕动（在消化道中运输食物）以及消化酶的分泌。这些消化过程会用到出生时已经存在的消化结构（诸如胃和腺体），这个过程的目的是从周围环境中汲取营养，然后把这些营养成分运用到有机体的生物功能中去。当然，消化不是和生物学唯一相关的内容。我们还可以举另一个例子：呼吸这种生物活动包括了出生时便已存在的结构（肺和膈膜）和过程（膈膜的肌肉收缩，从肺毛细血管获取氧气）。在上面几句话里，你是否注意到了结构和过程这两个词？我在行文中频繁使用这两个词，就是为了让读者能够理解什么是结构，什么是过程，这二者之间的区别是什么，因为这是领会皮亚杰理论的关键之处。

皮亚杰相信，出生时已经存在的过程和结构能够帮助生物适应，同理，这些过程和结构也一定能帮助人类的智力适应环境。请读者牢记，皮亚杰的研究目的是，证明智力发展过程和其他所有生物过程都遵从着相同的生物学基本原则。但是，在智力适应和其他种类的生物适应之间还存在着一种主要差异。虽然人们可以很容易地对生物活动的基本结构和过程进行观察和测量，比如说消化和呼吸，但是对智力这种生物活动却不行。因此，皮亚杰或多或少自己做一些"发明"。（嗯，其实皮亚杰并没有真的发明这些术语，他在一定程度上是从美国心理学家 James Mark Baldwin 那里借用来的，但是由于后来皮亚杰理论的风靡，人们往往忽略了这个事实。）皮亚杰放弃了结构这个术语，转而使用了图式（schema）来表述智力发展的最基本结构；他还放弃了过程这个术语，转而使用了同化（assimilation）和顺应（accommodation）来表述智力发展的基本过程。他关于图式的理论不但抽象而且在一定程度上很难理解；但是，这主要是因为你对图式这个概念没有形成图式。那么，让我们发展出一个图式来，如何？

图式、同化和顺应

在一定程度上，图式之于智力相当于肠胃之于消化。正如吃东西的目的是让食物进入肠胃，然后消化才能发生，学习的目的是让信息进入你的图式，然后智力才能发生。无论是对消化还是智力来说，肠胃和图式都是在人类出生之前就已经存在的。但是，二者之间的相似之处到此为止。比如说，在消化过程中，你只有一套肠胃，但是在智力发展过程中，你可以拥有成百上千的图式。而且，基本的消化结构在人的一生中几乎都是相同的，但是在人的一生中智力结构却一直在变化。图式也会变大，但也可能变小。图式可以被细分和分化，就像身体细胞一样；图式也能够膨胀，就像早上你碗里的飘在牛奶表面的燕麦圈一样；图式还能够相互融合，就像游戏中的豆豆在迷宫里吃掉能量块一样。图式也许还能够是一种反射，就像打喷嚏或者眨眼睛一样；或者还可以有更复杂的理解方式，好像夸克和中子这种亚原子一样。但是，无论你如何看待它，最基础和基本的图式在出生之前便已存在，智力发展随之发生，其进化的方向是形成存在于成年人身上极其复杂且彼此高度关联的图式网络。这种图式网络、这样的进化是如何发生的呢？这就是皮亚杰要研究的问题，并且是他终生的求索。

婴儿智力的发展

皮亚杰起初假设，在新的学习开始前，就已经存在着一些基本的知识图式了。如果没有这些基本图式，有机体就没有"空间"来放置它所接触到的第一条新信息。这就好像一个婴儿想要吃东西，但是他却没有肠胃来容纳食物一样。有鉴于此，皮亚杰必须要做的首先是说明最初存在着的图式是什么样的。在人类基本反射反应的两难困境中，他找到了答案。你肯定知道什么叫反射反应，你咳嗽、打喷嚏或者吓一跳，都是反射反应。但是为了看起来更科学一点，我们可以把反射反应定义为，通常在一定程度上是由先天决定的、固定的且有组织的行为模式，这种行为模式通常是对某些行为事件的反应。吸吮反射、抓握反射以及朝向反射，这些只是人类婴儿与生俱来的大量反射反应的一小部分而已。通过这些基本反射，婴儿开始了理解世界的"旅程"。

因此，婴儿对这个世界最初的理解并不像心理学家威廉·詹姆斯

（William James）所描述的是"五光十色且又嗡嗡作响的一片混沌"。事实上，借助反射反应，婴儿天生就懂得如何去理解这个世界。我之前说过，婴儿似乎生而就具备对事物进行分类的能力，可吸吮的和不可吸吮的。还记得这部分内容吗？这就是皮亚杰研究工作的核心！反射就是婴儿最初的一批图式。虽然不是有意为之，但是婴儿大多数时间是依靠反射机制来对自己周围发生的事件做出反应的。而且，用不了多久婴儿就会对自己的反射模式做出调整。一旦婴儿发现自己的某一种反射图式不能很好地适应这样或那样的事件时，她就会开始对图式进行微调。吸吮汽车钥匙和吸吮乳头相比，嘴唇传来的信息稍有不同，而且这两种吸吮行为和吸吮一根手指相比，婴儿舌头活动的方式和嘴唇传来的信息都是不同的。皮亚杰认为，虽然这些差异是极其细微的，但是把已有的图式加以整修并使其与周围环境更为协调的过程是智力发展最为核心的成分。调整图式适应环境在一定程度上也反映了某种类似进化的适应过程，皮亚杰指出，这种智力发展的适应过程与一般生物学原则并无二致。

接下来，皮亚杰的工作就是解释图式是如何进行调整了。理解智力适应过程的关键就是要理解同化和顺应这一对互补的过程。同化和顺应的工作过程类似于一个团队，它们的目的是确保个体关于外部世界的内部图式和真正的外部世界之间能够保持平衡。不幸的是，人们非常容易把同化和顺应这两个术语搞混。从词义上看，这两个词非常相近，而且这两个术语所描述的都是高度抽象的概念，人们在现实生活中极少能够看到甚至很难想象。但是为了让读者了解同化和顺应之间的不同，我打算尽力一试，那么让我们回到我最喜欢的一种举例方式上去：美食。

想象一下，你现在要做一个花生酱三明治。第一步是把花生酱涂抹在一片面包上。在这个人们司空见惯的场景中，有三件事需要你留意。第一，你是在一片面包上涂抹花生酱的——不是在你的鼻子上，也不是在电视机屏幕上。如果你要做花生酱三明治，那么你就只能在面包上做这件事；如果不是在面包上，那么你做的就是不是三明治了。最后的成品就变成"花生酱鼻子"或者"花生酱电视机"了。第二，在你往面包片上涂抹完花生酱之后，这片面包就不再是面包了——这是一片涂着花生酱的面包了。这件事情最核心的部分就是，这片面包被永远地改变了。当然，面包还是那片面包，但是我们不能说这是和以前一样的那种没有花生酱的面包了。花生酱的存在彻底且永远地改变了这片面包的核心属性，面包不再是面包；它已经成为了花生酱三明治的一个组成部分。第三，你需要了解的是，如果没有面包的存在，你就无法做到把花生酱涂在面包上。

如果你接受了上述古怪的比喻，那么你就理解了同化和顺应这两个基本概念了。让我来继续解释一下如何把这个三明治的比喻应用到对智力发展过程的解读当中。同化和顺应过程的目的是确保婴儿对世界的理解与他对世界的经验相一致。请回忆一下前文所述，一个婴儿对世界最初的理解是通过他所具备的基本图式完成的。那么，每一次婴儿想要去理解外部世界中对他来说崭新的内容时，他要做的首先就是借助他已有的图式去尝试着理解。对于极小的婴儿来说，比如说只具备吸吮图式的小婴儿，他探索未知世界的方式就是去吸吮所有的东西。如果婴儿去试图吸吮他之前从来没有吸吮过的东西时，比如说一块小狗形状的饼干，那么我们就说他正在把这块小狗形状的饼干同化到自己的吸吮图式当中。但是，吸吮小狗饼干这一个具体的行为让婴儿对小狗饼干形成了一种极为真切的感受，通过把小狗饼干同化到吸吮图式（而不是其他图式），婴儿完成了对小狗饼干的学习。如果婴儿想把这块小狗饼干同化到其他图式当中，那么他不会用吸吮这种方式。请注意，这和制作花生酱三明治的要求是相似的，你必须要把花生酱涂到面包片上面去才可以。如果你把花生酱涂到别的东西上了，那么你就不是在做花生酱三明治了。如果要成功地做一个花生酱三明治，那么就必须或多或少地对面包进行同化。

然而，当婴儿开始吸吮小狗饼干时，吸吮图式本身也永远地被改变了。它不再是婴儿吸吮小狗饼干前的样子了，它成了一个体验过小狗饼干的吸吮图式。这种经验把过去的图式变成了一个"小狗饼干吸吮高手"。对于一个吸吮过小狗饼干的婴儿来说，他所拥有的吸吮图式就比一个"小狗饼干吸吮新手"更为精细复杂。在每一次获得新的经验之后，原有图式的改变就是顺应的体现。当一个婴儿在吸吮一块小狗饼干的时候，他就是在把这块饼干同化进自己的吸吮图式中（而不是把这个经验同化到抓握图式中）；但是与此同时，吸吮图式也顺应了小狗饼干提供的关于外部世界的新信息。通过把外部世界的每一条新信息同化到已有的图式当中，继而导致该图式被永久性地改变，这在一定程度上就好像把花生酱涂在面包上做成花生酱三明治会永久地改变面包一样。

我再简单明了地复述一下，当新信息进入到既有图式中时，同化就发生了；当既有图式由于新信息而调整时，顺应就发生了。要做一个花生酱三明治，你必须把花生酱涂到面包上，但是，涂抹花生酱这个行为本身也已经彻底改变了面包：从一片"纯粹"的面包变成了一个更大事物的一个组成部分。

发展，继往开来

到目前为止，我关于基本的反射图式、同化和顺应只是一个开头。婴儿拥有这样的智力结构（诸如图式）以及这样的智力适应过程（诸如同化和顺应），这种说法只是表明婴儿在生物学上生命起始的那一刻就准备好了对外部世界的学习。然而，即便如此，这并不意味着把婴儿发展的方式阐述清楚了。这个时候，阶段的理念通常就会被用来表述婴儿图式发展的程度以说明上述问题。

现在，在我们往下继续之前，我想问一问那些觉得皮亚杰只是"提出了一些阶段"的人：我用一整章介绍了皮亚杰，其中几乎没有任何有关阶段的内容，你对此有什么感觉？会不会觉得这引发了你的兴趣？显然，阶段理论肯定不是皮亚杰理论中最"引人入胜"的内容，更有意思的是皮亚杰如何把智力发展和生物功能以及进化论联系在一起。

此外，我认为，鉴于大多数的大学教科书都对此进行了详细的说明，我应该也花一些篇幅来介绍阶段理论。首先，我要说的是，阶段理论的确是被高估了。用一个阶段来描述一个单一的时间点事实上并不是一种好的方式，因为它难以涵盖所有内容，但是正如你可能想到的，只是考察一个单一的时间点，而忽视这个时间点之前已经发生和之后将要发生的内容，同样也是一种无效的方式。

让我们用字母表来举例。比如说你现在在背诵字母表。我们知道你现在能够背到 K 了。你现在背到 K 了吗？好的，我们现在停止背诵。根据你的背诵情况我说，你现在在背诵字母表这个事情上已经达到了"K阶段"了。你兴奋不？不，所谓K阶段其实对你来说没什么价值，不是吗？字母表的价值不在于26个字母排成一条线，在其中某一个位置上"站着"一个K，它的真正价值在于人们能够通过这种书写的方式与其他人进行交流。与此同理，儿童智力发展的价值不在于我们在发展这条"线"上找到几个"点"，并在这些"点"上停下来，数一数，看一看，然后说这个孩子的发展正处在某个特定的阶段。反之，智力发展的真正价值在于，作为一个整体它能够解释儿童如何在这个世界中学习并生存。

此外，作为研究儿童的科学家，我们总有一种倾向，想把儿童分到皮亚杰四个主要发展阶段当中去——感觉运动阶段（sensorimotor stage）、前运算阶段（preoperational stage）、具体运算阶段（concrete operational stage）以及形式运算阶段（formal operational stage）——或者更有甚者，把儿童再细分到这些阶段下的子阶段中。（对事物进行分类的倾向是人类的一种天性使然，我在前文中曾经提到过，还记得吗？）但是，我们在推动儿童心理学这门科学向前发展的过程中是否需要谈及阶段和子阶段，这是值得商榷的。是的，皮亚杰的理论确实包含着阶段和子阶段。但是，对这些内容的价值评判却见仁见智。对于美国人来说，我们把自己和阶段理论"绑在一起"了。事实上，我甚至曾经听到过相关的争论，有些人将此称为"美国人的问题"。在继承了日内瓦传统的皮亚杰理论的追随者们（例如，曾经在瑞士日内瓦皮亚杰实验室和皮亚杰一起共事的人们）看来，从对儿童智力发展研究贡献的角度看，阶段理论本身的重要性要远远小于结构和过程。然而，如果在儿童智力发展过程中的某一个具体的时间点上进行考察，你会发现，儿童在这个时间点上的发展正处在某个阶段。我想，到此，就是本书第2章结尾的阶段。

问题讨论

1. 如果皮亚杰最初接受的科研训练不是生物学，那么他对儿童心理学领域的影响会不会有所不同？
2. 如果皮亚杰当年和他母亲的关系更好一些，那么今时今日的儿童心理学是否会看起来不太一样？如果你支持这种观点，为什么；如果你不支持这种观点，为什么？

3. 为什么心理学法则和生物学法则相符是相当重要的？从更一般性的角度来看，不同科学领域之间的法则相符为什么如此重要？

4. 过去从来没有人曾经见到过心理图式，以后也不会有人会见到。有鉴于此，我们是不是可以说，图式这个概念在科学上是没有价值的呢？

第 3 章 思维开端
游戏,梦和模仿

Piaget, J. (1945). Permission granted by the Jean Piaget Foundation. (排名3)

在本章一开始,我必须承认,在把皮亚杰1962年的著作纳入儿童心理领域具有革命性意义的20个研究之列这件事上,我并没有完全忠实于年代的次序。这不是说我抢劫了校园书店或者什么的。请记住,本书的整个宗旨就是,呈现1960年以后出现的并且对儿童心理学领域产生了革命性影响的研究。虽然《游戏,梦和模仿》(*Play, Dreams and Imitation*,简称《游戏》)的英文版实际上是在1962年出版的,但这本书的法语原版却是在1945年出版的。而事实上,《游戏》中出现的数据则是在20世纪20年代收集的。

所以为什么《游戏》会出现在1960年之后的列表中?原因至少有三个,你可以选一个你比较喜欢的。首先,这是我写的书,我可以用我自己的方式处理它,就这样,没有什么可说的。第二,我是一个美国的知识精英,就我而言,科学必须翻译成英文才真正成为科学(开个玩笑,别当真)。第三,《游戏》是在我的实证调查中被提及次数最多的研究之一。实际上，根据谷歌学术搜索的结果，《游戏》非常受欢迎，它被引用的次数达到6769次之多！很明显，儿童心理研究群体的成员们极为重视这本书。

好，但是为什么会这样呢？我认为，这很大程度上是因为它阐述了一些儿童早期智力发展理论的重要观点，这些观点在皮亚杰其他的著作中也有所涉及。你看，《游戏》是皮亚杰"三部曲"系列中的第三本著作，你可以说是，这三部曲共同组成了皮亚杰核心理论观点的汇编。前两本著作，《儿童智力的起源》(The Origins of Intelligence in Children)，《儿童现实的建构》(The Construction of Reality in the Children) 是此前十年用英文出版的（分别是在1952年和1954年）。因此，《游戏》一书引用了前两本著作中的基本观点，并且在此基础上逐步发展，以说明婴儿期的心理结构如何转化成儿童后期乃至成年期的心理结构。

一如既往地，皮亚杰是一位讲故事高手，他非常擅长把自己的理论主张与现实生活的观察结果相结合，以此形成观点并获得证据支持。皮亚杰不像当时的其他认知论者只是躺在椅子上的哲学家，皮亚杰是一位杰出的学者，他意识到通过呈现科学数据以维护自己立场非常有必要。我认为《游戏》这本著作，或者说整个"三部曲"系列，之所以受欢迎，正是由于皮亚杰著作在美国的"横空出世"恰逢其时——当时美国发展心理学家正在试图摆脱弗洛伊德学派的性心理理论和华生、斯金纳的行为主义理论这两大体系的控制，因此对于大多数学者而言，皮亚杰在几本著作中提出的普通生物学取向恰好令人耳目一新。

引言

在前一章中，我讲述了推动皮亚杰理论发展的动力，在第2章中我对皮亚杰理论的核心原则做了介绍，那么在这一章中我将有更大的空间来介绍皮亚杰在《游戏》中的研究。让我们来简要回顾一下第2章的要点。①皮亚杰是一个进化论取向的生物学家。②因此，他认为所有生物体必须为了生存而去适应环境。③就种系发育而言，适应可以发生在物种水平上。④就个体发育而言，适应也可以发生在个体水平上。⑤智力发生的载体是生物有机体。⑥因此，智力是一个生物过程。⑦所以，智力也具备适应的功能。⑧由于智力的适应是在个体发育过程中发生的，我们应该能够在儿童发展的过程中观察到。⑨儿童智力在个体发育过程中的适应，可能与至少 30 万年前发生在人类种系中的智力适应非常相似。

这便是皮亚杰宏大理论的基本架构。但是，仍然有一个巨大的难题摆在他的面前，那就是：为自己的理论观点寻找支持的证据。皮亚杰不但需要呈现自己得到的数据，而且还要以一种令人信服的方式呈现出来。"三部曲"的第一卷是《儿童智力的起源》，在这本书中，皮亚杰论述了儿童在出生后头两年的智力发展。此外，皮亚杰在这本书里为儿童认知发展的第一个阶段，感觉运动阶段（sensormotor stage），找到了证据，并把这一阶段的发展细化为六个子阶段。"三部曲"的第二卷是《儿童现实的建构》，在这本书中，皮亚杰阐述了儿童如何使用他们的智力形成对物体、空间、因果关系和时间等概念的基本理解。"三部曲"的第三卷是《游戏》，在这本书中，皮亚杰阐释了儿童如何从感觉运动智力过渡到真正的运算思维（例如说，逻辑）。在出生后的最初两年里，儿童表现出的主要智力形式是感觉运动智力，运算思维则是长大一些之后表现出的主要思维方式。对皮亚杰来说，是"心理表征"这条纽带促成了儿童智力从感觉运动思维到逻辑思维的过渡，因此，心理表征的发展成为了《游戏》一书的研究主题。

皮亚杰认为，心理表征，或者说利用内部的、心理的符号来象征真实的世界，是人类智力的基本要素，也正是它使得人类区别于其他物种。想象一下，假如人类不能用图形和图像，或者词汇和词组来思考真实的世界，那么人类的生活将会是怎样的一种情形？人类，特别是成年人，在清醒状态下的绝大部分时间思考的都不是正在发生的或我们眼下正在经历的事情。我们会去思考早餐要吃什么，或者即将来临的周末该做什么休闲计划。我们"回味"着之前与别人的对话，特别是想着其实自己原本可以用更好的、更聪明的方式说出那些话。但是，以上每一种想法都取决于我们的头脑对外部世界的表征能力，以及我们在心理层面使用语言和图像对这些表征进行符号化的能力。

第3章 思维开端

皮亚杰的观点是，儿童在感觉运动阶段快结束（2岁左右）时，能够开始使用心理表征，但是，直到具体运算阶段（7岁左右）时儿童才能够完全意识到心理表征的力量，那时也是他们逻辑思维的开始。同时，从2岁到7岁，整整五年的时间，儿童从早期的非逻辑符号思维转向了更高级的、逻辑的、符号式的思维。

为了详细记录心理表征的出现，皮亚杰对儿童两项能力的发展进行了追踪研究，他认为这两项能力是形成心理表征的基础。正如标题所示，这两项能力分别是游戏和模仿。为什么是这两项能力呢？好吧，让我们先岔开一下话题。请先回想我在第2章中写到的，同化和顺应是智力的两个基本过程。皮亚杰认为，同化和顺应的共同作用使得儿童能够根据现实世界调整自己对世界的理解。通过同化，儿童能够把新知识吸收到已有经验当中，这样他们就能对之前从没见过的事物进行分类。皮亚杰认为，游戏和模仿的概念完全与同化和顺应相呼应。在他看来，游戏几乎完全就等同于同化。通过游戏，儿童使整个世界依从于他们对现实的理解。从另一方面，模仿就是几乎纯粹的顺应。儿童通过模仿让自己完全依从外部世界。在心理表征初现端倪的前提下，皮亚杰通过追踪幼儿个体游戏和模仿的共同发展，也追踪着同化和顺应的发生。

实践证明，想要说清楚皮亚杰在第三本书中对游戏和模仿的解释还是比较困难的，因为其中有很多内容都以他第一本书中介绍的感觉运动阶段的六个子阶段为基础。读者需要大概了解第一本书的内容才能理解第三本书中的内容。然而，据我估计，你们真的读过第一本书的可能性几乎为零。那么在这里，我要做的就是，非常简要地回顾一下皮亚杰提出的感觉运动的六个子阶段，然后解释这六个子阶段如何影响儿童游戏和模仿的发生。

方法

被试

在研究中，皮亚杰观察的被试是2个小女孩和1个小男孩，他们是亲兄妹，而且都是皮亚杰自己的孩子。对孩子们的观察实际上从他们出生那一刻就开始了，并且每天多次进行。杰奎琳（Jacqueline）生于1925年，露西安（Lucienne）生于 1927 年，劳伦特（Laurent）生于 1931 年。所以，从杰奎琳的出生开始，到劳伦特的 4 岁生日时，皮亚杰至少对其中一个孩子几乎连续不断地进行了长达 10 年的详细记录。虽然对任何人来说这都需要付出艰辛的努力，但是这对皮亚杰来说却不具备太大挑战性，因为他观察的是自己的孩子，而且皮亚杰的夫人也会及时给予他帮助。据说，夫人常常在项链上挂一个小笔记本以便记录皮亚杰要求她观察的内容。

程序

由于皮亚杰是儿童发展科学研究的先驱者，并且他的研究对象是很小很小的孩子，所以当时几乎没有什么针对婴儿思维能力的现成测量工具供他使用。更加严重的是，我们都知道一个星期大的婴儿是无论如何也难以进行对话的。这就意味着，皮亚杰用来测量婴儿思维能力的每种方法都源于他的个人创造。"需求是发明之母"，你听过这个说法吗？皮亚杰发明了很多方法来验证自己的各种假设，其中有不少方法沿用至今。而最著名的要属"手段-目标测试法"（means-ends）和"A 非 B 测试法"（a-not-b）。但是，《游戏》中介绍的多数使用观察法的研究既没有使用任何标准化技术，也没有使用实验室测验。皮亚杰在书里描述的大多是他看到的，当孩子独自一个人的时候，他在做什么；当孩子与其他人和其他物品在一起时，他们会做什么；然后皮亚杰会随机在某个时刻介入孩子正在参与的活动，看看他们会做出怎样的反应。嘿，没有人说过与婴儿做实验一定要很有趣。伟大的哲学家、棒球教练 Yogi Berra 曾说过，"只是通过在一旁单纯地观看，你就可以学到很多东西"。

结果

在期刊发表的典型学术论文中，研究结果只会呈现在"结果"部分，并且进行简要且凝练的总结，但是在《游戏》一书中皮亚杰并没有使用这种方式呈现自己的研究结果。取而代之的是，皮亚杰把自己研究的结果"分散"到了《游戏》的各个章节。在书中，皮亚杰需要读者在哪里形成一些关于游戏或模仿的理论观点，他就会在哪里呈现自己的部分研究结果。为了讲完整个故事，他一共用了 291 页。而我对故事的复述则要简洁得多，我只打算说一说皮亚杰关于儿童游戏和模仿的主要研究发现。在总结部分，我会谈一谈，关于游戏和模仿对心理表征形成的影响，皮亚杰的观点是什么。

如前所述，我们要做的第一件事就是找出皮亚杰"三部曲"的第一本书，并回顾一下他在书中的观点，然后把这些内容放到对第三本书的介绍之前。在第一本书中，即《儿童智力的起源》（以下简称《起源》），皮亚杰研究了从出生到2岁左右的婴儿的智力发展。他的研究结果基本是按照时间顺序来呈现的：从新生儿的智力适应开始，到2岁婴儿的智力适应结束。他把两岁前的时间分成了六个连续的子阶段，但是每个阶段的时长不是等分的。在阐述每一个子阶段时，皮亚杰关注的是，在0~2岁的感觉运动阶段中，儿童表现出的一个或多个发展上的突破。在这里，我要重申我在本书第1章里表达的观点：在发展"故事"中最有趣的部分不是儿童达到了某一个发展阶段，而是儿童的智力功能代表了一种通过自然选择而实现的适应，这和生物的其他方面并无二致。

在接下来的篇幅中，我将概述皮亚杰提出的六个子阶段。我希望解释游戏和模仿在这几个子阶段中如何变得越来越明显。我也会节选一些皮亚杰对孩子的记录，希望能让你们感受到他的写作风格。这些是一般儿童心理学教科书上所没有的，但是我觉得这能让你们更好地理解皮亚杰思考问题的方式。在这些节选中，你会看到关于孩子年龄的记录格式似乎是这样的：1；4（14）。这是皮亚杰式的简写，它代表的意思是这个孩子当时是"1岁4个月零14天"。很明显，皮亚杰是一个非常关注细节的人，并且很多时候他会连续好几天观察并记录儿童的同一种行为。

对于应该把自己的视线转向哪里，我也会给你们一些指导。正如前文所述，游戏和模仿是人类智力的特殊形态，在游戏和模仿的过程中，儿童要么是单纯的同化（如在游戏中），要么是单纯的顺应（如在模仿中）。在常规智力行为中，同化和模仿在互惠式的相互协作中共同发展。但是，在游戏和模仿这两种特殊情况下，同化和顺应就不再同时起作用了，而是其中一个会占据主导地位。因此，在接下来的例子中，你需要注意的是，什么时候在没有同化的条件下发生了顺应。正是由于这些案例的特殊性，它们能够帮助我们看到个体能力成分独特的功能机制，这种功能独立运行，不受其他功能机制的影响。

第一子阶段：运用反射

从多个角度看，人们认可皮亚杰整个理论的原因是他能够很好地解释儿童在刚刚出生时的思维特征。这就是说，高级水平的思维来自于初级水平的思维，但是要说最早的思维来自于哪里就完全是另外一回事了。例如，成人思维的根源可以追溯到儿童期的思维；但是这种说法无非是在一个水平上提出了一个艰涩的问题（理解成人思维），然后把它转而变成了另一个水平上的艰涩的问题（理解儿童思维）而已。就人类的发展而言，人们希望尽可能地把问题的时间点向前移，从早期阶段推向更早期的阶段，比如从儿童期推向幼儿期，从幼儿期推向学步儿时期，如此这般，最终会有人给出个结果。在某一个确定的点上，我们必须要解释清楚什么是"第一思维"。可是，这是一个先有鸡还是先有蛋的问题。正如这个古老的难题一样，没有蛋就没有鸡，但又必须要先有鸡才能生出蛋。同样的道理，没有第一个想法就没有思维，但是必须要有思维才能出现第一个想法。因此，皮亚杰承担的重任就是解释第一次思维如何产生。我们来看看他是如何阐述的。

回想上一章的内容，皮亚杰遇到的问题正是解释儿童在哪里获得第一图式。图式是知识结构，所有思维都以此为基础。毫无疑问，皮亚杰的一项重大突破是，他意识到儿童的早期图式可能和成人的图式完全不同。实际上，人类最早的图式与后来的图式的确差异非常大。第一图式与晚期图式的主要相似点不在于结构，而在于功能，也就是图式能为婴儿做什么。记住，思维是帮助有机体适应世界的生物过程。皮亚杰所要做的就是，弄清楚婴儿在出生时具备了哪些先天能力能够帮助他们适应世界。皮亚杰对这个问题的解答很简单，那就是：反射！

虽然反射常被人认为是大脑里的"预设硬件"，但是它仍然会受到环境经验的影响。实际上，与外部世界的互动能够改变婴儿的反射，这就使反射成为了形成儿童第一图式的理想备选。以吸吮反射为例，婴儿可能会反射性地吸吮乳头、手指、钱币或者是一串车钥匙。但是，由于每件物品之间都存在着些许差异，那么成功地吸吮需要婴儿改变自己的"吸吮图式"以适应物品之间固有的差异。例如，与吸吮乳头相比，吸吮车钥匙需要婴儿做出一系列略有不同的嘴部和舌头的动作。

这些第一图式出现在感知运动的第一子阶段，这也是游戏和模仿为什么最早会发生在第一子阶段的原因。但是，游戏和模仿的确切形式至今仍然没有被找到。根据皮亚杰的观点，对于处在第一子阶段的婴儿来说，他们能做的最高级的事情是在撤销刺激后仍维持反射行为。例如，在移走乳头之后，一个月大的婴儿还能够继续吸吮。但是，这一行为不能作为论据，因为它既不是纯粹的同化，也不是纯粹的顺应。

游戏 在第一子阶段，准确地说是不存在游戏的。但是，婴儿的某些行为和游戏很接近。皮亚杰写道，一旦儿童重复某些行为的目的纯粹只是为了获得愉悦时，那么几乎所有的行为都很容易演变成游戏，但是目前还没有证据表明上述过程发生在第一子阶段。在这个问题上，现有最接近的例子是，在移走乳头后婴儿还能够继续吸吮。但即使是这个例子，皮亚杰也写道，"然而，如果婴儿延长哺乳时间的行为只是单纯为了获得愉悦感或者为了维持既有的遗传功能，那么我们似乎很难把这种反射经验视为真正的游戏。"

模仿 在第一子阶段，准确地说也没有模仿存在。然而，在这一阶段婴儿通过反射获得的经验确实能够为后面的模仿打下基础。让我来对其中的原因稍作解释。皮亚杰对模仿的定义是，"对某种模式的重复"。进一步说，所谓对模式的重复包含着"通过经验所获得的成分"。因此，如果一个孩子能够获得模仿能力，那么她最终一定能够熟练地对外界刺激做出反应。所以，即使吸吮乳头的行为几乎就是纯粹的同化过程，但它实际上也包含了把乳头整合到吸吮图式中的过程（对于孩子来说，乳头就是一种外部刺激，或者说是一种"通过经验获得的成分"），这就意味着儿童必须要调整自己已有的吸吮图式来顺应乳头。换句话说，通过外部刺激练习吸吮图式给了儿童一些实践机会，让他们能够使用"通过经验获得的成分"进行准备性的实践。这类实践为后续发生的重要模仿奠定了基础。皮亚杰写道，"目前看来，反射能够引起重复，这种重复在刺激（如，没乳头时的空吸）撤销后还可以延续一段时间，这意味着借助功能上的同化，反射得以多次练习、实践。"正是这种功能上的同化，使得后续发生的"通过顺应而来的条件反射"成为可能。

第二子阶段：初步习得适应和初级循环反应

　　第一子阶段存在时间极短——大概只有一个月的时间——因为婴儿的反射可以迅速适应周围环境。一旦反射因为接触到环境而发生变化，即使变化很微小，那么这时的反射也已经和从前完全不同了。我们可以说，这时的反射已经适应了环境。皮亚杰注意到，有时候（大概从第二个月开始）婴儿实践图式的原因很单纯，因为活动可以带来快乐。婴儿不断的重复行为表明，此时的活动已经不再是单纯的反射了，因为周围完全没有任何刺激的存在。相反，这些活动好像是婴儿自发的行为。比如，在没有能够引起反射的刺激物存在的情况下，也就是说，没有任何东西触碰婴儿的嘴唇时，我们也常常能够看到吸吮行为的出现。

　　这一次，皮亚杰注意到自己的孩子经常用刺激自己身体其他部位的方式来激活自己的反射图式。一开始，他们常常只是碰巧这样做。比如，婴儿的手臂到处乱挥，他们的手有时候会打在自己的脸上，不小心碰触到了嘴唇。然后，他们就会将手指伸进嘴里并开始吸吮。当然，在这个例子里，吸吮行为是由于手指无意识地触发了吸吮反射而出现。但是，当手指从嘴里滑出来，婴儿就会挥动胳膊调整动作，试图让情况再次发生。显然，吸吮图式不再是一个被动地对环境中的刺激做出反应的反射，它与婴儿身体其他部位的活动整合在了一起。婴儿频繁地重复最初偶然发生的动作说明某种特定的循环产生了。也就是说，一个动作偶然出现了，婴儿觉得好玩儿，所以他试图让它再次发生。皮亚杰把这种在现有图式和身体活动之间的整合称为"循环反应"。但是，由于在下一个子阶段中也会出现类似的循环反应活动，因而皮亚杰希望对不同的类型加以区分：只涉及婴儿自己身体的循环，和涉及外部事物的循环。这样一来，皮亚杰将前者称为"初级"，把这些词汇放在一起，皮亚杰使用的术语就是"初级循环反应"（primary circular reaction）。在婴儿出生后的1到4个月里，初级循环反应是最常见的。但在此之后，初级循环频率降低，婴儿开始出现"二级循环反应"（也称"次级循环反应"，secondary circular reaction）（见第三子阶段）。

　　游戏　皮亚杰认为，游戏明显开始于第二子阶段。他写道，"我们意识到，实际上婴儿在努力完成适应行为之后，会单纯为了快乐而重复这些行为，并伴有模仿微笑或是无目的的笑声，这是（典型的）由循环而诱导发生的学习反应"。观察记录第 59 段提到："我们需要记住，T［劳伦特（Laurent）的缩写］在 2 个月 21 天时习得了把头向后仰的习惯，这样一来他就能从一个新的角度看自己熟悉的东西。在 2 个月 23 天或 24 天时，重复这个动作似乎让 T 的愉悦感越来越大，而他对外部结果的兴趣在持续降低：他把头往后仰，回到直立，再往后仰，反复好几次，还笑得很大声。或者，我们可以这样说：对一个不到 3 个月的婴儿来说，循环反应变得越来越'认真'，或者说变得越来越有价值，继而成为游戏。在 3 个月时，T 与自己的声音玩耍了起来，不只是因为声音的吸引力，也是因为'功能上的愉悦感'，他为自己拥有的力量而发笑。在 2 个月 19 天和 20 天时，他对着自己的手笑，而在 25 天时对着自己摇动的东西笑，而在其他情况下他只是认真地盯着它们看。"

模仿 皮亚杰写道，第二子阶段的特征是反射图示的扩展，图式包含的元素增多了，由于经验的积累，图式变成"分化"的循环反应。例如，婴儿的吸吮图式已经分化出乳头吸吮和手指吸吮。他接着解释说："因此，模仿的出现有两个必备条件：图式必须要达到足够的分化程度，模仿对象要让婴儿感觉到能得到相似的结果"。换言之，如果一个婴儿还不具备某种图式，他就无法使用这个图式去模仿任何事情。皮亚杰观察到自己的女儿杰奎琳开始模仿妈妈的声音，他称这个行为是"声音蔓延"。"在 J［杰奎琳（Jacqueline）的缩写］的例子中，声音蔓延只是在她第 2 个月大的后半个月才出现。例如，在 1 个月 20 天和 1 个月 27 天的时候，我注意到 J 在回应妈妈的声音时发出的爆破音。在 2 个月零 3 天的时候，J 在类似的情境中把上面的行为重复了大概 20 次，在每一个爆破音之后都有一个停顿；在 2 个月零 4 天的时候，她重复某些之前随机发出的特定声音。"

第三子阶段：二级循环反应以及目的是制造有趣的持续视觉的过程

随着皮亚杰的孩子们长到第 4 个月，他发现孩子们不只会试图重复发生在自己身体上的有趣经验，他们还会把外部客体整合到自己的图式当中。试想一下，把基本图式用于自己的身体，或者把基本图式用于其他物体，这二者之间并没有什么大的区别。你的吸吮反射真的在乎到底是你自己的手指还是一串车钥匙激发了这个反射吗？所以我们说吸吮图式在功能上是不变的，即功能不变性（functionally invariant）；也就是说，无论婴儿吸吮的是手指还是芭比娃娃，吸吮图式的作用不会改变。但是总的来说，正如皮亚杰所发现的，婴儿努力地把外部客体整合到现有的图式中发生在比较晚的时期。这是第三子阶段发生的主要变化，到了这个时候，除了外部客体变成了图式的焦点之外，其余内容与第二子阶段大致相同。

虽然我一直关注吸吮图式，把它作为婴儿了解周围世界的主要方法加以关注，但在婴儿具备的众多图式中，吸吮图式是皮亚杰唯一探讨过的一个。在婴儿最初的知识图式中，另一个重要图式涉及视觉，我们在上一章中称之为"定向反射"。无论我们讨论哪个图式，这些图式在婴儿一出生时就以反射的形式出现了。皮亚杰研究工作的目标就是为这个观点提供支持，他认为，这些图式会逐渐地，但是最终必然会被整合到更大范围的行为模式中，这会让婴儿对世界有更充分、更好的理解。发展不是"全或无"式的。它是逐渐发生的——较晚的图式建立在较早图式的基础上——伴随着婴儿每一天积累经验的过程而逐渐发生的。

游戏　第三子阶段的游戏与第二子阶段的游戏在本质上是一样的，不同的是第三子阶段中所重复的图式不只包括了婴儿自己的身体，外部客体也被整合了进来。观察第60段中有例为证："L［露西安（Lucienne）的缩写］发现了'可以让小床顶上挂着的物品摇晃起来'的可能性。一开始，从3个月零6天到3个月零16天，她在研究这个现象，没有微笑，或者很少出现微笑，但是能够看得出她似乎很感兴趣，好像她在研究这个事件一样。然而，在接下来的时间里，从4个月一直到大约8个月，L对这件事再也不感兴趣了，甚至没有表现出兴奋。换句话说，在同化发生的同时并没有出现顺应，因此L也不再去努力理解。这只是对活动本身的同化，这个过程对L意味着她只是把这个活动当作是一种可以带来乐趣的现象，这就是游戏的全部意义所在。"

模仿 皮亚杰写道,"随着视觉和抓握之间的协调……能够对物体施加影响的新的循环反应出现了……第三子阶段的模仿本质上仍是保守的,没有表现出努力顺应新的模仿对象,这种顺应在后面的阶段可以被观察到。处在第三子阶段的孩子会学着去模仿从其他人身上看到的、自己能够做到并且熟悉的动作"。皮亚杰认为,孩子确实会经常模仿其他人发出的声音,但是前提是孩子自己的"系统"里已经有这些语音了。然而,儿童也会表现出对他人动作的模仿,比如皮亚杰在观察记录的第 12 段中写道:"在 8 个月零 13 天时,我观察到 J 交替地打开、合上自己的右手,同时她也在密切地注视着自己的右手,好像这个动作——作为一个独立的图式——对她来说是全新的。这个时候,我没有再做新的实验,但是当天晚上我给她看我的手,重复地一开一合。很快她就开始模仿起来,动作有点笨拙却也很特别。她趴着,眼睛没有看着自己的手,但是她的动作跟我的动作之间存在着明显的联系(在这之前她没有做出过这个动作)。"

第四子阶段:二级图式的协调以及把已有的图式运用到新的情境中

皮亚杰认为,第四子阶段从 8 个月或者 9 个月开始,在这个阶段,婴儿的智力发展会出现大的飞跃。他们一直在发展个体的独立图式,这些图式通过环境反馈形成。他们已经有的图式包括了看东西、听声音、吸吮、抓握东西、摇晃、推和打等。但是,在此之前婴儿还无法协调两个或更多的图式来执行有目的的动作。在此之前,婴儿大多只是对事物做出反应。在第四子阶段,婴儿不再是被动地反应,取而代之的是他们开始变得积极主动。为了达到自己的重要目标,他们开始有意地对世界施加影响和作用。图式的协调也使婴儿的游戏和模仿进入了新的水平。

游戏 在第四子阶段,皮亚杰开始探讨"顽皮行为"这个话题。"顽皮"这个词在本文中只是意味着这样的动作是好玩的、具有游戏性的,这样的动作本身会重复出现,但这并非为了达到任何特定的目的。劳伦特在第四子阶段中的顽皮行为是皮亚杰第 61 段记录中一个很好的例子:"在 7 个月零 13 天时,当T学会如何把一个障碍物挪开从而到达到自己的目的之后,他在8个月15天到9个月期间,开始享受这种练习。T到了这样的阶段:有好几次我把手或者一张卡纸放在他和他发现的玩具之间,排成一排,他暂时忘记了玩具,然后把障碍物推开并大声笑起来。所谓的智力适应由此成为了游戏,这是基于对动作本身的兴趣,跟目标无关。"在这个例子中,你可以看到游戏是在协调二级循环反应的背景下出现的,因为劳伦特把抓握图式和移走障碍物图式相互协调起来。也就是说,在抓住玩具之前,劳伦特必须先把障碍物移开才行。但是,在熟练掌握了如何协调两个图式之后,劳伦特突然开始"爆发"出对游戏的迷恋,对于两个已经协调联系在一起的图式,他会不停地只使用第一个图式进行游戏。

模仿 在第四子阶段,婴儿的模仿有了长足的进步,因为在这个阶段他们能够模仿自己看不到的活动了。他们能完成这种类型的模仿,是因为他们的视觉图式已经能够与其他领域的图式相互协调"工作"了,比如抓握图式或者其他身体动作图式。例如,皮亚杰在第20段观察记录中所写的:"在8个月零9天时,我在J面前伸出舌头,这是我在她8个月零3天时中断的实验,之前的实验一无所获……一开始,J看着我,她没什么反应,但是在我第八次尝试这样做时,她开始像之前(8个月零3天时)那样咬嘴唇。我第九次,第十次尝试时,她开始越来越大胆,从那以后每次都出现同样的反应。那天晚上,她的反应很直接,只要我一伸出舌头,她就咬嘴唇……接下来,对她来说,咬嘴唇的动作似乎已经足以应对任何人做出的嘴部动作。"在第26段观察记录中也有相似的行为:"在11个月零8天时,我把她的左手食指放进她的耳朵里,她的手指开始凭感觉在里面探索起来。然后我在她面前把自己的手指伸进耳朵里。她停下自己正在做的事情,密切关注着我。我也停下来。当我再次把手指放进耳朵,她又开始以极大的兴趣看着我,然后把自己的手指放回耳朵里。同样的事情发生了5次或者6次,但这还是不能保证已经出现了真正的模仿。然而,几分钟的休息之后,期间J做了完全不同的事(揉皱报纸),我举起手指到耳朵旁边。然后,她一边看着我,一边把手指举到耳朵旁边,当我把手指伸进耳朵,她马上也跟着这样做了。"

第五子阶段：三级循环反应以及通过积极地实验发现的新方法

前四个子阶段中的智力发展或多或少包含了把熟悉的图式运用于新的情境。在第二子阶段，婴儿用自己的身体把反应性图式用于偶然情况，并且重复这种图式从而使其保持下来。在第三子阶段，婴儿利用外界物体把同样的图式用于偶然情况，但还是通过重复这些图式使其保持下来。在第四子阶段，熟悉的图式被相互协调起来以达到新的目的。但是在第五子阶段中，婴儿有了新的活动：利用现有的知识达到全新的，甚至是比较高水平的结果。这叫作三级循环反应（tertiary circular reaction）。第五子阶段的三级循环反应与第二子阶段和第三子阶段的循环反应有很多共同之处，这些共同的反应在这两个阶段一遍遍地被重复。但是在相对比较初级的第二子阶段和第三子阶段循环反应基本上每一次都只重复相同的有趣结果，而第五子阶段的循环反应的目标却是每一次要产生不同的有趣结果。在这个阶段——例如，使用旧的图式扔东西。重复这个图式不只是用来得到刚刚出现过的相同结果。婴儿动作的目标更注重的是产生一系列新颖的结果。事实上，产生新结果的方式仍然是把图式进行一遍又一遍的重复，但是其中细节却有了变化。

看起来，在第五子阶段婴儿的目标似乎是为了了解客体与世界如何相互作用以及客体之间的关系。如果是这样，那么有效的解决方案就是尝试各种各样的方法以观察客体在此过程中与世界各方面的互动。在第五子阶段，婴儿就好像是一个小小的科学家。他会在不同的位置上扔出某个东西，然后观察这个物体在每一次掉落的过程中有什么不同之处。他不但会借助这个世界来了解这个物体（客体），他还会借助这个物体（客体）来了解这个世界。通过这种方式，婴儿能够学习到重力（在物体下落的过程中）、摩擦（在一个物体沿着另一个物体表面下滑的过程中）、固体（在一个物体撞击另一个物体的过程中）、弹力（在一个物体弹开另一个物体的过程中）、质量（当一个大的物体遇到一个比较小的物体时），等等。

游戏 游戏领域内的三级循环反应仍然重复前面几个阶段的图式，但是这些反应会引发使用图式的新方法,这就是皮亚杰所说的"几乎立刻就成为游戏"。以第 63 段观察记录为例:"在 1 岁零 5 天时,J 一边洗澡一边用右手握着头发。手是湿的,从头发上滑下来打着了水面。之后 J 马上重复了这个动作,先是故意把手放在头发上,然后很快手就伸向水面。她变换了高度和位置,也许有人会觉得这是三级循环反应,但是 J 的态度表明这只是一系列的顽皮行为而已。然而,在接下来的几天里,在 J 每次洗澡的过程中,这个游戏都会仪式性地、有规律地被重复。例如,在 1 岁零 11 天时,她刚到澡盆里就开始拍水,但是后来她好像丢了什么东西似的,停下来,然后她抬手摸摸头发,重新回到了游戏。"

模仿 若用于模仿,第五子阶段的行为具有改变行为结果的能力,但是这一点只对模仿刚刚观察到的事情有效。皮亚杰在第 40 段观察中写道:"1 岁 1 个月零 10 天时,J 在我面前。我的右手摩擦大腿。她看着我,笑,摩擦自己的脸颊,接着是前胸。在 1 岁 2 个月 12 天时,当我敲自己的小腹时,她拍着桌子,接着是膝盖(她当时正坐着)。在 1 岁 3 个月 30 天时,当我敲膝盖时她毫不犹豫地照做了。当我摸胃部时,她一开始敲着自己的膝盖,然后是大腿,直到她 1 岁 4 个月 15 天时才真正摸到了胃部。同样是在 1 岁 3 个月 30 天,我掀起背心,手指在背心下面滑动,一直下滑到腰部的位置,她就把食指放在膝盖上,摸来摸去,最终滑进袜子里。"

第六子阶段:通过心理联合创造新的方法

毫无疑问,整个感知运动阶段最重要的发展成就是,对之前表现在身体层面的图式进行内化(internalization)。内化的过程发生在第六子阶段,这时候婴儿通常是在 18~24 个月之间。换句话说,图式转变到了心理层面上。和之前的行为相比,这一成就具有某些相当关键的适应性优势。首先,婴儿如果想要了解关于外部世界的某些事,他们没有必要真的做出某个动作。相反,他们可以通过想象或多或少地预测可能会发生的事情。皮亚杰把这个称之为"前景洞察力"(pre-vision)。借助前景洞察力,婴儿可以知道如何解决某些问题,而不用再依靠尝试—错误的方式去了解行为可能产生的后果。但是,由于婴儿已经具备了使用内化后的心理符号的能力了,因而游戏和模仿在婴儿的生活中便产生了新的意义。在游戏方面，婴儿开始把旧的图式用于完全不适宜的对象或与此毫无关联的情境，也就是说，这个孩子现在会假装了。在模仿方面，这个孩子开始掌握并存储之前在不同的时间和地点看到的行为以作后用。皮亚杰称这种能力为"延迟模仿"（deferred imitation）。

游戏 毫无疑问，关于第五子阶段游戏的最著名的例子来自于杰奎琳，这个子阶段的游戏完全是内化后的心理联合，或者说是"真正顽皮的标志"。第64段观察记录显示，在1岁3个月12天时："她看到一块布，这块布毛边了，也许使她想到自己枕头上的毛边。她抓住这块布，用右手握住一个折痕，吸吮右手的拇指，然后侧身躺下了，大笑起来。她始终睁着眼睛，但是眼睛不时眨呀眨的，好像在假装闭上了眼睛。最后，在她越笑越欢的时候，J会发出'no-no'的声音。"接下来的几天，这块布总是引起J同样的游戏行为。在1岁3个月13天时，她对妈妈的大衣领子做了同样的游戏。在1岁3个月30天时，毛绒玩具驴的尾巴扮演了枕头的角色。从1岁5个月开始，她让自己的毛绒动物、熊和斑点狗也发出"nono"的声音。

模仿 杰奎琳也提供了第六子阶段中关于模仿的最著名案例，由于在原始事件发生过一段时间后才观察到J的模仿，因而皮亚杰称这种模仿为"延迟模仿"。第52段观察记录显示："1岁4个月零3天，J去探访了一个常见面的男孩。这个男孩1岁6个月大，那天下午闹脾气了。他在试图走出游戏围栏并且在推回围栏时尖叫起来，还跺着脚。J从未看到过这种场景，她看起来有些愕然，一动不动。然而，第二天，她就变成那个在游戏围栏里尖叫的人，她轻轻地连续几次跺脚想移动栅栏。她对整个情境的模仿令人震惊。如果这个模仿是即时的，那么这当然与心理表征无关。但是，既然二者是间隔了12小时之后发生的，这就一定与表征或者前表征的因素有关"。

总的来说，在感知运动阶段的最后，智力不再与儿童在外部世界中的行为以及他们从中获得的感觉反馈绑定在一起。于是，游戏和模仿不再局限于感知—运动领域。这时，适应性最强的图式是那些能够在心理上被表征并不受"此时此地"的限制的图式。这个时候，即便没有外部世界中的客体供儿童施以行为，他们的心理表征仍然能够被激活，这对处于第六子阶段的儿童来说是一种优势，可以说他们在智力上优于处于第一到第五子阶段的儿童。一方面，他们可以不必通过真的做出行为而只要通过单纯想象就可以获取知识。在你看来，能够运用想象的能力是不是可以算作一种适应性上优势呢？当然是了！另一方面，对于以前从未发生过的问题来说，心理图式能够让你找到解决方法。这就是皮亚杰所说的"通过心理联合创造新的方法"。在心理层面上，一个图式能够与另一个图式以从未在现实中发生过的方式相结合，例如，想象一下驾驶一辆汽车去伊利湖边钓鲨鱼。当然，这在现实中不可能发生，但是在精神世界中它很容易就发生了！很明显，当图式开始转变至心理层面，对外部世界的智力适应就具有了一系列新的可能性。皮亚杰认为，图式一旦变成了心理表征，它们之间的相互同化不仅可以迅速发生，而且还可以是自发的——甚至是完全自动的。

后来的心理表征

皮亚杰一个子阶段接着另一个子阶段地讲述了儿童游戏和模仿的发展，他的目的是为了阐述自己的主要观点，以解释儿童心理表征的建构。皮亚杰指出，心理表征需要两个要素：指代物（signifier）和被指代物（signified）。指代物的含义是，一种用于代表或者表示某个其他事物的事物。它可以是一个词，比如"箱子"这个词代表箱子。它也可以是一个手势，比如你伸出两个手指做出"V"的标志（在美国，它表示"和平"）。它还可以是一个图像，比如，金色拱门代表麦当劳餐厅。相反，被指代物的含义是，指代物所指向的事物。在上面的三个例子里，指代物分别是箱子的概念、和平的抽象概念以及对你来说麦当劳餐厅可能意味着的所有事物。

因此，在皮亚杰看来，当儿童内化并使用一连串指代物和被指代物时，心理表征就出现了。儿童使用指代物来代表那些被指代的事物。但是，重要且非偶然地，儿童通过模仿（单纯的顺应）和游戏（单纯的同化）过程来分别建构这两片心理表征的拼图。你想问这是如何发生的？看看我的介绍。

掌握指代物

皮亚杰这样解释指代物，它"似乎是顺应的产物，因此，它以模仿的形态得以继续，从而以图像或内化后的模仿形式存在"。皮亚杰这段颇为晦涩的表述实际上是说，我们能够掌握指代物的唯一途径，或者说至少让自己和处在相同文化背景下的其他人觉得指代物有意义的唯一途径是，我们看到别人使用指代物，并且加以模仿。如果你仔细考虑一下，就会发现这是合理的。我们知道的每一个词语，每一种手势，或者每一个图像，都来源于我们每天的经验，并被复制进我们的记忆当中。说英语的孩子向说英语的照顾者学习英语单词，人们都根据自己的文化习俗使用已知的手势。实际上，如果一个人不遵循文化习俗使用手势，就会给自己带来麻烦。例如，你知道美国人表示"ok"的手势对地中海国家的一些人则是指某个太阳照不到的特殊身体部位吗？所以你最好不要对刚从法国移民来的人做出"ok"这个手势。通过模仿，我们获得了操作心理表征将会用到的所有指代物。当然，指代物最终要与被指代物联系起来才是有意义的；但是上述内容至少解释了整个过程的一半。

掌握被指代的事物

另一半过程用来解释我们是如何掌握被指代物的。对皮亚杰来说，"'被指代物'很明显是同化的产物，同化过程把客体整合到已经建立的图式当中，通过这种方式为它赋予意义。"同样地，在皮亚杰的理论中，这是非常晦涩的。不过，它的意义就是，对于一个被指代物来说，如果它要对我们产生意义，那么它就必须要与我们已知的事物产生联系。想象一下你看到这样一个陌生的图样，比如说像这样 ♑ 。一开始你可能不知道这是什么，因此它对你来说没有什么意义。但是当你了解到它是摩羯座的星座标志时，你就可以把这个标志同化到摩羯座的图式当中。这个符号通过顺应成为指代物，那么你对摩羯座的星座标志所掌握的任何知识都可以成为这个符号的被指代物。皮亚杰简洁地总结如下，"如是，表征是'指代物'的一种联合体，让人们能够提取思维中'被指代物'的信息。"

总结

皮亚杰"三部曲"的统一目标是呈现数据。这些数据表明，智力的适应是经验产生的结果,智力适应发生的方式遵循进化论的基本原理。为了支持上述观点,皮亚杰提出了一套理论框架用来描述婴儿智力适应现实世界的方式,这套理论框架能够很好地适用于所有 6 个子阶段;从最初的、最原始的新生儿反射图式到最发达的 2 岁孩子的心理联合。皮亚杰理论的核心是,在同化和顺应的适应过程中"功能不变"所起到的作用。借助"功能不变"的适应过程,虽然同化和顺应的具体对象会随着时间而改变,但是无论对象是什么或者儿童的年龄多大,这个适应过程本身的工作方式是相同的。不管你是把车钥匙同化到吸吮图式中,还是把打开火柴盒同化到张嘴的图式中,同化就是同化,而这些也都是同化。游戏则把这种思维模式一直延伸到心理表征阶段。

结论

正如前面提到的,皮亚杰在本书中占据了如此多的篇幅是因为他对心理学领域产生了极其深远的影响。皮亚杰把自己的理论公布于众,供人审视,他因此也为其他人设定了必须要去达到的标准。事实上,20 世纪 60 年代和 70 年代是皮亚杰理论的黄金时期。每个人都在检验皮亚杰理论所提出的这样或那样的假设。而且这位大师那时仍然在世,并尽其所能地努力加深着人们对儿童认知发展的理解。

但是可以想象的是,如果你是任何一种重要理论的领头人,人们很快就会开始质疑你的领导地位。因此,许多反皮亚杰理论的运动开始发起,并且势头强劲。贯穿 20 世纪 50 年代和 60 年代的行为主义始终强烈反对皮亚杰明确提出的内部认知发展理论,并且只要一有机会就会对皮亚杰穷追猛打。同时,先天论者如 Renee Baillaegeon 和 Elizabeth Spelke 等人认为婴儿一出生就可能已经知道现实世界中的大部分基本概念的观点,也于上世纪 90 年代和本世纪初获得了重大科学的进展。

皮亚杰逝世于 1980 年,在之后的三十多年里,他的理论影响力大不如前,但仍是儿童心理学家们不断批判的对象。例如,在第 5 章中我们会看到 Renee Baillaegeon 严厉抨击了皮亚杰的"婴儿的对事物的心理表征直到 18~24 个月才充分发展起来"这一观点。然而,这类攻击的结果常常只是证明了皮亚杰在具体的认知机制上和某个具体行为的发展时间进程上而并非在某些行为是否存在的问题上有错误。最后，我们应该赞赏皮亚杰的洞察力、独创性和全面性，从本质上说，他的理论奠定了当代儿童心理学理论的基础。实际上他的理论虽然不再像从前那样能够吸引整个领域的关注，但他的观点对现代儿童心理学依然十分重要。

问题讨论

1. 把对仅仅3个孩子的观察作为整个认知发展理论的基础，有什么局限性？
2. 既然发展概念与分化概念都适用于基本的反射性图式，请对比和比较这两个概念。
3. 为什么"功能不变"观点对发展理论相当重要？

第4章 心理学中的马克思主义革命
社会中的心理：高级心理过程的发展

Vygotsky, L. S.（1978）. *Cambridge, MA: Harvard University Press.* （排名8）

现在，我们都认识并且爱戴苏联心理学家维果茨基，他的著作在1960年以来出版的儿童心理学领域最具革命性的研究中排名第八。等等，什么？你从没听说过维果茨基？好吧，也不是只有你一个人这么说。维果茨基的理论并没有太多见诸儿童心理学的教科书。所以从某种角度看，维果茨基的研究被这么多的儿童心理学家认为具有革命性，这会让很多人觉得惊讶。从另一个角度看，他在过去50年间最具影响力的儿童心理学理论家中确实可以列入前三（还有皮亚杰和Bowlby）；要是再考虑到维果茨基已经去世80多年了，那就更是不小的成就。皮亚杰活到84岁高龄，并且直到1980年还仍然有机会修订和完善自己的理论，反之，维果茨基年仅37岁就英年早逝，并且他在1934年之前就建立起了自己理论的权威性。不管是什么样的革命之火点燃了维果茨基的热情，他只用了皮亚杰所用的一半火柴点燃了火种。不过近些年来，维果茨基的理论已大大地活跃起来了。

像皮亚杰一样，维果茨基的兴趣实际上远远不止于儿童心理学。在他的博士研究中，他对法律和文学特别感兴趣。事实上，甚至在开始儿童研究之前，他就已经获得了法律学位并继续着关于莎士比亚名著《哈姆雷特》的博士论文的撰写。维果茨基是非常博学的。他一边对儿童心理发展进行研究，另一边在卡尔·马克思关于政府和劳动力理论的哲学理论框架下开展着工作。马克思的著作始终强调，同一社会里的人们要团结合作从而追求更大的共同利益。他认为，共同利益可以通过集体劳动获得，包括使用工具。这就是说，如果每个人都为了实现社会的价值而团结合作，那么这个社会作为一个整体就会比社会中每个个体成员为改善自己的利益而互相竞争时要好得多。维果茨基认为，马克思的思想也适用于心理学这门科学。不幸的是，维果茨基时代的主流心理学——主要是在西欧和美国——似乎更关注个体。因此，他开始通过创立一门科学理论来发动革命。他的科学理论是，个体的发展总是要在个体周围的物理环境和社会环境的背景下被考察的。

维果茨基与皮亚杰的对比

在更深入地讨论维果茨基的研究之前，我想先指出他和皮亚杰之间的一些相似之处。我想，通过了解他们之间的共同之处，读者可以更好地理解想要在儿童心理学领域获得大的成就需要付出何种努力。首先，维果茨基和皮亚杰两个人都是少年天才。学者 James Wertsch 写道，在少年时期，维果茨基常常和他的伙伴们假扮智力超群的历史人物，举行虚拟的辩论，比如让莎士比亚和拿破仑"对峙"。鉴于这种奇特的活动，我猜测，假如维果茨基和皮亚杰在学校操场上遇到了彼此，他们一定会发展出伟大的友谊；他们同年（1896 年）出生，从时间上这是可能的。他们两个似乎都喜欢做奇怪的、书呆子式的事情。值得注意的是，维果茨基和皮亚杰一样，也会不知疲倦地工作，并且在很年轻的时候就发表了大量著作。虽然维果茨基在 37 岁时因肺结核英年早逝，但那时他已经发表或撰写了 180 多篇科学论著。让人惊奇的是，在他死后的很长一段时间内他的著作还在继续出版。然而不幸的是，在世界的其他地方，维果茨基的著作在几十年后仍不为英语读者所知，这主要是由于时局的原因。大概直到最近35年，他的著作汇编才普遍地被英语读者看到，这其中包括了在20世纪80年代中期发行的多卷系列丛书。

第二个相似点，可能也是更重要的相似点，维果茨基和皮亚杰一样都一直在努力解决超出儿童心理学范畴的难题。只是皮亚杰站在达尔文进化论的观点上，而维果茨基则站在马克思政府与劳动理论的角度上。但是，我发现有意思的是，虽然维果茨基和皮亚杰被评为儿童心理学领域最具革命性的科学家，但他们都没有把儿童心理学作为自己的主要兴趣点，而只是把儿童心理学看作他们所研究的宏大课题中的一小块而已。

第三个相似点是，维果茨基的著作《社会中的心理》（Mind in Society）与皮亚杰的《游戏》一样，早在1950年之前很久就以各种形式撰写完成了。然而直到其著作被译成英文，美国心理学界才终于有机会了解到它们，也就是在那时，他的观点征服了美国儿童心理学界。从那时起，维果茨基的著作如炎热的夏日里的冰激凌小贩一般，吸引了越来越多人的关注。

重点要说明的是，《社会中的心理》一书不是俄文版原书的直接翻译版本。编者已经注明，这本书其实更像是维果茨基众多著作的摘要汇编。在书中，编者希望向世界上其他地方的读者讲述维果茨基的心理学故事，并让这些故事与摘要在这本书中相互交织。如皮亚杰一样，维果茨基的文笔也艰涩难懂，因此编者们承认对其著作中的一些片段进行过改动，以期能在不歪曲其本意的前提下最充分地把他的意图呈现出来。那么，大家到底为何这么兴奋呢？我们一起来看看。

引言

在书的开头，维果茨基表明观点：任何心理学的目标都应该是解释人类与其生活的环境之间的关系。很快，你就能感受到马克思的影响。维果茨基指出，有两种环境是人们（研究环境的心理学家也在此列）必须要应对的。首先是物理环境，包括人们接触到的所有事物：树、岩石、池塘、椅子、螺丝刀等。其次，也是更加重要的环境，就是社会环境。从本质上说，人类是社会性生物。维果茨基认为，必须把这一事实当作心理学的基本原则看待，任何没能认识到人类社会性特征的心理学必将失败。不考虑社会性去理解人类的本质，就像在没有球门的情况下踢足球。在维果茨基看来，语言是社会环境中尤其重要的一个方面，对他所说的高级心理过程的发展而言更是如此。

现在，你要记住维果茨基是在 20 世纪最初的十年里进行的心理学研究。那时候心理学这门科学还十分稚嫩，全世界的心理学家仍在试图解决心理学"应该做什么"以及"应该怎样做"的问题。因此，当时关于研究心理学的最佳途径有很多不同的观点。维果茨基的看法是，至少应当有一种非心理学的方式。这种非心理学的方式就是，不要从一开始就把研究对象从他生活的自然环境中隔离开来，或者说，你绝对不可以把任何人带进实验室。

遗憾的是，这正是儿童心理学领域大部分人选择的方式。这些心理学家想在实验室里研究儿童，他们认为人类环境太过丰富、复杂与多变，因此没办法判断儿童在环境中会如何表现。他们认为研究心理如同大海捞针，人类的行为就是"针"，环境则是大海。维果茨基把这些心理学家称为"人工主义心理学家"，因为他们的关注点似乎是在实验室里创建一个人工环境，并把儿童与他们的自然环境分开。而他认为，这些丰富、复杂并且多变的环境才应该是心理学研究关注的焦点。

然而，人工主义心理学家也有些道理。比如，你曾试着收听微弱的调频广播电台吗？除非电台信号与比背景中的白噪声更强一些，否则将会很难听到广播里正在播什么歌曲。而人工主义心理学家就是通过把儿童带进实验室来避免他们生活环境中的"白噪声"。人工主义心理学家们的论点是：利用实验室减少环境中的噪声，同时增强人类行为的信号；通过这种方式，真实的人类本性才会更容易被检测出来。而实际上，这个逻辑也是其他所有学科的科学家们的行业规范。比方说，一个生物学家会在培养皿里培养细菌。虽然细菌可以在很多其他地方生长，但是在培养皿这种人造的、高控制的条件下更容易培养出特定的细菌。心理学家采用这种"刻意为之"（tried-and-true）的方式不也顺理成章吗？

但是我之前说过了，维果茨基完全反对这种方法。他认为，心理学研究若要人为地把对象从其自然环境中分离开，都必定是错误的。他主张，正确的心理学应当不只考虑人本身，还应该考虑他们所居住的地方，他们的食物，他们与谁约会，他们如何与他人交谈。只有先把人们放在其自然生活的环境中，有效的心理学研究才成为可能。

儿童发展中的工具与符号

维果茨基在他以马克思主义为基础的心理学中，对人类真实且独有，并能够造福于人类社会的事件进行了分析。其中之一就是工具使用与言语之间的关系。这里的"工具使用"是指利用环境的某部分来解决问题的能力，"言语"是指人类用来相互交流思想以及世间物体与事件信息的符号和标识。维果茨基认为工具的使用和言语对作为整体的人类社会发展必不可少，因此他试图研究二者对个体发展的影响。维果茨基非常喜欢同时代的黑猩猩研究。他认为黑猩猩为心理学研究提供了十分有趣且必不可少的对照组。一方面，黑猩猩与人类一样能够使用工具完成某些事情。如早就为人所知的，黑猩猩用细树枝去捅白蚁丘，以带出大块美味的白蚁群。另一方面，黑猩猩没有言语。因此，虽然人类与黑猩猩之间具有相似性——二者都能够使用工具，但是由于使用言语能力的差异，人类还是胜出了。如此，维果茨基认为，分析黑猩猩与人类儿童之间的相似性和差异性可以从很大程度上揭示出真实且人类独有的智能模式。

当然，人类婴儿不是一出生就会讲话或者使用工具的。这些能力在婴儿出生几个月之后才开始发展——在其生理成熟了一些并且积累了大量关于物质世界和社会环境的知识之后。婴儿使用工具吗？当然。在皮亚杰的手段—目标任务（means-ends task）中，婴儿能够用手拉一个东西（比如说，一个枕头），来获取放在它上面的另外一个东西（比如说，一个铃铛）。在这个例子中，枕头就是被当作工具使用的。

维果茨基认为，虽然在人类的婴儿身上使用工具和言语的能力遵循着独一无二的个体发展路径，但当一个婴儿同时会做这两件事时，神奇的事情便发生了：会使用工具的婴儿发展成了会使用言语的学前儿童。在他看来，这一发展成果使儿童快速进入了智力功能的又一个全新水平。维果茨基把这个全新的水平称为"高级心理过程"（higher psychological process），是只有人类才能实现的心理过程。他解释道："言语和工具使用发生的时候，就是智力发展过程中最重要的时刻；当这两种之前完全独立的发展路线交集在一起时，就创造出了人类独有的兼顾实用性和抽象性的智力。"

维果茨基用大量时间研究了言语变得熟练之后儿童的问题解决能力如何提高。实际上，他认为前语言期的儿童的问题解决能力多少跟黑猩猩相似。在他们能够熟练使用语言之后才离开黑猩猩的低级世界，进入高级心理功能的世界。为什么言语如此重要？其一，维果茨基认为它带来了智力自由的全新水平。儿童使用了言语，无论声音大小，他们可以讨论不存在的事情，可以为将来制订计划，可以回述之前犯的错误。由于词汇是用来表征外部事物的内部装置，儿童可以用词汇思考他们所指的但没出现的事物。与黑猩猩一样，前语言期的儿童不会抽象地思考事情，他们只有在与事物直接接触时才能思考。在这里请注意，维果茨基的观点与皮亚杰的表征概念具有着惊人的相似：表征包括了指代物和被指代物（第3章），而言语也为儿童提供了获得解决问题所需的具体策略之前进行充分讨论的途径。没有语言的生物大多时候只能靠尝试—错误（trial and error）的方式解决问题，因此它们被限制于即时情境下感官所提供的有限信息之中。

维果茨基发现，言语能够帮助儿童使用工具的第一条途径是让他们在独自解决问题失败后寻求外界帮助。为了获得别人的帮助，儿童通常要用语言描述问题。这就是维果茨基所说的言语的"人际功能"（interpersonal function of speech），它表示发生在两个人之间的问题解决需要语言。然而，随着儿童不断积累与他人之间的大量交谈经验，他们最终能够获得与自己交谈的能力。然后，他们就能用自己的言语帮助自己解决问题了。这就是维果茨基所说的言语的"个人内部功能"（intrapersonal function of speech），至此，我们就可以说言语达到了内化了的水平。在这种"内部语言"（inner voice）的帮助下，儿童具有了他们可能达到的心理意识的全新水平以及只有人类才有的高级心理功能。在这里，我们引用维果茨基的原话进行总结："在儿童与他人进行社会互动的过程中，符号和词汇是他们最初使用的也是最重要的手段。然后，语言的认知和交流功能成为儿童新的、更高级活动形式的基础，使得儿童区别于动物。"

言语与符号

言语的个人内部功能对很多心理能力有着极大的影响。例如，儿童的内部语言改善了其对周围环境的感知，对以往经验的记忆，以及她的专注力。但是，当你开始认真思考事实的真相，你会发现内化了的言语提升儿童智力功能的原因主要并不在于他们所使用的具体言语形式，而是单个词汇或句子所承担的表征功能（signifying function）。就维果茨基而言，词汇就是一种符号，其重要性在于它们能够表征事物。机智的你们甚至会发现，词汇符号（sign）实际上构成了词汇的表征意义（signify）。

我最小的孩子还很小的时候发生过一件事情。当时我正在路上开着小卡车，萨拉在后座上紧紧地系着安全带。我们在当地警察局旁边的交叉路口遇上了红灯，在几秒钟清晰细致地环境扫描之后，萨拉说："看，爸爸，她的驾驶中心毛绒绒"。当然了，我不知道她说的是什么意思，也不知道"她"是谁，但是我开始打量交叉路口的四个转角，想看看我能否有幸看上一眼"驾驶中心"到底有多毛绒绒。很明显，萨拉在试着与我分享自己的想法，虽然我完全摸不透她的意思。最后，我捕捉到了萨拉的视线所指：她正在看着我们旁边那辆车里的司机。我终于意识到，萨拉用"毛绒绒的驾驶中心"这个符号来表示那位女司机所用的毛绒绒的方向盘套。

一个人使用能够被其他人理解的符号，这当然是有用的，但是首先儿童能够使用符号才是重点。维果茨基认为，当儿童开始努力使用词汇进行表征时，重要的不是他们在使用特定的词语，而是他们在用任意符号指代其他事物。设想一下，当我们说出一个词时，我们只是在发出一种特定的语音模式。这种语音模式表征着我们潜在的想法，而它本身其实不重要。以"车"这个词为例。当我们说出"车"时，我们发出的声音与"车"这个词的含义没有必然联系。不同的语言用不同的语音模式表示"车"。在西班牙语里我们说"auto"，在德语里我们说"wagen"，在日语里我们说"kuruma"，在斯瓦希里语里要说"gari"。会说话的儿童在说话非常重要，因为这意味着他们达到了能够用任意的语音模式指代其他事物的水平。如果像语音模式一样简单的事物能够代表某个想法，那么其他事物也能。此刻你可能一边读着这些文字，一边正看着黑色墨水在白色纸张上呈现的图形。很显然，如我们刚才所讨论的语音模式一样，这些黑色墨水痕迹也能够表征事物。这些黑色线条和点本身没有特定的含义，全部事实在于它们被用来当作表征。总的来说，当儿童开始用符号表征事物时，他们正在进入高级心理过程的世界。

维果茨基对儿童心理学领域的贡献在理论建设上远多于实验研究方面。然而，为了说明他如何把自己的理论模型转变为科学实践，很有必要将他的其中一个实验作为相关案例参考。在一项实验中，维果茨基探究了任意符号如何帮助儿童在环境中活动，尤其是在基础记忆的范畴内。在这里，他谈及的是两种不同类型的记忆：自然（或者，直观的）记忆和符号辅助（或者，间接的）记忆。这两种记忆类型之间的区别很难把握，但是我会尽我所能来解释清楚。

首先是自然记忆。自然记忆是一种非常基础、甚至原始的记忆类型，大部分只由感觉所驱动。维果茨基这样描述自然记忆："与感知很接近，因为它产生于外界刺激对人类的直接影响。"这就好比说，每当我闻到某种香水时，我会获得一个即时的反馈，类似于一种心理图像：我大学时候的前女友。一想到这个，我又想起另外一种香水。我闻到第二种香水的机会不多，它让我想起我中学时喜欢的一个女孩的样子。这些记忆自动地出现，它们是直观的，就好像当时我正看着这些人一样。

另一种记忆类型是间接记忆。它之所以被称为间接记忆，是因为符号在其中起到了中介作用。就是说，有时候我们的记忆可以被记忆之外的事物所辅助。维果茨基举了这样的一个例子：原始人类在木棍上刻划标记来帮助记忆大量的事情。另一个例子在电影里十分常见，就是一名囚犯在监狱的墙上做标记来提醒自己已被监禁的天数。维果茨基指出，没有任何迹象表明其他动物，即使是其他高级的灵长类动物，使用过这种符号增强式的记忆。因此，这是人类所独有的心理过程。作为这样的一个过程，它源于人类基本的社会属性。接下来的实验是由维果茨基实验室的 A. N. Leontiev 主持的，目的是研究儿童如何利用符号来强化记忆。在实验中，研究者和孩子们一起玩一款流行的室内游戏"我说你猜"（Taboo）。或许你以前从没玩过，我先来解释一下。这个游戏的目标是让你的队友们说出一个特定词语，而游戏的规则是，你在提示队友的过程中不能够说出某些词语。例如，假设你的目标是要让队友说出"钥匙"这个词，那么你的提示语里应当包括"锁"这样的表达。维果茨基在实验中所用的方法是这个游戏的变体。实验者问儿童一系列问题，有些问题的答案可能是颜色词语。在实验中，一个简单的问题可以是"地板是什么颜色的？"实验人员要求儿童给出一个答案，但是有时候会告诉他们有些颜色词语不可以使用。当然，如果地板是绿色的，而"绿色"是禁用词语，那么这时候儿童回答"绿色的"就会被当成一次错误记录下来。维果茨基和 Leontiev 想知道的是，给儿童提供印着颜色的卡片能否有助于他们减少在游戏中的口误次数。这个问题其实就是："儿童会把色卡当外部符号来帮助自己正确地回答问题吗？"

方法

被试

维果茨基并没有详细说明其研究中所用的被试。但我们知道至少有 4 个年龄组参与了研究。5~6 岁年龄段 7 名被试，8~9 岁年龄段 7 名被试，10~13 岁年龄段 8 名被试，成人组 8 名被试（年龄范围从 22 岁到 27 岁）。

材料

本实验中唯一用到的材料是一系列色卡，共 9 张，分别是：黑色、白色、红色、蓝色、黄色、绿色、浅紫色、棕色和灰色。

程序

实验过程十分简单。儿童被要求回答几组问题，而关于如何回答，他们会受到越来越多的严格限制。例如，与"我说你猜"游戏一样，儿童要在禁止使用特定词语的条件下回答一些问题。一开始，儿童被问及一系列关于各种物体颜色的问题，允许他们使用单个词语来回答问题。随后，研究人员实施了更加严格的规则。例如，在第二组问题中，"禁止使用其中两种颜色的词语，而且每个颜色只能说两次"。第三组问题包括第二组问题的禁忌规则，但是这一次给儿童 9 张色卡，并提示他们"这些卡片可以帮你赢得游戏"。

下面就是维果茨基问被试儿童的问题（禁忌是不允许回答"绿色"和

"黄色"）：①你有玩伴吗？②你的衬衣是什么颜色的？③你坐过火车吗？④火车车厢是什么颜色的？⑤你想变大吗？⑥你去过剧院吗？⑦你喜欢在室内玩吗？⑧地板是什么颜色的？⑨墙壁是什么颜色的？⑩你会写字吗？⑪你见过浅紫色吗？⑫浅紫色是哪种颜色？⑬你喜欢甜的东西吗？⑭你去过乡下吗？⑮树叶可能是什么颜色的？⑯你会游泳吗？⑰你最喜欢什么颜色？⑱人们用铅笔做什么？

结果

研究的原始结果见表4.1。在表4.1中，你可以看到个体年龄段列在表的左侧。然后在年龄段的右边，你可以看到被试回答第二组和第三组问题时的错误平均数。单独比较这两项任务中的错误数据是很重要的，因为这两组数据分别代表了被试在使用和没有使用色卡的实验条件下的得分。记住，本研究的问题是，符号的辅助是否有助于改善儿童回答问题的能力。在表的最右边可以看到被试使用色卡和不使用色卡的得分差异。要注意的是，对于所有年龄段的被试来说，他们手中有色卡的时候都比没有色卡的时候犯错的次数要少。

表4.1　有或没有色卡条件下回答问题的错误平均数

年龄	被试人数	第二组问题	第三组问题	差异
5~6	7	3.9	3.6	0.3
8~9	7	3.3	1.5	1.8
10~13	8	3.1	0.3	2.8
22~27	8	1.4	0.6	0.8

请特别注意一下右边一栏的分数差异。虽然所有年龄段被试在有色卡时比没有色卡时都要表现更好，但是色卡对10~13岁儿童的记忆影响最大。相反，色卡没有较大地改善成年人以及5~6岁年龄段儿童的记忆。

讨论

维果茨基认为，本研究的结果表明，间接记忆的发展有三个基本阶段。最小年龄段的儿童拿着色卡并没有改善记忆。（虽然这些儿童的记忆有 0.3 分的提高，但是这个差异不具有显著的意义）。在这个年龄阶段，外部符号未能有效地用来辅助记忆。然而，在发展的第二阶段，儿童在 8~13 岁期间，色卡明显地改善了记忆。特别要指出的是，在 8~9 岁年龄组的被试身上，错误降低了 1.8 分，10~13 岁年龄组错误降低了 2.8 分。出现改善的原因是，这个年龄段的儿童能够把色卡当作外部符号使用。最后，我们来看一下成年人的分数。有卡片没有帮助他们比没有卡片时完成得更好。这是为什么呢？很显然，这是因为成人的得分起点高，他们在没有卡片时也极少犯错误。成年人从一开始就使用到了自己内部的"心理"符号，因此使用色卡并没有带来多少帮助。维果茨基这样写道："学龄儿童所需要的外部符号已经转化为成年人记忆所使用的内部符号"。

这个实验支持了维果茨基的观点：儿童高级心理过程的发展是符号逐渐被内化的结果，符号最初来源于外部，通过社会交流才能获得。当然，这个研究的限制之一是我们不能确保成年人真的使用了内部符号。但是，本实验的结果与我们预期一致，那就是，成年人能够用内部符号对记忆起到辅助或者中介的作用。

维果茨基理论的日常实践应用

维果茨基认为个体的发展是在更大的社会背景下发生的，他的理论是宏大的，我刚刚介绍的实验只是维果茨基理论的"冰山一角"。在《社会中的心理》这本书中，维果茨基论述的其他内容也为他赢得了巨大的声誉，这就是最近发展区（zone of proximal development）的概念。最近发展区的概念直接反映出维果茨基乐于将自己的理论观点运用于真实生活情境。时至今日，当代教育者仍在努力把最近发展区的理念融入到他们的教育体系当中去。

那么它究竟是什么呢？它是指，你能独立完成的事情与在社会同伴、教师或者导师的帮助下能完成的事情之间的区域。我们在讨论幼儿如何请求成年人帮助他们解决问题时已经简单提到了这点。从这个角度看，最近发展区是一个人际心理过程。下面我们就来探讨一下相关的分支理论。

假设有两个正在学习滑滑板的 8 岁儿童 Zachary 和 Joshua。他们从来没真正地滑过滑板，但是他们都曾经在游戏机上玩过很多滑板类的电子游戏，而且他们都准备好了在现实生活中试试身手。设想一下，你在图书馆的停车场瞥见 Zachary 和 Joshua 这两个孩子正在努力地练习着滑板动作。你发现他们俩都不能很成功地做到自己想要完成的技术动作。虽然他们已经掌握了站在滑板上保持平衡的窍门，而且能够很好地用脚蹬地面让滑板滑动起来。但是他们似乎离 360 度旋转和带板跳还差得很远，而且不能"碾压"无障碍斜坡的围栏（这些都是玩滑板的经典动作）。你很有可能认为，这两个孩子难分伯仲，都表现出了他们这个年龄的大致水平，但也都还没有掌握让人印象深刻的滑板技巧。

现在想象一下，另一个年龄比 Zachary 和 Joshua 大 8 岁的男孩来了。他叫 Aiden，也带着滑板，你对他的印象是他比另外两个孩子经验多一些。的确如此，Aiden 能够演示各种技巧，跳跃、旋转，这让两个 8 岁的小男孩又兴奋又惊讶。Aiden 很有兴趣帮助小男孩们学习一些简单的技巧，便开始教他们压过一面图书馆景观墙边缘的基本方法。很快地，Joshua 好像掌握了"碾压"的技巧，他开始真正地碾压所有带边缘的地方。另一边，Zachary 却不太成功。他的平衡感好一些，所以他在板上呆的时间长了一些。但是只要尝试碾压什么地方，他就会摔倒。Zachary 的碾压技巧始终没有 Joshua 好。过了一会儿，Zachary 擦破了自己的膝盖，然后回家了。

这个例子阐释了最近发展区的基本特征。首先，一开始两个男孩几乎是在同样的活动水平上。他们都能上滑板，能滑起来，但是都不能做出其他的技巧动作。维果茨基把这些初始能力称作"现实发展水平"（actual development level）。现实发展水平是儿童在没有成年人或能力更强的同伴的帮助下自己独立能够达到的行为水平。第二，要注意 Zachary 和 Joshua 在 16 岁男孩的指导下表现得更好了。维果茨基称它为两个男孩的"潜在发展水平"（potential level），指儿童在他人的指导下能够达到的水平。这种能力上的进步被称为"人际心理过程"（因为这关系到两个人之间的互动）。儿童自己独立做的事情与在别人帮助下做的事情之间的区域，或者说现实发展水平与潜在发展水平之间的距离，就是维果茨基所谓的"最近发展区"。儿童的最近发展区越大，说明他越是准备好了向更高的水平发展。"今天的最近发展区就是明天的现实发展水平"。在案例中，Joshua 的最近发展区比 Zachary 大得多，因此他已经准备好用比 Zachary 更快的节奏往前发展，起码在滑板这件事情上是这样的。因此，根据之前对两个男孩的观察，你可能会猜测 Zachary 和 Joshua 的现实发展水平上不相上下，但是他们在发展潜能上还存在着明显的差异。不是吗？

最近发展区是一个十分基础且直观的概念。在当时那个年代，最近发展区的概念引发了一些重要命题，而对当今教育者来说，这些问题仍然备受关注。试想一下标准化测验。美国学龄儿童似乎饱受测验之苦，这个问题也困扰着美国的教育政策。政客们认为，如果定期对儿童实施测验，纳税者就能确保孩子们正接受着他们应该接受的教育。这场运动始于 21 世纪初，从共和党的乔治·布什任美国总统期间，一直延续到民主党的巴拉克·奥巴马的总统联任时期。我必须要说的是，当一项政策遭到如此多的教育者、心理学家以及社会学家的抵制，但却受到两个政党的共同支持，而这两个政党在除了这件事之外的所有事情上都争论不休，这样的状况是相当令人失望的。

标准化测验到底错在哪里？好吧，早在 70 年前维果茨基就有很多理由反对它了。首先，测验太过于强调儿童已经取得的成就。当我们使用标准化测验的时候，我们实际测量的是儿童的现实发展水平，也就是他们过去所取得的成绩。当学校帮助儿童准备和应对标准化测验时，它们关注的是让儿童记住在考试中很有可能会出现的内容。但是，我们要问的不是"美国儿童的现实发展水平是怎样的？"准确地说，我们应该问"美国儿童的发展潜能如何？"标准化测验的拥护者们反对最近发展区的概念，而它恰恰代表了一种更真实、更重要的智力准备，并且比标准化测验所测评的现实发展水平在儿童成功地适应环境方面具有更为重大的意义。是的，我们仍在奖励那些对儿童进行填鸭式教育的老师，而不是那些鼓励儿童有创造力、新颖、灵活思考的老师。但就像我们在 Zachary 和 Joshua 的案例中看到的，测评儿童的智力潜能效果要好得多。

当然，根据维果茨基最近发展区理论，教育儿童需要不同的教育方法和理念。教师的职责不是实现儿童现实发展水平的最大化，而是力图最大化儿童可能的发展水平。他们要研究每个儿童的最近发展区，也可以说要让这个"区"

变得更大。还记得你上学时参加考试的经历吗？你以为自己懂了，可实际上还是不懂？这种沮丧的遭遇反映了你在最近发展区方面的个人经验。当有老师在你旁边辅导时，你能够对内容理解得很好，一旦老师不能及时在身边指导你的时候，你就很难掌握学习的内容了。这种现象在本科统计学课堂里经常发生。我在教授统计课时常常会给学生留家庭作业。然而，在交作业的当天必定有些学生交上来的是没有完成的作业，他们跟我说能理解我在课上讲的内容，但是自己独立做作业的时候就完全迷糊了。

很显然，人们与他人合作时表现得更好，这是马克思的，同时也是维果茨基的核心观点。如果美国教育系统能够据此做出调整，那么美国的教育实践将会受益匪浅。我们也许不应当把教育的重点放在竞争性的、个体化的学业成绩上，而是应该重视合作性的小组学习。但是，美国作为一个国家尚未对此采取任何行动。2005年左右，有一段时间，教育行业开始从以教师为中心的方法转向以学生为中心的方法。前者指的是，教师掌握并向学生讲授所有内容，学生复制老师所说的每一句话；后者指的是，学生与教师或者同伴团体合作，独立地探索知识。在小学、初中、高中里这种主动发现的学习迅速变多。但是在2010年之后的几年，各州似乎出现了回头的趋势，政府再次表示重视学生的学习成绩。在田纳西州，就是我现在居住的州，立法者甚至通过了这样一项法律：把教师执照与他的学生在标准化测验中的表现相"挂钩"。

结论

的确，维果茨基对儿童心理学领域具有重大的影响。他的重要性至少在于为这个领域带来了新的研究方法以期获得某种科研成果。他向全世界介绍了欧美的标准心理学研究方法之外的带有马克思主义倾向的另一种途径。重要的是，维果茨基强调在自然环境中思考人类行为的观点正是本书中介绍的很多其他作者的理论观点的前提。

比如，维果茨基一定会很喜欢John Bowlby的著作（第17章）。Bowlby的研究重点是母婴关系。他著名的主张是"母婴关系在他们所生活的环境中才能得到最充分的理解"。Bowlby认为，虽然妈妈和自己的孩子在千万年的进化中被设定为相互吸引,但是他们之间的吸引力强度取决于环境。Bowlby 指出,当今依恋障碍比从前更多,这是因为最初进化而来的依恋关系所处的原始环境与现在的环境有所不同。因此,当妈妈和孩子发现自己身处不同往常的、或者陌生的环境中时,比如医院或者监狱,而且当妈妈被禁止对孩子发出的某种信号做出反应时,依恋障碍就很可能会出现了。

维果茨基也会很欣赏 Bronfenbrenner 的理论(第14章)。和维果茨基一样,Bronfenbrenner 认为,在不考虑环境影响的条件下开展儿童研究是愚蠢的。但是,他比维果茨基更进了一步。他主张,存在着几个不同的、交互作用的环境层次,因此也存在着环境对儿童在不同水平上的影响。比如,儿童行为不只受到是否有大量的玩具可玩这种影响,也受到他们是否居住在开明、自由的社会环境下的影响。因此,Bronfenbrenner 认为,环境的影响包括了直接、短期的影响和间接、长期的影响。

不幸的是,维果茨基并不长寿,他没有看到 20 世纪后 50 年里儿童心理学爆炸式的飞跃发展。在他去世之后,对婴儿和儿童能力的研究取得了诸多令人瞩目的成果。人们纷纷好奇:如果维果茨基像皮亚杰一样长寿,他了解到这些成果之后会怎样做呢?

问题讨论

1. 对某些领域的科学研究来说,政府会起到怎样的影响作用?对某些方面的政府工作来说,科学研究会起到怎样的影响作用?
2. 维果茨基和皮亚杰的儿童心理学理论的根本不同之处是什么?二者又有哪些共同之处?
3. 如果一定要用标准化的测试作为评估儿童的方法,那么我们能够对流程做怎样的改变,从而可以使其更加符合维果茨基的理论(尤其是符合最近发展区的理念)?
4. 你认为黑猩猩是否可能有能力参与某些更高级的心理加工领域?为什么可以,或者为什么不可以?根据维果茨基的理论,限定因素会有哪些?除了口头言语,这些限定因素还可以通过哪些手段来克服?

第5章 吊桥研究
五个月大婴儿眼中的客体恒存性

Baillargeon, R., Spelke, E. S., & Wasserman, S. (1985). *Cognition*, *20*, 191-208.

（排名5）

每隔一段时间，就会有一项科学研究"站出来"反驳某些人们已经习以为常的科学术语解释。这样的研究不仅处理和报告了研究数据，它更涉及了科学群体及政治领域。为了更好地领会这些研究的精神，并给他们贴上合适的标签，我们有时候必须借助其他学术领域的知识，比如人文科学和美术。Renée Baillargeon（发音为"by-er-JOHN"，很弱的 j 音）1985 年的研究就是一个典型的例子。这个现今广为人知的研究在那时候却是经典圣经故事"大卫与哥利亚"（*David and Goliath*）（但不包括杀戮部分）的翻版，集聚了法国印象派画作。

之所以是"大卫与哥利亚"故事的翻版，是因为在 Baillargeon 的研究中，她就像是这个故事里年轻、乳臭未干的牧羊男孩大卫，抱着坚定的信念，击垮了结实、强势又傲慢的非利士巨人哥利亚。不过，Baillargeon 的巨人敌人是皮亚杰。之所以说她的研究像法国印象派画作，是因为你必须得后退几步，纵览全局，才能完全理解和欣赏她的研究。如果你靠得太近，过分关注细节，那么作品的精华也就流失了。但是，作为法裔加拿大人，Baillargeon 博士了不起的法国口音的确给那些听过她说英语的人留下了美好的印象。（明白吗？她给人留下了法国印象。）

为了了解 Baillargeon 的研究从何而来，你首先需要了解一些皮亚杰理论中的客体恒存性概念。因为 Baillargeon 所要反驳的正是这个概念。虽然我们在第 2 章和第 3 章中花了很多时间回顾皮亚杰的研究，但是我们并没有过多地讨论客体恒存性。所以我将在这里简单地解释一下。

作为一个基本概念，客体恒存性指的是物体会恒定存在，即便我们的感官不能继续感知到其存在。作为成年人，我们完全明白这个道理。如果我把一个棒棒糖放进我的抽屉，我知道我下次想吃点糖的时候，它还会在那。如果它不在那，我便会知道孩子们趁我不在的时候把它偷吃了。皮亚杰认为，客体恒存性概念并不是与生俱来的。这个概念会随着年龄的增长而不断发展，虽然婴儿在 9 个月左右就开始有了这种概念，但通常要到 18 个月的时候才会发展完整。这一概念对我们的生存十分重要，如果没有它，我们就无法记住过去或计划未来，甚至不会想起我们的冰箱里有什么食物。

皮亚杰客体恒存性的概念来源于他在自己孩子身上所做的一系列创新性实验。他发明了各种新方法，如把一个物体藏在另一个物体的后面，然后观察他的孩子们在不同年龄时会怎么做。他会用自己带花纹的手帕把一个橡皮鸭罩住。如果他的孩子没能找到橡皮鸭，他就会把手帕稍稍掀开一点，好让橡皮鸭的小尾巴或者其他什么部分露出来。如果孩子不能找到被遮蔽的物体，他便指出他们尚不具备客体恒存性的概念。根据皮亚杰的观点，9 个月以下的儿童不会去搜索被遮蔽的物体，因为他们并没有意识到①物体有独立的身份，以及②即便不在可感知范围内，物体也持续存在。皮亚杰将 9 个月大定义为一个非常关键的年龄，因为这是婴儿最早开始搜索被遮蔽物体的时间。而这也是 Baillargeon 革命性研究的出发点。

引言

在文章的最开始，Baillargeon 和她的同事们同我一样，提到了皮亚杰关于儿童在 9 个月大之前并不具备客体恒存性概念这一观点。同时，他们也指出，另一些研究者也质疑皮亚杰对测试自己孩子客体恒存性做出的解释。其中主要的两点分别是，其一，婴儿如果要完成皮亚杰的客体恒存性任务实际上需要两种能力作为前提，而不仅仅是一种能力。假设你在玩一个很吸引人的玩具，你会看这个玩偶，会拿它敲打桌子，会放在嘴里（因为你只有 6 个月大）。现在想象一下，皮亚杰把你的玩具拿走了，放在了你面前的桌子上，并且用手帕遮住。为了把玩具拿回来，你要怎么做？当然，你肯定得首先意识到这个玩具还继续存在。如果你能认识到这一点，那么你就已经具备了客体恒存性的概念了。但如果你只是继续坐在高脚椅上，没有人会知道你到底有没有客体恒存性概念，不是吗？你必须得做点什么，证明给别人看你有这个概念的。具体点说就是，你得找到这个玩具，并把玩具上面的手帕掀开。但是现在，无论如何，在你抓到玩具并把手帕掀开之前，皮亚杰是无法确定你是否具有这个概念的。所以，从外界的角度来说，如果要展示出具备客体恒存性概念，就需要婴儿抓到并掀开手帕。如果你没有这个能力，那么就没有人会知道你是否具备客体恒存性的概念。

这一点也是 Baillargeon 针对皮亚杰实验的主要反驳点。在皮亚杰愿意认同孩子其中一种能力（客体恒存性概念）的时候，他要求孩子首先具备两种能力（客体恒存性概念以及可以抓住并揭示物体）。在 Baillargeon 看来，皮亚杰的客体恒存性测试太过困难，所以不公平。总之，她认为这个实验并不能精准测量儿童的客体恒存性概念。

Baillargeon 认为，皮亚杰并没有检测出儿童"真实"的客体恒存性概念，因为他的实验需要儿童遵循"手段—目的"（means-ends）的顺序。这一顺序指的是，一个动作的发生需要另一个动作首先完成。例如，为了喝一瓶百事可乐，你需要先把瓶盖拧开。这就是"手段—目的"顺序。所以说，当皮亚杰为了让他的孩子找到玩具而要求孩子掀开手帕时，他实际上是让他的孩子在遵循"手段—目的"的顺序。Ballargeon认为，这可能比客体恒存性更复杂。如果是这样，要求儿童使用"手段—目的"顺序以展示出客体恒存性概念，将会使我们严重低估他们所具备的客体恒存性概念。

Ballargeon的目标是找出一种更简单的客体恒存性测试方法，以此发现儿童真正开始理解客体恒存性概念的时间。因此，她至少需要一个不涉及"手段—目的"顺序的任务。但是，Ballargeon遇到了一个小问题：并没有什么现成可用的客体恒存性任务。所以，就如同其他的革命性创新一样，她自己发明了一个任务，而且非常具有独创性。她借鉴了著名的婴儿观看/观察行为测量研究（见第8章），把它改造成了一种只需要婴儿们去看物体，便可以测量出他们客体恒存性概念的方法。Ballargeon利用儿童观察行为来研究他们是否具备对客体恒存性的理解。她相信，这个任务相比皮亚杰的实验来说要简单，至少不需要儿童遵循"手段—目的"顺序。

现在我要在我的讲述中加入一些"诱导转向"。虽然Ballargeon和共同执笔者Elizabeth Spelk以及Stanley Wasserman在1985年的文章被票选为自1960年以来最具革命性的研究第5名，但是我却要描述他们随后发表于1987年的文章。因为这篇文章的研究对象是更小的婴儿，并且包含着更广泛、更完善的研究调查。不用担心，你不会错过什么的。这两篇文章内容相同，基本原理相同，过程也相同。只是在1987年的文章中，Ballargeon将1985年实验中的被试婴儿年龄从5个月大降低到了4个半月大，甚至是3个半月大。这个研究策略预示了Ballargeon的研究方向，她在每一个实验中只观察某一特定年龄段婴儿的反应。随后，她继续测试更年幼的婴儿，试图确定婴儿在多小的时候可以对客体恒存性概念产生反应。所以，在1987年的文章中，Ballargeon做了三个相关实验，分别针对4.5个月大的婴儿（实验1）、3.75个月大的婴儿（实验2）以及3.5个月大的婴儿（实验3）的客体恒常性概念。

实验 1

方法

被试

24个足月生产的婴儿参加了实验，年龄在4个月又2天到5个月又2天之间。其中一半婴儿被分派到了实验组，另一半则被分派到控制组。因为吵闹（3个婴儿），昏睡（1个婴儿），或者实验器材失常（1个婴儿），其中共有5个婴儿被排除出实验。参加实验的婴儿父母都收到了差旅费作为补偿。

材料

仪器 Baillargeon 使用了一种特殊设计的实验仪器。因为我只能在这里用文字描述，所以不好形容仪器的设置。但是你可以在 Youtube 视频网站上找到实验描述：http://www.youtube.com/watch?v=u2ovHFt5YXc。

或者你也可以搜索下列术语：Balillargeon，悖反期望，吊桥（英文原文为 violation of expectation，drawbridge）。如果你现在不能上网，那我们就只能依赖下一个资源了——你的想象力。

Baillargeon 的实验器材看起来有点像一个玩偶表演舞台。从远处看，就像木盒子，大小跟一个烤箱差不多，盒子的前面中间部分有一个小洞可以看到里面。如果你有一个带透明玻璃窗的烤箱，你就可以更好地想象出 Baillargeon 的实验仪器长什么样子了，只是仪器的窗子更大一些。

透过玻璃窗，你会看到一根金属轴上粘着一块银色硬纸板屏幕。这个屏幕的特殊之处在于它可以180度旋转、远离或者靠近观察者。你会看到它平置于那里（对着你水平放置），之后屏幕会开始升起，直到最终直立起来（就像吊桥），然后慢慢后倒，远离你，直到再一次完全水平。就好像你把一本书平放在桌面上，然后翻了一页，这时你就将这页纸翻了180度。如果你将这页一直翻过来翻过去，这一页的运动基本上就模拟了 Baillargeon 实验仪器上银色硬纸板的运动。虽然我知道有些人"不太擅长数学"，但我还是会在这章中继续使用"180度"这个词，以描述 Baillargeon 实验仪器中屏幕绕轴旋转一次（从平置到平置）的动作。

此外，Baillargeon 的实验仪器中还包括一个小木盒子，这个盒子与玩具橄榄球一样大，被涂成黄色，上面画着一个小丑的脸。它被置于银色硬纸板屏幕的后方，所以当屏幕向你倾斜的时候，你会看到屏幕后面的这个小黄盒子。但如果屏幕远离你的时候，你就不会看到它了。小黄盒子被放置在屏幕后面。正如你所想象的一样，屏幕一旦碰到小黄盒子，便会停止旋转。至少，这是你预测将会发生的情况。但是，Baillargeon 很巧妙地在大木盒子下面设计了一个活门，使得屏幕触及小黄盒子时，小黄盒子可以掉到大木盒子下方。所以屏幕会继续完成 180 度的旋转而不会因为触及小黄盒子而停止。如果屏幕触及小黄盒子时停止旋转了，那它就没有完成完整的 180 度旋转。Baillargeon 具体测量了一下，结果显示，在这种条件下屏幕只旋转了 112 度。

三个不同的实验情境　综合起来，三个不同的实验情境都可以使用这个实验仪器。首先，大木盒子中不放置小黄盒子，所以婴儿只会看到屏幕完整旋转 180 度。Baillargeon 将这种实验条件称为"熟悉事件"（familiarization event），因为它让婴儿熟悉屏幕运动的范围。当小黄盒子被放置在屏幕后面的时候，另外两种情境就会发生。在其中一种情境中，屏幕可以来回旋转接触小黄盒子。Baillargeon 称这种情境为"可能事件"（possible event），即屏幕只会旋转 112 度，当它触及小黄盒子时，便会停止旋转，然后开始朝另一个方向反向旋转。在另外一种也就是第三种情境中，虽然屏幕后面有小黄盒子，但是屏幕仍然会旋转 180 度，就好像屏幕神奇地穿过了小黄盒子。Baillargeon 称这种情境为"不可能事件"（impossible event）。因为正常来说，一个固体是不可能穿过另一个固体的。当然，在这个情境中，"不可能"被研究人员变成了"可能"，因为大木盒子底部的小活门可以使小黄盒子在触及屏幕时悄悄地消失。

程序

参与 Baillargeon 实验的婴儿们坐在母亲腿上，面向实验仪器，可以清楚地看到每一种实验情境。实验过程中，母亲们被要求不要跟婴儿讲话。在每一个表演前，婴儿会被允许玩耍带有小丑脸图片的小黄盒子。这可以让婴儿看清楚小黄盒子是什么样的。我认为，这个过程中最重要的是他们了解到这个黄盒子是用硬质材料做的，而不是海绵物质。

两个实验主试人员会通过实验仪器上的窥视孔观察婴儿在往哪里看。让两个主试一起观察很重要，因为这样可以增加观察的精准度。如果 Baillargeon 只用一个实验主试，那么她永远都不能确定这个人的观察是否精准。但是有了两个主试，她便可以计算两个人观察一致情况时间的百分比了。如果百分比高，就可以确定他们的观察是精准的。在这个实验中，两个主试的一致性百分比很高（大概 88%）。

实验组条件 实验组的每个婴儿都会先看到熟悉事件。请记住，设计这个实验情境只是为了让婴儿们熟悉银色屏幕的 180 度旋转动作。婴儿们会一遍一遍地看"熟悉事件"，直到他们失去兴趣。Baillargeon 是怎么知道婴儿失去兴趣的呢？这很简单，就是婴儿不会再去看了。当婴儿失去兴趣的时候，Baillargeon 就会开始给他们展示另外两个情境："可能事件"和"不可能事件"。她会交替轮换展示这两种情境，所以婴儿会先看到第一种情境，然后再看另一种，然后再回到第一种。在"可能事件"中，带有小丑脸图案的小黄盒子会被放置在屏幕后。当屏幕旋转到接触盒子的位置时，它会停下来，然后向另一个方向旋转（112 度动作）。在"不可能事件"中，小盒子还是会被放置在屏幕后，但是屏幕会 180 度完全旋转，正好穿过小盒子应该在的位置。当屏幕完全旋转后，它会停下来，然后向另一个方向旋转（180 度动作）。

控制组条件 控制组的婴儿们会和实验组的婴儿们看到同样顺序的情境，但有一点重要的不同之处是——在屏幕旋转过程中，小黄盒子从来没有出现过。所以婴儿会先看到"熟悉事件"，直至他们不再感兴趣。然后，Baillargeon 会交替轮换展示给他们其他两个情境。但是，因为实际上并没有放置小黄盒子在屏幕后面，她不能说这两个情境是"可能"和"不可能"事件。因为这两个情境都是"可能"的。因此，她称它们为"112 度情境"和"180 度情境"。稍加留心你便会意识到，其中"180 度情境"其实跟"熟悉事件"是一模一样的。

预测 在开始讨论 Baillargeon 实验 1 的结果之前，我觉得我们可以先预测几种可能的结果，比如实验组和控制组分别都会发生什么，这将帮助你更好地理解 Baillargeon 实验的内在逻辑。这个实验中最重要的因变量是婴儿的观察时间。Baillargeon 对看到"不可能事件"时婴儿观察时间的改变非常感兴趣。她表示，如果婴儿们跟成年人一样，当他们看到"不可能事件"时感到很惊讶，便会用相对来讲更长一段时间来观察这个情境。至少，他们看"不可能事件"的时间会比看"可能事件"的时间要长。但需要注意的是，婴儿产生惊讶感意味着他们在最开始便意识到"不可能事件"实际上是"不可能"发生的。根据 Baillargeon 所说，为了认识到"不可能事件"是不可能的，婴儿们需要意识到即便他们不能在银色屏幕后方看到小黄盒子，小黄盒子还是继续存在的，并且还需要意识到两种固体不可能同时占用同一个实体空间。换句话说，这需要婴儿们具有客体恒存性概念。

从另一方面来说，如果婴儿们不能意识到"不可能事件"是不可能发生的，那么他们就不会在看到这个情境时展现出特殊的兴趣。如果有什么区别的话，那可能是婴儿们会倾向于不去看"不可能事件"，因为在这个情境中，屏幕会旋转 180 度。记住，180 度这个旋转程度正好与他们刚刚看完并且已经失去兴趣的"熟悉事件"的旋转程度一致。在观看完"熟悉事件"中的 180 度旋转后，婴儿们应该更想要看到"可能事件"中屏幕 112 度的旋转，因为这是全新的屏幕旋转角度。

实验1：结果和讨论

正如你所猜想的那样，Baillargeon 发现，相比观看"可能事件"来说，4个半月大的婴儿们观察"不可能事件"的时间确实更长。特别是在他们熟悉了"熟悉事件"并逐渐减少了观察"熟悉事件"的时间之后，婴儿们观看"不可能事件"的时间显著增加了；但是他们并没有花更长的时间去观察"可能事件"。

到目前为止，婴儿观察"不可能事件"时间的显著增长已经足够引起我们的兴趣了。这同时也证实了 Baillargeon 的假设，即便盒子被藏在了婴儿看不到的银色屏幕后面，他们还是会期待小黄盒子继续存在。与此同时，婴儿们对"可能事件"的观察时间没有丝毫增加也引起了我们的关注。这是为什么？之前我们预测过，婴儿们会更想要看到112度旋转，因为这与他们在"熟悉事件"中看到的180度旋转不同。但是，即便是已经熟悉了"熟悉事件"中的180度旋转，他们还是喜欢看"不可能事件"中同样的180度旋转。这就好像他们更倾向于观看"不可能事件"，而这种倾向性远远超过了他们希望看到不同的旋转角度。

基于这些数据，Baillargeon总结道："和皮亚杰的结论不同，婴儿早在4个半月就可以理解客体恒存性。物体即便被遮挡，也是持续存在的。"

实验2

方法

实验2是为了检验比4个半月还小的婴儿是否具备了客体恒存性的概念。实验2和实验1相同，只是参与到实验中的婴儿岁数更小。在实验2中，婴儿大约是3.75个月大。

被试

有40个婴儿参与到了实验当中，他们的年龄范围为3个月又15天到4个月又3天。像上个实验一样，一半的婴儿被分到实验组，另一半被分到控制组。其中有6个婴儿的数据被排除在实验统计之外，理由是吵闹（5个）和困倦（1个）。Baillargeon写道，在这个实验中她之所以需要更多的婴儿，是因为更小的婴儿的观察行为会愈加多样化。有些婴儿原本就习惯于短时间观察，而有些婴儿喜欢长时间观察。

材料和程序

与实验1中的器材以及过程相同。

实验2：结果和讨论

和实验1的结果不同，与实验2中的"可能事件"相比，总体来说婴儿们观察"不可能事件"的时间并没有更长。虽然对于Baillargeon来说，结束实验并宣称更小年龄段的婴儿没有"客体恒存性概念"很容易,但是她选择更加仔细地对数据进行了挖掘并且发现了另一件很有趣的事。她注意到,很快对"熟悉事件"失去兴趣的婴儿与实验1中较大婴儿的观察行为相似,即他们会花更多时间观察"不可能"行为。但是,对于那些需要很久才能对"熟悉事件"失去兴趣的婴儿来说,他们并没有花更多的时间来观察"不可能事件"。她把这些观察时间较短的婴儿(很快对"熟悉事件"失去兴趣)称为短时间习惯者(short-habituator),而那些相对较慢对"熟悉事件"失去兴趣的婴儿,Baillargeon称他们为长时间习惯者(long-habituator)。因此,婴儿对"熟悉事件"失去兴趣的时间长短与婴儿是否会对"不可能事件"产生惊讶感相关。

实验3

方法

Baillargeon决定做第三个实验的理由很有意思。一方面,她希望进一步深化自己的研究,看看更小的婴儿是否具备客体恒存性概念。但是,当读到她提出的解释时,我们还看到另一个理由:她可能是对自己的实验结果感到吃惊。因此,她希望能够重复自己的实验,以确定实验结果的正确性。她写道:"针对实验2中控制组出乎意料的实验结果及其潜在的重要性,我们有必要对这个实验结论加以确认。实验3针对3个半月大的婴儿展开。"

被试

有24个婴儿参与到了实验3中,年龄从3个月又6天到3个月又25天。他们的平均年龄是3个月又15天。

材料和程序

实验3的实验仪器和实验过程与前两个实验基本一致。但很有意思的是Baillargeon并没有继续使用带有小丑脸图案的小黄木盒子,而是换成了土豆头先生玩偶(动画片《玩具总动员》中有着一双巨眼的土豆玩偶)。它比前两个实验中小黄盒子的体积要小很多,所以银色屏幕需要转到相对更低的位置才会接触到它。准确来说，也就是屏幕要旋转 135 度，而不是之前的 112 度才会碰到物体。

实验 3：结果和讨论

正如实验 2 中 3.75 个月大的婴儿一样，Baillargeon 发现 3 个半月大的婴儿整体上并没有表现出对"不可能事件"更长的观察。但是，和实验 2 一样，她发现"短时间习惯者"婴儿和"长时间习惯者"婴儿之间存在着区别。"短时间习惯者"婴儿观察"不可能事件"更长，即婴儿看到银色屏幕穿过土豆头先生玩偶的时候会感到惊讶。

综合讨论

综合三个实验发现，不论婴儿年龄是 4 个半月，3.75 个月，还是 3 个半月，他们看"不可能事件"的时间都比看"可能事件"的时间更长。Baillargeon 把这一点作为证据，指出婴儿即便看不到物体，也可以意识到物体是继续存在的，并且两个物体不可能同时出现在同一个地方。当然，这些发现还可能有另外一种解释。相对于在"可能事件"中旋转 112 度（实验 1 和实验 2）或 135 度（实验 3），婴儿有可能只是喜欢看屏幕在"不可能事件"中 180 度的旋转。但是这并不是一个很好的解释，因为据 Baillargeon 所说，与旋转 112 度和 135 度相比，控制组中的婴儿并没有花更多时间观看 180 度的旋转情境。

基于这些发现，Baillargeon 从不同程度上质疑了皮亚杰的理论。首先，她反驳了皮亚杰所指出的婴儿出现客体恒存性概念的年龄，即在婴儿 9 个月大时。Baillargeon 的数据指出，客体恒存性最早可以出现在婴儿 3 个半月时，至少对"短时间习惯者"婴儿是这样的。她认为，自己之所以观察到了这么小的婴儿的客体恒存性是因为她不需要这些婴儿使用相对复杂的行为来展示他们的这种能力。所以，她同时也反驳了皮亚杰客体恒存性测试方法的有效性。通过质疑方法的有效性，Baillargeon 阐明了一个重要区别，即儿童对藏起来的物体的理解与寻找这个藏起来的物体所需要的能力之间的区别。她指出，如果我们只是想弄清儿童知不知道被物体藏起来，那我们为什么要在他们寻找物体的过程中让他们遇到各种各样的困难呢？

这个问题的答案是，"这取决于你问的是谁。"皮亚杰认为，你不可以将"知道什么"和"用动作展示出知道什么"这两个概念分开。实际上，他有一套理论说明儿童只有施于世界，才能学于世界。所以当皮亚杰设计出一个任务要求婴儿寻找藏起来的物体，以此展示出他们知道物体客观存在的时候，他的理论会有所遗漏这并不奇怪，即婴儿知道被藏起来的物体，但却不需要去寻找这个物体。

先天论的出现

现在，Baillargeon 已不再受皮亚杰理论的束缚，所以她不用再相信"想要知道一件事，必须要去做"这个理论了。但是如果不是必须要做出来，那又该是怎样呢？如果你不去做一件事，你又怎么可以学到这件事呢？或者更具体地说，如果婴儿不是通过寻找物体而学习到客体恒存性概念的，那么他们是通过什么手段学习到的呢？Baillargeon 认为有两种可能性。这两种可能性都十分极端，以至于提出它们就如同去捅马蜂窝一样危险。

第一种可能性很简单：也许客体恒存性概念是与生俱来的。这种"与生俱来"的观点被称作先天论（nativism），所以她的这个解释可以被视为先天主义中的一种。如果这个假设是正确的，那么 Baillargeon 可以检测到 3 个半月大的婴儿具有客体恒存性概念，是因为这些婴儿在出生时就已经具备它了。从这个角度来说，客体恒存性概念并不是从经验中得来的，而是从最开始就有的。

第二个假设相对复杂一些，但也有点先天主义的倾向。如果说客体恒存性概念本身不是与生俱来的，那么可能是婴儿在出生时就有一种特殊的学习能力，这种能力使他们无需太多的经验便可以很快地获得客体恒存性的概念。我们可以把这种特殊的学习能力叫作"客体恒存性习得策略"。为了更好地支持这个假设，Baillargeon 开始留意另一位儿童心理学家的研究，这位儿童心理学家的研究结果显示，4 个月以下的婴儿经常在物体出现时张开他们的手臂。这种手臂延伸动作被视为婴儿们发展出更成熟的抓握能力的初始状态。Baillargeon 认为，当婴儿看到物体并展开双臂的时候，他们通过看到物体被自己的手臂遮住，同时还有自己的手臂被物体遮住而获得经验。这些经验也许就是"客体恒存性习得策略"，是建立婴儿客体恒存性概念理解所需要的全部资源。

结论：捅了马蜂窝

在原版"大卫与哥利亚"的故事中，大卫打败了哥利亚，哥利亚的军队夹着尾巴逃跑了，而大卫最终成为了国王。但 Baillargeon 试图反驳皮亚杰的故事却不是这样的。即便只是反驳了皮亚杰理论中极小的一部分，她还是激怒了儿童发展研究群体。Baillargeon 的方法论以及她的结论受到了一次又一次的批判。当然，这些批判并不直接针对 Baillargeon 本人，而是针对她提出的先天主义理论。Baillargeon 也有很多同盟。但是因为 Baillargeon 的研究十分杰出（不论如何，这个研究被票选为近 50 年来最具革命性研究的第五名），她需要承受的批判也会更多。

对 Baillargeon 理论的攻击主要呈现在两个层面。从理论层面来说，Baillargeon "客体恒存性概念与生俱来"的这个假设受到了批判。从方法论层面来说，Baillargeon 在开发她的旋转屏幕程序时，忽略了一些次要的感知细节。下面我们来看看来自这两个层面的批评。

天生性的问题

我敢打赌，任何批判 Baillargeon 先天论推测的人同样会批判其他的关于儿童如何习得知识的先天论假设。并不是这些人认为婴儿在出生时不具备任何能力，而是他们觉得像实验中的这种情况可以有太多的不同解释。反先天论者认为，用先天论解释儿童的思考能力最多算一个毫无帮助的观点，而从最坏的角度来说，这种观点可能就是欺骗，误人子弟。"Baillargeon 怎么知道'客体恒存性'概念是与生俱来的？"他们斥责道，"尤其是她研究的婴儿都已经有了 3 个月的生活经验了！"正如批评者 Elizabeth Bates 所指出的，3 个月大的婴儿"已经在这个世界上生活了 90 天，醒着的时间大概有 900 小时了，也就是说他们已经有了大约 54000 分钟的视觉和听觉经历。"在这些婴儿参加 Baillargeon 实验的时候，他们已经不是新生儿了，所以先天论这个观点是不合理的。

但是，如果 Baillargeon 的观点是正确的呢？如果客体恒存性概念就是与生俱来的呢？嗯，也许吧。但是，反对先天论的人还是会反驳说，这种客体恒存性先天论观点对推进儿童心理学领域一点用都没有。实际上，他们会说，用先天论来解释客体恒存性概念根本就算不上是一种解释，最多就只能说是将客体恒存性的解释从一个层面移到了另一个层面，从产后现象转换为了产前现象，因此把它归结为先天论其实并没有解释出个什么所以然来。批评者 Linda Smith 说："如果我们想要了解变化如何发生却只停留在一个分析层面上的话，不论这个分析结论基于一个多么好的动机，它都不能算作一个足够好的解释。如果我们想要更好地了解这个变化，我们可以将因果链引导向一个更好的方向。另一方面，在找出真正的原因前就停止思考对发展心理学界来说也是'不够好的'。"所以，即便客体恒存性真的与生俱来，发展心理学家要做的也只能是继续努力地去解释这其中的缘由，哪怕这意味着他们要从产前这个角度来研究问题。

推翻吊桥实验：利用精简原则

另一些抨击是针对 Baillargeon 的研究方法论的，尤其是她的旋转屏幕实验以及她对婴儿观察行为的解释。主要问题集中在她的解释有悖于精简原则。在科学界，精简原则主要阐述的是，如果两个不同的理论都能够很好地解释儿童的同一种行为，那么更简单的那个理论会更受青睐。但是新生儿的客体恒存性概念并不是一件很好解释的事，因为我们没法解释这个概念是怎么被婴儿习得的。所以其他一些研究者开始检验 Baillargeon 实验中婴儿的行为是否源自客体恒存性以外的其他原因，使得这些婴儿观察"不可能事件"的时间更长。是不是有什么别的原因，导致婴儿看屏幕 180 度旋转的时间比看 112 度旋转的时间长？也许是屏幕 180 度旋转有什么特殊之处吸引了婴儿的视线？也许这与客体恒存性根本就无关？

在一个很著名的反驳研究中，Thomas Schilling 检测了上述这种可能性。Schilling 在着手进行这个实验的时候并没有质疑 Baillargeon，而是假设她的数据正确无误。他愿意认同 Baillargeon 实验中的婴儿观察"不可能事件"的时间确实更长，但是他不愿意假设这是因为婴儿具备了客体恒存性概念。他认为，婴儿的观察行为可能与他们的观察方法有关，也就是说他们使用了视觉加工信息（visually process information）的方法。为了更全面地了解 Schilling 所说的话，我们需要倒退一些，介绍一点关于信息加工的知识。

当你我在观察一个事物时，我们要了解它，需要对它进行加工。用心理学术语来说，信息加工就是我们从事物中接收信息，可能是识别事物，编码它的形状或颜色，或者只是意识到我们以前从来没有见过这种东西。这种信息加工有时很多，有时很少。

为了阐明这一过程，我们来举例说明。假设你在十二月中下旬的一个晚上出去吃饭、跳舞。在 Alta Cucina 意大利餐厅，女服务员将你领到了座位上，从这个位置你可以很清楚地看到房间的另一边坐着一位高大的白人。他长着白色的络腮胡，嘴唇上方还有一撇小胡子。他穿着带白色毛领的红色天鹅绒外套，脸颊粉红丰满，笑的时候肚子就像一大碗果冻一样轻轻晃动。看着这个男人是多么有趣的一件事！尤其是当你在平安夜看到这样一个人。他的行头可能会吸引你全部的注意力，你甚至得强迫自己不去盯着他看。但说实话，你可能更感兴趣他平日里穿成什么样子。那么现在，假设情境是相同的，你只是看到一个非常普通、身材适中的男人，他穿着初冬晚上典型的毛衣，没有粉红色的脸颊，也没有摇摇晃晃的肚子。你还会对这个男人感兴趣吗？我猜这第二个男人对你来说实在是太普通了（至少在美国是这样），以至于你根本不会注意到他，除非他是这个餐馆里除你之外唯一的客人。

现在问题来了：这个圣诞老人装扮的男人为什么会吸引你的注意力？为什么你看这个男人的时间更长，而不是第二个平凡的男人？是因为你觉得穿着红色天鹅绒外套的男人像圣诞老人吗？还是因为他穿的衣服和他的胡子让你觉得他与众不同？Baillargeon 式的解释可能会是，因为你觉得那个人像圣诞老人。但是更精简的解释是，因为他的衣服和胡子不同寻常。为什么后者是一个更精简的解释呢？因为对于那些不知道圣诞老人的人来说，他们也会因为这个男人的外表而对他产生兴趣。圣诞老人这个概念实际上是一个更高级别的知识，所以被算作一个更复杂的解释。

现在我们回到 Schilling 的实验，他认为 Baillargeon 实验中 3 个半月大的婴儿更喜欢看"不可能事件"并不是因为这个情境本身，而是因为屏幕180度旋转这种实验设置。在Baillargeon的实验过程中，她先给所有的婴儿展示了没有小黄盒子的180度屏幕旋转情境。她让婴儿在观看其他放置了小黄盒子的情境之前，首先熟悉这个情境。虽然这么做也许可以更好地让婴儿熟悉屏幕180度的旋转活动，但是他们却可能没有足够的时间"完全加工"这个活动。Schilling认为，如果一个婴儿只是简短地看到了一个事物，那么一旦再有机会，她会更倾向于再去看这个事物——可能是为了完成信息加工的过程。但是，如果婴儿有足够的时间观察一个事物并完成信息加工，那么她第二次看到这个事物的时候，就不需要再去观察它了。Schilling怀疑Baillargeon实验中的婴儿们之所以更喜欢看"不可能事件"是因为他们在"熟悉事件"中没有足够的时间完全加工180度屏幕旋转的这种情境，而不是因为它"不可能"。在让婴儿们观看"不可能事件"的时候，再次看到180度旋转给了婴儿们又一次机会，可以继续完成他们对这个情境的信息加工。也正是因为这个原因，婴儿们才会观察"不可能事件"较长时间。

为了检验这个假设，Schilling重复了Baillargeon的实验，但改变了婴儿观看"熟悉事件"中屏幕旋转的次数。在Baillargeon的实验中，她只让婴儿观察"熟悉事件"直到他们不再想看这个情境，因此对每一个婴儿来说，他们观看"熟悉事件"屏幕旋转的次数可能会不同。但是，Schilling控制了婴儿观看"熟悉事件"的屏幕旋转次数。在他的实验中，一半的婴儿观看了180度旋转6次，另一半看了12次。他的结果同样令人吃惊。观看"熟悉事件"旋转次数少的婴儿们正好就是观看"不可能事件"（同样是屏幕旋转180度，但是穿过一个小木盒子）时间更长的那些婴儿。但是观看"熟悉事件"旋转次数多的婴儿们观看"可能事件"的时间却更长！Schilling认为，观察了12次180度旋转使得婴儿完全加工了旋转信息，所以他们希望看些不一样的东西。112度旋转的情境（即"可能事件"）对他们来说更有意思。而那些仅观察了6次180度旋转的婴儿们因为并没有完全加工这个情境，所以他们更想要看到"不可能事件"当中的180度旋转，以完成对这个旋转情境的信息处理。

如果Schilling是正确的，那么Baillargeon关于3个半月婴儿具有客体恒存性概念的结论就会受到质疑，因为她的发现可能是由她的实验设计所导致的。婴儿们对"不可能事件"的兴趣或许不是因为他们拥有客体恒存性概念，而只是因为屏幕旋转的度数。难道这是"大卫和哥利亚"故事的又一个翻版吗？只不过这次，Baillargeon 变成了巨人哥利亚。不过，Baillargeon 还没有承认失败。

在一篇发表在同一学术期刊的文章中，Baillargeon 针对 Schilling 的观点进行了有力的反驳。她指出，Schilling 的"重复"实验中存在着很多问题。首先，她认为她在实验前给婴儿们机会，让他们可以触摸、探索小黄木盒子，但是 Schilling 没有给婴儿们这个机会。单单这一点也许不足以解释他们实验结果的不同。但由于这点不同，Schilling 实验中的婴儿们可能没有意识到这个小盒子是一个三维固体，它可以阻挡屏幕继续旋转。除此之外，他们两个人的实验还有其他区别。Baillargeon 实验中的小盒子上有小丑脸的图案。但是 Schilling 所用的盒子上却没有；并且，Baillargeon 所用的小盒子会大一些。这些都可能会使得 Baillargeon 所使用的小盒子引起婴儿们更多的注意，从而使他们对"不可能事件"中屏幕穿过盒子这个动作更加感兴趣。至少我们可以说，因为这些不同，我们有足够的理由质疑 Schilling 对 Baillargeon 实验的反驳。

基于她的实验所受到的各方面评价、反对或是其他的什么，Renée Baillargeon 与皮亚杰一同在儿童发展研究领域起到了领导作用。她因为检验了皮亚杰的客体恒存性实验而获此殊荣。对她来说，这是一个大胆的举动，因为她在发表这篇文章的时候才刚刚从研究生院毕业 4 年，并且还没有被提拔为副教授，但是她却敢于与皮亚杰较量，并最终成功地改变了儿童心理学。

问题讨论

1. 展示出婴儿"具备"某种能力比较重要，还是婴儿可以"展示"出某种能力比较重要？为什么？这两者之间有什么区别？
2. 将某种能力和行为解释为与生俱来的有什么好处？将它们称为"先天的"对科学界有什么贡献？
3. 皮亚杰认为客体恒存性概念需要在婴儿 18~24 个月大时才会完全形成。 Baillar-

geon 却认为是在 3 个半月时,甚至更早。为什么客体恒存性概念多早形成这个问题这么重要?

4. Baillargeon 在她的事业早期就接受了科学研究的"成人礼"。但是,其他科学家从来没有达到过与 Baillargeon 同样的成功。你认为是什么因素导致了科学家的藉藉无名或卓越出众?

第 6 章 混乱中的孩子
隐藏的技能：在生命的第一年，跑步机踏步行为的动力系统分析

Thelen, E., & Ulrich, B. D. (1991). *Monograph of the Society for Research in Child Development*, 56, (1, Serial No. 223).

（排名 18）

作为从事学术工作的一名心理学家，尤其是作为一名心理学系的学术负责人，有一件事情让我难以忍受：人们会错误地在"社会科学"和"自然科学"之间，或者是在"软科学"和"硬科学"之间画出一条泾渭分明的界线。这让我不能忍受的原因在于，心理学通常会被人们归到社会科学、软科学一类，而不是自然科学、硬科学。一旦心理学被贴上低等的并且混乱不堪的"社会科学"标签，心理学的声誉就受到了损害。甚至就连我们的系主任也经常抱怨：心理学研究的主题简直是一团糟。但是，这些还不是真正让我烦恼的原因。真正让我烦心的是，心理学，这门学科并没有与其他自然科学并肩前行，而是转而莫名去关注一些非自然的东西。比方说，你会怎么来解读这句话，"心理学不是自然科

学"？难道真的有人严肃地认为人类行为不是一种自然系统吗？

另一方面，心理学本身也难辞其咎，它并没有努力为自己在自然科学中争得一席之地。许多心理学家要么在其他所谓"真正的"科学面前内心涌起一股低人一等的五味杂陈，要么因为别人不把心理学当成"真正的"科学而愤愤不平。由于这些芥蒂，长久以来心理学并不受科学界欢迎。

在本章中，我将要介绍的是 Esther Thelen 和 Beverly Ulrich 的革命性研究，这项研究力争缩短心理学作为一门自然科学和其他自然科学之间的差距。从表面上看，本章的目的是为了向读者展示婴儿在跑步机上能够出现踩踏动作这一研究结果。虽然这项研究的成果很有意思，但是它并不是特别具有革命性意义。这项研究真正的意义在于，为了解释研究所获得的结果，Thelen 和 Ulrich 所提出的儿童心理学领域的崭新理论。对于这个理论，有人或许知道它的名称是动力系统理论（Dynamic System Theory）或动态领域理论（Dynamic Field Theory），该理论从物理学、化学、生物学、机器人学、动力学以及气象学中借鉴了部分概念，把它们和我们已知的或者我们曾经以为我们已知的儿童心理学内容结合在了一起。

在本章中，我将会介绍 Thelen 和 Ulrich 的研究。在介绍研究的过程中，我会引入这个新理论中的一些基本概念，并以此为基础引出这个理论中更为引人入胜的部分理念。在本章的结尾部分，我会向读者介绍动力系统理论在当前学界中的地位，以及它与主流儿童心理学理论之间的关联。

隐藏的技能：跑步机上的婴儿

我们常说，千里之行始于足下，介绍一个具有创新性的儿童心理学理论时也是如此。这种表述用在 Thelen 和 Ulrich 的革命性研究上再合适不过了。婴儿的蹬踏研究，或者在更一般意义上说是婴儿自我运动的研究，是婴儿动作发展研究的一个部分，后者涵盖的范围更广。作为一名学习儿童认知发展的学生时，我必须要说，关于动作发展的研究从来没有真正引起过我的兴趣。这些内容对我来说总是乏味无趣，诸如儿童如何学习说话和思考等才是更有意思的话题。但是，一方面我要承认自己有失偏颇，另一方面这种想法也源于我的无知，或者说是源于我的一种偏见，因为我更偏向于认知发展中的某些方面。然而，事实是，研究儿童的动作发展对研究儿童的认知发展有着深远的影响，因为无论是运动系统还是认知系统都反映了儿童中枢神经系统的发展。毕竟，中枢神经系统的核心运作方式在不同方面并不会有什么差异。

然而，还不止这些，正如支持动力系统理论的理论家坚决主张的那样，认知发展和动作发展是深深地相互"交织"在一起的。一个系统的发展会影响到另一个系统，同时也会被另一个系统的发展所影响。一个新的领域——发展具身认知（developmental embodied cognition）已经出现了。从动力系统理论的角度看，摒弃对动作发展的探索而只研究认知发展就好比研究潜水艇的结构时对海洋一无所知。不，它们应当是携手并进的。认知发展理论家和动作发展理论家真的必须相互学习，他们甚至应当偶尔一起去吃个午餐。

Thelen 和 Ulrich 感兴趣的是，影响儿童最初的"行走"行为的因素。我在行走上面加了引号是因为对于最初的行走行为来说根本就不包含走的成分，实际上存在的是：踏步。对于婴儿来说，从他们出生那一刻起我们就能观察到踏步反射。真正的行走行为出现的时间要晚一些，通常在婴儿 12 个月大左右，然而不同儿童能够走路的年龄大相径庭。从过往看，既然踏步发生的时间可以很早，那么对于为什么行走在婴儿发展进程中出现得很晚的解释是，婴儿需要时间来获得如下能力：力量、灵活性和平衡力，这些是双脚轮流动作的基础。但是，在 Thelen 和 Ulrich 看来，行走的必要条件还有其他一些因素。并且，不同婴儿学会行走的时间有早有晚，这一点也是一个真正的科学理论必须加以解释的。抛开个体差异这种系统中的"白噪声"，不同孩子走路的早晚差异本身就是极有价值的信息，任何一个具备整合性且能够自圆其说的科学理论都应当重视这些信息，而不是忽略它。

引言

Thelen 和 Ulrich 的这篇论文，不像是一篇典型的期刊论文，而更像是一部篇幅较长的"专著"式文章。在这篇文章中 Thelen 和 Ulrich 为自己的研究建构了一套理论解释，并且对以往婴儿行走行为出现时间的各种理论进行了详细的考察。她们指出，关于对婴儿行走出现时间的解释，那些最强有力的理论都是以"成熟"为基础的。这些理论作为一个"理论群"对婴儿行为变化解释的出发点都是"成熟"，而成熟的基础是中枢神经系统的不断发育（在 Thelen 和 Ulrich 的研究中，所谓行为的变化指的就是行走）。换句话说，随着大脑的成熟、发育和发展，各种行为的复杂程度也随之增加，这就是大脑活动的结果——当然，所有行为都是大脑活动的结果。但是，Thelen 和 Ulrich 指出，这种解释在一定程度上可以说是没有用的，甚至不值一提。他们写道："毫无疑问，婴儿在出生之后神经系统会发生极大的变化，而且如果要充分了解婴儿行为的发展自然必须要考虑到行为的神经基础。"问题并不是这种影响是否存在，而是这种影响究竟如何。

鉴于此，成熟理论的问题在于，它根本就不是一种解释。儿童从婴儿早期的踏步反射到后期反射消失，再到学步儿时期的真正行走，如果说这些都是因为大脑的成熟，那么这就只是把问题从一个层面（婴儿如何学习行走的）转移到了另一个层面（大脑的发展如何帮助婴儿学会行走的）。就科学本身而言，假如你说 A 能够解释 B，这是不够的，因为接下来你还是必须要解释 A；否则，你就是在避重就轻、推卸责任。这跟欺诈没什么差别。科学的目的就是解释，而不仅仅是把对问题的解释从一个可观察的水平推到一个不可观察的水平。同样的批评也能够用于评价对行走行为的遗传学解释。

那么，就行走行为而言，我们需要解释的首先是组成行走的成分，所有这些成分综合在一起让行走变成了可能。而且，行走显然需要很多组成部分。我们来看一看 Thelen 和 Ulrich 的总结：

> 首先，一个人如果要行走就必须将所需肌肉同步收缩，从而实现位移动作。这个过程通常涉及身体多个关节和部分的肌肉：两条腿交替地摆动和站立，骨盆的转动和倾斜，以及与腿部异侧手臂和肩膀的前后晃动（而不是"一顺边"）……没有处于悬空位置的那条腿要承受身体的全部重量，而且两腿必须要轮换承受身体的重量。这要求支撑腿足够强壮和稳定以承受这一重量，同时行走的人还必须要在这种身体承重的

交替过程中一直保持平衡。与之相应的，在不断变化的生化需求过程中，人需要不断对来自视觉系统、前庭器官以及脚底的平衡信息加以监控，从而能够使身体做出恰当的调整。直立行走的人还必须要能极为迅速地调整以应对各种突如其来的干扰，例如行走中的障碍物、崎岖的表面以及行走方向的改变。

在思考行走的问题时，婴儿的动机在一开始压根没有被纳入考虑范畴之内。

Thelen 和 Ulrich 认为，如果要考虑行走这种单一的行为，只有一种方式足以把上面这许多因素汇集在一起，那就是把行走视为一种动力系统。包含在行走行为中的每一个子系统都是相互独立的，有其自身的历史和发展路径，这些子系统包括平衡、支撑、视觉、触感、错误识别、纠错以及希望在空间中移动的动机。当所有这些子系统聚合在一起形成一种按层级组合起来的总体系统时，行走就发生了。

当然，这些子系统并不仅仅服务于行走行为。对于婴儿行为来说，它们还会以其他方式组合在一起，并形成能够服务于其他行为的不同总体系统，例如坐和爬行。有些子系统会参与到另一种形式完全不同的行为当中。纠错子系统与错误检测子系统最终会参与到算数和拼字学习过程中；希望在空间中移动的动机子系统最终会参与到学习开车或者乘坐飞机旅行的行为中。换句话说，儿童心理的发展依赖于多个不同系统之间的交互作用，这些系统时而分散，时而聚合，因当时的需求而变动，从而使得儿童能够随着时间的推移完成各种不同的发展任务。

儿童发展的过程中面临着各种需要完成的发展任务与目标，而这许许多多的子系统正是为服务于这种需求而生，这也解释了为什么在不同的孩子身上会存在着如此巨大的差异。Thelen 和 Ulrich 建议，与其把孩子们的个体差异视为干扰因素或噪声加以忽略或无视，不如把它们看成是研究过程中用来解释现象的关键信息来源。通过了解包含在行为系统中以层级形式组合起来的各种子系统，人们可以更加准确地预测一个孩子在行为发展过程中所能取得的进步。

序幕

掌握了这些基础理念，现在我们就可以来看一看自从1960年以来发表的最具革命性价值的研究排行榜上排在第18位的研究了。这项研究以专著形式呈现，其基础是Thelen、Ulrich以及其他同事的一系列研究成果。在之前的研究中，她们已经开始使用跑步机对婴儿的踏步行为进行探索了。在其中一项研究中，Thelen发现，如果把一个7个月大的婴儿放到跑步机上，跑步机能诱发婴儿类似踏步的行为。在只有7个月大的时候，这些婴儿甚至还做不到独自站立，因此就更不要说行走了。但是，当有了跑步机的支撑，7个月大的婴儿不会像站在传送带上一样站不住并且随着传送带向后移动，相反，他们会交替移动双腿，看上去就像在"行走"一样：当一只脚被跑步机向后带动的时候，另一只脚会抬起来并向前移动。

这种明显的行走行为并不仅仅是一种反射。一方面，新生儿的踏步反射到了这个月龄已经消失了。此外，Thelen发现当跑步机的速度加快时，婴儿踏步的频率也会随之增加。如果这种踏步行为只是一种反射活动，那么婴儿踏步的频率就应当保持恒定，对跑步机的速度变化不敏感。然而，随着跑步机速度的增加，婴儿"行走"的频率也会加快，每一只脚接触跑步机的时间会缩短，这与跑步机的速度变化模式相应。相比之下，如果关掉支撑婴儿的跑步机，踏步就不会发生。

在第二项值得一提的研究中，Thelen和她的同事使用了"皮带分离式跑步机"。这种装置能够将跑步机一分为二，以不同的速度运行。如果是在这种跑步机上，婴儿会调整自己的"行走速率"，踏步的频率取决于接触到哪条皮带。接触速度快的那条皮带的脚踏步速度就快，而接触速度慢的那条皮带的脚踏步速度就慢。显而易见，皮带运转速度的不同引发了儿童不同的踏步频率。

基于上述两个研究发现，Thelen和Ulrich提出了一种可能性：7个月大的婴儿具有一种"隐藏能力，并且这种能力相当复杂"。如果只是单纯接触静止状态的跑步机，并不会诱发婴儿的踏步行为，因此单纯凭借来自脚底的触感不足以解释这一行为。而且，由于在空间中不产生位移，婴儿就不会获得来自视觉系统的动作线索，因此动作线索也不足以对踏步行为加以解释。当然，生理上的成熟几乎也没什么影响，因为就算给婴儿提供合适的环境"控制参数"（例如，跑步机），不具备行走能力的婴儿也无法"行走"。

Thelen 和 Ulrich 得出结论："在常规的行为出现之前的很长一段时间，一种能够产生运动的、精巧的知觉动作系统便已经存在了。根据外部的变化，知觉系统会做出调整，同时运动系统也会通过收缩腿部的肌肉来加以协调，这种协调相当精准。该系统的核心成分是两腿的同步性，它对外部环境的变化很敏感，是一种功能上的整合"。对这种"隐藏能力"的发现意义重大，它引发了接下来一系列的问题。这种能力是什么时候出现的？或者说，这种能力是否会被保存下来？对于不同的婴儿来说，这种能力发展的轨迹是否相同？它是不是一种稳定的能力？这种能力是否容易受到干扰（例如，被破坏）？它与其他能力之间是否存在着关联？

正是这些问题促成了 1991 年的革命性研究工作。为了解决这些问题，Thelen 和 Ulrich 决定开展一项纵向研究（就是在一段特定时期内对同一群孩子进行多次测量）。在研究开始时，参与实验的婴儿只有 1 个月大，之后 Thelen 和 Ulrich 邀请这些孩子每个月到实验室来 2 次，直到他们 7 个月大为止。

方法

被试

一开始有 13 名婴儿参与 Thelen 和 Ulrich 的研究，但是由于部分婴儿没有完成整个实验，因此到实验结束时样本量为 9 名至少 7 个月大的婴儿，所有孩子都是白人，且均是足月生产。

材料

Thelen 和 Ulrich 使用的主要设备是"皮带分离式跑步机"。每一条皮带由不同的机器驱动，并能够单独调试，即两条皮带可以以相同或不同的速度运转。研究人员还在婴儿的每只脚的两个位置上安放了红外线发射二极管：一个在外侧脚踝骨最尖端的部分（脚踝），另一个在小脚趾的外侧边缘（跖趾关节），目的是帮助 Thelen 和 Ulrich 通过精准视频记录的方式监控婴儿在跑步机上每一只脚的细微动作。

每一个参与实验的婴儿每个月都会被测量一系列"人体生理"参数，其中包括："体重、从头顶到后脚跟的身长、从头顶到臀部的身长、大腿和小腿的周长，以及肩胛下、三头肌和肚脐部位的皮肤褶皱厚度。"

程序

在研究过程中，每一名婴儿需要来到实验室 14 次（在 7 个月的时间中，每个月 2 次），每次到实验室要进行包含 11 个单独试次的实验。每一个试次都用来测试由跑步机诱发的踏步行为的不同方面的特征。在绝大多数的试次中，跑步机两条皮带运转的速度是一致的，但是皮带会逐渐增加转速。而在另外 2 个试次中，两条皮带会以不同的速度运转，其中一条会运转得更快，但是这条皮带可能接触婴儿左脚，也可能是右脚。下面是对每一个试次的简要描述：

- 试次 1：基线，婴儿在跑步机上，但是跑步机处于关闭状态。
- 试次 2：两条皮带运转速度一致，大约为 0.11 米/秒。
- 试次 3：两条皮带运转速度一致，大约为 0.14 米/秒。
- 试次 4：两条皮带运转速度一致，大约为 0.17 米/秒。
- 试次 5：两条皮带运转速度一致，大约为 0.20 米/秒。
- 试次 6：两条皮带运转速度一致，大约为 0.23 米/秒。
- 试次 7：两条皮带运转速度一致，大约为 0.26 米/秒。
- 试次 8：两条皮带运转速度一致，大约为 0.29 米/秒。
- 试次 9：基线，婴儿在跑步机上，但是跑步机处于关闭状态。
- 试次 10：两条皮带运转速度不一致，右边皮带速度为 0.11 米/秒，左边皮带速度为 0.23 米/秒。
- 试次 11：两条皮带运转速度不一致，右边皮带速度为 0.23 米/秒，左边皮带速度为 0.11 米/秒。

由于参与实验的婴儿还不能自己站在跑步机上，因此会有一名实验助理帮助他们。具体来说，"一名研究助理会在婴儿的胳膊下方提供支撑，使婴儿保持直立的体位，这样婴儿的双脚会接触到跑步机的皮带，并且研究助理会以让婴儿舒适的方式来负担婴儿的部分体重。"研究让助理而不是用其他机械设备辅助婴儿是为了给婴儿提供更好的支撑，这样还可以根据不同婴儿的不同情况加以调整，以满足每一名婴儿的需求。

结果

对"踏步"的定义

在分析研究数据时，Thelen 和 Ulrich 要进行的第一步工作就是对"踏步"加以定义（这里没有一语双关的意图），她们要界定出什么叫"踏了一步"。你可能觉得在观察婴儿时这是一项非常简单的工作。但是，当研究婴儿时，这个问题通常来说就复杂了，或者说"会有很多干扰"。对于研究人员来说，婴儿极少能够展现出精准、明确且能够被识别的行为表现。对婴儿踏步行为的测量也不例外。因此，对于 Thelen 和 Ulrich 而言，对于什么叫"踏出一步"给出操作定义是至关重要的。只有通过这种方式，她们才能从其他各种可能的踏步行为中区分出什么是真正的"交替式踏步"，或者从婴儿随机的脚步动作中区分出"交替式踏步"。由此，Thelen 和 Ulrich 识别并记录了四种类型的婴儿踏步行为。其中一种是真正的"交替式踏步"，另外三种则属于非交替式的踏步行为。非交替式的踏步行为包括：一只脚踏了一步而另一只脚则没有做出踏步动作（这种行为称为"单踏步"），同一只脚踏了两步（这种行为称为"双踏步"），两只脚在同一时间向着同一方向踏步（这种行为称为"平行踏步"）。

但是，在所有可能出现的各种踏步行为中，Thelen 和 Ulrich 最感兴趣的还是交替式踏步，原因在于"交替需要的是两条腿之间的信息性联结，一条腿的动态信息会用来协调第二条腿什么时候开始动作以及动作的轨迹……因此，选择交替式踏步作为研究的因变量能够反映出婴儿为了完成实验任务所表现出的系统协调能力。"此外，交替式踏步当然是成熟的行走行为所需要的。在此，你可以看到 Thelen 和 Ulrich 是如何对那些用于行走的总体层级系统中的交互作用的子系统加以理论化的。在本研究中，她们关注的是单独一条腿本身的子系统。每一条腿都是独立发生动作的,同时为另一条腿提供信息,这些信息整合起来能够为更高一级的"行走"系统提供帮助。用 Thelen 和 Ulrich 话说,行走成为了一种"突现特征"。行走并不存在于儿童身上,它既不是基因组合的产物,也不是大脑成熟的产物。行走是若干子系统汇合后突现的产物,其中每一个子系统都有它自身发展的历史和轨迹。这些子系统类似于两条腿之间的沟通系统,能够让来自一条腿的信息帮助协调另一条腿的活动。

现在,是时候向读者介绍动力系统理论中的核心概念之一了。因为,"行走"或者说这个实验中的研究对象——交替式踏步,代表了所有参与到其中的子系统的集体贡献,Thelen 和 Ulrich 把"行走"的特性总结为一种"集合变量(collective variable)"。作为一个概念,集合变量在动力系统理论中占据着非常重要的地位。每一个能够被识别的集合变量背后促成行为发生的子系统会有几十甚至上百个。相应地,集合变量能够使事物化繁为简。作为一种集合变量,行走包含的参数相对较少。为了简明起见,我们说其中包含着 4 个参数,分别是速度、质量、方向以及稳定性。但是,即使将行走视为一个包含 4 个参数的系统进行研究,你研究的仍然是共同服务于每个参数的几十个子系统。而且,这几十个子系统当中都各自包含着一个数量巨大的参数集合。这样看起来,把行走视为一种集合变量就是把数百个参数汇聚成少数若干个参数,最终实现复杂系统的简化。在 Thelen 和 Ulrich 发表于 1991 年的专著中,行走是她们感兴趣的集合变量。但是,人们很容易会想到在儿童心理学中还存在其他集合变量,例如言语、客体恒存性和智商。

在 Thelen 和 Ulrich 的实验中,行走行为是她们主要的研究对象,那么来自 9 名婴儿的交替式踏步发展历程就成了她们数据分析的主要来源。不走运的是(或者,也许可以说很走运的是,这取决于你看待问题的视角),Thelen 和 Ulrich 进行数据分析的"全景"远远超过了本章篇幅所能涵盖的内容。毕竟,她们用了 28 页纸、15 张图还有 5 个表格才完整展示了自己的研究发现。因此,我只能聚焦在 Thelen 和 Ulrich 研究的主要发现上,特别是那些和动力系统理论相关的研究发现。

发现1：年龄与速度效应

一般性的发现是，随着跑步机速度越来越快以及婴儿年龄的增大，婴儿会随之增加自己交替式踏步的频率。许多婴儿甚至在1个月大的时候就已经出现了交替式踏步，有3名婴儿在8个试次（跑步机在转动并且皮带的速度一致）中的第2个试次中就出现了平均数量为5次的交替式踏步行为。虽说一般来讲随着年龄的增长，所有参加实验婴儿的踏步频率都会增加，但是存在一个非常短的时间段，这其间婴儿交替式踏步的频率会出现短暂的下降，然后再次随着年龄增加而增加。对于所有参与研究的婴儿来说，如果跑步机处于关闭状态（试次1和试次9），他们几乎就不会出现踏步行为。

发现2：踏步类技能的发展性变化

需要重点提及的是，无论跑步机的速度快慢如何，实验都对婴儿是否出现踏步行为没有任何的强制。但是，这些婴儿确实出现了踏步行为，而且随着年龄和跑步机速度增加，他们踏步的频率也会增加。此外，婴儿踏步的类型也会发生变化。除了一个叫DG的婴儿从一开始就是交替式踏步，其他所有婴儿起初出现的都是各种踏步类型的混合，之后几乎就都是交替式踏步行为。最常见的情况是，婴儿在跑步机上第一次做出踏步动作的类型是单踏步。读者可以回忆一下，单踏步指的是只有一条腿踏出去而另一条腿没有任何动作。

但是，不同婴儿出现的踏步模式也不同。例如，3个月大的叫作SL的婴儿就是个"平均主义者"；他大约26%的时间里做出的是单踏步，大约37%的时间里做出的是平行踏步，还有37%的时间里出现的是交替式踏步。与此相似，一名叫作JF的婴儿在3个月大的时候，有大约42%的情况下出现的是单踏步，20%的情况下是平行踏步，38%的情况下是交替式踏步。但是，另一些婴儿会"执着于"某种行为模式。叫作ES的婴儿在3个月大的时候，大约90%的情况下都出现的是单踏步；而叫作DG、CH和TS的婴儿，他们在80%的情况下做出的都是交替式踏步。叫作SL的婴儿特别有意思，因为这个孩子即使随着时间的推移也难以选择并且坚持某一种踏步模式。在6个多月的时间里，SL出现的踏步行为从单踏步到平行踏步，再到交替式踏步，然后回到单踏步，再到平行踏步，最后到 7 个月大的时候，又回到了交替式踏步。

发现 3：交替式踏步的质量

目前为止，我们看到的是，随着跑步机速度和婴儿年龄的增加，婴儿会更倾向于使用交替式踏步。但是，迄今为止，我们的讨论还没有涉及到交替式踏步行为的质量问题。在成熟的行走过程中，每条腿都完美地"各司其职"。一条腿向前的时候，另一条腿一定向后。当向前的那条腿开始向后运动时，向后的那条腿也会开始向前运动。从生物力学的角度看，这是一篇关于成熟行走行为的"和谐乐章"。但是，对于婴儿来说，"乐章"极有可能是"跑调"的。

为了对婴儿交替式踏步行为进行分析，Thelen 和 Ulrich 提出了一种计算方法，她们称之为"相位滞后"（phase lag）。在相位滞后计分方法中，成熟行走行为的得分是 0.5，它的含义是，当一条腿运动到全部位移的 1/2 时，另一条腿开始运动。为了让读者更好地理解这种计分方式，我们可以给出这样的定义，当右腿在前的时候，我们就说这是"右腿周期"的起点。而右腿周期 1/2 位置指的是右腿在后的时候。那么，完成一个右腿周期指的是右腿从后向前运动，再次处于前面的时候。因而，相位滞后为 0.5 的含义是，当左腿在前同时右腿在后时；也就是说，左腿和右腿不会处于同一个相位。换句话说，当右腿处于自身周期 50% 的位置时，左腿应当在向前运动。

使用相位滞后的方法，Thelen 和 Ulrich 发现，婴儿腿部的相位并不协调。即使是实验中交替式踏步表现最好的婴儿，他们的相位滞后得分也小于 0.5。他们后面那条腿向前运动得太过迅速了，至少和成熟的行走行为相比是这样的。但是，Thelen 和 Ulrich 还获得了两项额外的发现。第一，随着年龄的增加，婴儿的得分会越来越趋向理想中的 0.5；对读者来说这可能没什么好惊讶的。第二，跑步机的速度越快，婴儿也越有可能趋近理想分数 0.5；这可能就会引起读者的惊讶了。换句话说，跑步机的速度越快，就越有可能"诱使"婴儿的相位滞后接近理想化的交替式踏步模式。

发现 4：控制干扰以及对动力系统理论的简要探讨

对婴儿行走行为的干扰是 Thelen 和 Ulrich 研究的最后一个方面。在讨论这方面的结果之前，我觉得有必要向读者介绍动力系统理论的若干核心概念。这些核心概念的基本理解将有助于读者把握对 Thelen 和 Ulrich 干扰婴儿踏步行为的数据的。

到目前为止，我们已经将婴儿的行走行为视为一种按照层级组织起来的系统，形成这种系统的成分是汇聚在一起的大量子系统。我们还把行走行为视为一种集合变量，从科学观察的角度看，它反映了与行走行为相关的大量子系统汇聚在一起的程度。但是，我们还没有涉及行走行为是如何以一种动力系统模式运作的。根据动力系统理论，行走是多个动态行为系统中的一种，由许多其他子系统自发组织汇聚在一起。从这个角度说，当第一次把所有作为组成成分的子系统放到一起的时候，它们会以一种新的方式相互协作，并由此产生新的系统。例如，只有条件适当，并且各种子系统在功能上已经发展完善，行走行为才能够发生。虽然系统可以通过自我组合的方式来形成新的系统，但是这并不意味着这些必然会发生，那么子系统这样做的"动机"是什么呢？答案就是，子系统自我组合形成新系统是因为，新形成的系统有其新的价值。例如，就自我运动这个事情来说，要从 A 点到 B 点，行走远比爬行更加有效。

如果要解释为什么系统倾向于采取这种方式而放弃那种方式，以及为什么要过渡到新的系统而不是在旧的系统之间转换，Thelen 和 Ulrich 使用了吸引因子（attractor）的概念，或者也可以称之为一种吸引因子状态（attractor state）。根据 Thelen 和 Ulrich 的理论，吸引因子的概念是，"复杂的系统（同时也包括了正在发展中的各种器官）会自发自动地偏好某些特定的行为模式，这是在特定环境下由若干特定成分相互协作而成的直接结果。虽然系统过往的动态历史具有重要作用，但是吸引因子状态却不是事先就确定好了的，或者说不是事先编码好的。没有哪个水龙头能左右水滴的形态。"

但是，一个系统怎么会"偏好"某些事物呢？难道系统有自己的思维吗？不，当然不是。Thelen 和 Ulrich 只是单纯地使用偏好这个用语来作为一种隐喻；可能你也会使用同样的方式说，水偏好向低处流，或者光偏好在玻璃上发生反射。使用"偏好"这个词时，Thelen 和 Ulrich 想表达的只是，在特定的条件下系统由于被吸引而导向某种行为。水往低处流，是因为有重力的存在。如果没有了重力，比如说在太空里的国际空间站，水的形态就是形成一个个自由漂浮的小水珠了。

吸引因子状态的概念在解释"非连续、非线性"的发展问题上极为有效。非连续、非线性的发展通常发生在一种新能力似乎凭空突然出现时（例如7个月大的婴儿能够在跑步机上"行走"），或者现有类型或特征被重新整合时（例如，一颗橡子长成了一棵橡树，或者一只毛毛虫化茧成蝶）。在上面的例子中，每一个相同的生物系统都包含了早期和后期两种发展状态的另一种状态，但是后期状态和早期状态之间看上去却毫不相关。很明显，非线性不连续体就属于这种情况，因为一棵橡树从形态上并不等同于（且远远大于）一颗放大后的橡子，一只蝴蝶从形态上也并不等同于（且远远大于）一只放大后的毛毛虫。

动力系统理论能够对伴随着时间推移而发生的发展性过渡加以解释，除此之外，该理论还能解释当下发生的从一个系统向另一个系统的过渡。在这两种情况下，动态原则是相同的；从一个系统向另一个系统的过渡是当前生物系统的成熟（例如，儿童身上作为组成成分的各种子系统）与环境特征参数之间协作的产物。为了进一步明确这种现象，Thelen 和她的同事 Linda Smith 给出了一个非常恰当的例子：马匹的步法。

你可能已经知道，当一匹马越跑越快的时候，它会从一种简单的行走变化为小步慢跑，然后最终变成四蹄飞奔。这种从一种步法转换到另一种步法（或者，如果你喜欢，可以说是从一种"系统"到另一种"系统"）的过渡具有非连续和非线性的特征。如果你不熟悉马匹这三种步法之间的差异，这里还有一些表述供你参考，可以访问如下网址：http://plus.maths.org/content/walk-trot-gallop。

- 行走：行走通常是一种四拍的动作。例如，左后、左前、右后、右前。腿部动作之间的间隙是有节律的。总有一条腿是处于悬空状态的。行走的速度大约是6.4千米/小时。
- 小步慢跑：小步慢跑是一种两拍的动作。位于对角线上的两条腿的动作是一致的，它们同时接触地面，另外两条腿则处于悬空状态。小步慢跑的速度大约是 13 千米/小时。
- 四蹄飞奔：这种步法再次回归到一种四拍的动作，但是这种拍子无节奏可循。马的两条后腿或前腿几乎同时接触地面，无论在哪种情况下，马身体一侧的两条腿总比另一侧的腿稍微早一点接触地面。但是至少在某一个时间点上，马的四条腿会同时离开地面。这种步法的速度大约是 40~60 千米/小时。

你会发现，每种步法不是由前一种步法简单加快速度而来，也就是说，三种步法之间的关系是非连续性、非线性的。根据动力系统理论，马出现这三种速度不同的步法不是由马的基因决定的，先天基因在此没有任何解释力。马使用不同步法是为了在不同的外部环境特征中把自己的能力最大化地发挥出来。如果马面临的环境是逃离捕猎者，那么使用小步慢跑的步法就是极其愚蠢的并且难以让自己生存下来。更为有效的方式应当是全力以赴地四蹄飞奔。但是，如果一匹马想要慢速行进，那么四蹄飞奔就比较难以保持住，因为这种步法要求在某一个时间点马的四条腿全部都离开地面。如果使用这种步法缓慢行进，将很难保持身体的平衡。每一种步法都是为了让马能够在特定条件下满足特定的需求。如果用动力系统的语言来表述，那就是，对于每一种步法系统来说都有一种与其相匹配的吸引因子状态。

无论在哪一个时间点上，施加在马身上的影响作用都是两套系统的结合体，一套系统存在于马自身内部（包括许多马驹时期就有的系统，例如平衡、力量、协调、视觉、保存体力以及动机），另一套系统来自马的外部（包括环境中的威胁、刺激物以及行进时的地表特征）。所有这些内部和外部的系统共同作用的产物就是行为。而作为结果的行为就是一种突现的系统，它源于所有产生作用的子系统。一般而言，一种吸引因子状态就是一个系统在一系列特定条件下所偏好的一种状态。如果一匹马想要快速移动，那么马的动作就会被四蹄飞奔的步法所吸引。简单来说，当一个婴儿被放置在跑步机上，此时的吸引因子状态就是一种双腿交替的踏步模式（至少对于 7 个月大的婴儿来说是这样，对于许多更小一点的婴儿来说，吸引因子状态大概就是单踏步的模式）。

吸引因子状态是一个有价值的概念，因为它可以解释一个系统在受到某些干扰的时候仍然能够回归到特定状态的倾向性。事实上，吸引因子状态强度的意思就是，无论系统受到何种扰动，该系统回归吸引因子状态的能力。对任何子系统的扰动都会对突现系统产生影响。例如，一匹受到惊吓的马，无论它的动机有多强，也无法轻易地在结冰的湖面或杂草丛生的沼泽中四蹄飞奔。

使用我们刚刚学到的这些术语，接下来 Thelen 和 Ulrich 感兴趣的是在婴儿踏步行为中加入干扰因素，看一看被干扰的婴儿是否能够回归到一种有偏好的吸引因子状态，也就是交替式踏步。Thelen 和 Ulrich 在研究中对婴儿进行干扰的方式有两种：第一种是增加跑步机的速度，第二种是把婴儿放到皮带分离式跑步机上。

我们之前已经讨论过了，Thelen 和 Ulrich 的研究结果显示，单纯增加跑步机的速度会增加婴儿使用交替式踏步的可能性。如果用动力系统的理论来解释就是，跑步机皮带速度的增加会带来交替式踏步吸引因子强度的增加。但是，Thelen 和 Ulrich 在研究中还发现，即便是在皮带分离式跑步机上的试次（试次 10 和试次 11），交替式踏步对婴儿来说也是一种吸引因子状态，随着婴儿年纪渐长则更是如此。因此，干扰交替式踏步系统的实验操纵并没有达到预期目的，事实上，Thelen 和 Ulrich 使用的两种干扰模式反而强化了婴儿的交替式踏步系统。

讨论

婴儿跑步机踏步行为研究的结果显示，Thelen 和 Ulrich 不但能够在动力系统理论的框架下解释研究所获得的数据，她们还能够使用这些数据证明动力系统理论的有效性。从动力系统的理论视角出发，她们证明了行走行为不仅存在于儿童身上，同时也是多种生物和物理系统共同作用而产生的突现特征。她们总结道，事实上"1 个月大的婴儿是不会自己走路的，婴儿走路大概要到 1 岁左右，但是 1 个月大的婴儿能够在跑步机上做出踏步行为是一个强有力的证据，它说明（诸如动作这种）人类的基本技能是由多种因素决定的，并且决定这些基本技能的各种成分的成熟进程并不同步"。她们继而指出：

> 当人类的婴儿处于觉醒状态并且周围没有什么分散他们注意力的东西时，把他们放到跑步机上，那么在 1 个月大的某个时间点上，婴儿的双腿出现的有节奏的交替踏步就会成为一种吸引因子状态。根据动力系统理论的定义，这种模式具有跨情境的稳定性，而且在受到干扰之后系统仍倾向于回归到这种稳定状态。在跑步机上，我们观察到了若干种可能的动作组合，但交替式踏步是逐渐被婴儿所偏好的一种方式。

Thelen 和 Ulrich 在她们的专著中做出结论，动力系统理论能够解释儿童发展中"长久以来的困惑"，而这些困惑是诸如皮亚杰的建构主义和先天论这类以往的传统理论无法解释的。动力系统理论的主要优势在于，它能够对人类身上新能力和新技能的来源加以解释，并且这种解释并不是一种黑匣子式的解读，例如"这都是基因造成的"或者"这是天然存在于人类大脑之中的"——这根本就不是一种解释。动力系统理论同时也对外部环境带来的影响做出了解释，这种理论特别指出，环境中的某些具体特征参数能够对新能力和新技能的突现产生作用，而在此之前，科学家们对这些可能性一无所知。当然，事实上，环境可能对于大量不同个体来说提供了一种一致的影响。这并不是说我们应当在标准化的环境影响因素下看待人类的新能力。真要如此，存在于儿童身上的新的心理能力的问题就很容易解答了，但事实并不是这样。问题既不在于儿童本身，也不在于外部环境。人类新能力的出现是一种动态交集，它包含着存在于儿童身上以及外部环境中多个相关的子系统。

结论

你可能已经看到了，动力系统理论和本书其他章节介绍的理论之间存在视角和态度方面的重叠。维果茨基（第 4 章）认为，把孩子从他们成长的自然环境中分离出来，放到实验室环境中的限定条件下进行研究，这种方式存在着致命的缺陷，并会导致结论无法推广到实验室以外的环境中。维果茨基是上述信念的坚定拥护者，并且他的观念对动力系统理论影响至深。但另一方面，动力系统理论加入了实验室控制条件下对突现的新能力的研究结果，而这些研究是无法在儿童生活的自然环境中实现的。

　　动力系统理论同样也受到了 Bronfenbrenner（第 14 章）理论的影响。你可能已经听说过，Bronfenbrenner 理论关注的重点是处于不同水平上的各种环境之间的相互作用与影响。该理论指出，儿童的生活环境存在着多个水平，和儿童"距离"最近和最远的环境都会对他们产生可以被观察到的影响。然而，Bronfenbrenner 的观点更偏重于环境对儿童产生的影响，但动力系统理论在对儿童的影响问题上赋予了生物系统和环境系统"成因上的平等地位"。生物系统和环境系统二者发挥的效用几乎相同。而且，正如生物子系统能够用来解释儿童心理发展的成因一样，环境子系统也能对这个问题加以解释。我猜想，持动力系统理论观点的学者们在完成这项工作的时候一定带着对 Bronfenbrenner 极大的敬意。

　　在准备这一章的写作时，我可以说是"倾心于"动力系统理论了。该理论的特点是积极而活力十足。这些理念首先是可以通过实验验证的，这是任何有价值的科学理论的必要条件。动力系统理论的视角也是独特的，因为它能够解释出现在儿童行为自然系统中的极为复杂的特征，而其他主流的儿童心理学理论则难以做到这一点。诸如皮亚杰的阶段理论在解释某些问题上存在着困难：为什么儿童已经发展到了某个特定阶段，但却不具备完成这个阶段上所有任务的能力呢？诸如 Baillargeon 的先天论在解释某些问题上也存在着困难，某些高级知识，例如客体恒存性，是如何被编码到人类基因当中去的呢？最后，信息加工理论可能在模拟发展结果方面特别擅长，但是该理论解释在推动发展的确定机制方面却无能为力，这一点众所周知。

　　在跨学科方面，包括生物学、化学和生理学，动力系统理论也具有广阔的应用前景，而且动力系统理论还能在心理学和其他自然科学之间架起一座桥梁。它能够用相对简单的数学原则来解释极为复杂的人类行为，以使研究人员感兴趣的现象能够被理解为各个发挥作用的子系统汇聚在一起达到的最终状态。此外，动力系统理论特别吸引人的一个方面就是它对发展过程中"非连续、非线性"特征的解读。

但是，关于动力系统理论在儿童心理学领域的地位问题，我只能说我自己是最近才"倾心于"这个理论的，尽管我知道这个理论已经有20年之久了；并且，我也不是个例。看看我的同行和同事们，再浏览一下学术会议的海报展示和期刊论文，我发现动力系统理论并没有在儿童心理学研究圈子里引起太大的"波澜"。在《儿童发展视野》（*Child Development Perspective*）这本学术期刊上，有一期特别版专门评价了动力系统理论在现代儿童心理学中的地位，Marc Lewis表示，动力系统理论可能"在吸引大家注意力方面足够的'冷门'，但是在打破我们这个领域内固有的研究习惯方面却足够的'热门'"。也许，这在某种程度上是因为该理论的支持者都集中在动作发展领域。正如我开篇提到的，我从来没有真正被动作发展所吸引，因此我从来没有花太多的时间去阅读关于婴儿如何学会伸手和行走的论文。如果其他儿童心理学家也和我一样醉心于儿童的认知发展，那就好办了：只要我们所有人都去接触一下动力系统的核心理念时，问题自然迎刃而解。

确实，研究人员已经开始将动力系统应用到认知发展的"集合变量"中。例如，Larissa Samuelson及其同事将动力系统理论应用于儿童的词汇学习。甚至是Thelen本人也在和同事一道，把动力系统应用到婴儿视觉习惯化行为领域以及皮亚杰对婴儿客体恒存性的传统研究当中，即婴儿在A非B任务（A-not-B task）中的行为。

令人悲伤的是，Esther Thelen博士于2004年患舌癌去世了，仅仅享年63岁。这对儿童心理学领域来说是极大的损失。正如John P. Spencer及其同事所说，二十年，对于一位科学家来说是一段漫长的岁月，而对于一项科学理论来说却只是相对短暂的一夕。虽然Thelen在这个领域内的科学事业起步相对较晚——在获得生物科学博士学位和养育了2个孩子之后才开始涉足心理学领域，但是她把自己人生中的27年献给了儿童心理学领域。她与同事们通力合作，提出了一项关于数学动力系统的精密技术理论，为我们这些社会科学领域的研究人员留下了宝贵的财富。

问题讨论

1. 在周围的物理环境中，我们把重力当作一件理所当然的事情。假设人类移民到了火星上，那里的重力只有地球上的三分之一。根据动力系统理论，在低重力水平下的动作会对婴儿行走行为的突现产生怎样的影响？

2. 动力系统理论认为，一个吸引因子代表了一种集合变量在某些预先设定的条件下的偏好状态。如果言语是一种意向集合变量，那么在放松或高度焦虑状态下，言语行为的吸引因子状态分别是怎样的呢？

3. 对皮亚杰研究的最主要批评在于，他在实验中使用的任务难度太大而导致儿童难以展现出自己的真实能力水平。具体而言就是，他把能力（儿童"知道"的内容）和外部表现（儿童是否能够展示出自己已经"知道"了）等同起来。那么，对于一个持动力系统理论观点的学者来说，他们会如何看待这种能力与表现之间的差异呢？

4. 在我和 Ulrich 博士的交谈中，她提到动力系统理论对于年轻人来说也具有指导意义，能够在他们成年的早期提供帮助。她尤其鼓励年轻人走出自身的舒适圈，获得并积累新的生活体验，从而形成对当下和对未来的认识。这些如何与动力系统理论中的术语对应起来呢？比如说"吸引因子状态""干扰""系统稳定性"以及"突现特征"？

第二部分

改变知觉与语言发展的五项研究

第7章 你能承受什么？
视觉悬崖

Gibson, E. J., & Walk, R. D. (1960). *Scientific American*, 202, 64–71.（排名13）

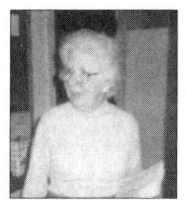 

  Eleanor Gibson 和 Richard Walk 是我的同事兼朋友，他们做了一项关于"视觉悬崖"的革命性研究。著名的心理学家 Karen Adolph 在描述其影响力时说道，该实验具备经典科学范例的所有三个特征。第一，实验结果十分有力，且具有高度可复制性。这就是说，无论是谁做这项实验都可以得到相同的结果，即使重复多次也一样。第二，研究结果让人印象深刻。在 Gibson 和 Walk 的经典研究中，实验的对象是猫的幼崽、羊的幼崽以及人类的小婴儿——都是小可爱，其他研究的实验对象怎么能比得上它们呢？而且在 Gibson 和 Walk 的研究中，它们中的每一种都能够出乎意料地在看似悬崖却不是悬崖的地方上保持平衡。第三，实验设计"简单而精妙"。如果你追求的是简单，那么哪里还有比 Eleanor Gibson 描述中的视觉悬崖装置更简单的东西呢？她是这样说的：

  我和实验助手 Thomas Tighe 匆匆忙忙地从实验室附近找来了一大块

玻璃，用夹钳把它固定在一些垂直的金属器件上，做出了一个古怪的装置。我们在半块玻璃下放置了一块带有图案的墙纸，在另一半玻璃下方一米多远的地面上也铺上了同样图案的墙纸。在玻璃的中间，我们放上了一块窄窄的木板……

尽管这个实验在儿童心理学界引起了轰动，但这只是 Eleanor Gibson 作为一位革命性的思想家漫长而高效的一生中的一个缩影。后来她嫁给了另外一位革命性的思想家（她的丈夫，鼎鼎大名的 J. J. Gibson），两个人携手构筑了一种全新的心理学思维方式。James Gibson 主攻成人知觉领域，而 Eleanor Gibson 则把成人知觉中的很多观点应用到儿童心理学，她还将自己的丈夫比喻成自己工作的源泉和动力。20 世纪 50 年代，Gibson 夫妇提出了"生态理论"（Ecological Theory），这个理论让整个心理学界发生了翻天覆地的变化。在接下来的半个世纪里，Gibson 夫妇和他们同样高效且成功的学生们一起完善了这个理论，并将其基本原则传播到了全球各大心理学学术组织中。Gibson 和 Walk 在 1960 年所做的视觉悬崖研究只是他们漫漫征途中的一步。

也许将视觉悬崖实验描述成一个稍微有点"跨界"的研究并不过分。我的意思是，这和因为跨界作品而名声大噪的音乐家有点类似。在音乐界，一首成功的跨界音乐作品可以使某个一直致力于某一种音乐风格的音乐家在另一个完全不同的音乐风格领域一夜之间声名鹊起，通常这是因为在这类音乐作品中有一些东西对喜欢两种音乐风格的听众都很有吸引力。在美国，乡村音乐歌手 Taylor Swift 和 Carrie Underwood 就是跨界歌手的代表，从事嘻哈风格音乐的 Eminem 和 Drake 也同样如此。

视觉悬崖研究像音乐一样，对它的"听众"具有广泛的吸引力，尽管这些"听众"通常是儿童心理学家。那么儿童心理学领域中究竟有多少种"风格"呢？太多了。在本书的其他章节，我们讨论了行为主义者如何控制美国心理学界，弗洛伊德的心理动力学说如何不足以支撑 Bowlby 的依恋理论，动物行为论如何跟 Meltzoff 的模仿模型产生关联，以及气质理论家（temperamentalist）如何解释个体差异以及儿童精神病理学的出现……像看待许多其他事物一样，你可以用很多种方式来切分儿童心理学这块"大饼"。但是在这个案例中，我们必须关注这样一个事实，Gibson 的这项研究依托早期的生态心理学理论而生，而当时只有极少数科学家赞同生态心理学的理论取向，但即使在这样的背景下，视觉悬崖研究仍然吸引到了很多人关注的目光。

在此谈一谈 Gibson 版本的生态心理学理论会很有益处。我之所以说"Gibson 版本"的生态理论是因为在儿童心理学中还有另一个主要理论也叫作生态理论（见第 14 章中 Bronfenbrenner 的理论）。然而，这和 Gibson 夫妇的生态世界观完全不同。所以，我在这里将他们的生态理论称为 Gibson 生态心理学理论。此外，他们夫妻俩花了一生的时间一起孕育出了这个全新的心理学理论，给心理学界带来了革命性的变化，因而在此以创始人的名字来命名这个理论再合适不过了。

Gibson 生态学理论的特别之处

基于 Eleanor Gibson 在自传中以及她与 Agnes Szokolszky 一起接受采访时对自己事业的一些表述，我认为，说 Gibson 夫妇用毕生的精力完善了生态理论并不为过。书中还提到，在他们的一生中，他们会时不时地对理论中的某些观点做进一步的完善，或者在某一件事上修正自己的看法。在描述具体的研究经历时，她会说有些构想是当时她和 James 还没有考虑到的，但是之后进行的某一项特定研究的结果为这个构想提供了支持的证据。如果说在他们富有成效的一生走到终点时，他们的生态理论已经尽可能地接近了他们脑中的构想，那么我的评论也会因为他们的最终"产品"而变得饱满。我将会从这些成果出发来描述他们过渡时期的研究结果。

通过进化和自然选择，生物体能够以最佳的方式适应环境并生存下去。这是 Gibson 生态理论的基本前提，也是为什么 Gibson 夫妇赋予这个理论生态学意义。据此，生物体会选择进行能够最大限度保证自己生存的活动，这是生物体与生俱来的能力。Gibson 生态理论的一个核心观点就是功能承受性（affordance）。1979 年，James Gibson 在他的著作中阐述了这一观点。1993 年，Eleanor Gibson 带着她退休之前的最后两个研究生学生 Karen Adolph 和 Marion

Eppler 合作了一篇论文。在这篇文章中，他们将功能承受性定义为，"动物自身的能力与环境支持之间的契合度，借助这种契合度，某种特定的行为得以出现"。根据这个定义，"知觉的功能承受性能够使动物们以一种适应性的方式指导自身的活动，并将环境切分成有各自意义的功能单元"。

这就是 Gibson 生态理论的概述。这一理论有两个主要的命题：其一，环境可以承受生物体展开活动；其二，生物体能够觉察到环境的功能承受性特征，并以此展开活动。这两个观点多少可以体现出 Gibson 生态理论的核心。当然，"世界上存在重力"这种说法并没有将物理学简单化，与此类似，上述理论表述也没有简化儿童心理学。想要将这个理论中的各个部分加以细化，仍需要开展大量的工作。例如，功能承受性有哪些内容？生物体的知觉系统如何进化到能够察觉功能承受性？生物体的运动系统如何对功能承受性施加影响？在生物体随时间而发展的过程中，运动系统和环境承受性如何随之发生变化？

正因为物理环境不会随着时间的推移而改变，环境中潜在的功能承受性也会保持不变，只是生物体会不断发展；当发展到了一定程度时，生物体就能够察觉到功能承受性并对其施加影响。让我们来看看那些我们都很熟悉的事物中的功能承受性特征吧，例如悬崖。如果我们站在悬崖脚下，那么悬崖就是一个可以攀爬的地方；如果我们站在悬崖边缘，它就会变成一个让我们跌落的地方，尤其是我们离悬崖太近或是一步踏空的话。所以，换句话说，根据 Gibson 生态理论，悬崖可以承担起供你攀爬或是跌落的功能，而这取决于我们所在的位置以及我们当时要做的事情。但是，要想让悬崖具有这些功能承受性，我们必须是运动着的，并且是自主运动的。首先，如果我们不能充分地自主移动，就不能把自己带到悬崖边缘，那么悬崖也不会提供跌落或是受伤的功能。对于一个刚出生、还不太会自己移动的婴儿，悬崖对他而言就不具有这一功能。如果一个婴儿的视觉系统已经发育完善，他可以看到悬崖边缘；如果他能朝着你指的方向看过去，那么他就具有了充分的视敏度。从这一点来说，悬崖已经可以承担起让婴儿察觉到其边缘的功能了，但在这种情况下其功能也就只有这些。

考察正在成长的以及已经成年的生物体的知觉和行为是 Gibson 研究的核

心。如果生物体需要了解在环境中自己能做什么，就需要具备知觉能力；如果生物体接下来想要这样做，则需要做出行为加以配合。所以，为了这个目的，Gibson 夫妇和他们的前辈投入全部的职业生涯去设计并实施实验，以揭示环境的功能承受性与生物体的行为如何帮助生物体生存下来。随着研究的开展，他们还基于研究得到的证据对自己提出的生态理论进行不断的修改与完善。

现在，我并不想在这里谈论知觉和行为，因为对我来说这些东西太无趣。我想让你觉得这章的内容是关于人们掉下悬崖之类的事情的，这样会更刺激。当 Eleanor Gibson 和 Richard Walk 发表这项著名的视觉悬崖研究时，他们就打算让这项研究面向全世界。在这篇论文发表伊始，视觉—运动功能承受性（visual-motor affordance）这个概念还不够成熟。但是，这些关于动物深度知觉的基础科研结果却吸引了很多"观众"，这可能是因为研究中出现了很多可爱的动物幼崽的照片吧。当然，视觉悬崖研究中的数据可以使我们更好地理解知觉现象，继而可以进一步支持 Gibson 的生态理论。所以，现在让我们来看看这个革命性的研究吧，以及由它衍生而来的其他科学研究。

Gibson 和 Walk（1960）

跟本书涉及的其他研究不同，使得 Gibson 和 Walk 的研究为人所知的是大众媒体平台——他们把研究发表在了《科学美国人》（Scientific American）[①]杂志上。你可能会想起 Robert Fantz 的杰出研究（见第 8 章），他同样是用这种方式将研究结果公诸于众。《科学美国人》作为一本杂志，其办刊宗旨和传统科学期刊有很大的区别：它致力于将科学研究结果展现给普罗大众。特别值得一提的是，《科学美国人》刊登的文章并不是给科研领域内的同行专家看的，尽管里面文章的作者经常会先把自己的研究发布在一些供同行审阅的学术期刊上。Gibson 和 Walk 的研究结果于 1957 年首先发表在了《科学》（Science）杂志上，帮助他们一起完成视觉悬崖实验的还有研究助手 Thomas Tighe。有趣的

[①]《科学美国人》是美国的一本科普杂志，创刊于 1845 年；它是美国连续出版时间最长的杂志，也是著名的《科学》杂志的姊妹刊。——译者注

是，当他们最初把这项研究发表在权威的《科学》上时，这篇论文似乎被当时的儿童心理学家给忽视了，当他们转而发表在《科学美国人》上时才引起了人们的普遍关注，继而名声大噪。就像刚才说的，可爱的小婴儿和小猫咪很可能"居功至伟"。

引言

在本文的引言部分，Gibson 和 Walk 将他们的研究问题与深度知觉的起源联系在了一起。儿童的深度知觉，尤其是对悬崖潜在危险的感知，是后天习得的吗？或者说儿童的这种感知是否与生俱来？这是老掉牙的先天遗传和后天环境的问题。人类的深度知觉跟动物的相比是怎样的呢？或者说，在深度知觉的产生和有效性方面，人类是否有别于其他动物？

方法

被试

主要的实验样本包括 36 名婴儿，年龄由 6 个月到 14 个月不等。但 Gibson 和 Walk 还用到了其他动物进行实验，包括鸡、龟、老鼠、绵羊、山羊、猪、猫以及狗的幼崽。

材料

视觉悬崖的实验设备跟前面所描述的差不多，可能整体要稍微大一点。将一块窄窄的板子放置于一块玻璃中间，用金属架和金属夹将一大块玻璃固定起来，使玻璃至少离地面 30 厘米，但在大多数实验中，玻璃离地面达 135 厘米。玻璃一边的背面设置一块"有图案的材料"，形成浅的一侧；并且同样图案的材料会固定在地板上，而不是玻璃下，以形成深的一侧。用这种方法，中间木板两侧都会铺上同样花纹图案的材料，但是其中一侧要放得深一些。

程序

视觉悬崖的实验程序很简单，把一个小动物放在中间板上，然后记录它是从玻璃的哪一侧爬下去的就可以了。至于人类的婴儿，Gibson 和 Walk 还会让他们的母亲先在深的一侧，然后再在浅的一侧，呼唤他们。Adolph 和 Kretch 写道，人类婴儿参与这个实验时必须修改实验程序，因为"如果没有他们的母亲作为诱饵，婴儿是不会在中间板上挪动的"。

婴儿在边缘位置

结果

老鼠

老鼠的表现和其他动物有点不一样。婴儿、鸡、山羊、猫以及绵羊的幼崽似乎无一例外地依赖于视觉信号，而老鼠在依赖于视觉信号的同时，也依赖于触觉信息。一开始，Gibson 和 Walk 注意到，只要老鼠的胡须能碰到玻璃，它们大体上就不会更偏爱浅的一侧。但是当中间板被升到足够高的位置，以致于老鼠的胡须碰不到玻璃的时候，它们绝大部分就会倾向于向浅的一侧移动。在这种情况下，老鼠几乎都是从悬崖浅的一侧爬下去的。

这些结果可能会让你觉得，老鼠之前已有的视觉经验使得它们拥有了深度知觉。但令人惊讶的是，在之前从来没有过任何视觉经验的老鼠身上，也得到了同样的结果。Gibson 和 Walk 将出生 90 天一直在纯黑暗环境下养大的老鼠和在光明的环境中正常生长的老鼠进行了对比，希望看一看有无视觉经验是否会影响老鼠的深度知觉以及它们在视觉悬崖上的行为。（注意第 9 章中 Hubel 和 Wiesel 所做的实验与这个实验的相同之处。）结果发现，有无视觉经验并不影响老鼠的选择。当老鼠的胡须无法触到深浅两侧的玻璃时，如果此时老鼠需要做出选择，不管是在黑暗环境中还是光明环境中长大的老鼠，都倾向于向浅的一侧移动。显然，深度知觉与后天经验无关。

小鸡、山羊以及绵羊幼崽

即使深度知觉与视觉经验无关，生物体的运动能力也可能会对深度知觉产生影响。为了测试这种可能性，Gibson和她的同事决定在一些"早熟"动物身上进行实验。"早熟"动物指的是那些一出生就能具备运动能力的动物，例如鸡、山羊以及绵羊。参加实验的小鸡出生时间不超过24小时。但实验的结果和之前相同，所有的小鸡都跳到了悬崖浅的一侧。

山羊和绵羊幼崽在刚能站立的时候就参加了实验，通常是在它们出生后的第一天里。像小鸡一样，没有山羊或绵羊幼崽会冒险跳到悬崖深的一侧。Gibson和Walk甚至直接把一只小山羊放到深的一侧的玻璃板上。尽管触觉信号能给小山羊提供支持，但是它仍然不愿意站起来走动。相反，它伸直前腿，后腿一拐一拐，展现出一种防御的姿势。Gibson和她的同事将它向玻璃板的另一边推，但它仍然不愿意站起来走路，直到被一路推过中间板。

人类

尽管Gibson和她的同事在视觉悬崖上先测试了其他动物，但真正引人注目的是他们对人类婴儿所做的测试。在所有的被试婴儿中，27个婴儿至少有一次从中间板挪到了悬崖浅的一边。其中只有3个婴儿爬到了视觉悬崖深的一侧。Gibson和Walk注意到，"当母亲在悬崖那边呼唤自己的孩子时，许多婴儿会朝着远离母亲的那一边爬过去，另一些婴儿看到母亲站在那边就开始哭，因为他们如果不穿过眼前这个明显的峡谷就没法爬到母亲身边。"Gibson和Walk总结说，婴儿在刚学会爬的时候就已经具有了深度知觉。

关于人类婴儿的研究结果尤其有趣，因为许多婴儿会不小心碰到悬崖深的一侧，因而在某种程度上他们知道了深的一侧的悬崖实际上是可以支撑他们的，尽管表面上看起来并非如此。有些婴儿会用手拍一拍深的一侧，还有些婴儿在转向浅的一侧时，屁股会不小心碰到深的一侧。即便如此，他们仍然不愿意尝试着爬向深的一侧。

猫的幼崽

那小猫又会有怎样表现的呢？猫和老鼠一样是夜行动物，它们也是能够使用胡须获得触觉信息的动物。那么它们会根据胡须所提供的触觉信息尝试着爬向深的一侧吗？或者还可能有另一种情况。猫在本质上属于捕食者，和老鼠相比猫会更多地依赖视觉，因此猫会更"依赖"视觉信息而不是来自触觉的功能承受性信息。那么，猫的幼崽在视觉悬崖上到底会有怎样的表现呢？结果是，它们也偏好浅的一侧，并且当研究人员故意把它们放到悬崖深的一侧时，它们的表现和山羊幼崽一样，要么在原地一动不动，要么不知所措地转圈圈。

水栖龟

Gibson 和 Walk 觉得，也许水栖龟会偏好悬崖深的一侧。因为它们看到自己在玻璃上的倒影，可能会误认为那边是一滩水，然后立刻潜下去。然而，实验的结果是，3/4 的水栖龟慢慢地爬到了浅的一侧。尽管水栖龟跟大多数其他动物选择相同，但总体上比例却低了很多。实验人员总结说，这要么是因为水栖龟的视觉辨别能力比其他动物弱，要么是因为它们不那么害怕从高处跌落。

控制条件

Gibson 和 Walk 是真正严谨的科学家，他们在实验中增添了一组控制条件，目的是确保所有实验的对象更加偏好浅的一侧是因为深度知觉的存在，而不是由于除深度知觉以外的其他因素在起作用。考虑到最初老鼠的实验结果，Gibson 写道："我们对此印象深刻，但也有一些担心。会不会因为屋子的某一边对老鼠更有吸引力，比如说更温暖、更暗或是有什么气味？"所以，他们所采取的第一个控制条件就是直接在深浅两侧的玻璃上铺上了同样花纹的纸。这种条件下，就不存在视觉悬崖了。老鼠没有察觉到视觉悬崖，便开始在玻璃两侧随意走动。另外一个控制条件和上面的操作相似，但是在深浅两侧的玻璃上都铺上纯灰色的纸，而不是有图案的那种纸。在这种条件下，老鼠也会在玻璃两侧随意地走动。

功能承受性

从这些控制实验中可以得知，视觉深度知觉是动物在视觉悬崖上做出各种行为的原因。但是问题又来了，哪一种视觉信息对动物来说是最重要的呢？当你在看某个东西时，它的图像会经过眼球投射到你的视网膜上，此时视网膜上的视杆细胞和视锥细胞会检测到图像，然后通过视觉神经向大脑传递信号。但是视觉信息流中有很多信号都能够为生物体提供深度知觉线索。例如，有这样一种现象，你看一个图案，比如说棋盘。如果你看图案时距离很近的话，图案上的元素及元素间的空白会占用你视网膜上较多的空间，但如果你从一个比较远的距离来看同样这个图案，它在视网膜上就不会占用那么多的空间。远看和近看图案时所占用的视网膜空间是不同的，这种差异是我们对深度判断的部分参考因素。这种线索被称为图案密度（pattern density）。对图案密度的定义是，在某个特定的空间单元中图案元素的数量。

视觉信号中另一个可用于深度知觉的线索叫作运动视差（motion parallax）。运动视差是一种感受，当物体在空间中移动时，离得近的物体似乎比离得远的物体移动速度更快。如果你在开车或者坐火车时看看窗外，你就能体会到运动视差。你会看到附近的栅栏柱和电线杆飞驰而去，但远处的树木却移动得很缓慢，或者根本没动。造成这种现象的原因是，与远处的物体相比，距离较近的物体形成的图像在视网膜上移动得更快。

Gibson 和 Walk 对此很感兴趣，他们想要知道当动物避开视觉悬崖时，图案密度和运动视差这两种深度知觉线索哪一个更为重要。在之前的实验中，视觉悬崖的两端都使用了相同图案的纸，也就是说，对于生物体来说悬崖浅的一侧的图案离得近，而深的一侧则离得远，因此这两种类型的视觉线索都是生物体可以察觉到的。在浅的一侧，图案密度低，移动快，而在深的一边，图案密度高且移动缓慢。

为了避免图案密度的影响，Gibson 和 Walk 换了一种图案的纸，深的一侧纸上的图案要大一点，其比例和中间板与图案纸的距离的比例相当。这种改变避免了图案密度的影响，它基本上保证了无论是从中间板上的哪个位置看，悬崖两侧图案所占的视网膜空间是一样的。但是，因为悬崖两侧的图案距离不一样，被试会产生运动视差。Gibson 和 Walk 在上述条件下再次重复了实验，结果发现，老鼠和小鸡仍然比较偏爱浅的一侧。这说明图案密度并不是一个必要的深度线索，并且这两类动物在需要时都可以将运动视差作为深度线索。

接下来，为了消除运动视差的影响，Gibson 和 Walk 将有图案的纸直接放在了两侧玻璃的下边，但是，在浅的一侧图案中纹理要大一些，在深的一侧图案的纹理要小一些。这种改变可以消除运动视差的影响，因为对于假设的眼球来说，悬崖两边的图案问题带来距离感是一样的，即使两边图案纹理客观上并不一样。在这个实验中，老鼠仍然更偏爱浅的一侧（图案纹理更大的一侧），但是小鸡就没有表现出任何的倾向性了。显然，运动视差对于小鸡是必要的深度线索，但对于老鼠却不是，必要时老鼠会依据图案密度来判断深度。

消除运动视差的影响之后，小鸡的深度知觉便消失了，但老鼠的深度知觉却还在；而除去图案深度之后，两类动物的深度知觉都不受影响。那么，从这个实验中 Gibson 和 Walk 得出了什么结论呢？他们总结说，两种知觉线索具有不一样的影响，可能是因为这两类动物的经验不同。小鸡在刚出生的第一天就接受了实验，而老鼠直到出生 90 天之后才进行实验，所以运动视差这个线索似乎只对那些在视觉世界里已经有了丰富经验的生物体才能够产生积极的作用。后来，Gibson 和 Walk 在运动视差控制条件下将光线下养育的老鼠和黑暗中养育的老鼠做了对比试验之后，上述假设得到了证实。他们发现，对于黑暗中生长了 90 天的老鼠来说，它们的表现跟只出生了一天的小鸡一样，会在视觉悬崖两侧随意地行走。

讨论

Gibson 和 Walk 在他们的文章中并没有做太多的讨论。实际上，总共只有两句话：

在我们研究视觉悬崖的最初几年，我们准备挑战一个相当宽泛的结论：对于一个有视力的动物而言，当它们有足够的移动能力时，它们就能够辨别深度，对于那些一出生就能移动的动物而言，这个结论同样成立。但我们还有很多实验还没有完成，特别是对不同线索以及各类早期视觉经验的影响作用的研究。

然而，尽管这个实验很简洁，但它的研究逻辑却很清晰。它不仅是 Gibson 夫妇发展他们的生态理论的基石，也为婴幼儿发展实验（不仅仅是知觉发展研究）建立了一种范式。我在描述 Gibson 和 Walk 的研究工作时用了"功能承受性"这个术语，但值得注意的是，这个概念当时还没有被收入 Gibson 生态理论中。但似乎悬崖浅的一侧确实承担了供被试行走的功能，而深的一侧却没有，至少对于那些在视觉世界中有过行动经验的动物来说是这样的。我猜要是 Eleanor Gibson 早知道这个词，她一定会将这个概念应用到 Gibson 和 Walk 的实验中。

母亲的作用

Gibson 的科学研究重点是辨别环境功能承受性，以及那些能够察觉承受性的生物体的知觉系统。但是 Eleanor Gibson 的视觉悬崖实验范式并没有只用于知觉发展的研究。实际上，Adolph 和 Kretch 认为，知觉研究中的视觉悬崖范式属于"昙花一现"。尽管如此，视觉悬崖研究仍有一些特征可供其他研究领域的科研人员借鉴。例如一个我特别喜欢的研究项目，该项目运用了视觉悬崖实验，目的是检验不确定的情况下母亲情感信号的作用。

在这项 1985 年的经典研究中，研究员 James Sorce、Robert Emde、Joseph Campos 以及 Mary Klinnert 将一岁的婴儿放在视觉悬崖上，看他们是否会通过母亲的面部表情来决定悬崖深的一侧是否可以安全地爬过去。当然，从 Gibson 和 Walk 的实验中，我们已经知道婴儿是不会从深的那一侧爬过去的，即便母亲在深的一侧呼唤他们。但那个结论是在悬崖 135 厘米高的情况下得出的。如果视觉悬崖稍微矮一点，婴儿们会因为母亲的引诱而爬过去吗？研究人员发现，婴儿会在母亲的呼唤下爬过大约 30 厘米深的悬崖，但当只有他们自己时，他们不愿意爬过去。在这种情况下，婴儿似乎并不确定应该怎么做才好。

Sorce 和他的同事对于社会参照（social reference）的作用很感兴趣。当你

第7章 你能承受什么？

观察某个人对一个东西的反应时，你可以从他的反应中汲取经验来指导自己，此时社会参照就发生了。当一个团体中某个人讲了一个笑话，你一定会运用社会参照中——你会观察团体里的其他人，看他们是否觉得这个笑话很有意思。在Sorce及其同事的研究中，社会参照借母亲的面部表情来发挥作用，婴儿会通过母亲面部所传递的信息来评估母亲是否认为穿越悬崖深的一侧是安全的。以下就是这个实验的过程。

在实验开始前，Sorce和他的同事给婴儿的母亲们做了培训，指导她们如何做出不同的面部表情。母亲接受培训时着重学习如何表达这五种情绪：害怕、生气、感兴趣、快乐以及悲伤。母亲的面部表情训练结束后，开始对婴儿进行测试。在每次实验开始的时候，婴儿会被放在悬崖浅的一侧。而母亲则站在房间的另外一边，就是悬崖深的一侧，并且母亲还会把作为诱饵的玩具直接放到树脂玻璃上，然后微笑地看着自己的宝宝爬到离中间板约40厘米的地方。此时，母亲就要做出她训练时所学的五种表情中的一个。

Sorce等人在第一个实验中比较了母亲表现出高兴和害怕这两种面部表情的情境。当母亲呈现出害怕的表情时，没有一个婴儿尝试着爬向悬崖深的一侧，实际上，此时超过一半的婴儿选择了后退。但是当母亲呈现出笑脸时，19个婴儿中有14个都尝试着爬了过去。

第二个实验则比较了母亲感兴趣和生气这两种条件下婴儿的行为。这组实验仍然是比较来自母亲的一个积极的和一个消极的情感信号，但母亲具体的情绪表现与实验1不同。尽管如此，母亲究竟是表现出哪种具体的情绪对婴儿来说似乎并不重要。当母亲呈现出生气的表情时，18个婴儿中只有2个爬到了深的一侧，而当母亲一脸感兴趣的样子时，15个婴儿中有11个爬了过去。

第三个实验测试了母亲悲伤的面部表情的作用效果。结果表明，当婴儿看到母亲悲伤的表情时，18个婴儿中有6个是愿意爬过去的，这比其他两个消极面部表情的比例要高，这表明悲伤的表情对婴儿的遏制作用没有害怕的表情那么强烈。统计检验也揭示了同样的结果。

将所有的实验结果综合起来考虑，当母亲呈现出害怕的面部表情时对婴儿最有威慑作用。这种结果是合理的，尤其是当在婴儿面前摆着一个小小的但可能会让自己跌落的视觉悬崖时，母亲害怕的表情对婴儿在这种不确定的条件下最有警示作用。在第四个实验中，研究人员把会让人有跌落危险的视觉悬崖装置移开。他们想要考察的是，如果面前没有悬崖，但母亲仍然表现出一副害怕的神情，婴儿会出现怎样的行为。Sorce 和他的同事发现，如果面前没有悬崖，婴儿们根本就不会看他们的母亲：他们就直接爬向玩具了。如果面前没有任何危险的话，其他人害怕的面部表情根本不起作用。

　　Sorce 和他的同事所做的研究重点并不在于观察婴儿是否拥有对于视觉悬崖的深度知觉。他们认为，婴儿肯定是具有深度知觉的。研究人员知道婴儿可以感知到视觉悬崖，而他们想要了解的是，母亲情感信号对婴幼儿的社会参照作用。结论简单且直接：婴儿在面临不确定的危险时会参照母亲的面部表情，并且母亲发出的情感信号对婴儿极为重要。

方法创新和当今的视觉悬崖

　　大概只有在 Karen Adolph 的实验室里才能找到 Eleanor Gibson 早期的视觉悬崖实验和现代研究最为直接的继承关系吧。尽管之前我说过知觉与行为研究很枯燥，但是我发现 Adolph 的研究项目却很有意思。作为 Eleanor Gibson 一脉相承的学术继承者，Adolph 延续了 Gibson 夫妇的传统，赋予了生态理论生命力并且使其发展态势良好。但是，她在这其中也加入了自己的想法，并让视觉悬崖实验更符合生态理论。实际上，她甚至质疑了视觉悬崖深的一侧的生态合理性。

　　Adolph 认为，之前研究的主要问题在于视觉悬崖深的一侧所提供的视觉信息和触觉信息是矛盾的。真实世界中并不会自然形成假悬崖，那我们为什么要在实验中用这么一个"假的东西"呢？Adolph 和 Kretch 写道："视觉悬崖仅仅说明了婴儿在接收到矛盾的视觉和触觉信息时会如何表现，却并没有说明两种信息互补或冗余时婴儿会出现什么样的行为。"为了真正遵循生态理论的理念，关于悬崖的深度知觉和功能承受性的研究也应该尽可能地符合自然中的真实条件。

　　为修正这种状况，Adolph 在自己的研究中使用了真正的悬崖，当然是实验室版本的真正悬崖，同时，她还用到了斜坡、沟壑和桥。她的实验程序也和 Gibson 等人的视觉悬崖实验不一样。Adolph 安排了一个成年监护人跟着婴儿，两个人的距离保持在成人随时可以伸手抓住婴儿的程度，以防婴儿冒险爬过悬崖、斜坡、沟壑和桥。而在 2013 年 Adolph 做了一项研究，并确立了一个很好的实验范式。在这项研究中，Adolph 和她的研究生 Keri Kretch 做了一个测试，他们设置了两个跌落点：一个比较低矮，他们称之为"台阶"；另一个则很高，称为"悬崖"。他们想看婴儿在这两个点上的行为是否会出现差异。此外，Adolph 和 Kretch 还根据参加实验的婴儿具备的不同行走或爬行经验，来考察他们在两个不同点上的行为是否存在差异。实验的参与者既有 12 个月大的婴儿，他们要么只会爬，要么刚学会走路，他们被称为"走路新手"；也有 18 个月大已经熟练掌握走路能力的孩子，他们被称为"走路老手"。

Kretch 和 Adolph 的基本实验逻辑是，移动能力不同的婴儿对悬崖功能承受性的察觉能力是否也会不同。根据 Gibson 的生态理论，Adolph 和 Kretch 对于两点内容尤其感兴趣：一是对于只会爬的婴儿和刚学会走路的学步儿来说，物理环境的功能承受性是否存在差异；二是对于年纪大小不同的孩子，功能承受性本身是否也存在差异。当然，对于主要移动方式（爬行或者走路）不同的孩子来说，其感知到的功能承受性应该是不一样的。爬行的婴儿会观察环境是否能为自己提供爬行的条件，而走路的学步儿则会观察周围的环境是否能为自己提供走路的条件。但是刚刚学会走路的孩子又会怎么办呢？他们还会用自己只会爬时所学到的经验来观察环境功能承受性吗？或是会像已经具有丰富走路经验的孩子一样呢？

想一下你可以在周围环境中察觉到的那些功能承受性特征。如果你在步行方面经验丰富，曾经尝试过在崎岖的小路上前行，你可能会发现有时候在下斜坡时用四肢（或者用屁股）会比用双腿要省力，因为不同平面的功能承受性不同，对于移动能力的要求也不同。但是你只有亲身经历过才会了解这些。婴幼儿的身体成熟度不同，他们会遇到各种各样的平面，他们通过这些平面的能力取决于他们所能感知到的功能承受性特征。爬行经验丰富的婴儿会寻找能够提供攀爬特性的平面，而已经会行走的学步儿则会寻找可以承受他们行走的平面。对于刚学会走路的孩子来说，一个平面是否可供爬行并不重要（因为他们现在掌握了走路的"技术"），但他们也不一定能完全感知到一个平面有可供行走的特性，因为他们在行走方面仍然经验不足。为了测试不同孩子之间的差异，Adolph 重新设计了视觉悬崖实验，以增加其生态效度。

这个实验装置有一个起始平面和一个"着陆平面"。这两个平面一开始让婴儿看到的时候设置在同样高度上，但是着陆平面在实验中能够随着需求上升或下降。当两块平面在同一高度时，婴儿可以自己探索悬崖，在这之后，Adolph 和 Kretch 开始一点一点地降低着陆平面，直到降低到某个距离：婴儿要么掉下来（当然有成年观察者接住他们），要么不得不改变自己平时爬行或是走路的姿势通过。这个位置一经确定，实验人员会将这块板子再升高 2 厘米，升高后的位置就是"功能承受性阈限"（affordance threshold），即比婴儿根据环境的不同而开始改变姿势的那个位置要略高一点。当每个婴儿的阈限数被确定下来之后，Kretch 和 Adolph 会在不同的跌落高度测试他们，既有台阶高度（6.35~9 厘米高）也有悬崖高度（88 厘米高）。

Kretch 和 Adolph 的研究结果中最精彩的部分在于，婴儿在只会爬的时候所积累的关于悬崖的经验在刚学会走路的时候似乎没有用上。确实，Kretch 和 Adolph 写道："刚学会走路的婴儿（走路新手）很少会拒绝走路。"他们发现，只会爬行的婴儿尝试通过某个高度的悬崖的意愿大小与其能够成功通过该悬崖的概率高度相关。只会爬的婴儿很可能会去尝试那些他们能够成功爬过的高度，而不太可能去尝试那些会让他们跌落的高度。但是，刚学会走路的婴儿明显不太注意自己的成功率。他们通常会在悬崖边缘上行走，而且在多次重复的实验中都会出现这样的行为。刚学会走路的婴儿从来不会拒绝在悬崖上行走，只有那些走路经验丰富的婴儿在靠近有可能导致跌落的悬崖时才会表现得十分恐惧。实际上，走路经验丰富的婴儿和只会爬的婴儿很相似，他们会避开那些自己不太可能顺利通过的地方。

当然，对于实验中行走已经很熟练的孩子来说，他们的月龄比只会爬的婴儿要大 6 个月，体形也要更大一些。正是因为他们的体形较大，所以与那些只会爬的婴儿比，他们更有可能成功越过落差更大的悬崖。这是 Adolph（也是

Eleanor Gibson）的主要观点之一，即环境的功能承受性和进行感知时的生物体特征直接相关。对于体形较大且走路经验更丰富的婴儿来说，他们知觉到的环境功能承受性必然与那些体形小但同样很会爬的婴儿不同，并且他们会在观察周围时把环境中新颖且不同的功能承受性信息都考虑进来。

结论

总的来说，Gibson 和 Walk 的视觉悬崖实验有很重要的价值，是一项具有革命性的研究。使用视觉悬崖实验范式得到的研究成果鼓舞并催生了后续一代又一代的研究，很多研究都是由 Eleanor Gibson 和 James Gibson 亲手教出来的学生完成的，这些学生富有独创性，很有能力，受到过很多人的赞扬。然而，Gibson 夫妇的研究方法似乎并没有占据"主流"的地位，这可能是因为生态理论的主要目标正是该理论的主要局限性所在。一个有价值的心理学观点必须确保环境和在其中繁衍生息的生物体之间具有生态平衡性，Gibson 夫妇对于这一点很明确。这完全说得通，也与维果茨基（见第 4 章）想要传达的观点相似。但在发展生态理论的过程中，Gibson 夫妇似乎把所有的注意力都集中在了知觉研究上。他们把大部分精力都集中于研究生物体对环境功能承受性的主动感知，因而忽略了生物体的其他认知结构，但这些结构是很多占据了主流地位的发展理论的基础。

Gibson 夫妇公开批评的一种理论结构是心理表征。他们极其反对的一种观点是，世界是以一种可用的方式呈现在人们脑海中的。例如，在和 Szokolszky 一起接受采访时，Eleanor Gibson 严厉地批评了一种叫作"心理理论理论（Theory of Mind Theory）"（在第 22 章我会详细加以讨论）的表征主义理论。她写道：

> 其他那些理论完全是错误的！（哈哈大笑）我之所以这么认为，其中一个原因是，其他的理论并不是将知觉作为行为和认知理论的基础，而是以心智中所构筑的表征世界为基础。他们认为一切都来自于头脑中的表征……例如，在发展心理学中有一个很受关注的话题，叫作"婴

儿的心理理论是怎么样的？"对我而言，这是我听说过的最白痴的问题。婴儿根本就没有心智。太荒谬了。这种东西他们竟然还写论文来严肃地讨论……我认为，他们完全错了。我认为，这是一个非常狭窄的心理学领域，总有一天会崩塌。

但是，儿童心理学中还有大量允许其他理论存在的空间，在研究儿童心理学时并不需要彻底抛弃与自己相反的观点。冲突是创新之源，在整个历史进程中正是因为有了辩论和不一致才推动了伟大的科学进步。

尽管在理论上与别人意见不一致，Eleanor Gibson 却是她自己所倡导的理论的活生生的体现。她发展了生态理论的主要观点，对一些观点做出了完善和修改，同时也抛弃了一些观点，仿佛她的学术经验使她能够感知生态理论本身的功能承受性。毫无疑问，在发表与 Richard Walk 合作的视觉悬崖研究之前相当长的一段时间之内，她的工作就是为自己和 James Gibson 的生态理论提供坚实的证据支持。她的学生 Karen Adolph 也提供了一些数据，证明了具有移动能力的婴儿对于环境功能承受性的感知能力。在今天，任何发展领域内的表征理论若想要占据主流地位，都需要认真考量以知觉为基础的生态功能承受性的研究发现。也许，持心理表征观点的理论家有一天会知觉到 Gibson 生态理论的科学功能承受性吧。

问题讨论

1. 你在儿童时期与成年之后对环境特征的感知有哪些不同？你是否能够觉察到这些不同？在一间教室里，老师和学生对环境特征的觉察有哪些不同？课程内容的功能承受性对于老师和学生来说分别是什么？
2. Gibson 生态理论关注的重点是对物理环境特征的知觉，但是社会环境中是否也存在着功能承受性呢？如果有的话，伴随着生命历程的发展，你能够觉察到周围社会环境功能承受性的变化吗？在恋爱关系中，相恋的两个人会知觉到怎样的功能承受性？

第8章 目之所及
形状知觉的起源

Fantz, R. L. (1961). *Scientific American*, 240, 66-72.（排名11）

优雅与美丽；绝对的天才。而且，这里没有夸张的成分（你可能需要查一下"夸张"这个词，"hyperbole"）。如果有单独哪一项研究能够被称为现代婴儿认知研究进步的里程碑，那么就是这项研究了。而且，它不仅在一个方面占据着里程碑式的地位。首先，Robert Fantz 对他所从事的研究领域而言，是一种革命性的存在；在他的时代，他的研究被同时代的心理学研究者们所敌视。还记得自己上过的心理学导论这门课吗？从 20 世纪初到 20 世纪 60 年代早期这段时间，有一群心理学家控制着当时的心理学界，他们就行为主义者（behaviorist）。好吧，如果你在那个时代遵循行为主义的理念，那么这通常意味着你不能谈及人类与生俱来的思维能力。事实上，你就连"思维"这个概念都根本不能提及！坚定的行为主义者只对研究行为有兴趣。Fantz 不走运的地方是，在 20 世纪 50 年代晚期到 20 世纪 60 年代早期的美国心理学界，行为主义正大行其道，Fantz 就是在这种背景下投身科研的。Fantz 更不走运的是，行为主义也没有"放过"他的研究领域：知觉。但是，最终，行为主义消亡了，而Fantz还在。他有了接过心理学研究"大旗"的机会，开展了关于婴儿内部心理功能发展的研究。

当然，Fantz真正的成就并不是他在与行为主义的斗争中幸存了下来，他的成就在于，其研究工作为科学家们开辟了一条与婴儿沟通的途径。虽然Fantz作为一名开创者的贡献明显超过了他的研究工作本身，但是他作为科学家，真正感兴趣的问题是：我们人类是否需要通过学习才能够具有知觉？由这个问题引申而来的并引发Fantz进一步的好奇心的是：婴儿在出生时是否已经具有知觉了？

为了回答这个问题，Fantz提出了一个极其朴素的命题：也许我们能够单纯观察婴儿在看些什么，从而知道他们在想些什么。现在，你可能会觉得，人类婴儿看自己周围的事物已经有几千年了，我们成年人看着婴儿看自己周围的事物也已经有足够长的时间，如果真的像Fantz设想的那样，那么我们早就应该从婴儿看些什么的行为当中了解到他们在想些什么了。众所周知，如果我们跟随一个成年人的注视的目光，我们能知道这个人正在看什么，甚至还可能了解到这个人在想些什么。既然如此，那还有什么理由阻止我们去关注婴儿的注视行为呢？我猜想，如果说我们长期忽略了这个问题，那么其中一定有很多合情合理的原因。从一个方面说，或许，我们的祖先曾经观察过婴儿的注视行为，但是他们发现这种观察没什么意义。此外，历史上还曾有许多文化认为婴儿没有思维，是一部没有灵魂、只会做出反射的机器。再进一步说，心理学这个学科本身非常年轻（学科历史不足150年），因此在心理学出现之前，科学家们似乎对人类心理方面问题的兴趣不大。即便心理学已经出现，行为主义又迅速占据了美国心理学的主流地位（尤其是占据了学术期刊和大学的心理学系），并且在长达60年的时间里一直掌控着心理学。所以，无论出于什么原因，直到20世纪50年代晚期或20世纪60年代早期，在Fantz的研究发表之后，他的革命性理念才在儿童心理学研究者中占有一席之地。到底Fantz做了什么才能这么"酷"？让我们一起来看一看。

我接下来要介绍的研究是Fantz最初发表于1961年的一篇文章，文章的题目是"形状知觉的起源"（The Origin of Form Perception），它发表在《科学美国人》（Scientific American）上。Fantz 在其他渠道也发表了许多相关文章，例如《心理学记录》（The Psychological Record）和《知觉和动作技能》（Perceptual and Motor Skills）等，但我接下来要介绍的文章是大众最熟知的一篇（或者说是最"臭名昭著"的一篇——如果你是那个时代的行为主义者，你就会这样看待这篇文章）。正如我已经提及的，Fantz 研究工作的首要目标是考察如下问题：人类对"形状"的知觉是与生俱来的还是需要后天习得的？Fantz 知道，年纪大一点的孩子和成年人能够对圆形和方形的事物做出区分，能够区分明和暗的事物，还能够分出物体的轻和重。但 Fantz 想知道的是，这种知觉上的区分能力从何而来。

当然，一种可能性是，随着时间的推移，婴儿能够学会在形状、颜色和大小上进行区分，然后成为一个观察这个世界的"专家"。这是一种自然而然的思路。那时候行为主义者的偏颇之处在于，他们把人类所有的能力都归结为通过环境中的经验后天习得的。因此，如果 Fantz 证明了婴儿在出生时就能区别不同的形状，那么这就是一项革命性的发现。他同时证明了人类心理的发展大于行为的发展，婴儿在生物层面已经准备好了或者说是具备了相应的"硬件"，来对这个世界做出反应。

只是有一个小问题：在人类历史上，没有人曾经成功地和新生儿进行过双向对话。当然，如果我们没法直接去问新生儿，那么也就很难确定新生儿是不是有知觉。但是，Fantz 确实回答了这个问题。然而，为了要做到这一点，他必须要发明一种方法，并且通过这种方法和婴儿沟通。在我看来，这对于儿童心理学领域来说非常重要，它比单纯回答上面那个问题的意义要重大得多。下面我就来说说 Fantz 的研究工作。他通过一系列的实验展示，描述了自己的方法。

引言

在引言部分，Fantz 回顾了以往他和其他人合作使用动物开展的研究，这些研究得到的结果是相当吸引人的。例如，Fantz 写到了这样一项研究，在研究中他测试了1000只小鸡幼崽的啄食行为，这些幼崽从孵化出来的那一刻起就生活在黑暗的环境中。Fantz感兴趣的是，如果给这些小鸡呈现一些东西让它们看，也就是心理学家所说的呈现某种视觉刺激，会发生什么？（刺激，这个词的英文单数形式是stimulus，复数形式是stimuli；指的是心理学家在研究中对实验参与者或被试呈现的事物，目的是观察参与者或被试会有怎样的反应行为。）于是，Fantz和他的同事，在光照的条件下给小鸡呈现了大约100个形状和大小不同的物体。有意思的是，Fantz发现在看到球形物体时小鸡啄食的行为会更加频繁，比看到金字塔形物体时要频繁10倍左右，同时，小鸡啄食的行为在看到三维球体时比看到二维圆形时更加频繁。由于这是小鸡第一次实实在在的暴露于有光照的条件下并且出现啄食行为，所以Fantz认为小鸡不可能是从对食物的视觉经验中习得对圆形球体的偏好的，由此Fantz得出结论，小鸡在出生时就有啄食偏好！当然，小鸡幼崽和人类婴儿的相似程度较低，但是如果说小鸡在出生时就具备某些知觉偏好，那么人类婴儿在出生时也可能有相同的情况。Fantz看到了一线曙光。然而，如何去询问人类婴儿的知觉偏好，这仍然是摆在Fantz面前的问题。婴儿可做不出来啄食的行为。

Fantz曾经在佛罗里达耶基斯灵长类动物实验室对黑猩猩的幼崽进行过研究，对于解决如何和人类婴儿进行对话的问题，这段对黑猩猩的研究经历给了他一些启示。黑猩猩也不会啄食行为，但是它们和人类婴儿确有相似之处。因此，Fantz和他的同事们发明了一种叫作"观察小屋"（"looking chamber"）的设备，然后把黑猩猩的幼崽放到了小屋里面。观察小屋看上去和婴儿床很像，区别是小屋是有天花板的，并且四周是坚固的围墙。Fantz在小屋的天花板装上了两个物品，一个物品位于黑猩猩幼崽的右边，另一个位于左边。在两个物品之间有一个观察孔。通过天花板中央的这个观察孔，Fantz可以对黑猩猩进行观察，他能够看到它们眼中两个物品的反射图像。在瞳孔中央位置反射的就是黑猩猩幼崽正在看着的那个物体的图像。这种方法在今天已广为人知，它的名字叫作角膜反射技术（corneal reflection technique）。

万事俱备，现在就要看黑猩猩究竟看哪个物体多一点了。如果它们真的看向其中一个物体的时间更长，那么就能得出两个结论：①黑猩猩能够对这两个物品做出区分；②无论出于什么原因，黑猩猩更倾向于观看两个物品的其中一个。Fantz 和他的同事们发现，黑猩猩确实会对某些物品产生偏好。他在另一群黑猩猩身上也发现了这种对特定物品的偏好，而这些黑猩猩和之前提到的小鸡一样，一出生就生活在黑暗的环境中并在其中成长。也就是说，即便在没有任何过往视觉经验的前提下，黑猩猩和小鸡还是能够区分出不同的形状。对于 Fantz 来说，他此时唯一能做出的结论就是，黑猩猩对形状的知觉是一种与生俱来的能力。

在此，我想着重强调的是 Fantz 所发明的这种观察小屋的方法。Fantz 发现了过去多少代人没有发现的东西。他找到一种向婴儿提问的方式，同时这种方式也是婴儿能够理解的；不但如此，他还给了婴儿一种和研究人员进行交谈的方式，同时这种方式也是研究人员所能理解的。那么，摆在 Fantz 眼前的问题就剩下听一听婴儿"说"什么了。在这篇发表在《科学美国人》的文章中，Fantz 描述了自己使用观察小屋对人类婴儿所做的一系列实验。下面我们就来介绍这篇文章的一些细节和要点。

实验 1

方法

被试

30 名婴儿，在他们从 1 周大到 15 周大期间，每周测试 1 次。

材料

4 种配对测验模式，4 种模式在图案复杂度上有所不同，实验会把这 4 种模式展示给婴儿。从最复杂到最不复杂，配对测验模式的描述如下：

- 配对 1，一个有一系列水平条纹的图案，一个有靶心设计的图案
- 配对 2，一个棋盘状花纹的图案，一个或大或小的正方形图案
- 配对 3，对比一个圆圈和一个十字形

- 配对4，并排的两个相同的三角形

程序

每一次实验时，在观察小屋里面放一个婴儿，随机呈现配对测验。婴儿看配对刺激中每一个刺激的时间总长将会被记录下来。通过这种方式，Fantz 不但能够了解婴儿观看配对刺激中每一个刺激物的时间长度，还能够了解到婴儿观看两个刺激物的时间比例。

结果

Fantz 发现，总体而言，婴儿观看复杂图案的时间要比观看简单图案的时间长。也就是说，婴儿观看较复杂的配对1和配对2的时间要比观看较简单图案的时间长。但实验1的第二项主要发现是，婴儿对某些特定类型的图案表现出了偏好。例如，在配对2中，婴儿对棋盘图案表现出了强烈的偏好，这比看配对2中或大或小的正方形的时间要长很多。对配对1中的其中一种图案婴儿也表现出了强烈的观看偏好，但很有意思的是，婴儿偏好配对中的哪一个图案和年龄相关，随着年龄变化，他们的偏好会发生改变。在一开始，婴儿强烈偏好的是条纹图案，但是到了2个月大时，大多数婴儿就会偏好观看有靶心的图案。

结论

仅仅是对不同图案观看时间的差异便让 Fantz 得出了一个重要的结论：婴儿能够"看"清的东西很多，而不只是一团混沌。但是，除了这些，Fantz 还得出结论：新生儿通过与生俱来的知觉加工过程能够获得视觉偏好。需要再次说明的是，这些实验发现并不意味着婴儿的形状知觉不会随着经验的积累或视觉神经通路的成熟而发展。这些结果只是说明，婴儿大概在刚从母亲子宫出来的时候就能够对外部世界产生视知觉体验了。在 Fantz 的下一个实验中，他的目的是对婴儿在视敏度（visual acuity）上的发展差异加以测量——视敏度，就是看东西的清晰程度。

实验 2

方法

被试

参与实验 2 的婴儿数量和年龄不详,没有清晰且明确的记录。但是,实验 2 记录了 6 个月大和不足 1 个月大的婴儿的表现,因此这个实验包含了至少这两个年龄段的婴儿。

材料

实验 2 向婴儿呈现了一系列由黑白条纹组成的图案,每一个图案都会和另一个灰色的正方形进行配对,两个图案呈现时的光照强度相同。

程序

和之前的实验一样,每一个婴儿被放到观察小屋内进行单独测试,研究人员向他们呈现一对视觉刺激图案;每一对刺激由两个图案组成,一个是黑白条纹的图案,另一个是一个灰色的正方形。Fantz 在这个实验中遵循的逻辑非常巧妙。既然他已经知道了和纯色的刺激相比婴儿更喜欢有图案的视觉刺激,因此 Fantz 认为可以探索婴儿到底能够在多大程度上看清图案。于是,Fantz 把条纹图案进行了这样的操纵:图案中相邻的条纹会越来越细,直到婴儿无法区分哪些是条纹哪些是纯色的灰色正方形。到了这时,Fantz 就能做出推测,虽然两种图案不同,但是在婴儿眼里看起来都是一片灰色的正方形,于是就能够判定婴儿鉴别条纹图案细节能力的上限了。和之前的实验一样,为了判断婴儿在一对图形之间做出区分的能力,Fantz 记录了婴儿在一对视觉刺激之间观看每一个图案的时间长度。

结果

Fantz 发现,6 个月大的婴儿能够看清楚 1/64 英寸(约合 0.04 厘米)宽的条纹,即视觉弧度上的 5 分角。我们知道,成年人能够看清的条纹宽度是弧度上的1分角，这相当于一整个圆弧上的1/60。因此，虽然婴儿的视觉系统还达不到成年人的标准，他们的视敏度只相当于成年人大约1/5的水平，但不能说婴儿完全不具备图形鉴别能力。实际上，即使是1个月大的婴儿也能够展现出部分视觉能力，证据就是他们有能力看清只有1/8英寸（约合0.3厘米）宽的条纹图案。总体而言，婴儿是具备某种程度的视敏度的，而且婴儿的视敏度是可以被测量到的。

结论

基于实验2，Fantz能够证明婴儿具备一定程度的视敏度。这在婴儿只有1个月大的时候就能够测量到，并且婴儿的视敏度会随着年龄的增加而增加。实验1的结果也支持这个结论。视敏度会持续发展的事实也支持了如下理念：成熟和经验在婴儿视知觉能力的发展中起到了作用。对于这样的结论，行为主义者看到会相当不愉快。不过，之前两个实验哪一个都无法回答Fantz真正关心的核心问题：初生婴儿来到这个世界时是不是带着与生俱来的一些"硬件"，能够让他们免于陷入"混沌"之中？换句话说，婴儿来到这个世界的时候面对的是一片"闪着光、发着声的混乱无序"（引自William James经常用到的一种说法），还是婴儿在出生时就已经能够看到图形和整体了？Fantz关于小鸡的研究说明，至少对小鸡崽来说，它们在出生时就已经能够区分什么东西能吃，什么东西不能吃。那么，人类的婴儿是不是也具备这种分类能力，从而帮助他们把这个嘈杂的世界变得有组织起来呢？

实验3

为了解答上面这个问题，Fantz开始思考另一个问题：对于人类婴儿来说，能够帮助他们生存下来的最重要的那种适应性会是什么？对于小鸡来说，找到可以吃的东西对它们来说就是最重要的生存适应性。但是，对于人类的婴儿来说，Fantz认为社会性刺激可能才是最重要的。Fantz特别关注人类面孔可能起到的作用。毕竟，对于婴儿来说，他们看得最多的就是母亲的面孔。人类面孔的特征有别于其他客观事物，而面孔的形状和特征组合使得社会交往对象具有了可辨识度和可区分度。在这次的实验中，Fantz又使用了自己发明的全新方法来把成年人的问题"翻译"成孩子能够"听"得懂的语言。这次，他向婴儿提出的问题十分简单："你更喜欢看人的面孔还是其他东西？"

方法

被试

49名婴儿，年龄从4天到6个月大不等。

材料

刺激物是3个像盘子一样的物体，从形状和大小上看和人类的头部差不多。第一个刺激物：研究人员在粉色的背景上按照人类的样子用黑色笔画上了一些面孔特征。第二个刺激物：研究人员画上的特征和第一个刺激一样，但是这些特征画得乱七八糟，整体看上去不像人类的面孔。第三个刺激物：研究人员画上了明暗两种图案，两种图案的占比和之前两种刺激物相同（图案的总面积相同），但是在第三个刺激物上黑色的颜料被画在了物体上部的深色阴影里面。这3种刺激物上画的特征都足够的大，这样一来，即便是年纪最小、视敏度最差的婴儿也能够看清楚这些特征。

程序

在观察小屋里，3种刺激物两两配对，婴儿会看到所有可能的配对。和前面的实验类似，婴儿在每个试次中观看配对中每一个刺激物的时间会被记录下来。

结果

Fantz发现，和不像面孔的图案相比，婴儿观看像面孔的图案的时间稍长一点；但是如果和只有黑色阴影的刺激物相比，那么婴儿会更加偏好那个不像面孔的图案。无论哪个年龄段的婴儿，都表现出了相同的视觉偏好。

结论

虽然相对于非面孔刺激物来说，婴儿对像面孔刺激物的偏好强度不是特别明显，但是对于 Fantz 来说，这种轻微的差异就已经足够他得出结论：婴儿在出生时就已经具有形状知觉的偏好了。但是，这还不足以说明婴儿天生就特别偏爱人类的面孔，至少无法和小鸡出生时就明显偏好啄食看起来像食物的物体相比。然而，正如我将要讨论的那样，Fantz 一直都记着这样的一个假设。

实验 4

在这里，我就不用平常介绍实验研究的那种方式来描述 Fantz 的最后一个实验了，其实 Fantz 自己在描述这个实验时也非常简略。他并没有使用自己惯常的实验方法，在这项研究中，他没有将视觉刺激配对呈现，而是每次只呈现一个刺激物。Fantz 认为，婴儿每一次观看某个刺激物的时间长度就足以提供有价值的信息了，观看的时间长度反映了每一个呈现的刺激物对婴儿来说的重要程度。Fantz 给婴儿呈现的是 6 个像平盘一样的刺激物，每一个刺激物的区别在于上面画的东西是不同的。有 3 个刺激物上面画的是某种图案，另外 3 个刺激物上只是纯色。3 个有图案的刺激物分别是，一个像人脸，一个在盘子中心有图案，一个上面分布着阴影，就像一块剪纸。三个纯色的刺激物分别是，一个红色，一个荧光黄色，一个白色。Fantz 记录了婴儿最初看每一个刺激物的时间长度。和实验 1 的结果相似，婴儿看有图案刺激物的时间要长于看纯色刺激物，即便这些图案在呈现时没有和其他刺激物配对。而且，和实验 3 的结果相似，根据婴儿最初看单一刺激物的时间记录，Fantz 发现在 3 种图案中婴儿最初看类似人类面孔的刺激物时间更长。基于这些实验证据，Fantz 提出，社会性刺激可能对于婴儿来说是极其重要的，很有可能是婴儿在出生时就在生物特征上具备了搜寻人类面孔的设定。

结论

　　Fantz 的天赋表现在多个领域，而他开创性的研究也应当在多方面得到承认。这不但包括他发明的实验技术能够让研究人员对婴儿"说话"并且能够"倾听"婴儿，还包括他单枪匹马挑战了行为主义学派的假设——行为主义认为只有婴儿的行为才能成为研究的对象。当然，Fantz 也研究了行为——他研究的是婴儿的观看行为。但是，他的研究工作并不仅仅局限于对婴儿行为的发展本身做出解释，他还用自己的研究说明，行为是来自（婴儿）内部世界的外部反应。Fantz 大胆地提出，婴儿并不仅仅是自身经验的简单集合体。他认为，自己的研究结果彻底颠覆了行为主义理论，行为主义认为婴儿——或者说，人类——在学习视知觉刺激的时候是"一张白纸"，从零起步。

　　Fantz 的另一项贡献是，他为接下来五十年的儿童心理学研究提供了一张宏伟的路线图。例如，他认为人类面孔是一种具有特殊力量的社会性刺激，它能够吸引并保持婴儿的注意力。这一理念在 20 世纪 60 年代至 20 世纪 70 年代引起了儿童心理学研究者们的普遍共鸣。这里的核心问题是，婴儿的大脑是否在出生之前就已经被设定好去搜寻人类的面孔，还是说，婴儿只是单纯偏好观看人类的面孔，因为人类面孔上恰好有一些婴儿喜欢的特征？对于 John Bowlby 的依恋理论（第 17 章）来说，上述问题极为重要。具体说来，Bowlby 认为，由于进化的作用，婴儿和母亲在生物性上就已经准备好对彼此做出反应。婴儿发出信号，母亲有所回应；而且，婴儿也会回应母亲发出的刺激。从这个角度看，Fantz 可以说是 Bowlby 最好的伙伴，至少，从他为 Bowlby 的理论提供数据支持这个层面来说，确实如此。

　　Fantz 的方法论同样也被用来作为其他研究者研究婴儿智力的基础。与 Fantz 长年共事的同事 Joseph Fagan 甚至以此为基础研发出了一种婴儿智力测试（"Fagan 婴儿智力测验"，英文名称为 Fagan Test of Infant Intelligence，简称 FTII）。FTII 的理论基础是，婴儿有能力在视觉上区分两种知觉形式。测试的实施方式是，婴儿首先花一段时间（这段时间的长短根据婴儿的年龄而定）熟悉一张图片，接下来给婴儿呈现一对图片。在这对图片中，其中一张是婴儿刚才熟悉过的旧图片，另一张是对婴儿来说全新的图片。测试发现，盯着新图片看的时间更长（我们称之为"新异偏好"）的婴儿，很可能在随后的儿童阶段获得更高的 IQ 分数。相反，没有表现出新异偏好的婴儿，他们在儿童阶段出现发展迟滞的风险较高。

总结

对于数以百计的儿童心理学研究者来说，在他们面前同样也摆着数以百计的难题，他们迫不及待想要在婴儿身上寻找问题的答案，而 Fantz 的工作确实为这些研究者打开了一扇大门。在和婴儿沟通对话的过程中，Fantz 确实或多或少地提供了一种新的途径，新的"语言"。得益于这一领域的新进展，我们现在可以去问一问婴儿，他们是否能够在不同的类别之间做出区分，比如说对男孩和女孩、对高兴和悲伤的情绪，甚至是对速度的快慢做出区分，以及他们是什么时候具备这种区分能力的。我们还可以去问一问，婴儿在区分能力上的不同是否与他们理解更加抽象的社会概念（例如性别或种族）、物理概念（例如时间和空间）相关，又或者，是否和他们产生和理解语言的能力相关。时至今日，我们已经从向婴儿简单展示一对单一且静止的物体跨越到了向他们展示复杂且实时发生的视觉事件，而且这些事件不但可以是真实的，还可以是虚构的（就像在第 5 章介绍的 Baillargeon 的研究）。从 Fantz 开始，数以百计的研究产生了大量的研究文献，它们记录了婴儿令人惊叹的智力能力，为我们勾画出一副震撼人心的画面。而所有这些，都得益于 Fantz 没有用极尽简化和破碎的方式看待婴儿，尽管婴儿表面看上去确实如此。这多有意思呀，不是吗？

问题讨论

1. Fantz 提出，婴儿可能天生就对人类的面孔存在着偏好。但是，有没有这样的可能：婴儿只是喜欢看某些特定的事物，而这种特定事物恰好是人脸上长着的某些"部分"？如果是这样的话，它会不会对 Fantz 的研究发现产生负面的影响？为什么会，又或者，为什么不会呢？

2. 如果 Fantz 的研究发现早提出 10 年，会不会在儿童心理学界"一石激起千层浪"？如果他的理论晚 10 年提出，又会出现怎样的情况呢？阐述你的理由。

3. 有些人可能会提出，Fantz 对婴儿"看"这个行为的实验不过是研究了一些对我们来说"明摆着的"事情。如果说 Fantz 只是关注到了那些"明摆着的"的事情，那么我们再把他称为天才，是否有失公允？阐述你的理由。

4. 形状知觉是人类后天习得的还是先天具备的，为什么说这个问题很重要？哪些组织、机构、企业、行业或群体会对这个问题的答案感兴趣呢？

第9章 从幼猫大脑获得的发展经验 猫的感受野、双眼交互以及视觉皮层的功能性结构

Hubel, D. H., & Wiesel, T. N. (1962). *The Journal of Psychology*, *160*, 106-154.

（排名10）

通过本书前面的章节，我们已经回顾了一些革命性的研究。我们探讨了儿童的认知、言语、情绪，甚至是他们的攻击性。但在讨论这些心理能力及潜能时，你或许会注意到，本书所谈论的大部分内容都相当的抽象。在做心理学研究时，你不可能不涉及抽象的心理学概念，尽管事实如此，但问题在于是心理能力或潜能是看不到的，你所能做的只是对它们进行推测。比如，你从未真切地看到过一个孩子的内部思考，你能够实实在在看到的只是孩子的外部行为，继而推测出他在思考；你也从未真正看到过一个孩子高兴的情绪，你只是看到孩子脸上的笑容或者是听到他的笑声，然后推断出他是高兴的；同样，你也未曾真正见到过一个孩子的攻击性，你只能观察到他的拳打脚踢、大喊大叫，然

后得出结论说他是有攻击性的。心理学中充满了这类不可观察的事物，因此，对于一个心理学家而言，最好的就是去研究那些他们认为由这些不可观察的事物所驱动的行为。

但如果有什么内容在心理学领域里是广为人知的，那就是这些抽象的心理能力或潜能了。假如这些抽象事物是确实存在的，那么它们基本上都是通过大脑的神经回路来实现的。儿童的思维发生于他们的大脑，他们的情绪取决于大脑的运作，他们的攻击行为来源于大脑解释社会性信息的方式。如果心理学中有这么多的内容都能归结于大脑的活动，你可能会问，为什么不是所有的心理学家都在研究脑科学呢？好吧，对这个问题我有一些不错的解释。

首先，我想大部分心理学家都会觉得，那种认为所有的人类心理都能被归结为大脑中电活动模式的假说并不合适，至少从我们现有的技术水平来看是不适宜的。人类的行为极其复杂，同时又难以预测，而我们对于任何特定情境下人类可能出现的行为所知甚少，以至于大部分心理学家并不能确定他们应该从哪里开始探寻。当你尚未完全了解一种心理能力时，你又如何能找到它在神经科学上的解释？

但即便如此，一些心理学家确实认为自己是脑科学家。他们有时会挂着行为神经学家、生理心理学家、神经心理学家或者精神药理学家的头衔。事实上，美国心理学会（American Psychological Association，简称 APA）的一些分会就致力于支持脑研究，这些分会包括：第 6 分会，行为神经科学和比较心理学学会；第 28 分会，精神药理学和物质滥用学会；第 40 分会，临床神经心理学学会；第 50 分会，成瘾研究学会；以及最近创建的 APA 分会——第 55 分会，美国社会药物治疗促进学会。此外，以大脑为基础的心理学研究也比以往更加受欢迎，技术创新的突飞猛进使得心理学家可以通过现场或者在线的方式探明人类大脑的功能，并且这方面的研究也不再要求研究人员先完成大脑解剖学方面的高级医学培训。这些新兴的工具使我们得以研究大脑如何对各类刺激进行反应。例如，通过功能性磁共振成像技术，我们能切实地观察到一个人在睡觉、阅读、说话或者做数学题时，大脑最活跃区域的三维快照图。

事实上，当一个人在做数学题时，电脑屏幕上会显示某一脑区"亮了"，但这并不意味着这个脑区是存储数学原理的地方。某个高度活跃的大脑区域也可能意味着个体在做数学题时正承受着巨大的压力。因此，即便是脑科学家们也不得不对心理能力和大脑活动之间的联系做出一些推断。从科学的角度来看，有人会质疑仅通过刺激大脑的不同部位来观察发生了什么，并不一定会让问题变得简单。你可以电刺激一个人的某部分脑区，接着问他脑海中浮现出了哪些记忆。或者你可以移除大脑的一部分区域，并观察这个人失去了哪些能力。如果不是出于一些奇怪的原因，极少有人类志愿者愿意参与这类项目（即便有人愿意，也会有一大堆的道德及法律原因导致科学家们不能随意切除人脑的部分区域）。

这导致许多心理学家转而研究动物的脑。这些动物，尤其是哺乳动物，它们的大脑与人类非常相似。对于动物的大脑，你可以按照自己内心的（或良心的）意愿，对这些脑区进行戳、刺、激活或切除等操作。当然，美国心理学会和许多政府部门都有非常严格的关于如何对待动物被试的规定。但即便如此，我们也仍要面对动物大脑不同于人类大脑这一事实——动物不能言语或推理，也无法完成数学题。不过，通过用动物大脑进行研究，我们可以获得一些关于大脑如何协同工作的极好启发。此外，大脑中很多系统在人类和其他动物中是相似的。对此，研究得最彻底的就是脑的视觉系统。

本章主要关注 David Hubel 和 Torsten Wiesel 的有关猫视觉系统发展的开创性研究。该研究不仅被儿童心理学会评为排名第 10 位的革命性研究，同时还为其研究者赢得了 1982 年的诺贝尔生理学与医学奖。这项研究的革命性意义体现在三个主要发现之上。第一，Hubel 和 Wiesel 发现，猫脑视觉皮层上的单个细胞均对应于特定图案的视觉输入。（皮层是大脑的外表面，就是那层看起来弯弯曲曲、有褶皱的灰色部分。）他们发现，这些猫的皮层细胞（cortical cells）大多对诸如边缘或者线条（尤其是按特定方向排列的）这类简单的图案反应活跃。尽管该发现基于对幼猫的研究，但它确实是一项非常重要的发现，因为它使我们对哺乳动物如何形成视觉有了深入的了解。在 Hubel 和 Wiesel 的研究之前，我们已知的是眼中的视锥细胞和视杆细胞会对光产生反应，我们还知道，进入视觉系统的信息会通过丘脑最终到达视觉皮层，但我们的大脑是如何将所有这些视觉信息整合成一幅我们正在看的精美而完整的心理图像的,仍旧是个大谜团。

我们可以用下面这种方式考虑这个问题。人的每只眼睛里都有1.2亿个视杆细胞和6百万个视锥细胞。由于视锥细胞和视杆细胞都属于神经细胞,所以每当一个视锥细胞或一个视杆细胞感受到有光进入眼球时,它都会向大脑中加工视觉输入信号的相应区域发送一个神经脉冲。从神经系统的角度来看,这意味着,任何时刻都有2.52亿个视觉神经冲动被加工。当然,当你坐在这里阅读这些文字的时候,你并没有接收到2.52亿个不同的光点——你所接收到的是一幅完整且清晰的画面。那么,这个问题就需要我们解决,即视觉系统是如何以2.52亿个不同的神经冲动为起点,最终在我们的脑中形成了一幅完整而清晰的画面的。Hubel和Wiesel的答案是,人类的大脑皮层细胞并不接收视锥细胞或视杆细胞单个的信息输入,它只接收模式性的或者组合性的输入。这就意味着,视觉神经冲动在离开视锥细胞或视杆细胞之后,在到达视觉皮层之前,会在视觉系统的某个地方以某种方式结合在一起或者汇总到一起。

Hubel和Wiesel的第二个发现是,加工视觉冲动的多数皮层细胞加工的都是来自双眼的视觉信息输入。换句话说,他们发现这些皮层细胞是双眼的(英文为binocular,这个组合词源自"*bin*",意为"两个",和"*ocular*",意为"眼睛")。当大脑的某个视觉皮层细胞接收到双眼的神经冲动时,来自同侧眼睛的视觉冲动与来自对侧眼睛的视觉冲动会结合在一起。此外,Hubel和Wiesel还发现,双眼细胞在接收来自两个眼睛的信息输入时反应最强烈。这意味着当一个双眼细胞出现反应时,它实际上是在对两个图像进行反应,一个来自左眼,一个来自右眼。你或许会认为,这种双眼视觉浪费了宝贵的大脑神经回路,毕竟,为什么要向一个皮层细胞发送两次同样的视觉信息呢?但实际情况是,双眼视觉有很强的适应性。一方面,双眼视觉使大脑获得了加工深度信息的能力。当我们看一个物体时,依据其所在的空间位置,物体在每只眼睛的视网膜上会投射出略微不同的图像。当大脑中的皮层细胞汇总这些信息时,它们就能对这个物体在空间上有多远产生一些感知。除了在深度知觉上的功能外,给皮层细胞两次探索世界的机会也不是一件坏事。如果视觉信息被一只眼睛遗漏，那么另一只眼睛仍有机会探测到它。Hubel 和 Wiesel 还发现，双眼视觉的皮层细胞倾向于被其中一只眼睛所主导。也就是说，一个双眼视觉的皮层细胞往往对其中一只眼睛的反应要强于另一只眼睛。

Hubel 和 Wiesel 的第三个主要发现是，视觉皮层细胞在视觉皮层中以小柱状的形式聚合在一起。如果用更专业一些的术语表达，我们会说视觉皮层细胞以柱状微结构（columnar microstructure）的形式存在。这些视觉皮层细胞的柱状组织垂直分布于大脑皮层的表面。想象一下，将一根针直着插入一个苹果的表面，插入苹果果肉的这根针大致反映了皮层细胞的柱状组织在大脑表层下是如何扩展的。也就是说，这些细胞分布在一条直线上，一个叠着另一个。Hubel 和 Wiesel 发现，在某个特定柱状组织下的视觉细胞均对同一类型的简单图案产生反应。这意味着，视觉皮层细胞是区域化组织的。在视觉皮层某一区域中的某个柱状组织内的皮层细胞均对同一种类型的视觉图案产生反应，而其他区域的其他柱状组织中的皮层细胞则对其他类型的视觉图案产生反应。

因此，在我开始讲述之前，我已经先告诉你了这个故事的结局。在 Hubel 和 Wiesel 对视觉研究领域的诸多贡献中，让我们对其中一个方面"走近一些"，更细致地加以审视。在这篇发表于 1963 年的论文中，Hubel 和 Wiesel 记录了两周大的幼猫视觉系统内的神经组织。

引言

Hubel 和 Wiesel 没有对他们的研究背景进行过多介绍，只告诉我们他们的目的是"发现皮层细胞在哪一发展阶段能拥有正常的、成熟水平的感受野，以及探索这样的感受野在没有获得模式化视觉刺激的动物身上是否也存在。"所谓感受野（receptive field），指的是能使单个皮层细胞可以产生反应的视觉输入模式。我之前提到过，单个皮层细胞可以对简单的视觉图案产生反应，如垂直线条或水平边缘，但想要激活一个特定的皮层细胞，这个图案也必须处于视觉区域的特定位置。比如说，如果你正在看着某个物品，在你看到的图像顶部有一条垂直线，那么这条垂直线就会投射到对图像顶部图案敏感的皮层细胞感受野上；但如果你同样在看这个东西，而这条垂直线在这个图像的底部，那么这条垂直线就会落在那些对图像底部图案敏感的皮层细胞的感受野上。那些对图像顶部图案产生反应的皮层细胞并不会对图像底部出现的相同图案产生反应，因为这两组皮层细胞拥有各自不同的感受野。

方法

被试

这个实验用到了 4 只幼猫，其中 3 只选自同一窝。在实验开始时，第一只幼猫刚刚出生 8 天，还没有睁开眼睛；第二只幼猫的双眼在出生后第 9 天用"半透明遮眼罩"遮住了，这种基础型眼罩可以让一些光透进来，但这些光并不足以让幼猫看清任何细节。这只幼猫在它刚要开始睁眼的时候戴上了眼罩。第三只幼猫在出生后第 9 天用半透明遮眼罩遮住了右眼，左眼可以正常地睁开。第四只幼猫来自另一窝，正常长大，没有任何东西阻碍它视力的发展；它的双眼同样是在出生后第 9 天睁开的。总之，在实验开始时，有两只幼猫没有获得任何视觉经验，有一只幼猫仅有一只眼睛能够获得视觉经验，还有一只幼猫双眼均能够获得视觉经验。

材料和程序

显然，Hubel 和 Wiesel 有个坏习惯，在描述实验过程的细节部分时，他们会让读者阅读其之前发表的文章。例如，在这篇文章的方法部分，他们写道："刺激过程和记录过程的大部分内容都在以往的文章中描述过了。"为了获得相关细节，我查看了这些早期文章中的一篇。令我惊讶的是，在那篇文章中他们依旧写道"刺激的细节和记录的方法在以往的文章中描述过了"。我几乎要怀疑他们并不希望读者知道他们是如何开展这些实验的。但其简洁的描述也可能与另一个事实有关，即期刊的版面通常是有限的，编辑会因此而要求作者缩短其稿件的长度。幸运的是，在 1962 年发表的这篇文章中他们提供了稍微多一些的细节，所以我参考了该文章的部分内容来描述下面的研究方法部分。

在进行测验之前,每只幼猫都做了一个小外科手术,在颅骨和硬脑膜[①]上开了一个小口,大约有几毫米宽。这个小口可以使一个记录电极插到视皮层上。考虑到幼猫们年龄太小,术前准备包括了非常小剂量的巴比妥类药物[②]以及局部麻醉剂。Hubel 和 Wiesel 写道:"在注射了局部麻醉剂几分钟之后,动物通常会睡着,在手术时或实验中并不会表现出不适的迹象。"这些电极被插在视觉皮层的多个位置上,并且深度不同。大部分电极的深度不超过 3~4 毫米。由于实验的目的是记录单个皮层细胞的神经活动,在电极推入大脑的同时,幼猫的双眼会受到光的连续刺激,从而实现了对单个皮层细胞的定位。在插入电极的过程中,幼猫的头部被稳稳地固定在一个特殊的装置上,以此使幼猫的头部始终保持不动。一旦电极插入到位,幼猫的头部也被固定好了,实验人员就会在一个弥散的亮屏上向幼猫展示一些有图案的影像。在实验完成后,研究者将对幼猫的大脑进行组织学检查(histological examination),也就是提取它们的脑组织并在显微镜下对其进行检查。

结果

Hubel 和 Wiesel 对每只幼猫的 8~9 个单独的皮层细胞都做了记录。总体看来,他们发现这些幼猫的皮层细胞远不如成年猫的皮层细胞那样活跃,一些细胞甚至难以激活。那些能够响应刺激的皮层细胞相比成年猫的一般水平,也更容易疲劳。但与成年猫相似的是,幼猫的皮层细胞对特定方向的图案刺激反应最为活跃(这里的"方向"指的是线条的角度)。Hubel 和 Wiesel 指出,寻找激活特定皮层细胞的正确线条方向的过程是枯燥乏味的。例如,在记录单个皮层细胞时,他们必须在幼猫的视觉区域内来回移动线条或边缘,并且按不同的

[①] 硬脑膜(dura mater)是一种厚而坚韧的双层膜。外层是颅骨内面的骨膜,仅疏松地附于颅盖,称为骨膜层;内层较外层厚而坚韧,与硬脊膜在枕骨大孔处续连,称为脑膜层。主要作用是保护大脑。——译者注

[②] 巴比妥类药物,又称巴比妥酸盐(Barbiturate),是一类作用于中枢神经系统的镇静剂,其应用范围可以从轻度镇静到完全麻醉,还可以用作抗焦虑药、安眠药、抗痉挛药。长期使用会导致成瘾。——译者注

方向进行旋转，直到这个目标皮层细胞开始反应活跃。

或许我可以借助一个小小的假想实验来帮你理解这一过程。假设你正注视着正前方，请你想象一下，在你的面前悬挂着一把尺子。现在，在你的想象中调整这把尺子，使它垂直地上下移动；接着想象这把尺子先由前到后，再从左至右地移动。接下来，在你心里慢慢地旋转这把尺子，直到尺子的顶端指向 1 点钟的方向，底端指向 7 点钟的方向，然后想象这把尺子在你的视野内沿垂直于其当前方向的角度来回移动，从左上方到右下方。现在，再旋转这把尺子，使其顶端指向 3 点钟的方向，底端指向 9 点钟的方向，并再次在你的视野内移动尺子。如果你一直跟随这些动作，那么你就能够理解这些幼猫看到了哪些类型的视觉图案了。

Hubel 和 Wiesel 对一个给定皮层细胞的感受野给出了操作定义，即当细胞的反应最为活跃时，线条所处的视觉图像区域以及线条所在的方向。他们写道：

> 当（带有边缘的）图案朝向 1 点至 7 点方向时，某个特定的细胞可以获得持续的简短反应，然而当该边缘旋转 90°（变为 11 点至 5 点方向）时这个细胞就不再有反应了。所有独立的细胞单元都具有类似这种对刺激方向上的偏好。一些视觉皮层细胞，尤其对于那些出生 8 天的幼猫来说，均会对一定范围内的刺激方向有所反应，而且这个方向的范围通常比成年猫的水平更为宽泛。然而即便是这些细胞，在其最佳方位的 90° 方向上进行刺激也不会引起任何反应。况且，在感受野内移动一个处于最佳方位的刺激所引起的细胞反应没有必要与两个截然相反方向的移动所引起的细胞反应相同。而在成年猫中，细胞间的这种方向偏好则不尽相同；一些细胞对两个相反方向的运动信号做出同样的反应，另一些细胞仅对一个方向的运动信号有所反应，对于另一方向的信号则完全不发生反应。

换句话说，每个皮层细胞不仅对特定方向的线条反应最为活跃，而且这种活跃的反应仅发生在线条在视野范围内移动时，甚至，有时候线条必须在特定的方向上移动才能产生反应。

双眼交互

Hubel 和 Wiesel 发现，他们研究的绝大多数皮层细胞可以被每只眼睛单独影响。在他们记录的 39 个视觉皮层细胞中，有 26 个细胞对于双眼的信息输入均反应活跃。剩下的细胞中，有 4 个仅对身体对侧眼睛的刺激输入有反应，有 1 个仅对身体同侧眼睛的刺激输入有反应。这种双眼反应的模式与对成年猫的研究发现极为一致，Hubel 和 Wiesel 依此总结道："眼优势[①]的分布在个体年龄或视觉经验上的差异很小，甚至没有。"

功能性结构

Hubel 和 Wiesel 发现，同一柱状组织中的皮层细胞均对相同方向的线条反应活跃。他们先是将电极插入柱状组织的顶层细胞并进行记录，随后将电极插入该柱状组织的下一个细胞中并进行记录，接着将电极插入柱状组织的再下一个细胞中且仍旧进行记录，以此类推，从而发现了这一结果。另一方面，当电极以一个小角度插入柱状组织时，电极便由此将细胞从原柱状组织中分离出来而进入相邻的柱状组织中，随之导致原本使细胞反应最为活跃的线条方向也发生了变化。Hubel 和 Wiesel 形象地阐释了当电极在大脑中不断深入、穿过几个柱状结构时，能够使皮层细胞产生最强反应的线条方向是如何变化的：①第一个柱状组织中的皮层细胞对 11：00—5：00 方向的线条反应最为活跃；②下一个柱状组织的皮层细胞对 12：30—6：30 方向的线条反应最活跃；③再下一个柱状组织的皮层细胞对 9：30—3：30 方向的线条反应最活跃；④最后一个柱状组织的皮层细胞再次对 11：00—5：00 方向的线条反应最活跃。

基于视觉经验的皮层细胞的差异

在这项研究中，Hubel 和 Wiesel 发现，单个皮层细胞在接收来自双眼的视觉信息输入方面基本没有差异，即便对于那些被剥夺了视觉经验的幼猫来说也

[①] 眼优势（ocular-dominance）指的是许多双眼细胞接受双眼输入时，总有一侧眼占优势，占优势的眼产生的放电频率高于另一侧眼。——译者注

是如此。他们写道："可以知道的是，即便延迟到出生后第 19 天，皮层细胞也不需要通过事先接受来自一只眼睛的图形刺激使其做出正常反应。"换句话说，即使眼睛被剥夺了来自周围环境的视觉输入，通过眼睛传递给皮层细胞的神经冲动仍旧能被皮层细胞"清晰"地"听到"。暂时失明的眼睛与皮层细胞之间的这种联结依旧能够保持完整无缺。

讨论

Hubel 和 Wiesel 研究的主要成果表明，即使在早期被剥夺了视觉经验，幼猫视觉皮层的基本结构组织也不会受到明显的影响。这一结构在出生时基本上已经存在，即使在幼年时期视觉经验的严重剥夺也不会改变它，至少在幼猫出生 2 周半之内是不会改变的。他们在文章中写道："目前的研究结果清晰地表明，高度复杂的神经联结可能不会受到后天经验的影响。"

结论

尽管 Hubel 和 Wiesel 发现，剥夺早期的视觉经验不会对幼猫的视觉系统如何组织产生显著影响，但据此认为出生 20 天以后神经联结的维持也不受经验影响还言之过早。事实上，在发表于同一本期刊的相关研究中，他们发现，如果对幼猫的视觉经验剥夺时间更长一些，将会严重破坏视神经回路。让我们进一步了解一下这项相关研究。

相关研究

这项相关研究发表于 1963 年，但作者的顺序反了过来。Wiesel 和 Hubel 将 7 只幼猫的一只眼睛遮挡了长达 4 个月的时间。该研究使用了 7 只幼猫和 1 只成年猫。那只眼或者被缝合起来，防止任何光线进入，或者用半透明遮眼罩遮挡，允许一些非常弥散的光通过。在视觉剥夺期间，研究者在不同的时间节点上记录了 84 个皮层细胞的神经活动。不同于早期的研究，他们发现这些幼猫的双眼皮层细胞对于来自视觉剥夺眼的神经冲动没有显示出任何的感受性。在早期研究中，对于视觉剥夺不超过 20 天的幼猫来说，皮层细胞对双眼的视觉输入均能产生良好的反应，它们的皮层细胞保留了双眼的特性。但在这个研究中，当视觉剥夺时间更长时，同样的皮层细胞对一直没有视觉输入的眼睛不再有反应。这些皮层细胞失去了它们的双眼驱动性，也许类似于神经源性肌萎缩。因此，先前功能完好的神经联结，在失去持续的刺激之后，原有的功能将会终止。

在这个研究中，研究者会移去一直遮挡幼猫（一只）眼睛的那个眼罩，然后再用眼罩挡住幼猫那只"好"眼（没有被遮挡过的那只眼睛），接下来让幼猫四处走动。Wiesel 和 Hubel 这样描述这些幼猫的行为：

> 当动物一边考察着周围环境，一边四处走动时，它的步伐会出现各种模式，并且是迟疑不决的。它的头部以一种奇特的点头方式上下摆动。幼猫会撞上大型障碍物，比如桌腿，当它们打算使用胡须探路来沿着墙边走动时，甚至还会撞到墙壁。当把它们放在桌面上时，它们会踏空，数次笨拙地跌落到地面上。当眼前的一个物体被移走时，没有任何迹象显示出它们能感知到这种事情的发生，它们也没有任何要追逐的意图。而一旦正常眼的遮挡去除，幼猫的行为就会立刻恢复正常，优雅地从桌面跳跃，灵活地躲避障碍物。我们的结论是，这些动物的视觉剥夺眼受到了一种极大的、甚至可能是彻底的视力损害。

结合这两项研究，结果表明幼猫的视觉系统在出生时是完好的，但这一部分如果不被使用就会随着时间的推移而萎缩。而在 Hubel 和 Wiesel 的研究之前，大多数视觉研究者认为，视觉系统并非生来就是联结完善的。他们认为视觉经验是视觉细胞之间相互联结的必要条件。显然，事实并非如此。相反，细胞之间似乎天生就是相连的，但在缺乏后续视觉经验的情况下会迅速失去这种功能性的联结。

那么有关皮层双眼细胞、猫的视觉系统以及不用就导致细胞萎缩的所有这些言论，和儿童心理学有什么关系呢？事实上，Hubel 和 Wiesel 的工作与儿童心理学领域关联颇多。你只需要将批判性思维的显微镜调至一个较低的倍率便可以看到一幅更大的画面。他们的研究的最直接意义就是帮助我们了解人类的视觉系统大致是如何运作的。当一只猫逐渐逼近一只老鼠时，我们知道这只猫必须看到并且识别出这个物体是一只老鼠。为了达到这个目的，这只猫首先要在眼中加工视觉信息，接下来眼睛将信息发送至丘脑，然后丘脑将信息发送到大脑视觉皮层。人类的视觉系统同样也要用到眼睛、丘脑和视觉皮层。由于这两个系统彼此之间非常类似，所以我们从幼猫的视觉系统中所了解到的机制或许也能够适用于人类的视觉系统。除此之外，Hubel 和 Wiesel 的研究还揭示了，当视觉信息到达视觉皮层时，信息的形式是一个简单的图案。我们之所以知道这些，是因为视觉皮层中的细胞对于一个特定方向的线条和边缘反应最为活跃。如果在幼猫的神经系统中视觉信息是以一种简单图案的形式到达皮层的，那么人类为什么不会将世界感知为 2.52 亿个杂乱分离的光点这一问题也就有了答案。

当然，下一个要处理的问题是，我们同样没有将世界看成是杂乱分离的线条和边缘。Hubel 和 Wiesel 关于负责检测边缘的皮层细胞的发现，至少给我们提供了一个新工具来思考为什么我们不会面对这样的问题。一方面，这些检测边缘的皮层细胞的存在增加了较高级别细胞可能负责检测较高级别视觉模式的可能性。当一个人看着一个边缘或一条线时，该边缘或线条的一个图像就被投影在眼球底部的视网膜上。当边缘的图像投影到视网膜上时，与图像直接相连的视杆细胞和视锥细胞反应活跃。同时，相邻的视杆细胞和视锥细胞仍然比较平静。随后活跃的视杆细胞和视锥细胞将通过丘脑，向视觉皮层发送信号。现在，因为我们知道单个视觉皮层细胞对边缘和线条有所反应，并且我们知道视杆细胞和视锥细胞发送给皮层细胞关于边缘和线条的信息，所以就很容易理解，单个皮层细胞是如何将这些由大量视杆细胞和视锥细胞输出的或多或少的信息汇总起来的。从而，我们也可以将这个逻辑更深入一步：如果皮层细胞可以负责处理来自于数个视杆细胞和视锥细胞的输入，那么为什么更高级别的细胞不能针对数个皮层细胞的输入执行相似的汇总功能呢？

结果证明，这很可能就是事实。Hubel 和 Wiesel 将他们研究的皮层细胞称为"简单细胞"。简单细胞就是那些对边缘和线条有所反应的皮层细胞，也就是我们所看到的、代表了成群视杆细胞和视锥细胞的输入模式的细胞。显然，成群的简单皮层细胞也可以将信息发送至较高级别的或"复杂"的皮层细胞。复杂细胞汇总来自于成群的简单皮层细胞的信息。比如，请想象一下，一个复杂细胞接收两个简单细胞输入的信息，其中一个简单细胞对垂直线反应最佳，而另外一个简单细胞则对水平线反应最佳。在这种情况下，如果视野中同时出现一条垂直线和一条水平线，也就是说它们以一个直角的形式存在，那么这两个简单细胞均会被激活。因此，接收它们信息输入的复杂细胞也将会被激活。这就意味着复杂细胞汇总了两个简单细胞的输入，而每个简单细胞汇总了成群的视杆细胞和视锥细胞的输入。当视野中出现一个直角，引起了两个简单细胞的活跃反应，并且两个简单细胞反应的同时也引起了复杂细胞的活跃反应，因此最终我们就可以说，这个复杂细胞对一个直角的视觉呈现是有所反应的。索性，我们称这个复杂细胞为一个"90°角探测器"。

　　但这个逻辑还可以更进一步发挥。成群的复杂细胞本身可能与更高级别的细胞相互关联，就是所谓的"超复杂"细胞，它们可以汇总复杂细胞的反应。一个超复杂细胞的活跃反应表明，视野中有一个更高级别的图案存在。这个图案很可能是一个几何形状而非一个直角。随着反应级别的增高，反应链、视觉汇总的数量以及随之而来的整合也会越来越庞大。（皮层细胞中）可能还存在"超超复杂"细胞，以及"超超超复杂"细胞。最终，我们可能拥有非常高级别的细胞，而这些细胞使我们有能力检测到我们周围世界中非常复杂的视觉图像。有人甚至开玩笑说，在皮层细胞层级的顶端可能存在着一个"祖母细胞"，而它对你祖母的视觉影像反应最活跃。

　　必须承认，我在此描述的画面有些过于简单了。大量后续的研究受到Hubel和Wiesel早期研究工作的启发，也因此修正了他们两人早期发现的许多不足之处。但也正是他们的早期工作为后续的研究开辟了道路，这一点是大家公认的。

　　这项研究的第二个且更为广泛的影响就是Hubel和Wiesel关于神经可塑性（neural plasticity）的发现。神经可塑性这个术语指的是神经回路通过经验可以被改变的一种特征。神经可塑性在脑研究者以及儿童心理学家中一直是一个热门话题，因为它直面"先天—后天"的问题。如果你还记得，Hubel和Wiesel

发现，如果来自一只眼睛的视觉输入消失，那么视觉皮层细胞的功能可以被彻底改变。但改变的程度取决于视觉输入何时被阻断。对于猫来说，如果在出生后的头 20 天内，持续阻断幼猫一只眼睛的视觉输入似乎不太影响皮层细胞对这只眼睛的反应。但是如果视觉输入的阻断一直持续到幼猫出生后的 2~4 个月，所有的皮层细胞都将无法对这只眼睛做出反应，即便以后恢复视觉输入也无济于事。在这种情况下，神经回路会严重受损，以至于当猫咪们被迫使用视觉剥夺眼通过桌子边缘时，它们只能掉下来。视觉系统的神经回路因为经验而被改变了，所以显然神经回路是可塑的。

如果我们将 Hubel 和 Wiesel 有关视觉皮层系统的研究结果进一步扩展，便增大了一种可能性，即大脑其他部位的神经回路可能也是可塑的。或许，大脑的运作是依据某种"用进废退"的原理。大脑中不被使用的联结和通路可能会萎缩，而经常使用的联结和通路将会变得发达。可塑性还增加了一种可能性，即如果一些皮层细胞没有依照预期目的被使用，它们可能会为了效益最大化而转去被其他系统支配。Helen Neville 开展的一些非常有趣的研究表明，先天性耳聋的成年人的听觉皮层（大脑中涉及听力的部位）可能承担了某些视觉功能。这是如何实现的？她认为在人出生时，丘脑的视觉部分和听觉皮层之间可能存在一些神经联结。通常来说，这些联结并不会维持多久，因为听觉系统本身定位于听觉皮层中。但是对于先天性耳聋的人来说，听觉皮层的细胞无法接收到听觉输入，所以，正如 Hubel 和 Wiesel 的猫一样，其间联结也会萎缩。这种萎缩导致之前业已存在的视觉系统与听觉皮层之间的联结保持完整，并且由于视觉信息的持续输入，视觉输入与听觉皮层之间的联结不断变强。随着时间的推移，视觉系统与听觉皮层之间可能会发展出一段了不起的"友情"。

好运带来的欣喜

Hubel 和 Wiesel 的研究意义重大，这是毋庸置疑的。但他们的研究同样也告诉了人们：在一个完善的科学领域中，如果你想通过努力奋斗而功成名就，拥有好运眷顾是多么的重要。我们用了好几页的篇幅谈论 Hubel 和 Wiesel 如何实现单个皮层细胞对线条和边缘这类简单视觉图案的反应记录。他们在这些小小的记录上成就了自己的事业，而诺贝尔奖评审委员会也因为这些记录认可了他们。但在神经科学学术界之外很少有人了解，Hubel 和 Wiesel 差一点就完全错过了他们革命性的重大发现。

正如 Hubel 在其诺贝尔奖获奖感言中所讲述的，当他和 Wiesel 开始尝试记录单个皮层细胞时，他们很少成功。首先，当你在大脑表面插入一个电极时，你看不见细胞在哪里。而当你看不见你正在做的事情时，那么你在成功做对之前就需要经历大量的尝试和错误。但是他们确信自己的技术是没有任何问题的，因为这个技术已经发展成熟，而且之前的一位研究者，Vernon Mountcastle，曾成功地使用该技术探索猫和猴子的躯体感觉皮质。然而，由于某种原因，起初他们发现自己向幼猫展示的视觉刺激物并不能引起视觉皮层细胞的反应。因为他们知道自己的记录技术是没问题的，所以下一步他们思考的就是：问题一定出在了向幼猫呈现视觉图像的方式上。但由于当时既没有太多的资金，也没有大量昂贵的设备，他们不得不将图像投射在实验室的天花板上。Hubel 写道，"由于没有更合适的（猫）头部固定器，有一阵子我们使用了眼镜验光时的头部固定器。这导致了一个问题，即猫是面朝上的。为了解决这个问题，我们将床单悬挂在威尔默（Wilmer）研究地下室天花板的管道和蜘蛛网之间，这为实验营造了一种马戏团帐篷式的氛围。有一天，Vernon Mountcastle 走进了这个场景，他对这个场面感到惊恐不已。"幸运的是，他们的投影系统终于起到了作用。最终，Hubel 和 Wiesel 采用了一种特殊装置将简单的视觉图案直接投射到幼猫的视网膜上。这种装置，既可以插入一个有孔的小黄铜板，也可以插入一个标有黑点的小玻璃载片。这个奇妙的装置可以让光线通过黄铜标牌的洞，将一个光点投影至猫的视网膜，也可以让光线通过玻璃载片，将黑点的阴影投射其中。

尽管他们开始在幼猫的视网膜上投射光点和阴影，但记录仍然失败了。他们最初获得的结果是，皮层细胞并不像预期那样对视觉图像有所反应。但几小时之后，在记录到第 3004 个细胞时，他们完成了革命性的发现。（其实，Hubel 和 Wiesel 并非真的记录了 3003 个细胞。他们受 Mountcastle 的影响，以千为单位为细胞记录编号，所以他们决定从 3000 开始给细胞编号。）在 3004

号细胞上，他们得到了一个明显的活跃反应。有关这次发现最有趣的部分是，细胞并不是对预期的目标刺激——一个光点或一个阴影——有所反应，而是在载玻片插入投影仪时，细胞对其边缘产生了反应！Hubel 和 Wiesel 又接着耗费了 9 小时去摆弄载玻片以再现这一活跃反应。在那一天结束时，他们的结论是，当边缘的方向与载玻片插入投影仪的角度相匹配时，细胞的反应最为强烈。当方向正好时，"那个细胞就像机关枪一样爆发了。"

你可以想象一下，Hubel 和 Wiesel 当初很容易就会与这项发现失之交臂。首先，他们在一张接一张地插入载玻片时，投影仪得一直开着。如果他们习惯在每次投影之后都关掉投影仪，那么这些载玻片边缘的阴影就绝不会投射到幼猫的视网膜上，3004 号细胞也绝不会产生反应。而且同样幸运的是，他们记录了一个偏好方向与投影边缘角度恰好吻合的细胞。如果他们当时正在记录的是一个偏好垂直边缘方向的细胞，那么他们可能就得不到任何反应。但最终，Hubel 和 Wiesel 确实一直开着机器，并且 3004 号细胞也恰好方向匹配，因此大约在 20 年之后，诺贝尔奖评审委员会喊出了他们的名字。

问题讨论

1. 请告诉我，为什么一个关于幼猫视觉皮层的研究会出现在一本关于 20 个改变了儿童心理学研究的书中？
2. 科学家们在伦理上不能切开活人的大脑随意刺激并进行研究，但如果是使用实验室人工环境下培养的脑进行研究，你认为可以吗？
3. 当实验目标仅仅是了解大脑功能时，在其他动物身上进行大脑实验有用吗？在某些特定的动物大脑上做研究是否比其他动物更可行一些？
4. 当 Hubel 和 Wiesel 的发现或多或少源于运气时，其有关视觉皮层细胞功能的发现还是否可信？

第 10 章 是因为我说过什么吗？
跨语言的言语知觉：生命第一年知觉重组的证据

Werk, J. F., & Tees, R. C. (1984). *Infant Behavior and Development*, 7, 49-63.

（排名 19）

或许世界上最酷的事情之一就是，我们的能力可以达到一定的水平，可以比自己的父母更聪明。此刻，"更聪明"并不是从撒谎、欺骗或者偷偷在背后搞鬼这个角度来说的。而且我指的也不是在十八九岁的时候，我们自以为比父母懂得更多，那实际上只是我们的自以为是罢了。我所指的是真正的更加聪明，在我们公平竞争、比拼头脑时，我们能知道一些父母亲所不知道的东西，或者能在他们之前找到问题的解决方案。这无疑是一种通关仪式般的象征，显示出某种成就水平也标志着我们开始步入成年。不管我们的父母是否愿意接受，我们都会在人生的某一个时刻走到这一步；这是正常而自然的，并没有什么特别令人惊讶的。当年龄逐渐增长，我们变得更聪明、更睿智也更有能力。

对我们来说，现在的自己比年轻时的自己更加进步也更加老练了，这是万物发展的自然之道。

因此，在儿童的发展过程中，有时候一个孩子长大一些后反而不如小的时候有能力，至少表面上看是如此，这就难免让人觉得有点惊讶了。发展心理学家已经发现了好几个这样的案例。你也许听说过，比如，小婴儿的游泳技能令人惊异，当你把他们扔进游泳池里的时候，他们可以保持直立或者漂浮起来。（千万不要在家做这样的尝试！）然而，不会游泳的成年人却大有人在。会游泳的婴儿是否比不会游泳的成年人更胜一筹呢？嗯，是有一点儿这个意思。然而，尽管小婴儿天生的反射使他们可以在被放进水里时立刻做出适应性的姿态，但这并不是真正的游泳。这些宝宝也许看起来像熟练的游泳者，但是他们也可能呛到大量的水甚至溺死。他们这种游泳反射的"表演"需要在高度严密的控制和监督下进行。但是，婴儿能够熟练协调肌肉的运动和平衡，这的确是不会游泳的成年人所望尘莫及的。

另一个实例可以说明人在年轻时的能力可以超越年长时的能力，它体现在不规则动词的学习上。在英语中，大多数动词过去式的词形变化是一样的。比如要将动词"look"变成过去式，我们会说"looked"。要将"laugh"变成过去式，则会说"laughed"。同样的转换，如 want 变为 wanted，walk 变为 walked，sip 变为 sipped 等，都以此类推。对于规则动词来说，过去式生成方式的规则是在动词不定式后面加"ed"。但是英语中同样还有大量的动词并不遵循这一规律，它们被称为"不规则的"动词。这些不规则动词过去式的变化方式并不是在词尾加"ed"，而是需要采取其他处理。具体变化方式会根据要变化的动词不同而不同。比如：go 变为 went，think 变为 thought，sit 变为 sat，eat 变为 ate，grow 变为 grew，grind 变为 ground 等，生成方式各不相同。

想要说出地道的英语，那么孩子们不仅要学习规则动词的过去式变化，同样还必须学习规则之外的变化方式。然后——问题就在这里——当孩子们学习说话的时候，最开始有一个阶段他们似乎能正确掌握不规则动词的过去式变化，然后在接下来的一个阶段他们却开始出现错误。换句话说，儿童似乎只有在已经熟练掌握了动词的过去式变化之后才开始出错。从另一个角度来说，他们只有在积累了规则动词过去式变化的经验之后才开始出错。他们的动词变化看上去挺可爱的，但却是错误的，例如，"goed"、"sitted"以及"eated"。因此，如同游泳一样，在语言习得的过程中，有那么一个时间点，儿童的表现由好变坏。

在这两个案例中，人在较年幼时的表现似乎超越了较年长时的表现。幼年的孩子能够正确掌握过去式的变化，而年长一些的孩子却会出现可爱的语法错误，这样看来似乎前者比后者的水平更高。观看一个宝宝游泳也是很有意思的。然而，这两个案例都展示了正常的发展过程：有些能力看似精巧但实际很差，有些能力看似很差但实际精巧，在发展过程中，前者会被后者取代。游泳的婴儿仅仅是在实践他们与生俱来的反射行为，他们还不具备复杂的认知控制和一个成熟游泳者应有的意向性特征。除非通过练习来维持这种能力，否则婴儿的游泳反射最终会消失，所以年纪更大一些的婴儿（游泳反射消失后）在水池中的表现并不会比一个不会游泳的成年人更好。学步儿可以从一开始就准确地进行不规则动词的过去式变化，这仅仅是因为她还不了解规则动词过去式变化的规则。一旦她学会了规则，她也会和年长一些的孩子一样，犯下相同的过度规则化（overregularized）的错误。但另一方面，她对语法的理解能力将会比年幼时更加精进。

在接下来的篇幅中，我将描述的是一个革命性的研究，它揭示了另一个明显的能力退化现象。在这个研究中，学者 Janet Werker 和 Richard Tees 发现了幼小的婴儿，大约6~8个月大，能够检测出语言中的语音，而10~12个月大的婴儿却并不具备这种能力。然而，与前文提到的案例不同的是，6~8个月婴儿的这种早期能力并不会随着年龄的增长以更好且更强的状态再现。事实上，这种能力似乎永远消失了！但是这样也好，因为你可以看到，婴儿虽然丧失了一些语音区分能力，但他们可以因此专注于自己最终需要掌握的母语语音的识别，这对婴儿来说是一个至关重要的发展阶段。

WERKER 和 TEES（1984）

Werker 和 Tees（1984）的文章在婴儿科学领域众所周知，主要是因为它为当前我们对婴儿如何学习说话的理解奠定了基础。尽管它没有入选本书上一版中的20个最具革命性的研究，但它入围了前30。既然一些已过时的经典研究给这篇研究腾出了空间，那么在此，我将很荣幸地与大家分享这篇文章对自此以后的语言获得研究的进程设定有多么重要的作用。

关于Werker和Tees的文章，需要特别值得注意的，至少对我来说，它没有如同这本书中提到的其他文章一样大出风头。它并没有通过发表在国际上享有盛誉的学术期刊诸如《科学》（*Science*）或者《自然》（*Nature*）上来赢得赞誉。相反，它以谦逊的姿态发表在一个相对低调的期刊《婴儿的行为与发展》（*Infant Behavior and Development*）上。关于"低调"，我并不是想贬低这本期刊，这是我最喜欢并且经常投稿的期刊之一。我只是觉得这本期刊的读者圈相对狭小，几乎全都是研究婴儿的科学家。相比之下，《科学》和《自然》是所有学科的科学家都会阅读的期刊。而Werker和Tees的文章尽管以低调的方式开始，最终却一路直达顶峰。

这篇文章从描述婴儿在语言习得时遇到的问题开始。作者想知道，孩子具体是怎样检测与解析与母语相关的语音的。他们是天生就可以识别所有种类的人类语言中所有类型的语音，然后逐渐削减，直至只识别自己母语中所使用的语音呢？还是说他们首先需要先接触自己的母语，从而知道哪些语音是需要重点识别呢？这其实有点类似先有鸡还是先有蛋的问题。

在科学术语中，语音被称为"音素"（phonemes），不同的语言是不同音素构成的子集。比如，英语的语音使用了大约40种不同的音素，这些音素组成了大约150万个单词。而英语仅仅是人类7000种口语中的一种。有些语言的音素要少很多，有些则要多得多。根据维基百科查询到的结果，巴布亚新几内亚东部的罗托卡特语所使用的音素是最少的，只有11个；而在使用音素最多的语言中，音素数量达到了141个，这是在纳米比亚、博茨瓦纳和安哥拉这些国家所使用的一种语言。然而，对于所有可能存在的音素来说，任何一种语言都只是音素的一个子集。对于幼小的婴儿来说，他们面临的问题是，需要通过某种方法找到自己需要学习的那种语言相关的声音集合。如果她搞错了，那么她只能掌握一堆语音，而这对她学习自己的母语没有任何帮助。

任何一种语言中的音素子集都是独一无二的，在这个子集里，有时候有几对声音组合只有这门语言的使用者才能够加以区分，而其他语言的使用者是无法区分的。某一门特定语言的使用者甚至有时候会很奇怪地发现，某种差异是他们能够区分而其他语言的使用者却听不出来的。想想看，在英语中有时候很难区别的发音："l"的发音和"r"的发音。事实上，这两个语音由音标/l/和音标/r/标注。当然，英语以及其他能够区分/l/和/r/发音的语言（如西班牙语、法语以及德语）的使用者能够很容易地区分/l/和/r/的发音。而最出名的就是，对说日语的人来说/l/和/r/的区别是不太容易听得出来的。对说日语的人来说，这两个发音多少是可以相互替换的。比如，在说"only"的时候，他们可能会说"onry"；"salad"也会被说成"sarad"。这些错误在以英语为母语的人听来会觉得非常可笑，但是在以英语为第二语言的日本人身上却不可避免。对日本人来说，区分这两个语音对学习语言无关紧要。/l/和/r/的混淆甚至被带到了英语的书写中。几年前我和我的家人去日本京都旅行时，那里的餐馆对英语标牌的使用极为广泛，这有点出人意料。我们看到路边许多便携式的黑板上写着"今日特价"，特价的内容经常是手写的英语。其中有一个特别之处引起了我的注意，因为它写的是"欢乐时光，Dlinks[①] 200美元"。当时我9岁的女儿莎拉就问："什么是 Dlinks？"

回到这篇文章，Werker 和 Tees 指出，当时的科学文献支持第一种可能性，即小婴儿天生具有检测和区分世界上所有音素的能力，但是后来他们逐渐开始只专注自己母语的音素。然而，对成年人的研究证据表明，成年人无法区分世界上所有的音素。这两部分证据显示了科学文献中存在的潜在的不一致，Werker 和 Tees 对此是这样概括的：

就人们所知，如果说婴儿出生后的言语知觉能力是极高的，而成年人的言语知觉却非常有限，那么人们不禁要问，既然言语知觉会被改变（例如，被限制），从而在音素层面更加精准地匹配且只匹配语言学习

[①] Dlinks，正确写法是 Drinks，即酒吧饮品。——译者注

者母语的语音单元，那么这种改变是从什么时候，又是怎样发生的呢？

因此，Werker 和 Tees 的研究的目的就是，寻找在人的生命周期中，这种检测非母语与母语音素差异的能力消失的时间。他们通过在实验室中的初步研究试图缩小可能的时间范围。比如，在一个早期的研究中（Werker, Gilbert, Humphrey, & Tees, 1981），他们要求被试区分印地语中两对语音的差别。这两对语音非常相似，音标为 /tʰa/ 和 /dʰa/ 以及 /ta/ 和 /ţa/。当然，你在这里看到用字母表示的语音根本无法表达音素实际的发音状态。但是很显然，对于像我这样只使用单一语种的人来说这无关紧要，因为根据 Werker 和 Tees 的观点，这两对语音中哪一对的差异我都听不出来。与预期的结果一致，研究者们发现：6~8 个月大的婴儿以及使用印地语的成年人都能够区分两对语音中每一对的差别，但是以英语为母语的成年人则做不到这一点。并且，12 岁、8 岁以及 4 岁的英语使用者，如同成年人一样，也无法识别这两对语音之间的差别。基于这些发现，研究者们认为，在识别非母语时，鉴别言语差异的能力消失的时间范围介于 6~8 个月至 4 岁之间的某个时间点。因此，Werker 和 Tees 在 1984 年又发表了一篇文章，其目的是进一步缩小上述时间范围，甚至确定这种能力消失的确切时间。

Werker 和 Tees（1984）的文章描述了两个主要实验和一个对照实验。第一个实验旨在为第二个实验做铺垫。而我认为恰恰是第二个实验使得 Werker 和 Tees 成为了超级明星，因为第二个实验关注的重点是，建构一条非母语言语对比知觉的时间轴。不过，在建构时间轴之前，Werker 和 Tees 感觉有必要增加一个准备步骤。由于他们发表在 1981 年的文章是最早揭示了非母语言语对比敏感度降低现象的研究之一，因此 Werker 和 Tees 很想知道他们在印地语上的发现是否可以扩展到其他的语种。于是，在第一个实验中，他们试图重复 1981 年的实验，但使用的是另一种语言中的言语对比。具体来说，他们使用的是"汤普逊语"（Thompson language）。汤普逊语言，更多地被人称作 nlaka'pamuctsin，只有居住在加拿大的不列颠哥伦比亚省中南部的大约 400 名原住民在使用这种语言。

在汤普逊语中，有一种特殊的言语对比，它需要使用到"后辅音"。之所以被称作后辅音是因为它的发音部位在口腔的后部，差不多在喉咙的位置。例如，英语词汇如"cog"和"gawk"都是以后辅音开始并以后辅音结尾的。在汤普逊语中，有一对语音，标记为/ˈki/-/ˈqi/，这两个发音都类似于英语的音素/k/。这两个语音之间的差异对于以汤普逊语为母语的人来说是有意义的，分别以其中一个作为单词的开头将会产生两个意思截然不同的词语。但由于在英语中这两个语音并没有差别，因此 Werker 和 Tees 感兴趣的问题是，在以英语为母语的家庭里出生的孩子和以英语为母语的成年人是否能区分二者的差异。下面描述的就是他们为测试这种可能性所进行的实验。

实验 1

方法

被试

这个实验采用了三组被试：一组是 10 个婴儿，年龄在 6~8 个月之间；一组是 10 个以英语为母语的成年人，年龄在 22~35 岁之间；还有一组是 5 个以汤普逊语为母语的成年人，年龄在 30~65 岁之间。

刺激材料

在语音辨别测试中制作刺激材料并不容易。首先，语音在自然界中从来都不是孤立存在的，它们总是出现在单词中。如果他们出现在一个单词的开头，后面经常紧跟着另一个语音；如果它们出现在一个单词的结尾，通常也是紧随在另一个语音之后。无论在哪种情况下，目标语音总是会或多或少地受到另一个邻近的语音的影响。这种现象被称为"语境效应"（word context effect）。此外，即使使用一种语言，不同的人对同一个语音的发音方式也大不相同，甚至是同一个人，在不同的场合下对同一个语音的发音方式也会有差异。所以，事实上，发出准确完美的目标语音似乎是一项不可能完成的任务。尽管如此，科学研究必须继续，Werker 和 Tees 尽他们最大的努力从使用汤普逊语的土著居民那里收集到了自然发声的/'ki/和'qi/语音样本，并且尽力确保实验用到的测试语音对比刺激之间存在差异，同时其他相同的语音尽可能保持发音一致。Werker和Tees选定的/'ki/来自汤普逊语中的单词"kixm"，意思是"煎一个蛋"，而选定的/'qi/则来自汤普逊语中的单词"qixm"，意思是"使人看到"。他们让一个使用汤普逊语的土著居民发出这两个音并进行录音，然后他们把这些录音播放给参与实验的被试们听，观察这些被试是否能够分辨出这两个语音中间的差异。

婴儿作为被试的实验程序

如同在这本书中提到的大多数婴儿实验一样，在测试语音识别时，Werker和Tees对婴儿使用的实验程序尤其有趣。他们采用的是"回头范式"。实验过程是这样的。婴儿被大人抱进一个有减噪功能的房间，让婴儿坐在自己妈妈的腿上。妈妈坐在一把椅子上并戴着耳机，这样做是为了防止妈妈们听到语音后不经意地用某种方式提示她们的宝宝。一个实验助手坐在妈妈和婴儿的对面，同样带着耳机，并且通过拨弄小玩具来吸引婴儿的注意力。当实验助手通过手中的玩具吸引着婴儿被试的注意时，在婴儿后面左侧的位置，有一个扩音器会同时播放一连串语音流。在这串语音流的前半部分，第一个目标语音会重复多次出现，而在后半部分，第二个目标语音会重复多次出现。

在扩音器附近有一个放在一个有机玻璃盒子里的电动动物玩偶。重要的是，在播放语音流时，只要一个重复的语音切换到另一个重复的语音，这个玩具就会被激活并开始发光。因此正如你所想的那样，当玩具被激活时，婴儿会转过头去看着玩具。这个过程的目的是，让婴儿能够把语音切换与这个令人激动的闪闪发光的机械玩具的出现联系起来。最开始，玩具在语音切换的瞬间就立刻被激活；但是经过几轮对婴儿的转头训练之后，语音切换时玩具不再被自动激活了。取而代之的是，只有在婴儿听到了语音的切换并且转了头的情况下，玩具才会被激活。换句话说，只有在婴儿预计到了玩具将要出场并且转头时，玩具才会被激活。Werker和Tees要求婴儿在语音切换后的4.5秒内转向玩具。如果婴儿转头过早，即在语音切换前就转头了，或者如果她转头太迟（超过4.5秒），玩具都不会被激活。通过这种方式，参加实验的婴儿明白了玩具只有在语音切换时才会开启,并且需要他们及时转头。这段过程的视频可以通过 YouTube 看到,链接为:http://www.youtube.com/watch?v=Ew5-xbc1HMk

这个方法的巧妙之处在于,如果婴儿在玩具被激活前看向玩具,那么 Weaker 和 Tees 就可以推论出婴儿可以察觉到语音的变化。如果婴儿在玩具被激活后才看玩具,则可以推断婴儿只是对玩具本身有反应,而不是对语音流的变化做出反应。

成年人作为被试的实验程序

当然,对于成年被试,就不需要采用玩具激活的实验范式了。对于成年人来说,只要告诉他们你需要他们做什么就好。成年被试比婴儿有更好的合作性。对于成年被试,实验过程改成了只需要在语音改变时按按钮就行。具体来说,成年被试需要在每次听到语音从 /'ki/ 变成 /'qi/ 或者由 /'qi/ 变成 /'ki/ 时按下按钮。

Werker 和 Tees 采用了相当严格的标准来判定被试是否能够区分这两个语音。具体来说,他们要求婴儿被试和成年被试能在 10 次语音切换中正确地识别出其中的 8 次,只有这样才能够认定被试可以区分出语音中的不同。因此,被试们只允许犯 2 次错误,否则就被判定为不能识别语音差别。出错的形式分为两种。一种可能是"漏掉",即没能识别出一次真的语音转换;另一种是"错判",即在没有语音变换时却报告听到了语音的变换。

结果

实验结果完全符合研究者的预期。所有以汤普逊语为母语的成年被试、大部分婴儿被试(10 个中的 8 个)以及极少数以英语为母语的成年被试(10 个中的 3 个)达到了合格的标准。这个结果不仅重复了 Weaker 和 Tees 早前的发现,即婴儿可以识别一种语言中的语音,哪怕他们完全不懂这种语言,也同样支持了 Weaker 和 Tees 对本实验的假设:在使用某一种语言一段时间并且积累了一些经验之后,成年人区分另一种语言的语音对比的能力相对会变弱。

实验 2

引言

第一个实验的目的就是为第二个实验做铺垫。实验 1 成功地证明了，在印地语音对比实验中发现的结果可以扩展到其他语种的语音对比当中，比如汤普逊语。但是，这种区分非母语语音对比的能力究竟是什么时候开始消失的呢？在这一点上，实验 1 并没有为我们提供多少信息。实验 1 结合 Werker 以及其他人（1981）的研究证明了 6~8 个月大、生长在以英语为母语家庭中的婴儿能够分辨某种语音的差异，而以英语为母语的成年人却已经无法听出其中的差异。在实验 2 中，Werker 和 Tees 将时间范围进一步缩短。在这个实验中，他们不再用成年人来对比，而是关注年龄稍微大一点的婴儿。

方法

被试

实验 2 的被试增加了两组年龄稍大一些的婴儿作为被试，这两组婴儿都是从以英语为母语的家庭挑选出来的。第一组由 26 个婴儿（16 个是女孩）组成，他们的年龄在 8 到 10 个月之间，第二组包括 20 个婴儿（10 个是女孩），年龄为 10~12 个月。实验的目的是，获取这两组年龄稍微大一些婴儿的语音辨别能力的数据，然后将这些数据和之前两个实验中得到的年幼一点的婴儿的数据进行对比。

刺激物和程序

几组婴儿听到的语音配对来自印地语和汤普逊语：印地语（/t^ha/对/d^ha/）和汤普逊语（/'ki/对/'qi/）。对于这些较大一些的婴儿来说，有一半婴儿在实验中听到的是印地语语音配对，另一半听到的是汤普逊语语音配对。实验 2 判断婴儿能够区分语音差异的标准与实验 1 相同，也就是说，在 10 次语音变化中能正确识别出其中的 8 次。

结果

如果 Werker 和 Tees 的目标是确认人类失去非母语语音差异分辨能力的时间，那么他们在实验 2 中成功实现了这一目标。三组婴儿被试在识别印地语和汤普逊语的语音差异上行为表现大相径庭。具体结果如表 10.1 所示。

表 10.1 显示的是在实验中"达标"的婴儿人数。所谓达标指的是婴儿被认为具有可以区分非母语语音差异的能力，与这个数据相对应的是未能达标的婴儿人数。

表 10.1　不同年龄段婴儿被试对非母语语音差别的识别

区分印地语是否达标	年龄 6~8 个月	年龄 8~10 个月	年龄 10~12 个月
是	11	8	2
否	1	4	8
区分汤普逊语是否达标	**年龄 6~8 个月**	**年龄 8~10 个月**	**年龄 10~12 个月**
是	8	8	1
否	2	6	9

从左往右看，你会发现年龄最小的婴儿被试组在区分语音对比上表现得最好（86%达标），年龄最大的婴儿被试组则表现得最差（只有 15%达标），年龄居中的婴儿被试组水平处在两者之间的位置（62%达标）。基于这个结果，Werker 和 Tees 得出结论："这个结果强有力地证明了一个假设：特定的语言经验对于维持这门语言的语音分辨能力是必要的。没有这种经验，这种分辨能力在婴儿 10~12 个月大时就会消失。"

实验 3

引言

这是一个对照实验。在 Werker 和 Tees 于 1984 年发表的论文中，尽管实验 2 很明显是其中最重要的一个实验，但是实验 2 还是有一些细节问题亟待解决，因此他们又进行了一个对照实验。在实验 1 和实验 2 的描述中，我没有提到 Werker 和 Tees 实际上采用了甄别程序。这个甄别程序的要求是，在对婴儿进行非母语语音差异的测试之前，他们必须在区分母语语音差异的测试中达标。具体来说就是，以英语为母语的婴儿被试必须首先证明他们能够成功区分两个英语语音，/ba/ 和 /da/。

要求婴儿通过英语语音测试背后的逻辑是，"确保婴儿被试不能达标的原因仅仅是不能迅速地感知语音的差异……而不是由于其他不确定因素，比如感到无聊或者纸尿裤脏了等缘故。"参加实验的婴儿不仅要在进行非母语语音差异测试之前接受对英语语音差异的测试，而且在实验进行中的任何时间点上，如果婴儿的非母语语音测试不达标，那么研究人员也会对他们用英语再次进行测试。使用这种方法的作用是，如果一个婴儿在非母语语音测试中不达标，但是在紧随其后的母语语音测试中却能够达标，那么研究人员就可以合理地推断出婴儿的失败应该归咎于他们无法分辨语音配对间的差异，而不是因为诸如疲劳或者烦躁等其他的原因。

这个控制实验非常有意义。然而，Werker 和 Tees 发现，有很多年纪较大的婴儿没能通过甄别测试。对于年龄较小的两组婴儿来说，其中有 85% 的婴儿通过了甄别测试，而年龄最大的那组婴儿只有 60% 通过了甄别测试。因为，较大的婴儿对"把玩"那个玩具的兴趣更大，而不是简单地转过头去看它。Weaker 和 Tees 认为，年龄最大的婴儿组在非母语语音分辨中表现相对较差的原因，可能是他们中只有少数人能通过甄别测试。因此，实验 3 的目标是，试图通过纵向设计而非横向设计来对实验 2 进行复制。

方法

被试

对 6 名婴儿（其中女孩 3 名）在三个年龄阶段进行测试：6~8 个月，8~10 个月，10~12 个月。这些婴儿之所以被选中，是因为他们在第一项测试中表现得"非常配合"。在每一个年龄阶段，婴儿需要测试三组不同的语音差异：印地语（/t^{h}a/ 对 /d^{h}a/）、汤普逊语（/ˈki/ 对 /ˈqi/）以及英语（/ba/ 对

/da/)。

刺激物和程序

与之前实验相同。

结果

Werker 和 Tees 发现，他们这次纵向设计的数据结果几乎与他们实验 2 中的横向设计数据结果一致。具体来说，6~8 个月大的所有婴儿都能够识别出非母语语音中的差异；在这些婴儿到了 8~10 个月的时候，只有 3 名能够同时识别两组非母语语音中的差异；当到了 10~12 个月的时候，所有的婴儿都无法再识别任何一种非母语语音中的差异。

讨论

总而言之，通过这三个实验，Werker 和 Tees 发现了一些几乎无可争议的证据，他们证明了：①婴儿可以识别自己从未听过的任何语种的语音差异；②到 1 岁左右的时候这种能力似乎消失了。如果婴儿一出生就对所有语言的语音具有相同的识别能力，这些发现将会特别有意义。同时，这些发现也印证了这样的观点，即接触母语会削弱婴儿们的辨别力，导致他们只能关注与母语关系最密切的语音差别。此外，Werker 和 Tees 还指出，在 13 个月大的时候，婴儿通常会开口说出第一个词，也就是在这个时候，即在他们开始学习说话的时候，婴儿们的大脑最大限度地调整到了与自己母语的语音相适应的程度。这也许不只是一种巧合。

总体讨论

在这篇发表在 30 多年前的论文中，Werker 和 Tees 的研究解决的不仅仅是非母语语音辨别发展进程及其时间表的问题，它还使得语言习得的研究被提上了日程，并成为此后几十年里的一个研究方向。但是，如同许多革命性的研究一样，他们的发现所引出的问题比回答的问题还要多。比如，如果婴儿在 12 个月大的时候已经不能分辨非母语语音的差异，那么这种能力去了哪里？是消失了吗？还能恢复吗？婴儿关于母语语音识别的变化是否告诉我们人类的大脑在发展中变得僵化了，所以无法识别新的语音差异？那么研究中那3个能够识别汤普逊语语音差异并且以英语为母语的成年人，他们又是什么情况呢？与另外7个人相比，是什么使得他们如此不同？

我曾与Janet Werker进行过一次电话访谈，从中我了解到，对Werker和Tees来说，基于这项研究而来的一系列后续事件是他们始料未及的。这就好像对罗夏墨迹测验的解读，持不同理论视角的科学家会对墨迹做出不同的解读结果，同理，后人对Werker和Tees的研究发现的看法也是见仁见智。先天论者强调，基于Werker和Tees的实验结果可以做出如下推论：所有的婴儿与生俱来地拥有识别任何一种语言中语音差异的能力。持学习论的理论家强调：该研究结果说明，接触到母语会强化母语的语音识别能力，并使得对非母语的语音辨别能力消失。成熟论者则指出：在人生的第一年，对母语语音分辨的偏好会逐渐显示出来。

当然，似乎也有部分科学家不太明白这些研究发现的价值所在。比如，Werker描述了他第一次申请研究资助被美国国立卫生研究院（National Institutes of Health，简称NIH）拒绝的经历，而其中反对Werker申请的两个评审人给出了两种截然不同的理由：一个评审人认为，她的假设"显而易见"是成立的，因而让人提不起兴趣；而另一个评审人则认为，她的假设"显而易见"是不成立的，因此不值得科研资金投入。

在这章的一开始，我列举了在发展过程中几个年龄小的孩子似乎可以超越年龄大的孩子的例子。Werker和Tees的研究发现与我开篇几个的例子是非常符合的。但是，这一点也正是Werker认为她在婴儿科学领域遭受抨击、误解和批评最多的地方。具体来说，Werker指出6~8个月大的孩子拥有10~12个月大的孩子所没有的能力，这是她被批判得最多的地方。但是，颇具讽刺意味的是，这从来都不是Werker所持的观点。的确，这篇具有革命性的论文证明的不是有什么东西消失了，而是人类的"知觉重组"。的确，说某一种能力被重组到了另一种能力之中并不是说原来的这种能力消失了。"事实上"，她说，"我们也不知道到底发生了什么？也许是那些婴儿发生了注意偏向，或者也可能是大脑的回路发生了改变。说任何一种能力消失了都会使得问题过于简单化。"

分布式学习的理论

目前，学界对 Werker 和 Tees 研究的认同在于该研究的结果是确凿存在的，并且的确为儿童语言习得方面的研究奠定了基础。但是，近期科学界对此的关注更多集中于对这些结果背后的潜在机制的揭示。在最近的一篇与同事 Henny Yeung 以及 Katherine Yoshida 合作的文章中，Werker 指出，分布式学习（distributional learning）也许可以用来解释婴儿在母语语音识别上存在明显偏好的主要原因。使用分布式学习来对此进行解释的最大的推动力是本书中提到的另一项革命性研究发现，即 Saffran，Aslin 和 Newport 的研究发现（1996，见第 11 章）。把这两项研究结合在一起的想法是基于这样的一种理念：婴儿们在自然语音流下听到的语音存在一个与之相关的统计概率，婴儿的大脑可以检测到这些统计概况，并且还可以推断出这些语音来自某个特定音素类别的可能性大小。

在使用分布式学习解释婴儿语音识别能力的发展之前，我需要离题一会儿来解释一下音位变体（allophonic variation）这个概念。你可以回想我之前提到过的，由于我们要说的词语不同，我们对相同语音的发音方式也会随之不同。作为母语的使用者，我们不见得能听出一个音位在两个变体之间的区别，因为我们将它们归类为同一个音位。但是同样的语音区别，在另外一门语言中就可能非常有意义，或者可能意味着属于不同的音素。

试想一下音素/n/。你发出/n/的音需要把自己的舌头顶住上腭，震动你的声带（这个过程称作"发声"），然后让气流从你的鼻子穿过。然而，在不同的词语中，你对/n/的发音可能会稍有不同。比如，以英文单词"tenth"（意为"第十"）和"no"（意为"不"）为例。发单词 tenth 中/n/的音时，通常你会把舌头顶在上腭非常接近牙龈的地方。但是，在发 no 中/n/的音时，虽然你还会把舌头顶住上腭，但是位置要靠后几个毫米。试一下：将你的手指放在舌头的底部，然后交替说这两个单词，tenth 和 no，并且当你发/n/的音时特别注意一下自己舌头的位置。

　　事实上，/n/在两个不同的单词中发音是不同的，这就意味着从严格意义上说它们是不同的语音。一台电脑可以识别出其中的不同，但作为人类英语使用者，我们不会把听到的差异当成不同语音，因为在英语中这两个发音只对应一个音素。因此，无论什么情况下我们听到这个语音的任何变体时，我们仍然将它归类到/n/。这就是音位变体。即，当单个语音用不同的方式发声时，它仍然会被归类于同一个音素。当然，不同的发音可以被归类为同一个音素，并且对于以英语为母语的人来说，他们可能无法区分出同一个音素的不同发音，但是对于以其他语言为母语的人来说，不同音素也可能发音相同。比如，对以日语为母语的人来说，他们发出/l/和/r/的语音彼此间没有任何的区别；但是对我们说英语的人来说，/l/和/r/却是截然不同的两个音。

　　头脑中有了基本的音位变体的概念后，我希望你能够更好地理解，为什么婴儿在母语语音识别方面具有专长的理由有可能是分布式学习。答案就在这个研究之中。Werker和她的同事们感兴趣的是，婴儿是否能够根据所接触的人造言语流中的音位变体的分布来形成不同的音素类别。为了测试这种可能性，Werker等人制造了一个"连续"的/d/的言语流。首先，要发出/d/的音，你需要将自己的舌头向上顶住上腭，制造一点点气压，震动声带，然后通过口腔快速释放空气，轻快地发出"d"的声音。然而，Werker和她的同事们通过改变发音开始和释放空气之间的时间间隔制造出了/d/的不同语音。你会注意到，当你在发出/d/音的时候，你的声带在你释放空气之前就开始震动了。但同时也要注意到，不管你在释放气流前多久就开始发声，你发的都是一个/d/音。但是，如果你释放空气后才开始发音，你将根本发不出/d/的音，取而代之发出来的是/t/的音。

　　因此，Werker和她的同事们通过数字化的方式制造出8个不同的/d/的语音。在这些语音中有的是发音开始时间早，其他的则发音开始时间晚，但是所有的发音都在释放空气之前就开始了，并且这些语音都被成年人认为属于/d/这个音素类别。他们将语音/d/从1（开始时间最早）到8（开始时间最晚）进行编码，编码为4和5的语音/d/代表了处于1和8中间的位置。

Werker 和同事们接下来将不同的/d/语音给两组婴儿播放，两组婴儿分别处于两个不同的"分布式环境"中。在其中一个分布式环境中，婴儿们听到的是编码为 4 和 5 的语音比例相对较高，听到极端的语音（如编号 1 和 8）的比例则相对较低。这叫作单峰分布式环境，因为大部分的/d/语音是那些发音开始时间居中的语音，而发音开始时间相对极端的/d/语音所占比例小。在另一个分布式环境中，婴儿们听到的是相对高比例的编码为 2 和 7 的语音，而位置居中的/d/音（如编码 4 和 5 的）相对较少。这叫作双峰分布式环境，因为大部分的/d/语音来自这个发声序列的两端，而不是靠近中间的位置。

对 Werker 和她的同事们来说，如果在实验环境中的话，这两个分布式环境与人们期望婴儿遇到两种将/d/语音进行不同归类的语言情境是相似的。以英语为例，当在一个语言中/d/语音的全部发音都被视作一个单一音素时，Werker 和同事们假设，婴儿接触到的是一个有许多居中的/d/语音的单峰分布；在另一种语言中，/d/语音序列两端的语音表示的是两个不同的音素，Werker 和她的同事们假设，婴儿们可能会接触到只有少数居中的/d/发音的双峰分布式。事实上，在后面这种语言的双峰分布中，我们可以认为存在两个不同的音素类别，而不是单一的某种音素类别。

Werker 和同事们发现，6~8 个月大的婴儿在接触了长达 2 分钟的单峰分布式/d/语音的语音流之后，会变得不能区别最极端的/d/语音（即，区分编码 1 和编码 8 之间的差异）。与之相反的是，接触了 2 分钟的双峰分布式/d/语音言音流的婴儿，他们依旧能够区分两端的语音。换句话说，婴儿似乎能够根据他们听到的语音分布来形成不同的音素分类。如果婴儿在实验中接触的是/d/语音的单峰分布，他们似乎会将那些音位变体视作一个音素。但是，如果婴儿接触的是双峰分布的/d/语音，他们则会将变体当成两个不同的音素。

总结

在这章的开头，我提出，非常幼小的婴儿具有辨别其他语言中语音的能力，这是一种更先进的能力，而较大一些的婴儿则没有。一个人能够区分更多的东西是更进步的——这个观点通常情况下没错。但是，我希望大家能够明白：一种能力的消失或者"转入地下"并不一定意味着倒退。有时候，一种能力表面上的消失恰恰意味着发展的复杂性。在 Werker 和 Tees 研究中的婴儿被试就是很恰当的例子。正是通过这些实验，我们看到，婴儿逐渐将关注和偏好集中到对母语语音的识别上，并取代了对非母语语音差别的识别，这反映出了言语知觉精细化过程中的专门化这一分工特点。

问题讨论

1. "最低限度配对"是指语言中的一对语音，两者除了唯一一个关键特征之外，其他部分几乎完全相同。比如，/d/和/t/这对语音，它们就只是在发声开始的时间上不同。你能够在英语中指出其他符合这种描述的语音配对吗？同样的，在其他的语言中是否也存在成对的语音让你觉得很难分辨呢？
2. 在这本书中描述了许多研究婴儿认知的方法论。是否有可能使用这些方法论来评估婴儿的言语知觉？如果可以，你会采用哪一种方法论？你将如何解释呢？
3. 婴儿具备辨别非母语语音差异的能力，这是否展示了人类独特的关于语言学习的天赋？如果有证据表明动物也能够进行同样的区分，这对"语言是人类独有的"这一观点又会产生怎样的影响呢？

第 11 章 欢迎来到机器的世界
8 个月大婴儿的统计学习

Saffran, J. R., Aslin, R. N. & Newport, E. L. (1996). *Science*, *274*, 1926-1928.

（排名 14）

70 年前，儿童怎样学会说话大概是儿童心理学领域最具有挑战的问题之一。很不幸的是，对于这个问题的终极答案，时至今日仍无人知晓。但这并不是因为我们不够努力。事实上，我们已经在这个问题上花费了无数的时间和金钱，并且我们确实也取得了相当不错的进展。但也许，在这个探索的过程中最重要的是，我们明白了一件事：儿童如何学习说话是一个非常复杂的问题。

我们认识到，将这个问题描述为儿童的语言获得（acquiring language），而不是学习说话（learning to talk），这样也许会更好一些。"学习说话"这个概念，承载了许多"获得语言"这个概念所没有的附加含义，而这些附加的含义是我们极力想要避免的。具体来说，"学习"这个动词意味着从经验中去获取，而"获得"这个动词则对语言是否来自于经验没有要求。单纯通过发育或成熟，你就可以获得某些东西——比如说腋毛——这个过程与环境经验没有关系。那么，为保持科学的中立性，我们希望避免任何主张孩子必须从经验中获取语言的论断，所以，儿童"获得语言"可能是更恰当的表述方式。为什么我们会认为进行这样的区分很重要呢？那是因为，从严格意义上说，我们其实并不知道语言是自己发展而来的，还是个体从经验里获得的——简单地断言儿童"学习"语言是不妥当的。

尽管如此，我们不能否认语言中的某些部分肯定是从经验中学来的。例如，意大利人学习的是意大利语而不是法语，因为他们一出生就被意大利语所包围。同样地，我们也无法否认语言中的某些部分肯定是源自基因编码的。例如，人类之所以能够制造语音，是由于拥有呼吸—发音系统（respiro-articulatory system）这一生物特征。其他的动物发出的声音种类都没有人类多，它们发声的速度也没有人类快。当然，这些只是一些细枝末节的问题，并没有太多讨论的价值。在现代的语言获得研究中，你会发现一些让人激动的主题，同时在这一领域中，仍有一些环境和生物特征共同产生作用，而作用机理的"空白"需要填补。

本章研究要探索的问题就是这些"空白"中的一块，这项研究由 Jenny Saffran 和她的专业导师 Dick Aslin 和 Elissa Newport 共同完成。在 1960 年以后发表的儿童心理学领域最具革命性研究的名单中，这项研究列在第 14 位，Saffran 等人的论文 1996 年发表在《科学》期刊上，题目是"8 个月大婴儿的统计学习"。这篇论文指出，在婴儿语言获得的过程中，至少有一个主要方面可能是婴儿从经验中学习到的。这个发现本身非常酷。但是这篇文章对儿童心理学的影响已经远远超出了语言获得本身的范畴。首先，这项研究揭示，大脑在关联探测方面功能极强。可以说，大脑是一部能够对多种不同环境刺激进行潜在加工的强大装置。然而，这篇文章也同样指出，大脑这些强有力的关联探测能力在人类生命的第一年就已经展现了出来。难怪这篇文章会引起如此大的轰动。

Saffran 和同事们发现了大脑强大且广泛的学习机制。在介绍他们的研究发现之前，我想把他们最初的研究目的放到更广义的语言获得大背景下来思考。这样做是相当有价值的。因为如果考虑到语言获得这个问题涉及的范围极大，并且考虑到科学家们对这个问题的划分方式，你就很容易明白，为什么有时候对某个具体的"小"问题的研究能够在科学界掀起"大"波澜。

研究背景

那么，语言获得的科学到底都包含些什么呢？简单的回答是，"很多"。专门探讨语言获得研究的专著和期刊可谓汗牛充栋，因此，我无法在这里将它们全部列举出来。但是，我可以介绍部分内容，或许能够让读者稍微触及到这座冰山的一角。

可以肯定的是，研究者对语言获得问题的界定大致有三种方式。第一种方式关注的重点是，个体在理解和产生语言的过程中所涉及的生物系统、心理系统以及社会系统。在这个框架下，人类语言的加工至少需要：能够对环境中的语言学信息进行检测的系统，能够加工语言学信息的系统（这些信息以个体内部表征的形式存在），以及能够将语言的理解散播并反馈给周围环境的系统。其中最有意思的是生物系统、心理系统和社会系统三者在促进（或者抑制）"输入→处理→输出"这一循环中所起到的作用。对于以上述模式为导向的研究而言，对语言获得生物学层面的研究感兴趣的科学家们会以大脑的颞叶皮层（主要负责听觉）、枕叶皮层（主要负责视觉）以及前额叶皮层（主要负责联想）作为研究的重点。对语言获得的心理学层面感兴趣的科学家们，主要关注动机系统、注意力系统、记忆系统以及情感系统所起到的作用。对语言获得的社会系统部分感兴趣的科学家们，则专注于说话者的特征、听者的特征以及环境的特点。但是，毫无疑问的是，这里涉及的每一个主题，以及其他更多的主题，都已经经过了来自数以百计的科学家、他们的学生以及他们所在实验室密集且详细的"审视"了。

对语言获得问题的第二种研究方式是，将语言看成是由各种规则系统组成的集合。按照这个取向去研究语言获得，就是研究儿童是如何掌握这些规则系统的。这其中有五个规则系统得到了最多的关注，它们分别是：音韵学、词态学、语义学、语法学以及语用学。对音韵学规则系统的研究主要侧重于儿童怎样学习与他们的母语相关的语音和语音的组合。比如，为什么语音组合/t/+/s/可以出现在英文单词词尾但却不能出现在词首。词态学规则系统的研究则侧重于儿童怎样将根词与这门语言中具有意义的前缀和后缀相结合。例如，动词的时态变化和名词的单复数变化。想一想对于学步儿来说，拥有一块曲奇饼（one cookie）还是两块曲奇饼（two cookies）是多么重要的事情。语义学规则系统的研究侧重儿童如何学习根据单词的含义组合成句子。比如，为什么"单身妻子"（bachelor wife）这个措辞是不合理的，而"几个绿色的主意"（green ideas）这个短语是怪异的。语法学规则系统的研究侧重在儿童如何学习他们的母语中正确的词语排序；例如，儿童会获得在英语中要使用的主语—谓语—宾语结构，而不是使用日语的主语—宾语—谓语结构。最后，语用学规则系统的研究侧重于儿童如何学习根据社交场合恰当地使用语言。比如，儿童对比自己年龄小的孩子说话应当要简单，以及在大人和老师面前不能说粗话。

第三种对语言获得问题的界定方式是，识别儿童在最初涉足语言领域时遇到的挑战和阻碍。似乎就是这第三种界定方式吸引了 Saffran 和她的同事们，以及许多其他的科学家的注意和研究兴趣。如果是采取第三种取向研究语言获得的科学家，他们首先感兴趣的问题是：儿童说出的第一个词是从哪里来的？这个领域的研究者们似乎都被哲学家 Willard van Qrman Quine 在 1960 年所提出的著名"谜题"激起了兴趣，Kathy Hirsch-Pasek 和同事是如此形容 Quine 谜题的：

> 要学习一个词语，婴儿们必须首先对语音流（sound steam）进行分割，发现一个由物体、活动、事件所组成的世界，然后将这些来自语音流（或者来自手语的视觉流）的词语与其所代指的对象进行匹配……这个世界存在着无限种可能的词—物映射关系。一个儿童是如何学会将词语与指代对象进行匹配的呢？

为了生动地描述这个逻辑上的困境，Quine 给出了一个假设作为例子，类似如下所示。一个语言学家去一片陌生的土地旅行，拜访一群从来不认识的人，这些人讲的是一种他从来没有听过的语言。当地部落的一个成员在一艘船上迎接了这位语言学家，当他们一起穿过这个部落的领地时，远处一只兔子跳进了他们的视野。一看到这只兔子,那个部落成员伸手指了一下,说"guvagai"!这个语言学家也许会想当然地认为"guvagai"就是兔子的意思。但是,为什么语言学家会有这种猜测呢?原本"guvagai"这个未知的词语有众多可能的含义,毕竟"兔子"只是其中的一种而已。"guvagai"也可能是指那只兔子的颜色,或者那只兔子身上的花纹,或者兔子身上的一个部位(比如,它的耳朵),或者是兔子的跳跃动作。当然,"guvagai"也可能根本就不是一个单词,有可能它的意思类似于"该打猎去了",或者如果这个部落的男子是迷信的人,它的意思有可能是"马上要下雨了"。

总而言之,正如 Quine 所指出的,用这种方式来学习词语是极其困难的。这与一个正在获得语言的孩子所面对的情况颇为相似。这个孩子要怎么搞清楚从他周围人嘴里发出的那些声音是什么意思呢?甚至,他是怎么知道这些语音流是具有意义的,以及他又是怎么知道这些意义到底指的是什么呢?

毋庸置疑,征服"不可能"无异于天方夜谭。但是,"不可能"从来都不能阻止科学家们探索的脚步。一些科学家试图绕开 Quine 的谜题,他们提出了可能的但是颇具假设性的"词语学习约束条件",这些约束条件限定了某个词语可能的意义范围,对于词语学习新手来说,这个词语的意义范围正是他们必须要去思考的。这些约束条件可能至少可以给儿童提供一个类似于注意眼罩一样的东西,从而帮助他们建立词语与真实世界物体之间一一对应的关系。如果上述假设成真的话,这些约束条件可以起到类似于引导指令的功能,帮助孩子们在语言学习中找到立足点。关于词语学习的约束条件,一共大概有 6 种,但是在此我只提供两个范例帮助读者理解。

"客体整体假设"(whole object assumption)是一个约束条件,它被假定存在于儿童的大脑或者思维的某处。从理论上讲,它或多或少会强制儿童将自己听到的新词应用到环境中完整的物体上。客体整体假设会允许(或者说,强制)之前提到的那个语言学家假定的单词 guvagai 指的就是一整只兔子,而不是兔子的肢体、兔子的颜色,或兔子的皮肤纹理。

"相互排他原则"(principle of mutual exclusivity)同样是置于儿童头脑内部的一种约束条件,其功能是防止儿童给同一个物体贴上两个不同的标签。比如，如果一个孩子已经知道杯子这个物体对应"杯子"这个词，那么对杯子这个物体的其他标签就不允许再出现了。所以，如果一个孩子正端着一个杯子（cup），而你说"嗨，把那个 drosopheme 递给我"，那么这个孩子会明白你所说的不是杯子，因为他早就知道杯子这个物体的标签是什么了。

上面说到的这些词语学习约束条件为科学家们提供了一种既好用又方便的工具，它能够帮助科学家们找到破解 Quine 谜题的方法。但是，关于词语学习约束条件，至少存在三个主要的问题。第一，没有人真的"见到"过任何一个约束条件。约束条件完全是在假设中存在的事物，它为解决语言研究领域中具有挑战性的问题而生。可以这么说，支持约束条件的证据是存在的，只不过这些证据还不足以证明这些约束条件的存在。

第二个问题是，这些约束条件最初是如何"进入"孩子们的头脑中的。是孩子们天生就"配备"好的，还是他们从经验中学习得来的呢？如果约束条件确实是有效的词语学习机制，它们必然在人类生命的极早期阶段就已经存在了，早到可以帮助孩子们学习人生中的第一个词语。对大多数正常发展的儿童来说，应该就是在 8 个月左右的时候，因为在这时，他们第一次开始出现理解词语的迹象。

最后是第三个问题。与其说这是一个约束条件的局限性的问题，不如说这是一个逻辑优先级的问题。词语学习约束条件之所以有效，是因为它完全依赖于儿童能够对言语流进行解析。只有首先做到了这一点，儿童才能知道在言语流中的哪些声音能够被解析成一种组合，然后再给这些语音组合贴上合适的标签。如果儿童不能从言语流中把一个新的标签和其余成分区分开来，那么他如何能够做到将新的标签对应到一个新的客体对象上？对一个小婴儿来说，这无疑是一项不小的成就。

我们从下面这个角度来思考一下这个问题。作为一个以英语为母语的人，如果有一个人对你说英语，词语的边界是显而易见的。说话的人在英语的单词与单词之间并没有停顿，但你却能觉得他好像停顿了。因为你使用的就是这种语言，所以你的头脑会自动在词语之间划出分界线；事实上，词语之间根本没有停顿。相反的，如果有人跟你说英语以外的语言，理智上你可能知道那个人正在说话，并且也知道词语之间是有分界的，但是你却一个词语也识别不出来。而且，在对方的言语流中也绝对没有停顿可以供你参考。因此，你可以想象一下一个非常幼小的婴儿所面临的困境，他甚至都无从知晓有若干词语需要被他解析。这就是科学家 Jenny Saffran 和她的同事们研究的切入点。正是婴儿对言语分割的问题激起了他们的研究兴趣，并且促使他们开展了这项目前看来颇具革命性的研究工作。

SAFFRAN、ASLIN 及 NEWPORT（1996）

在文章的引言部分，Jenny Saffran，Richard Aslin 和 Elissa Newport 将他们的言语分割研究纳入语言获得的大框架中，几乎和我在此进行的处理一样。但是，他们进一步将语言获得的问题置于一个更大的框架之下，即置于生物体为了生存所必须做的事情的框架之下。在这种背景下，他们提出了一种观点，对所有生物体来说，生存的最低要求是：具备在自己生存的环境中提取信息以及使用这些信息服务于某种产出的能力。对部分有机体而言，它们的生存取决于提取信息时的迅捷程度、耗费程度以及精准的程度。

无论何时，当科学家们一谈到生存，主要的话题之一就是，某一个体的生存技巧是生物体本身构造的一部分（这个概念被称为："独立于经验"），还是从经验中学习得来的（这个概念被称为："依赖于经验"）。Saffran 等人也认可这种逻辑。但是，与其他物种不同的是，人类的一个主要生存技巧是能够从社会环境中抽取有意义的语言学（linguistic）信息。其他动物可能会关注自己同类传递的听觉或者视觉的信息，但是动物不会如同人类一样使用语言（language）来帮助生存。因此，一个关乎人类生存的重要科学问题就是：就提取有价值的语言学信息的能力而言，它在多大程度上是独立于经验的，又在多大程度上是依赖于经验的。

我们已经介绍过，在儿童从环境中提取语言学信息的过程中，无论是独立于经验的成分还是依赖于经验的成分都会出现。然而，尽管事实上在提取语言学信息的过程中，独立和依赖经验的机制都会发挥作用，但是以往的科学研究对这两种机制的关注程度是不同的。Saffran 等人提出了一种可能性，他们认为，以往的研究过于关注独立于经验的机制，同时对依赖于经验的机制却鲜少关注。他们写道：

> 在语言获得领域，有两个事实支持独立于经验的机制占据必要且主导地位的观点。首先，语言生成是高度复杂的形式，而这些形式的发展却是极为快速的。其次，与儿童最终形成的语言学能力相比，他们在幼儿阶段接触到的语言输入是不完全的，同时也是表征松散的。

为努力扳回比分，Saffran 等人开始探索是否可以证明也存在某些经验依赖机制可以支持语言的获得；如果有，是哪些呢？

他们关注的重点是，8 个月大的婴儿是否具有从成人的言语流中分离或者拆分单个词语的技能；如果婴儿具备这种技能，那么他们是怎样做到的？Saffran 等人特别好奇的是，在言语流的物理参数中是不是存在某些线索，使得婴儿可以利用这些线索来区分词与词之间的边界。这种可能性的存在无疑是非常重要的，因为如果言语流中的物理参数可以提供单词分界的线索，那么科学家们就不需要再借助儿童头脑中存在"词语学习约束条件假说"来解释为什么儿童可以识别单词之间的边界了。取而代之的是，如果言语流本身已经包含了词语分界的信息，那么这个问题就被简化为儿童是如何检测出这些边界的。一旦词语的边界能够被识别，那么剩下的就只是将拆分出来的单词与实际的物体进行匹配的问题了。

那么对于还不会说话的婴儿来说，在言语流中有什么样的信息可以被用作词语边界的标记呢？Saffran 和同事们认为，最有可能的答案是言语流中的过渡概率（transitional probability）。在言语流中，一个人是怎样判定语音的过渡概率的呢？过渡概率的正式定义是，在一个语音出现的条件下，另一个语音会出现的概率。如果一种语言中只有一个单词，假设这个单词是"baby"，那么在语音"ba-"出现的条件下，语音"-by"出现的过渡概率就是 1.00，因为"-by"总是会出现在"ba-"的后面。但是，据我所知，还没有哪种语言只有一个单词，所以计算一种真实语言的过渡概率不会像这个例子这么简单。

无论是解释词汇量大于 1 的语言的过渡概率，还是解释其他概念，我认为最好的方式都是把极为复杂的概念简化到近乎荒谬的程度，从而抓住概念的要点。那么让我们将过渡概率这个概念应用到一个几乎是最简单的言语流样本中。这个样本尽管简单，但仍有词语边界的存在，也就是说，我们在这个例子中只会使用到 2 个单词，这种语言也只有 2 个单词。

我们假设，这个简单至极的语言样本中的 2 个单词分别是 momee 和 dadee。我们进一步假设，在这个极简的语言样本中，所有表达方式使用的单词数量不得超过 2 个。理论上，你可以说一句超过 2 个单词的话，就是一遍又一遍重复相同的单词。比如，我可以说这样一个句子：momeemomeemomeedadeemomeedadee。在这个表达中，我将 6 个单词串接在了一起，但这是我将所有的单词重复超过 2 遍才能做到的。

那么，如果我们将可能的表达方式限制在使用的单词数量不超过 2 个，那么有多少种可能的组合词的表达方式呢？答案是，4 种。这 4 种可能的表达方式是：

1. Momeedadee
2. Dadeemomee
3. Momeemomee
4. Dadeedadee

你们会发现，我在写这些词的时候，2 个词之间并没有明显的区分，在某种程度上，婴儿在做词语分割时就面对的是类似的情况。因此，如果一种语言只包含 2 个可能的词语，组成了 4 种可能的表达方式，那么婴儿的工作就是找出在言语流中，哪些语音是能够组成词语的，而哪些语音组成了词语之间的分界线。同样地，在判断一个语音衔接在另一个语音后出现的可能性时，就是过渡概率这个概念起作用的地方。

为了了解这到底是怎么实现的，我们先要意识到在这种人造的语言中，只有 4 个可能的语音。在此处我将"语音"（sound）等同于"音节"（syllable）

的概念,以便更加简单易懂。这 4 个可能的语音包括:①mo,②mee,③da,④dee。如果我们用声音序列的方式将上一段的 4 种表达重写一次的话,将得到:

1. Mo+mee+da+dee
2. Da+dee+mo+mee
3. Mo+mee+mo+mee
4. Da+dee+da+dee

因此,在这个极端简化的语言中,只有极少的几个单词,极少的几种表达方式,所以语音的前后顺序也只有那么几个。然而,这些模式是明确的。例如,无论何时语音"mee"出现,它总是跟在语音"mo"的后面;无论何时语音"da"出现,它后面总是跟着语音"dee"。但是,这些规则对其他可能的语音组合不一定适用,是不是这样呢?语音"mo"跟在语音"dee"后面的可能性是 50%,而语音"mo"永远不可能在语音"da"后面出现。总而言之,有 16 种可能的语音组合,并且每一种语音组合都有一个特定的概率与之相联。以上面提到的 4 种表达方式作为所有可能的表达方式的总体,一个语音跟在另一个语音后的概率如下所示:

da 跟在 da 后面的概率为 0%	mo 跟在 da 后面的概率为 0%
da 跟在 dee 后面的概率为 50%	mo 跟在 dee 后面的概率为 50%
da 跟在 mo 后面的概率为 0%	mo 跟在 mo 后面的概率为 0%
da 跟在 mee 后面的概率为 50%	mo 跟在 mee 后面的概率为 50%
dee 跟在 da 后面的概率为 100%	mee 跟在 da 后面的概率为 0%
dee 跟在 dee 后面的概率为 0%	mee 跟在 dee 后面的概率为 0%
dee 跟在 mo 后面的概率为 0%	mee 跟在 mo 后面的概率为 100%
dee 跟在 mee 后面的概率为 0%	mee 跟在 mee 后面的概率为 0%

这些百分比正是 Saffran 等人在介绍过渡概率这个概念时所指的内容，这也是为什么他们认为过渡概率是可以帮助婴儿区分词语之间边界的原因。每一个概率（我们也可以称之为百分比）可以告诉我们，在一个言语流中一个具体的语音是一个单词的一部分，还是单词边界的一部分，或者两者都不是。具体推断方法是这样的。当过渡概率为100%，我们可以推断第二个语音是第一个语音所在的同一个单词的一部分。当过渡概率为0%时，我们知道这两个语音在自然谈话中是永远不会以这样的前后顺序出现的，所以这两个语音不可能组成同一个单词，并且它们也不能成为两个单词之间的边界标记。但是，我们会注意到，有意思的是，当过渡概率介于0%和100%之间时，这个独特的语音组合中必然包含词语边界。在上面的例子中，过渡概率处于在0%和100%之间的情况出现了4次：

- da 跟在 dee 后面（如前面序号为 4 的表达方式）；
- da 跟在 mee 后面（如前面序号为 1 的表达方式）；
- mo 跟在 dee 后面（如前面序号为 2 的表达方式）；
- mo 跟在 mee 后面（如前面序号为 3 的表达方式）。

如果你弄明白了这套推理，那么你就能察觉到以下三件重要的事情。第一，词界的信息确实是言语流本身携带的。因此，婴儿们不需要提前知道任何词语的意义，甚至他们也不需要知道其他人说的是什么语言。第二，知道一个词在哪里结束以及下一个词在哪里开始完全可以通过经验来学习，仅仅通过接触这种语言的口语，并且通过对过渡概率进行统计就能实现。第三点也是最后一点，生物体如果可以检测到环境中的语音配对信息，并有能力对过渡概率进行统计运算，那么就拥有了对词语进行分割的技巧。

好了，Saffran 等人就是以这些事实作为起点进行研究的。但是，尽管他们知道了过渡概率包含了词语边界的信息，但他们还不知道婴儿是否有能力通过计算过渡概率从而确定词界在哪里。为了展示婴儿确实可以进行单词的拆分，

Saffran 等人需要对婴儿进行一些实际的测试。因此，下面是同一篇文章里描述的两个实验过程，具体过程如下。

实验 1

方法

被试

24 个婴儿，8 个月大，均生活在使用美式英语的家庭中。

材料

实验使用的人造语言是 4 个无意义的单词，tupiro、bidaku、padoti、golabu，然后通过言语合成软件生成一段时长为 2 分钟的"言语流"，这段言语流是将上述所有单词进行无序重复组合而成的。这个言语流比我之前给出的范例要稍微复杂一点，但原理是一样的。有一些音节永远会跟在另一些音节后面出现（比如"da"永远跟在"bi"后面），有一些音节则从来不会跟在另一些音节后面出现（比如"do"从来不会跟在"ti"后面），还有一些音节有时候会跟在某些音节后出现（比如"pa"有时会跟在"ku"后面）。记住，在第三种条件下——当音节有时候跟在某些其他音节后面时——单词之间的边界就能够被发现。

Saffran 等人给婴儿呈现了几条言语流，其中一个范例是这样的：bidakupadotigolabubidaku。唯一的规则是，同一个单词不允许连续出现两次。这个言语合成器生成了一个"女性"的声音，以每分钟 270 个音节的速度"说话"。在这个言语流中没有停顿，没有重读，也没有其他任何可以用来区分词语边界的物理线索。

在这种人造的语言里，唯一存在的词界线索是音节组合之间的过渡概率。此外，过渡概率值在 0 到 1 之间的音节组合的特征是，前词的最后一个音节连着后一个词的第一个音节，两个词之间没有间隙。以单词 tupiro 的最后一个音节"ro"为例，哪些音节可能跟在"ro"后面？有 3 种可能，在这个人工合成的言语流中，"bi"、"pa"和"go"都有可能跟在语音"ro"的后面。因此，由于可能有3个不同的音节跟在"ro"后面，那么任何一个以"ro"开头的音节配对的过渡概率为0.33。也就是说，音节"ro"的后面，有1/3的概率跟着"bi"，有1/3的概率跟着"pa"，也有1/3的概率跟着"go"。关键是，由于任何一个以"ro"开头的音节配对的过渡概率都在0到1之间，我们可以下结论说任何以"ro"开头的音节对都可以被标记为词语边界。

程序

考虑到这些言语流的参数，实验1的目的是了解婴儿能否学习到音节的顺序。在进行实验2之前，确认婴儿确实可以学习到音节的顺序非常重要，实验2将对婴儿拆分词语的能力进行实际测试。

在实验1中，第一步是让婴儿听一整段2分钟的合成语音。然后对他们进行测试，看他们是否能够把在言语流中听到过的语音顺序与没听过的语音顺序区分开来。在测试阶段，Saffran等人会让婴儿听4个"单词"。其中有2个单词是他们熟悉的语音顺序，来自刚刚听到过的言语流（比如，tupiro和golabu）。我们可以称之为"旧的测试词"。但是，有2个单词是新的。这些是"新的测试词"，新词是用婴儿刚刚听过的言语流中的语音造出来的，但是语音的配对方式与婴儿刚听过的言语流中的语音配对方式不一样，比如，dapiku和tilado。Saffran等人假设，如果婴儿学到了言语流中的4个初始单词，那么在测试阶段他们对旧测试词的兴趣就会较小（因为他们刚在一段2分钟的言语流中听到过这2个单词），同时，婴儿对2个新的测试词会表现出更大的兴趣（因为这2个单词是由新的语音组合而成的）。

结果

Saffran等人发现，婴儿确实能够识别出言语流中的词语。比起旧的测试词，婴儿们对新的测试词非常明显地会表现出更大的兴趣，他们听这两类单词的用时长度可以证实。婴儿听新的测试词的平均用时为8.85秒，而听旧的测试词平均用时则是7.97秒。虽然看起来两者区别不大，但在统计上这是有显著差异的。

讨论

婴儿听新的测试词的时长超过了听旧的测试词，这个事情非常有意思，尤其是这两组测试词其实都是由一段刚听到过的 2 分钟言语流中的相同的音节组合而成的。新旧测试词唯一的区别就是里面构成音节的组合顺序。旧的测试词是旧的音节按照最初的方式排序，而新的测试词同样使用的也是旧的音节，但使用了一种新的方式排序。当婴儿对两类单词表现出兴趣水平的差异时，这似乎就说明他们注意到了音节顺序的改变。婴儿似乎识别出了新的测试词与旧的测试词的不同。Saffran 等人总结道："8 个月大的婴儿有能力从仅仅持续 2 分钟的听觉经验中提取出序列信息。"

当然，识别出某些音节用特定的顺序组合并不意味着婴儿能够鉴别出词语与词语之间的边界。婴儿也许可以学习到"bu"总是跟在"la"后面，但是却未必能够学到"bu"是一个单词的结尾。因此，Saffran 等人进行了实验 2。在第二个实验中，Saffran 等人设定了一种外显的测试，目的是考察婴儿是否能够根据不同的过渡概率而识别出不同的音节组合。

实验 2

方法

被试

24 个没有参加实验 1 的婴儿，8 个月大，均生活在使用美式英语的家庭中。

材料

言语流的呈现方式与实验 1 相同，但是使用的词语不同。实验 2 使用的词语包括：pabiku, tibudo, golatu 和 daropi。尽管这些单词与实验 1 中的不完全一样，但是你可以看出来它们彼此之间是非常相似的，至少实验 2 使用的这些词语包含的音节与实验 1 使用的词语是一样的。

实验 2 与实验 1 不同的是测试词语的构词方式。在实验 1 中，新旧测试词之间的差异在于它们的音节排序。旧测试词的音节排序与婴儿在学习阶段听到的 2 分钟言语流中的词语音节排序是一样的，而新的测试词的音节排序则与学习阶段听到的言语流中的不同。

但是，在实验 2 中，Saffran 等人没有根据音节排序，而是根据音节的组合是否跨越了词界来构造测试词。这一部分很复杂，所以需要读者慢慢地、着重地、甚至可能是反复地研读这一部分。实验 2 使用的 4 个测试词如下所示：

没有跨越词界	跨越了词界
pabiku，tibudo	tudaro，pigola

如果你把这 4 个词与言语流中的 4 个词进行比较——作为提醒，言语流中的词是 pabiku，tibudo，golatu 和 daropi——你会发现左边的 2 个测试词中包含的音节序列与 2 分钟言语流中的单词音节序列是完全一样的，这 2 个词的出现顺序与在 2 分钟言语流中听到的单词顺序也是一致的。

但是，右边的 2 个测试词的音节序列，同样也曾出现在 2 分钟的言语流中，出现的顺序也与 2 分钟言语流中的一样。只是右边单词的音节序列出现频率低于左边单词的音节序列的频率。比如，音节序列"tudaro"唯一可能在言语流中出现的情况是，当单词 golatu 在单词 daropi 前面出现时。当 golatu 后面跟着 daropi 时，那么婴儿会听到音节序列"tudaro"，因为他们听到的是 golatu 的最后一个音节，这个音节后面紧跟着的是单词 daropi 的前两个音节："tu" + "daro" = "turado"。只是在学习阶段的 2 分钟的言语流中，婴儿听到这种组合的可能性不高，因为还有另外 2 个单词也可能跟在单词 golatu 后面。

总而言之，实验 2 中这两组测试词的唯一区别就是，左边单词的音节组合没有跨越词语边界，而右边单词的则确实跨越词语边界了。如果理解了这一点，我们就可以继续讨论 Saffran 等人的实验预期与发现。如果你没弄明白，请将这部分再看一遍，因为这一实验设计不仅很重要、很灵巧并具有独创性，同时也是理解研究发现的关键。

结 果

与实验 1 一样,Saffran 等人假设,婴儿会对两组不同的测试词表现出不同的兴趣水平。他们认为,婴儿会对左边的(测试)词兴趣少一些,因为这些(测试)词中的音节序列会出现在他们刚听过的 2 分钟的言语流中。相反,Saffran 等人认为,婴儿们会对右边的(测试)词更感兴趣,因为尽管这些词的音节序列同样也包含在言语流中,但是与左边(测试)词的音节组合比起来,右边这些(测试)词的音节组合出现的频率相对低一些。

Saffran 等人的实验数据证实了他们的预期。他们发现,婴儿确实对右边的(测试)词更感兴趣(平均听的时长为 7.60 秒),而对左边的词没那么感兴趣(平均听的时长为 6.77 秒)。这意味着,婴儿可以区分不频繁出现的音节序列与频繁出现的音节序列。但更重要的是,正是因为在一个言语流中不那么频繁出现的音节序列是词语边界的标志,所以他们的发现表明:8 个月大的婴儿拥有划分词语边界的技能,而且这种能力仅仅是以某个既定的音节跟随另一个既定音节的过渡概率为基础的。

总体讨论

尽管两个实验都以婴儿是否能够利用言语流中的音节过渡概率来判定单词边界这一具体问题作为研究重点,但这些研究发现的重要性可能已经远远超越了词语划分的领域。婴儿能够识别词语边界的这一事实,意味着也许在婴儿的头脑中有一种类似统计概率探测器之类的装置。如果婴儿真的具有探测统计概率的能力,那么也许他们可以使用这个装置来推测任何成对出现的环境事件的统计概率,而不仅仅用于区分词语边界。也许婴儿不仅可以用这个概率探测装置来确定语言其他方面的规律,他们甚至还可以将它扩展到截然不同的其他学习领域。统计概率探测装置的概念并不必然只能用作词语划分。

如果婴儿的统计概率探测装置应用范畴足够广泛的话,那么在解释为什么婴儿能够做出其他一些很酷并且有意思的事情时,儿童心理学家就不需要再从先天论中寻找理由了。科学家们接受的科研训练都要求他们遵循理论最简化的原则。最简化原则告诉我们,在其他条件均相同的情况下,越简单的理论越具有优势。因此，先天论声称婴儿生来就拥有所有可能的知识集合，单一机制理论则认为婴儿可以使用一种机制——统计概率探测器——通过快速探测形成人类大部分甚至全部知识基础的关联模式。这两个理论相比较而言，后者无疑简单很多。

在这里，让我花点时间通过举例的方式来解释一下我的意思。以著名的语言学家乔姆斯基（Noam Chomsky）的研究为例。1957年，乔姆斯基出版了专著《句法结构》（*Linguistic Structure*）。这是一本革命性的书籍。在试图解释儿童如何获得母语中的语法这个问题时，乔姆斯基提出，所有的儿童或多或少天生拥有一些通用的语法。他认为，这些通用的语法——我把它理解为某种"种子语言"——肯定是在孩子一出生便拥有的，否则为什么儿童会在只接触母语中极少量语法类型的条件下，还能如此迅速地（大概3岁）熟练地掌握了母语的语法呢？若非天生，儿童又怎么能够在符合语法的基础上创造出自己从未听到过的新的表达方式呢？

从乔姆斯基的观点来看，天生拥有种子语言的这种解释是刚好满足要求的，因为这样一来儿童就天生拥有诸如主语、动词、宾语等语法基础知识，不需要自己去学习这些内容。如果孩子们天生具备种子语言，那么他们唯一需要学习的就是特定母语中的独特要素。例如，对使用英语而非俄语或者日语的人来说，他们要学习的是英语中需要用到的诸如"the"和"a"之类的冠词；而对于使用西班牙语和法语而非英语的人来说，他们则需要明白这两种语言中的名词是有语法上的性别差异的。

提出人类与生俱来拥有语法的这一观点避开了一系列理论问题，但是同样又引发了一系列争议，或者说一系列更大的问题。首先，天生拥有语法意味着这种关于语法的能力必须是在基因中编码的。如果语法是在基因中编码的，那么它是怎样进化而来的？是否在进化时间轴的某一个节点上，当时的史前人类只形成了某种语法的一些片段？是否有可能因为出现了基因缺陷，以至于现代人类的孩子可能只能学习到（比如说）某种语法的75%？如果语法对应着特定的基因编码，如同人类的肘关节或者膝关节，那么相对于其他的认知能力，诸如感知觉、记忆和注意而言，语法是否应该是独立运作的？然而，认知功能发展迟滞与语法功能的迟滞往往是有关联的。

对某些人来说，与生俱来拥有语法的这种理论完全是超自然的，因为它依赖于在缺乏证据的情况下对其前提条件的毫不质疑的接受。然而，如果儿童没有种子语言，那么他们是怎样引导自己快速而轻松地获得语法能力的呢？仅仅依靠传统的强化/惩罚理论是解释不了这个现象的，乔姆斯基的观点在这一点上是对的。通过操作性条件反射来打磨语法能力需要的时间太长，而众所周知的是，儿童不经过任何强化就能创造出新的表达方式。

欢迎来到机器的世界

Saffran等人关于统计学习的数据当真恰逢其时！他们的概念利用了众所周知的观念，也就是，人类的大脑具备检测环境信息模式的能力。此外，因为统计概率探测装置是一部可能服务于所有目的的机器，所以如果有必要的话，通过功能重组，它也许可以用来识别其他所有领域内的统计概率，而不仅仅是用在对词语边界的识别上。统计概率探测装置在单词拆分这项具体任务中表现得如此出色，主要是因为统计概率探测器对词语拆分的参数而言非常适用。

在论文的总结部分，Saffran等人提出，统计概率探测器能够驱动儿童心理学向前发展的重要理由有三个。他们这样写道：

> 计算能力的存在导致个体可以快速提取结构，这说明了一个问题：想要断言人类婴儿所拥有的惊人的知识基础在多大程度上是独立于经验的结果，还为时尚早。尤其是从婴儿早期发展的一些方面来说，更好的解释似乎是与生俱来的、具有统计偏向性的学习机制，而不是与生俱来的知识基础。如果是这样的话，那么婴儿出生后第一年所积累的大量经验在他们的发展中起到的作用可能比之前已经意识到的要大得多。

第一，作者认为更明智的做法是，把我们的科学研究重点放在统计学习机制如何从环境中提取信息这个问题上，而不是去关注婴儿所拥有的、具体的知识结构种类。如果我们遵循前一种研究取向，那么我们将不用花费那么多的时间来讨论婴儿知道些什么，而是把更多的时间放在探索婴儿如何知道这些内容上。

第二，由于我们关注的重点是统计学习机制如何从环境中提取信息，并且这种关注的重点能够帮助我们较少地考虑婴儿掌握的具体的知识集合，我们就可以将更多的时间用于探索统计学习如何应用在超出语法获得和词语拆分问题之外的更广泛的范畴。

最后，Saffran 等人还形成了一个很有趣的结论，即先天论者在科学问题上的立场——诸如，假定儿童天生就懂得语法——是不成熟的。若使用先天论来探讨某些科学问题或者科学争论，那么如同我之前已经讲过的，先天论并不满足理论最简化的原则；所以，如果想要采纳先天论的观点，那么我们首先要做的应该是排除其他更简单的解释，比如语法可能是通过一个广泛且通用的统计学习机制来获得的。

需要明确的是，作者并没有特别反对先天论的立场，至少没有全盘否定。事实上，Saffran 等人已经意识到了一个关键点：广泛且通用的统计学习装置（或者说，统计学习机器）本身必须是与生俱来的。他们也将这种装置的运作方式描述为"与生俱来的偏向"，这就是说他们的意思是，与其他环境信息相比，这种装置天然地偏好某些环境信息。针对这种可能性，Bonatti 及其同事进行了一项实验，实验的被试是一群说法语的大学生（作为 8 个月大婴儿的对照组）。Bonatti 等人假设，辅音的统计学信息与元音的统计学信息在类型上可能不同，此外，如果想从某一种外语的言语流中"挑选"出自己未知的单词，那么辅音的统计学信息可能比元音的统计学信息更加有效。Bonatti 等人在实验中使用了与 Saffran 等人实验类似的言语流，结果发现，数据证实了他们的假设：成年学习者是借助辅音而不是借助元音来形成过渡概率的。

结论

本章的目的是，将 Saffran 及其同事们的革命性研究置于解释儿童如何学习说话这个宏大的科学问题的大背景下。在本章的开篇，我就已经表明了：过去 65 年来，这个研究领域内发生的变化并不大，从两个方面说这种观点都是有合理之处的。如果参考的时间点是 1957 年，那么在那时我们不知道孩子们是如何学会说话的，时至今日我们仍然不知道孩子们是如何学会说话的。但是，作为一个研究领域，与 60 多年前相比，我们对孩子学说话这个问题的了解已经多了很多，而且已经有许多大师级的人物花费了大量的时间来思考这个问题。为了解释这个问题，他们提出了各种不同的假设，并且对这些假设进行了检验。然而，还有一个有趣的情形，那就是在过去的 70 年间在这个领域内都没有出现什么大的"波澜"。

俗话说，历史总是惊人的相似。70 年前乔姆斯基通过挑战当时具有统治地位的儿童语言获得学说的观点，即斯金纳（B. F. Skinner）所持的以学习为基础的理论，动摇了儿童心理学领域。正如前文提到过的，乔姆斯基猛烈地抨击了斯金纳的观点。斯金纳认为语言的获得与其他的行为一样，要通过一系列长时间的、可泛化的强化和惩罚来实现。乔姆斯基主要反对的似乎就是认为学习语言很大程度上依赖于儿童对环境中关联类型的探测能力的观点。而现在，在自 1960 年以后儿童心理学领域发表的最具革命性的文章里，恰恰有一篇主张在解释语言获得这个问题时将儿童探测环境中关联类型的能力纳入考虑范围。还有什么比这更具讽刺意味呢？

问题讨论

1. 人类在头脑中具有遗传而来的统计学习装置，或者人类天生具有遗传而来通用的语法，这两种理论相比，哪一种更加符合最简化原则？
2. 还有什么其他的知识种类是婴儿能够通过识别过渡概率来获得的？这些知识是否属于语言的范畴呢？
3. 有没有可能存这种情况：人能够识别出一段言语流中的词语边界，但是他却意识不到自己能够做到这一点？
4. Saffran 等人的研究结果显示，对于一种极其简单且只包含 4 个单词的语言来说，婴儿有能力做到对单词的分割。Saffran 等人自造的、过于简化的语言是否会导致他们的结果不能应用于实际的语言呢？

第三部分
改变社会性发展的四项研究

第 12 章　有样学样
模仿攻击型榜样导致攻击性传播

Bandura, A., Ross, D., & Ross, S.（1961）. *Journal of Abnormal and Social Psychology*, *63*, 575-582

（排名 2）

这是在一个 11 月的大风天里，夜幕早已降临，还没到上床就寝的时间。温暖的夏日早已远去，晚餐铃声的响起，提醒人们夜已来临，该享用一天中最后的这顿饭了。作为镇上为数不多的临床心理学家之一，我妻子一直以来遵循着惯常的工作时间表——从午餐时间一直工作到就寝，所以此时离她回家还有三个小时。我两岁的女儿瑞秋正在满屋子乱跑，这是她每天晚饭后例行的活动之一——在我们给她搭建的每个不同的游戏区，她都要停留一小会，似乎就只为了彰显一下她的存在。而我正在自我调整，为了适应我的新角色：一个晚间家庭"主夫"以及全职父亲。

身处在一个美国中西部的小镇，没有太多可供娱乐的晚间项目，尤其是在这种寒冷漆黑的冬日里。如果你有一个比劲量兔①更有活力的2岁女儿，那么指望她自己不经意就进入梦乡几乎是不可能的。你或许最好也忘掉加班这种事。所以，在那个晚上，我做了一个其他家长都会做的决定。我拿出了世嘉游戏②，重新开始我在世界重量级拳击巡回赛中的冠军争夺大战。

我在比赛中进展得非常顺利，排名一路攀升——第10名、第9名、第8名。"战斗"越来越激烈，我在这个虚拟的世界开始有了"KO之王"的称号。就在这时，当赛事进行到第10轮的中段，在我完全没有防备的时候，瑞秋突然对着我的左耳重重地给了我一记右勾拳。尽管我很痛，可我还是忍不住笑倒在地板上打起滚来。这太有意思了。她究竟从哪里得来的灵感？我从没教过她打拳。我们也从没看过电视上的拳击比赛（我只能接受虚拟拳击游戏）。当然，这也肯定不可能是她从大街上学到的，因为她才两岁。唯一可能的解释就是，这是她从电视屏幕上的卡通拳手那里学来的。这就是视频游戏的威力！

人类的攻击性从何而来？这是近千年来世界上最伟大的思想家们一直在思考的问题。最广为接受的回答是，攻击性要么是通过我们的基因遗传下来的，要么是我们从文化中学习到的。但是，还有没有其他的可能性？这些可都是两千年前就有的答案。幸运的是，在过去的半个世纪，学者们采用了各种科学手段来研究这个问题，终于在了解人类攻击性的起源方面取得了一些进展。

当然，在解释攻击性起源的问题上，科学领域内的翘楚当属阿尔伯特·班杜拉（Albert Bandura）。事实上，他1961年与Dorothea Ross和Sheila Ross合著的文章为这个领域的研究翻开了新的一页。在所有的革命性研究中，这项研究名列第2，如果想要体会这项研究的革命性价值所在，你确实需要了解，当班杜拉开展人类攻击性起源的研究时，他在社会科学领域面临的一些困难。

如同我在其他章节中已经指出的，在这篇研究发表的时候，在美国心理学界占据统治地位的基本上还是行为主义心理学家，他们坚决否认内部认知过程的重要性，有时甚至还否认了内部过程的存在。从根本上说，这些行为主义者

---

① 劲量是美国一个电池的品牌，其广告形象是一只粉红色的玩具兔子。——译者注
② 一款经典的家庭视频游戏系统。——译者注

认为思维与心理学无关。很有讽刺意味吧？尽管许多美国的心理学家听说过皮亚杰，但是在美国，人们对皮亚杰认知发展理论的普遍接受是至少十年以后的事情了。当时占据主导地位的观念认为，学习并非像皮亚杰所提倡的那样是概念网络在头脑中建构的结果，而是行为受到奖励或者惩罚的结果。行为主义心理学家们认为：如果你的某个行为受到奖励，你将来会更有可能展现这个行为，如果你的某种行为受到惩罚，那么你将来展现这种行为的可能性就会降低，而这其中你对自己行为的思考和感受无关紧要。行为主义的大潮流是无法容纳思考或者感受的存在的。简而言之，人类的活动以及用来解释它的心理学，不过是相当于一个行为以及塑造这些行为的奖惩措施的集合。从我们的角度来讲，行为主义者关于攻击性的观点认为，有攻击性的人之所以变得有攻击性，是因为他们的攻击性行为得到了奖励。仅此而已。

现在，班杜拉出现了。对攻击性模仿的研究为班杜拉在儿童心理学界赢得了革命家的声望。也许将班杜拉描述为跨界心理学家是最合适的，因为他作为一个社会行为主义者，却涉足了儿童发展心理学领域。正是由于他对儿童的社会化特别感兴趣，他行为主义心理学家的身份得到了儿童心理学家的认同。

尽管从表面上看班杜拉是一个行为主义者，但是他内心对行为主义的原理却并不认同，特别是对于行为主义认为唯一能实现学习或者消除某种行为的手段只能是奖励或者惩罚这一点。"我们会允许一个青少年用试错的方法来学习开车吗？"他问道。"不经过严格的培训，我们会任由一个新招募的警察使用枪械吗？"他怀疑道。当然不可以。青少年和新警察必须经过一段时间的培训——而且培训过程需要得到指导和示范。

班杜拉总结说，仅仅通过奖励和惩罚是不足以达到学习的目的，而模仿是一个非常有效的补充手段。在模仿的过程中，学习者可以通过复制或者效仿老师的行为来调整自己的行为。在学习复杂的行为时，模仿远比惩罚和奖励机制更有效。你自己可能也有过类似的经历，许多活动类课程以模仿作为主要的教学手段。芭蕾舞老师示范脚尖的旋转，空手道老师示范如何回旋踢，棒球教练示范击球技巧。奖励和惩罚不是不能塑造我们的学习，只是除此之外还有其他的学习途径可以考虑。而这其中有些途径可能具有格外强大的力量。

引言

在研究中，班杜拉、Dorothea Ross 和 Sheila Ross 提出的假设是，攻击行为是一种可以通过模仿而习得的行为，接下来他们对这一假设进行了考察。班杜拉等人重点关注的对象是儿童，他们假设，我们成年人的人格中有很大一部分是由童年时期的经历所塑造的。在二十世纪五六十年代，已有研究成功地展示了模仿在儿童身上所起到的作用，但是那个研究没有测试儿童是否会将模仿而来的行为带入新的情境，并且在那个实验中儿童所学习到的行为基本不具有攻击性。

因此，班杜拉、Dorothea Ross 和 Sheila Ross 开始探索，如果儿童在一个情景下观察到了攻击行为，他们是否会在另一个环境中，即使做攻击型榜样的人不再出现时，仍然表现出攻击性？为何这个延迟效应很重要，原因稍后会明示。但是，班杜拉等人对研究的预期很明确："根据预测，接触到攻击型榜样的被试会复制与榜样相似的攻击行为，在这方面他们的表现与观察非攻击型榜样的被试，以及没有接触任何榜样的被试是不同的。"

班杜拉、Dorothea Ross 和 Sheila Ross 还考虑到了性别变量。早在 20 世纪 50 年代，研究已经表明当儿童表现出"符合自身性别"的行为时，父母会予以奖励。因此，班杜拉、Dorothea Ross 和 Sheila Ross 推论，由于攻击行为是一个具有男性特征的行为，男孩应该比女孩更容易模仿一个攻击型的榜样。另外，他们还认为，儿童可能习惯于因为模仿父母中和自己性别相同的一方而获得奖励，并因模仿父母中性别相反的一方而受到惩罚。相应地，班杜拉等人预期，孩子们会主要模仿与自己性别相同的人（榜样）所示范的行为。所以，他们同时采用了男性和女性作为榜样。同样，实验的假设很明确：男孩们应该更倾向于模仿男性榜样的攻击行为，女孩们则更倾向于模仿女性榜样的攻击行为。

方法

被试

这个实验的被试包括 36 个男孩和 36 个女孩，年龄分布是从 37 个月到 69 个月，平均年龄为 52 个月（大约 4.3 岁）。

2个成年人充当榜样的角色，一个男性一个女性。2个人都给所有72个孩子做示范。班杜拉本人充当了其中男性榜样的角色。

材料

在第一阶段，实验使用的材料包括：土豆、图片贴纸、一套"万能工匠"、一根棒球棍以及一个1.5米高的充气波波娃娃。其中有几件东西需要解释说明一下。土豆是用来制作印章的。如果你将土豆对半切开，挖去多余的部分，那么就可以在土豆的切面上留下可爱的图案。然后，如果你将制作好的这一面蘸上墨水，就能在纸上印出一系列你刚刚设计出来的图案。因此，在这里土豆充当的是艺术材料。万能工匠玩具已经不如当年那么受欢迎了。以前一套万能工匠包括木棍、木块以及轮子等部件（现在的万能工匠是塑料做的），可以用来建造东西。最后，我们还有波波娃娃。波波娃娃在班杜拉的实验中是如此重要，以至于现在这些实验都被称为"波波娃娃实验"。波波娃娃就是一个充气的塑料玩偶，上面印着小丑波波的样子。它的底部填满了沙子以保证它能够直立，因此即使你把它打倒，它也能马上弹回来。并且，1.5米的高度使它看起来比实验中的大多数孩子都要高大一些。

程序

48个孩子被分配到了"实验情境"中，要么是"具有攻击性的"实验条件，要么是"没有攻击性的"实验条件。在攻击性情境中，孩子们会看到一个成年人表现出攻击行为，这个成年人被称为"攻击型的榜样"。在非攻击性情境中，孩子们看见的是一个"非攻击型的榜样"。每一组被试都是由一半男生一半女生组成。最后，每组中有一半孩子看到的是女性攻击型榜样，另一半孩子看到的是男性攻击型榜样。实验一共有8种可能的实验条件：

- 女孩被试，看到的是女性攻击型榜样
- 女孩被试，看到的是男性攻击型榜样
- 女孩被试，看到的是女性非攻击型榜样
- 女孩被试，看到的是男性非攻击型榜样

- 男孩被试，看到的是女性攻击型榜样
- 男孩被试，看到的是男性攻击型榜样
- 男孩被试，看到的是女性非攻击型榜样
- 男孩被试，看到的是男性非攻击型榜样

还有另外一组的 24 个孩子被分配到"控制情境"中。这些孩子看不到任何作为榜样的成人，除此之外，其他所有的实验流程与看到成人榜样的被试是完全一样的。这些"控制情境下的孩子"形成了研究的控制组，通过他们，班杜拉、Dorothea Ross 和 Sheila Ross 才能够判定没有看任何成人榜样的孩子会出现怎样的行为。

实验情境

对于被分配到实验情境下的 48 个孩子来说，每一个孩子都会依次被主试带进实验室。当孩子和主试到达房间后，会有一个陌生人正好站在屋外的走廊里。主试会邀请这个陌生人进入房间并"加入游戏"。然后，主试将孩子带到房间一角的一张小桌子前，并向他们展示如何玩土豆拓印和贴纸。接下来，主试将陌生人带到屋子里对面的一个角落。在那里有万能工匠、球棒以及波波娃娃。主试告诉陌生人他（她）可以玩这些玩具，然后就离开了房间。

非攻击性的实验情境　在非攻击性的情境下，陌生人"用非常冷静的态度拼装万能工匠，完全无视波波娃娃"。到这里，我们可以称这个陌生人为"榜样"，因为他（她）正在给孩子们做示范动作。

攻击性的实验情境　相反，在攻击性情境下的榜样大约只花了 1 分钟的时间玩万能工匠，然后就开始击打波波娃娃。对这段击打过程的描述实在是太有趣了，在此我必须原文引用。"成人榜样将波波娃娃侧放着，坐在它身上并且不停地攻击它的鼻子。然后，榜样又扶起波波娃娃，拿起球棒，击打波波娃娃的头部。球棒攻击结束后，榜样又将波波娃娃粗暴地抛到空中，然后满屋子追着踢它。"这套痛打波波娃娃的程序被重复了三次，期间还有一些攻击性的语言作为点缀，比如"使劲儿揍它的鼻子"，"把它打倒"，"把它扔起来"，"踢它"，"砰"。榜样还会说两句没有攻击性的话："它总是弹回来"和"它真是一个坚韧的家伙"。

10分钟后，主试回到实验室，与榜样/陌生人道别，并告诉被试儿童可以去另一个房间玩游戏。另一个房间在另外一栋独立的建筑中。在那个房间里，研究人员将会对孩子们的攻击行为级别进行测试。

攻击性的唤起

班杜拉、Dorothea Ross 和 Sheila Ross 希望在一个允许孩子表达自己的情境下，对他们的攻击行为进行测试。班杜拉意识到，如果孩子身处不熟悉的环境，并且周围还有严肃的成年人在场，那么他们可能倾向于将自己最好的一面表现出来。但是，如果他们真的想要表现出自己最好的一面，那么他们展现出的礼貌可能会压制了他们由实验而可能引发的攻击性，这样一来班杜拉的研究可能就失败了。出于对上述问题的考虑，班杜拉、Dorothea Ross 和 Sheila Ross 制造了一个人为的环境，有可能或多或少地将孩子们的攻击性激发出来。所以，他们做了一些他们认为可以惹火孩子们的事情。

在孩子们观察过攻击或者非攻击的榜样示范之后，他们被陪同着进入到了第二个实验室。在路上他们需要经过一个小一点的房间，研究人员称之为接待室。接待室里有许多非常吸引人的玩具，包括一架喷气式战斗机模型、一辆缆车模型、一个彩色的陀螺以及一套包括衣橱、玩具娃娃推车和婴儿床的玩偶。请注意，这里的玩具兼顾了不同的性别类型。主试告诉孩子们，他们可以停下来玩这些玩具，而且孩子们接下来也这样做了。但是，仅仅2分钟之后，正当孩子们开始真的对这些玩具入迷时，研究人员会对孩子们说这些玩具是"她最好的玩具，不是随便什么人她都给他们玩的，并且她决定把这些玩具留给另外的孩子们"。换句话说，这些参加实验的孩子被羞辱了。主试继续解释说，尽管她不允许他们继续玩接待室里的这些玩具，但他们可以去玩主实验室里的所有玩具，主实验室就是接下来他们要去的那个房间。

对延迟模仿的测试

在主实验室里，孩子们找到了一些玩具。有一些玩具与攻击型成人榜样使用过的那些很相似：0.9米高的波波娃娃以及一根球棒。其他的玩具是没有被攻击型榜样使用过的，但同样也可以做攻击之用：两只飞镖枪，一个从天花板垂挂下来的绳球，上面画了一张脸。当然，还有一些不太适合做攻击之用的玩具：一套茶具、蜡笔和彩纸、一个球、两个娃娃、三只熊、汽车和卡车模型以及一些塑料的农场动物。对每个进入房间的孩子来说，这些玩具的摆放方式都是完全一样的。

对行为反应的测量

班杜拉、Dorothea Ross 和 Sheila Ross 采用了几种不同的方法对儿童的攻击行为进行了测试。我统计了一下，他们一共采用了 7 种不同的方法，其中有 3 种方法最为有趣，它们分别是：①模仿身体攻击的数量，②模仿攻击性言语的数量，③模仿非攻击性言语的数量。在给攻击性打分的过程中，研究者们认识到有些行为只是被部分模仿了，但是他们决定还是要将其计算在内。最常见的部分模仿有：④坐在波波娃娃身上，但没有任何其他的攻击行为表现，⑤用球棒击打房间里除波波娃娃以外的其他东西。最后，还有一些情况是儿童表现出了攻击行为，但这些行为却不是从成人榜样那里模仿而来的。这些行为包括：⑥儿童自己发明新方式进行言语或者身体的攻击（比如，他们会说"射击波波娃娃"、"砍他"或者"愚蠢的球"之类的话，或者击打绳球），以及⑦用飞镖枪射击真实或者假想中的物体。

结果

研究结果究竟如何？首先，在模仿攻击型榜样的攻击行为方面，与没有观看任何榜样示范以及观看的是非攻击型榜样示范的孩子相比，观看了攻击型榜样示范的孩子在模仿攻击行为的数量上"遥遥领先"。比起观看非攻击型榜样示范的孩子，观看攻击型榜样示范的孩子更愿意拿着球棒，四处溜达，胡乱敲打。但很重要的一点是，他们表现出的并不是"全盘"的攻击性。例如，比起其他孩子，他们用飞镖枪到处射击东西的行为数量并没有更多。因此，就表现出的攻击程度而言，观看攻击型成人榜样的孩子和成人榜样表现出的攻击程度相同。你可以在 YouTube 上看到许多儿童在攻击情境下的表现，只要在搜索引擎输入"bandura, bobo doll, video"就行。

在性别差异方面，男孩比起女孩确实更易于做出身体攻击行为，但是在言语攻击方面，男孩和女孩的表现没有差别。另外，与女孩相比，男孩更倾向于模仿男性榜样的行为，但是，相反地，女孩却没有表现出更倾向于模仿女性榜样。

一个有趣的发现就是，观察非攻击型男性榜样的孩子们，比起控制组的孩子（没有观察任何榜样）表现出明显较少的攻击性。正如作者描述的"与控制组相比，接触非攻击型男性榜样的被试，展示出明显较少的对身体攻击的模仿、明显较少的言语攻击、较少的球棒攻击、较少的非模仿性的身体和言语攻击，而且他们也不太喜欢击打波波娃娃。"所以，攻击型榜样条件下的被试表现出比控制组更强的攻击性，而非攻击型榜样则导致了被试攻击性低于控制组。

讨论

班杜拉研究结果中最具革命性的部分就是，该研究发现了儿童可以通过模仿的手段学习到新的并且他们自己之前不会的行为。在当时被行为主义者所统治的心理学界，这可以说是闻所未闻的"大事件"。当然，科研的门外汉对模仿的力量一定很熟悉，俗话说"有样学样"，这就是明证。但是在陈腐的学院派心理学家眼中，模仿往往被认为是不重要的。这些心理学家认为，儿童的新行为只是偶然被创造出来的，并且这些行为必须得到奖励才能持续存在。不过，孩子们必须要自己创造出这些行为，并且必须因此而受到直接的奖励才行。现在，班杜拉出来宣称儿童只要对其他人进行"观看"就可以神奇地学习到行为，不仅如此，他们还能在没有得到奖励的情况下创造行为！

这些发现具有巨大的社会政治含义。因为这些发现不只是明确了，仅仅通过观察其他人，儿童就可以学到攻击行为，而且显示出，当没有其他攻击型的他人在场的情况下，儿童也可以将这些新学习到的攻击行为复制到新的环境中。很明显，一个孩子看到另一个人身上的攻击性，便足以在此后的某个时间点将他自己身上的攻击性表现出来。当然，在班杜拉的研究中，"此后的某个时间点"指的是当天稍晚一些的时候。但是，由这个发现引出了一个极其重要的新问题,那就是"这些攻击倾向会持续多久?一天?一周?还是,一辈子?"这其中的影响不言而喻。如果一个孩子在周六上午的卡通节目中看到了兔八哥(Bugs Bunny)将爱发先生(Elmer Fudd)[①]打倒在地,那么他是否会将这种攻击倾向带到周一下午的休息时间里?孩子们可以对攻击行为进行延迟模仿这一发现确实有着广泛的影响。

但是,不管出于什么原因,这一切预测都基于攻击行为的榜样是男性。仔细审视一下本研究的结果,你会发现,女性榜样在使得孩子模仿她的攻击行为方面做得并不太成功。但是,这本身又引出了一系列问题,比如"为什么会这样?"为什么男性示范攻击行为比女性示范更成功?一个可能的解释是因为男性榜样示范的是"符合性别的行为"。女性本不应该具有攻击性。事实上,当女性榜样表现出攻击行为时,孩子们似乎很震惊。他们甚至做出这样的评价:"你应该看看那个女的在那里所做的事情。她就像个男人一样。我从没见过有女的是这样的。她拳打脚踢,就差骂人了。"孩子们对于男性榜样的评价重点则不在攻击行为的不恰当这一点上,而更多的是关注攻击行为的执行程度。一个女孩说:"那个男人是个强壮的斗士,他打了一拳又一拳。他能够将波波娃娃直接打倒在地,而且如果波波娃娃弹起来,他会说'打你的鼻子'。他是一个像爸爸一样厉害的斗士。"

当然,只关注攻击模仿则忽略了事情的另一面。比起其他的孩子,观看安静榜样的孩子们更镇定,攻击性也更小。很明显,当示范的内容是安静的,孩子们表现出的行为也是安静的。班杜拉、Dorothea Ross 和 Sheila Ross 总结道:"接触有约束性的示范,不仅被试出现攻击行为的可能会减小,被试通常来说的动作范围也会受到限制。"

结论

后续研究

在我继续讨论班杜拉的研究对世界上其他人产生的影响之前(事实上,

[①] 兔八哥和爱发先生是一部动画片中的两个角色,后者是一名猎人,总想捉住前者,却常被前者捉弄。——译者注

直到今天，这个研究的核心发现仍处于激烈的讨论之中），我想要带你了解一下班杜拉在1965年发表的一项研究。我之前暗示了儿童可能会模仿电视卡通节目上示范的攻击行为，但是这个想法可能还有点不够成熟，因为班杜拉的第一个实验并没有涉及儿童是否会模仿电视里播放的攻击行为。但是，在1965的后续实验中他弥补了这一缺陷，在这次实验中，他让儿童观看电视播放的攻击行为。他同样测试了如果看到榜样因为发生攻击行为而承担后果时，儿童会有什么样的反应。因此，班杜拉让孩子们通过电视观看攻击行为的示范，观看内容包括以下三种情形：榜样因为痛打波波娃娃而受到惩罚；榜样因为痛打波波娃娃获得奖励；榜样痛打了波波娃娃却不承担任何后果。结果显示，当孩子们通过电视看到攻击行为获得奖励时，他们自己也会表现得更加暴力。这个研究给予我们的启示就是，电视是将暴力行为传递给被动观看节目的儿童的一个很有力的媒介。

电视、视频游戏以及充斥暴力内容的歌词

正如我已经提到过的，班杜拉的研究结果意义重大。我认为，一方面是因为这些结果揭示了人可以复制其他人的行为，但是，该研究的总体影响却远比这个更为深远。他的研究表明，攻击行为可以被复制，而且年轻人将会是执行这个复制动作的人。在班杜拉的实验室中，这些结果可能是相对无害的。但是，在实验室外呢？我们不知道这种被复制的攻击性在孩子们身上会"生存多久"。我们不知道媒体上的哪些内容会激起孩子们的攻击性。我们也不知道孩子们对媒体上的这些暴力会做出怎样的行为反应。班杜拉的研究揭示出的各种可能性犹如打开了一只潘多拉的盒子。

鉴于当今孩子们对社交媒体的沉迷程度，这些发现尤其令人担忧。我们来看一下可供儿童使用的不同社交媒体平台的数量，也许孩子们每天都能接触到的就有：YouTube、Facebook、Pinterest、Twitter、Instagram、Tumblr以及Vine。这其中的每一种工具都会传递各种信息给接收者。如果所有的影音内容都是正面积极的，那么情况还不算很糟糕，比如，小鹿斑比冒着生命危险从森林大火中营救出小伙伴的内容。但是，实际上音像制品的内容通常并不都是正面的。它们经常充斥着暴力、攻击以及霸凌的内容。在某些社区，录制一个孩子

（欺凌者）欺负或者戏弄另一个孩子（受害者）的行为似乎成了当地的娱乐消遣节目。在过去的几年间，许多孩子甚至因为受到霸凌而自杀。班杜拉的研究强调，在公众可及的范围内广泛传播暴力内容，以及传播儿童在日常生活中遭受欺凌的影音内容，会导致非常切实的社会危害。做出攻击行为的榜样甚至不需要是孩子生活中的重要角色，他们可以是完全陌生的人。再试想一下，如果示范攻击行为的人是孩子们所敬佩的角色，那么这又会产生什么样的影响？比如，做出攻击行为的人是电影明星、体坛英雄、世界摔角联盟 WWF 游戏①中的角色，或者是流行音乐偶像。看看下面这些新闻报道，我在撰写这一章时从大众媒体资料上搜索到这些并引用在此：

- *nj.com*，2014 年 7 月 31 日：巴尔的摩乌鸦队的跑锋② Ray Rice 声称他和现任妻子在大西洋城赌场里的争执是一个"一次性事件"，并称在那个 2 月的晚上他的行为是"不可原谅的"。③
- *FoxCT*，2014 年 7 月 8 日：沃特敦高中两名 16 岁的学生因他们在 Instagram 上发布的内容而被捕。警察声称，他们 6 月初在 Instagram 上注册了一个"匿名"账户，两人在上面发布同学的照片，并且在线公开羞辱他们，这两名少年被控二级骚扰。警察形容他们的行为是"恶意的"并且"具有骚扰性"。"网络欺凌简直泛滥成灾。"美国教育委员会主席 Guy Buzzannco 如是说。
- *MLive*，2014 年 8 月 5 日：13 岁的 Michael Day 在卡拉马祖市爱迪生街区附近一带被枪杀后，一时间 Loy Norrix 高中的走廊里关于要进行武力报复的谣言到处都是。但是，警察们更忧心的是 Facebook

---

① 该游戏收录了三十几位真实世界里的美式摔角明星，及十多个几近逼真的摔角场景。——译者注
② 美式足球（橄榄球）中的一个重要位置，一般来说是整支球队里速度最快的球员。——译者注
③ 据英国《每日邮报》2014 年 9 月 8 日报道，Ray Rice 被拍到在电梯中殴打未婚妻导致其昏厥。——译者注

上的聊天内容。根据 *Kalamazoo Gazette* 获得的一份警察报告称，Michael Day 的两个据说与华盛顿街少年帮派的人有染的朋友因为"在 Facebook 上说了很多东西"而使得调查人员相信报复的计划已经进入了准备阶段。

- *Chicago Sun-Times*，2001 年 3 月 10 日：尽管许多人请求宽大处理，布劳沃德县法院法官还是判处 14 岁的 Lionel Tate 终身监禁不得保释。该罪犯杀害了一名一起玩耍的女孩，并声称是在她身上展示职业摔角的技巧。"Lionel Tate 的行为不是由于年幼不懂事，"Lazarus 说道，"Lionel Tate 的行为是冷酷、无情而且极其残忍的。"6 岁的受害人 Tiffany Eunick 于 1999 年 7 月 28 日被发现遭人殴打致死。杀害她的人，Tate，当时年龄是她的两倍，并且体重达 77 千克，超过她的重量三倍。尸检结果显示，Tiffany 颅骨破裂、肝脏撕裂、一根肋骨折断、内出血并且身上有许多的割伤和瘀伤。她曾被人踩踏、被掷到墙上或置于桌子上殴打。

- *Chicagotribune.com*，2014 年 7 月 23 日：还记得哥伦拜恩校园枪击案吗？还记得它给公众带来的所有震撼和冲击吗？大规模的枪击事件曾经发生过，但是在 1999 年 4 月 20 日，这次谋杀事件造成的死亡人数是史无前例的，而我们事后对 Eric Harris 和 Dylan Klebold 的了解深度也是前所未有的。15 年过去了，对于没有直接受害的人来说，每一次大的谋杀事件的影响似乎都会因为另一个谋杀事件的出现而淡化。当今人类的麻木不仁和损失感的衰退正在成为一种侵入我们民族意识的新的暴行。而我们都已经习惯了。不管你将这种潮流归因于枪支泛滥、心理健康服务方面的资源不足还是其他一些什么别的原因，事情发生后我们都期待能够马上得到关于凶手的信息。我们都看到了赵承熙（Seung-Hui Cho）在两次袭击中间寄给 NBC 的录像带。赵承熙在 2007 年于弗吉尼亚理工学院（Virginia Tech）实施了两次袭击，导致 32 人死亡，17 人受伤。新闻主播在对 Elliot Rodger 的"报复"视频进行分析的时候，他的脸成了荧幕上的焦点。在这之后，他又制造了 6 人死亡、13 人受伤的伤害事件，并在 Isla Vista 自杀前，将这段视频发布到了网上。我们对 Adam Lanza 无所不知，包括他的枪，还有他 2012 年在 Sandy Hook 小学杀害 20 个孩子和 6 个成人时所采用的"战术"。在上面这些案件中，我们记住了杀人犯的名字，但却很少能够记得住受害人的名字。但是，由于在美国大规模谋杀事件已经成为我们新的日常生活的一部分，有些人认为正是媒体对这些事件的报道方式让那些制造大规模"屠杀"的凶手们如愿以偿地出了名，并且这还会给那些觉得自己被社会错待的人提供一个不错的杀人模板。

在这所有的案件中，媒体都被牵涉其中，并充当了一个将这些个体所涉及的匪夷所思的行为模式连接起来的角色。当然，媒体播放的影像是否必然使观看者增加攻击性，如果你想对此获得一个肯定的说法是不可能的，那样你必须得有上帝之眼才行。但是根据班杜拉以及自那之后的许多其他科学家进行的科学实验结果，我们至少知道儿童很容易模仿其他人示范的行为。尽管不良行为的实施者是儿童，但是媒体应该对此承担相当大的责任。

对媒体的抨击

当儿童因为学习了媒体上看到的行为而实施了犯罪，关于应该由谁承担责任的问题具有相当大的争议，并带有情绪色彩。大多数熟悉模仿研究的社会学家倾向于谴责媒体。实际上，1999 年美国儿科学会（American Academy of Pediatrics）提议，家长应该在儿童两岁前避免让他们接触任何电视节目（尽管我一直很好奇他们如何确定 2 岁是这个神奇的分界线的）。

另一方面，我已经听到了反驳的观点。"嗨，自由意志哪里去了？人们可以选择他们在媒体上所观察到的东西来模仿。成千上万的青少年男孩打电子游戏，听超级杀手合唱团（Slayer）的歌，但他们也并没有屠杀自己的同学啊！"你可能会进一步反驳，认为那些用暴力手段响应媒体视频并选择走上罪恶道路的人本来就是害群之马，因为他们自身一开始就有问题。正如你能想象到的，这种观点非常流行。传媒企业大概也会强烈认同这种观点吧。实际上，如果媒体巨头宣传暴力的自由被剥夺了，他们将会损失很多钱，因为暴力可是个好卖点。

但是，这里还有许多不同的问题纠缠在一起迷惑视听。首先，归咎责任不必是一件二选一或者非黑即白的事情。人类是高度个性化的生物，人与人之间有着极大的个体差异（从你自己的个人经验上就已经能够知道这一点）。那么为什么还要假定每一个人都会用同样的方式来回应媒体所宣传的暴力呢？仅仅是因为你玩过电子游戏 *Doom* 之后没有出门杀人，并不意味着这个游戏没有在某种程度上影响到你的行为。也许事后你曾踹了一条狗，或者变得对自己的父母有些无礼。有许多孩子每天在他们的小弟弟、小妹妹身上尝试花哨又危险的动作，但并没有因此杀死他们或者让他们致残。我记得有一次我刚刚搬到一个新的社区，我注意到一个邻家少年的后院里有一个与标准尺寸大小相同的摔角场地。这个少年和他的朋友们经常在垫子上互摔，并且互相砸踢，将对方踢倒在围绳上。很明显没人真正受到很严重的伤害，因为我从没有在街上见到过救护车匆匆而过的景象。但是我想，如果不是 WWF 对这个少年产生了很大影响，他一开始也不会在家里弄出这样一个摔角场。

那么，为什么社会科学看起来与大众的观点如此不一致呢？首先，肯定不是每个人都知道波波娃娃实验。即使他们知道，许多人可能还是会否认它的影响。我想这很大程度上源于大众对社会科学如何运作的误解。社会科学描述的是群体中大部分人的行为，因此必然会有存在于规则之外的情况。甚至在班杜拉的研究中，我们确定了由于攻击型榜样示范，儿童的攻击性会增强，但也不是所有的孩子都表现出了相同程度的攻击性。有些孩子比其他孩子更具攻击性。有可能其中一个孩子是所有人中最暴力的。那么，如果我们仅仅因为大多数孩子不如最暴力的孩子那么暴力，就下结论说攻击型榜样对大多数孩子没有影响，这种说法合理吗？当然不合理。出于这个原因，我不接受"害群之马"的解读。模仿行为可以很极端，而大多数孩子不会表现出极端的暴力，但这并不意味媒体上的暴力视频对儿童完全没有影响，孩子们只是受影响的程度不同而已。

不管我们喜欢与否，权衡各种证据，大部分的责任应当归咎于媒体。然而，我认为媒体并非有意通过暴力视频在社会上宣扬暴力行为。大多数媒体肯定只是为了挣钱。当然，一味宣扬暴力社会也会使得媒体很难获利，因为他们客户数量将会越来越少。尽管如此，媒体仍然受到了科学的审视，并且科学界对媒体传播的影像的评价与看法并不积极。然而，很不幸的是，媒体对于来自科学界的顾虑充耳不闻由来已久。

请看下面的内容。早在 20 世纪 70 年代，美国卫生局局长 William H. Stewart 被指派组成一个顾问小组，调查电视对儿童的影响这一问题。他希望委员会成员由三个部分的代表组成：科学界、广播电视媒体行业以及普通大众。为了招募科学家，他要求美国社会学会（American Sociological Association）、美国精神病学会（American Psychiatric Association）以及美国心理学会（American Psychological Association）提名候选人。大约有 200 位杰出科学家的名字被提交了上去。卫生局局长将名单精简至 40 人，并将其转发至全美广播电视协会（National Association of Broadcasters）、美国广播公司（American Broadcasting Company）、美国国家广播公司（National Broadcasting company）以及（美国）哥伦比亚广播公司（Columbia Broadcasting System）的总裁，并要求这些总裁指出哪些人不适合"公平地进行这类性质的科学调查"。两个公司的总裁（除了 CBS 的总裁外）投了 7 个科学家的反对票。猜猜谁在这个反对名单里？阿尔伯特·班杜拉！班杜拉，作为当时最负盛名的研究电视对美国年轻人影响的专家，被电视广播公司从为解决这个问题而设置的最受尊敬的总裁顾问委员会中剔除了。这些公司到底在害怕什么呢？

积极的方面

如果说媒体是社会问题的源头，那么媒体也可以成为解决方案的来源。在谴责媒体的过程中，人们往往容易忘记媒体的存在不是争议的焦点。没有媒体我们无法生存，媒体能给予人们多种多样的选择，媒体能影响到的人群范围及数量是前所未有的。有问题的是媒体所传达的内容，这才是孩子们会模仿的东西。而大量有充分根据的科学研究表明，接触积极的媒体信息会使儿童更容易表现出亲社会行为。确实，多年来参议员 Joe Lieberman 和前第二夫人 Tipper Gore[①]走在促使媒体增加正面栏目数量运动的最前沿。我们已有的几个为数不多的具有亲社会特征和内容的媒体节目，其中包括了一些儿童电视栏目，诸如《巴尼》（Barney）、《芝麻街》（Sesame Street）以及《罗杰斯先生》（Mr. Rogers），在提升儿童在日常生活中的积极行为方面起到了奇效。儿童发展研究学会（Society for Research in Child Development）在 2001 年发表的专题报告中披露，比起不看《芝麻街》的儿童，看《芝麻街》的孩子在学校成绩更好、业余时间更喜欢阅读、更愿意参与艺术课程，而且表现出的攻击程度更低。我们只希望，在这个资本主义的社会，发行商能够找到一个正面的盈利动机，让我们的孩子能够接触到更多积极的媒体影像内容。

最后的评论

　　班杜拉掀起了儿童心理学界的革命，而他是以外来者的身份进入这个领域的。他所感兴趣的是一个具有极大普遍性的问题，即在没有获得奖励的情况下，人是如何学习行为并将其应用到新的情境中的。但是，由于他专注于儿童的攻击行为，这对科学界以及普通公众而言显得更加重要。他的主要研究发现，即儿童会模仿其他人的示范行为，具有根本意义。然而，由于儿童学习的是攻击行为，这一结果同时具有了重大的社会政治重要性。直到今天，关于当今全社会范围内空前高涨的冷漠和暴力应该如何问责，科学家和媒体行业仍处于彼此间的争斗当中。这场争斗的结果目前还无法预测，因为随着每一种高科技媒体的出现，战场就会扩大一些。但是，如果有一点可以达成一致的话，那就是这场争斗是极其重要的：它可能是为了今天孩子的精神健康而做的奋斗。现在——我要继续我的重量级拳击手"事业"了。

问题讨论

1. 媒体应当承担起对公众传播正面形象的义务吗？那么乐坛名人或者影视明星呢？

[①] 美国前副总统戈尔（Albert Arnold Gore）的妻子。——译者注

运动员呢？是否存在那么一类名人，比起其他的名人，应该对他们的媒体形象少负一些责任呢？

2. 通过模仿习得暴力是一种新的现象吗？儿童模仿暴力榜样是否有可能自古有之？后者有哪些实例呢？

3. 你认为儿童和成人对攻击榜样的敏感度是否存在年龄差异？你认为哪个年龄将会是儿童对攻击榜样最敏感的阶段？那个年龄是否可能也是儿童对同伴压力最敏感的阶段呢？成人对媒体示范的攻击榜样是否能够"免疫"呢？

第13章 舌头引发了1000项研究
新生儿对面部表情与手部姿势的模仿

Meltzoff, A. N., & Moore, M. K. (1977). Science, *198*, 75-78. （排名12）

科学什么时候是真正的科学，什么时候不是真正的科学呢？对儿童心理学来说，很多人既不了解其中的理论，也不了解它的目标，于是人们对许多在儿童心理学中被称为科学的内容抱持怀疑态度，因为我们工作的很大一部分关注的只是婴儿或儿童滑稽怪诞的举动。毕竟，你什么时候见过一个婴儿或者幼童做出什么特别有实际效益的成就吗？

当然，也并不是每个人都会不自觉地怀疑儿童心理科学。以我为例，在我还年轻并且只知道傻呵呵读书的时候，我忽然发现，研究儿童游戏的科学还可以获得报酬，这让我吃惊不已。我从来没有怀疑过其中的价值。我觉得如果有哪些东西是可以写进教科书里而且可以由此出考试题的，那它无疑是重要的问题。

但是，在我早期的教学生涯中，突然有那么一天的一个瞬间，我对儿童心理学产生了怀疑，当时我正给学习儿童心理学课程的学生播放一个教学视频。这个视频的主题是关于儿童对语音的察觉，画面上显示的是一个10个月大的婴儿坐在一张桌子后面，看着一个成年人，这个成年人正在检查一个毛绒玩具。背景播放的是一组语音，先是反复发出"ba"的音，然后紧跟着反复发出"da"的音，孩子的旁边有一个机械玩具，这个孩子会在机械玩具被激活前转向它所在的方位。视频的解说员解释说，婴儿能够在机械玩具激活之前看向玩具，这个行为证明了婴儿能够分辨出不同语音的差异，并且已经明白语音的变化预示着玩具将会被激活。而直到玩具被激活之后才转向玩具方向的那些婴儿，解说员接着说，他们听不出语音之间的区别。总而言之，这段教学视频证明了一个很有意思的观点（对我来说是这样的），即婴儿在8~10个月大的时候会开始失去对某些在他们的母语中不太重要的语音的辨别能力（见第10章）。

我觉得这段视频展现了一个非常棒的儿童心理学研究发现。婴儿很可爱，玩具五颜六色，而且理念也很简明。但是，就在当时，这段视频在课堂上引起了一位颇为年轻的男生的诘问。他觉得这很可笑。"真可惜，"他说，"我不相信这是正经的科学。"这位男生质疑他当时看到的所有内容以及类似内容是否可以被称作科学，他不加掩饰地大声表达着自己的观点；对于为了考试去学习这些知识，他就更厌恶了。这是我第一次意识到单纯研究儿童心理学会在某种程度上激怒一些人。我意识到，本专业以外的人可能无法理解儿童心理学某些有价值的部分，并且在向学习儿童心理学知识的受众解释这一学科的基本原理上，心理学家们做的还远远不够。

在此，我将介绍在儿童心理学领域最具革命性的排名第12位的研究，我之所以使用上面这个故事作为背景，是因为如果有哪项儿童心理学研究会引起大众群体的不满甚至忿怒的话，本章所介绍的内容很可能就是其中一个。从表面上看，这是一项关于婴儿伸舌头的研究。尽管你可能很难相信，作者Andy Meltzoff和Keith Moore认为婴儿伸舌头的能力意味着一些东西。现在，如果你没法接受婴儿伸舌头是科学，并且是值得花时间研究的，我也没意见。一个初出茅庐的科学家确实应该保持正常程度的怀疑精神。但是，请听我说，在接下来的文章里，我会讲述一个比你所预期的更深奥、更引人注目的关于科学研究的故事。故事里的这个研究正是由于生动地描述了婴儿如何伸出舌头而闻名于世。

Meltzoff 和 Moore 在 1977 年的研究的主要成果是：当一个成年人朝一个婴儿伸出舌头——事实上，这个婴儿才刚刚出生不久——这个婴儿也会回应般地冲着成年人伸出舌头。图 13.1 的内容就展示了这个今天看来很经典的研究。几乎每一本市面上能够见到的儿童心理学教材都会翻印这套图片。在这些图片中，你会看到一个成年人——也就是 Meltzoff 本人——正朝一个婴儿伸出舌头，然后婴儿模仿他的行为，随即冲 Meltzoff 伸出了舌头。这是科学吗？也许乍看之下并不像。但是正如我提到过的，这个问题有着更深刻的内涵。例如，一个刚刚从子宫里出来的小婴儿，怎么可能用同样伸舌头的方式直接回应一个成年人伸舌头的行为呢？你难道不觉得奇怪吗？这个婴儿肯定不知道一个人伸出舌头所代表的社会含义，她也肯定没有看过别人伸舌头。但如果婴儿对伸舌头这件事什么也不懂，而且她之前也从来没有这样做过，那么为什么她会自发地模仿这个动作呢？更重要的，甚至更值得深思的是，如果这个婴儿真的是在模仿伸舌头这个动作，那么对她来说，无疑获得了一种视觉形象并将它转化成了一种连自己都看不到的身体动作，这怎么可能呢？婴儿真的知道自己伸着舌头吗？

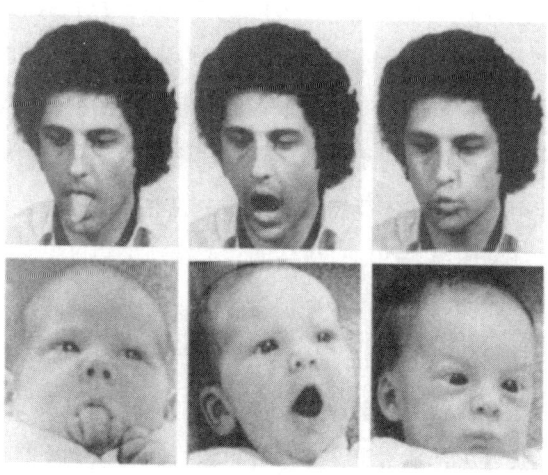

图 13.1　婴儿正在模仿伸舌头

当然，这个研究的全部意义就在于针对上述这些问题尝试性地去找出一些答案。正如我所期望的，如果你认同 Meltzoff 和 Moore 的判断，那么这些研究所追寻的"答案"至少可能是在讲述一个关于人类社会性发展的故事，这个故事不但是有意思的、令人振奋的，并且还具有启发性意义。如同大多数发表在《科学》（Science）期刊上的文章一样，这一篇文章言简意赅，只有三页纸的篇幅。尽管它如此简洁，但作者收获了期刊读者群极大的关注；截止我撰写本章时，科学界其他作者对这篇论文的引用数量已经多达 2875 次。作为额外的福利，Meltzoff 和 Moore 也展示了一些应用于两个实验中经过严格控制的方法论。这两个实验的具体细节我将在下面的文字中加以介绍。

实验 1

引言

也许是由于文章的篇幅原因，在引言中 Meltzoff 和 Moore 并没有讲述太多最初想要开展这项研究的原因。乍看之下，他们的兴趣点似乎在于证明皮亚杰低估了孩子第一次有能力做出模仿行为的年龄。这一点在我与 Meltzoff 的一次谈话中（2013 年 1 月 25 日的一次私人交流）得到了证实，同时我也了解到这些实验的主要目的是，Meltzoff 希望检验皮亚杰理论在社会领域内的有效性，而当时其他的研究者都在致力于检验皮亚杰理论在生理领域内的有效性。我在本书的第 3 章介绍了模仿在皮亚杰理论体系中的重要地位。到目前为止，在模仿发生的时间这个问题上，任何可以证明皮亚杰理论是错误的证据都是具有重要价值的，这种重要性体现在这些证据对验证皮亚杰其他理论时所发挥的深层次作用。此外，Meltzoff 和 Moore 在研究中使用婴儿作为被试，意味着他们想知道婴儿到底最早在什么时候能够展现出模仿的能力；如果在人生刚开始的时候就能观察到模仿行为，那么下一步也许可以推断：在出生前，人类就已经具备模仿的能力了。

方法

被试

6 名婴儿（3 男 3 女），实验进行时婴儿的年龄在 12~17 天之间。

程序

每个婴儿单独进行实验。实验过程中，主试首先看着婴儿 90 秒钟，向婴儿展示一张"没有反应、没有表情的脸"。然后，按照随机顺序，主试依次给婴儿展示如下四种动作：嘴唇突出（也就是撅嘴）、张嘴、舌头突出（也就是伸舌头）以及按顺序活动手指（也就是手指"张开和握紧"，一次动一根手指）。每种动作每次重复 15 秒，并展示 4 次。如果在主试做动作的时候婴儿没有在看主试，那么这个动作就要重做一次（如果有必要甚至可以重做 3 次）。当每一种动作完成了 15 秒的展示之后，主试就又摆出一张没有表情的脸，持续 20 秒。研究人员则在这个没有表情的阶段重点观察婴儿是否会出现模仿行为。在主试做下一种动作前，再额外展示 70 秒没有表情的脸。

实验的每个环节都有录像，一台摄影机对着主试，一台对着婴儿被试。有了这些录像，研究人员就可以准确地记录当成年人在展示每一个动作时婴儿在做什么。由两组大学生来判定婴儿是否出现了模仿行为。一组大学生给婴儿的面部表情打分，而另一组大学生给婴儿的手部动作打分。在看视频录像的时候，研究人员要求这些大学生通过婴儿做出的面部表情和手部动作来判断婴儿可能看到的是成年人展现的哪个表情。但是，这些判断不是随意给出的，更确切地说，这些大学生要完成的是一种类似多选题的测试。研究人员会提出如下要求：针对这一名婴儿，他看到下面四个选项的概率各是多少，并且判断选项中哪一个动作是主试在实验过程中实际展示给这名婴儿的。对于给婴儿面部表情打分的那组大学生来说，他们看到的选项是，主试展示给婴儿的姿势有：①嘴唇突出；②张嘴；③舌头突出；④没有表情的脸。对于给婴儿手部动作打分的那组大学生来说，他们看到的选项是，主试展示给婴儿的姿势有：①有顺序地活动手指；②手指伸出；③手掌张开；④没有手部动作。然后，针对每一段录像，研究人员要求这些大学生对四个选项出现的概率按照"最有可能的动作"到"最不可能的动作"的顺序进行排列。

结果

正如你可能已经预料到的，Meltzoff 和 Moore 发现，平均而言打分者能够判断出成年人展示给婴儿的实际动作，也就是婴儿模仿的动作，而不是其他可能的动作选项。Meltzoff 和 Moore 采用的具体统计步骤过于复杂，没必要在这里一一呈现给读者，总之，在成年人做嘴唇突起的动作时，大学生打分者的判断是婴儿在模仿嘴唇突起（可能性超过任何其他的动作选项，$p<0.01$），在成年人做张嘴的动作时，大学生打分者的判断是婴儿在模仿张嘴（可能性超过任何其他的动作选项，$p<0.02$），在成年人做舌头伸出的动作时，大学生打分者的判断是婴儿在模仿舌头伸出（可能性超过任何其他的动作选项，$p<0.05$），在成年人做连续手指活动的动作时，大学生打分者的判断是婴儿在模仿连续手指活动的动作（可能性超过任何其他的动作选项，$p<0.001$）。

实验 2

引言

正如在实证性研究文献中经常看到的那样，实验 2 的目的是为了给在实验 1 中发现的问题做对照。在这个实例中，Meltzoff 和 Moore 意识到，通过对每个动作多达 3 次的重复——当他们觉得婴儿没有在看主试的时候，他们就这样操作——主试可能无意识地、不经意地或者不知不觉地一直重复这个动作，直到婴儿模仿/展示出这种目标动作。因此，Meltzoff 和 Moore 决定用一种可以杜绝上述问题的方式重新进行实验，也就是说，以此来防止出现无意中诱导被试（婴儿）的情况。

方法

被试

12名婴儿（6男6女），测试时年龄为16~21天。虽然年龄并非至关重要的因素，但是参加实验2的婴儿比参加实验1的被试婴儿大概年长25%~33%。

程序

在实验2中，主试只给婴儿展示两个动作，而且都是面部动作：张嘴和伸舌头。每个婴儿两个动作都要看，研究人员用一种平衡的方式呈现这两个动作（这意味着，一部分婴儿先看到的是张嘴，而另一部分婴儿先看到的是伸舌头）。和实验1相比，实验2的一项创新之处就是，在主试展示动作时，婴儿可以吸吮安抚奶嘴。通过使用安抚奶嘴，主试可以判断什么时候有必要一直重复同一个动作，直到他确定婴儿已经看到了自己要展示的表情动作，同时不需要担心自己被婴儿的面部动作影响而出现无意识的、不经意的或者不知不觉的重复动作。因为从理论上讲，安抚奶嘴的存在阻止了婴儿做出面部动作。

那么，下面就是对实验2步骤的扼要重述：

1. 把安抚奶嘴放进婴儿的嘴里，主试向婴儿展示没有表情的脸，时长为30秒。

2. 取出安抚奶嘴，然后渡过150秒的基线期（不确定主试在这个阶段在做什么）。

3. 重新把安抚奶嘴放进婴儿的嘴里，主试展示第一个动作直到他判定婴儿观看自己的时间达到15秒。

4. 主试再次展示没有表情的脸，取出安抚奶嘴。

5. 一个时长为150秒钟的反应观察阶段，同时主试保持没有表情的姿态。

6. 重新放入安抚奶嘴，主试展示第二个面部动作，采用的是与第一个表情相同的方式。

评分

有意思的是，Meltzoff和Moore在实验2中采用了与实验1不同的打分方式来判断婴儿是否在模仿主试的面部表情。我们来回顾一下，在实验1中，研究人员只要求大学生通过选项来判断主试给婴儿展示的是哪种动作。在实验2中，研究人员要求大学生编码员记录每一个婴儿在实验过程中伸出舌头或者张嘴的实际次数。

结果

同样，如同你所预料的，Meltzoff 和 Moore 得到了他们想要的结果。他们发现，比起看见成年人张嘴的条件或者基线条件，婴儿明显更容易在看到成年人伸舌头后也伸出舌头；同样地，比起在看见成年人伸舌头的条件或者基线条件，婴儿更倾向于在看见成年人张嘴后也张开自己的嘴巴。

关于两个实验的讨论

Meltzoff 和 Moore 得到了他们的期待的结果，也证明了皮亚杰的观点明显是错误的。好，很好。但是，这些结果是怎么产生的？也就是说，婴儿是怎样准确地把自己观察到的另一个人的面部表情转换成一系列自己的面部表情，而且这些表情还是自己之前从来没有见到过的呢？情况变得复杂了。在此之前，婴儿的这种能力从未被发现，Meltzoff 和 Moore 对此提出了三种可能的解释：①强化；②先天的释放机制；③抽象的跨通道表征。前两个可能性基本上是假想敌式的理由，是作者临时想出来以便可以用推理或者证据将其推翻，并最终让第三个他们更属意的理由胜出的备选解释。我按顺序审视一下这里给出的每一种可能性。

强化解释

Meltzoff 和 Moore 提出的第一种可能的解释认为，强化机制是婴儿产生面部表情的原因。为了使这种情况发生，主试必须在婴儿做出目标动作时给予某种鼓励，或者至少在婴儿做出了其他的动作时予以惩罚。例如，在伸舌头的环节，主试可以因为婴儿伸出了舌头而朝婴儿微笑，如果婴儿做出了张嘴的动作，主试就冲他们皱眉头。无论是上面的哪一种方式，婴儿的反应都不算模仿，更确切地说，婴儿仅仅是基于主试的强化或者惩罚做出回应而已。

Meltzoff 和 Moore 辩驳说，他们通过运用"无表情脸"这个步骤杜绝了这种可能。如果实验过程中没有"主试做出无表情脸"这种设定，那么就无法避免主试对婴儿不经意间实施的强化或惩罚，也就是主试无意中的微笑或者皱眉回应了婴儿做出的动作。但是，为了保证确实如此，Meltzoff 和 Moore 要求打分的观察者仔细检查所有的实验录像，观察视频中主试是否能够做到面无表情。结果发现，"在所有实验试次中都没有观察到主试微笑或者发出声音"。

先天释放机制解释

对于 Meltzoff 和 Moore 的发现，第二种可能的解释是基于行为学理论的（更多的细节，可以参考第 17 章 Bowlby 的依恋理论）。也许你对行为学理论能记住的不多，为了防患于未然，在断定为什么 Meltzoff 和 Moore 曾经考虑过然后又摈弃了这种解释之前，让我们在这里简要地做一下回顾。根据行为学理论，生物体与它们生存的自然环境之间存在着紧密的关联。二者联系之紧密，以至于持这种观点的学者认为，环境中某种特定刺激的出现会使生物体产生早已预先设定好的、无意识的且本能的反应。在这种情形下，生物体的出现反应叫作固定动作模式（fixed action pattern），并且每当生物体在环境中遇到了合适的刺激时，这些反应就会被有机体自动"释放"。

打个比方说，考虑一下喷嚏反射。我们中有些人在明亮的阳光下打喷嚏，有些人在闻到黑胡椒粉时打喷嚏。一旦打喷嚏反射被适当的刺激激活，我们就无法阻止它的发生：喷嚏被从头到尾地完全"释放"出来了。固定动作模式的行为学理论与这种简单的喷嚏反射很相似。然而，打喷嚏是一个简单的、单一动作的反射，固定动作模式则涉及相对复杂的、可以在相当长的一段时间内执行的行为序列（见本书 17 章描述的"可爱的反应"）。行为学理论认为，固定动作模式的呈现方式总是一成不变的，这意味着每次呈现出来的反应大致都是一样的，而且当环境中出现适当的触发刺激时，它不得不被完全释放出来。

如果先天释放机制这一理论适用于 Meltzoff 和 Moore 的研究发现的话，即意味着婴儿压根就没有模仿成年人的动作示范。相反，成年人的示范仅仅是给婴儿提供了一个环境刺激（比如，伸舌头），而刺激所起的作用是让婴儿释放一个类似反射性的行为反应（比如，伸舌头）。但是，Meltzoff 和 Moore 认为，这种解释也是不对的，理由有两个。理由一，Meltzoff 和 Moore 指出，婴儿的行为并不总是一成不变的，相反，他们的行为是变化多端、前后矛盾的。那就是说，在回应特定的刺激时，婴儿并不总是呈现目标动作；而即使他们呈现了目标动作，呈现动作的方式也并不总是完全一样的。所以，这一点不满足行为学理论中"固定"不变的标准。理由二，Meltzoff 和 Moore 认为，在婴儿与生俱来的固定动作模式的指令系统中，某个特定的动作不太可能恰好跟成年人决定呈现的任意动作完全一致。如果说婴儿有一个回应伸舌头刺激的伸舌头动作反应，一个回应张嘴刺激的张嘴动作反应，以及一个回应撅嘴唇刺激的撅嘴唇动作反应，这种一对一的映射看起来并不是一个令人信服的、具有革命性的理论解释。因此，对 Meltzoff 和 Moore 来说，更合理的解释就是基于模仿。

主动的跨通道匹配解释

那么，如果真的涉及模仿，婴儿又是如何能够实现模仿的呢？Meltzoff 和 Moore 提出了"主动的跨通道匹配（Active Intermodel Mapping，简称 AIM）"假设来解释这种能力。这个晦涩的术语是什么意思呢？让我们用他们自己的话来开始。他们是这样写的："我们支持的假设是，模仿基于新生儿有能力将从视觉和本体感觉所感知的信息用某一种形式展现出来，这种形式是视觉和本体感觉两种感觉通道所共有的部分"。在这里，Meltzoff 和 Moore 实际上表达了三层"含义"。第一，他们相信，实验的结果确实是由婴儿模仿得到的结果。第二，他们认为，这种模仿的形式需要婴儿将视觉信息（来自他们看到的信息）与本体感觉的信息（当他们"制造"不同的面部表情时，来自他们的面部肌肉感觉的信息）相结合。第三，他们认为，婴儿能够将视觉感受器信息与本体感受器信息相结合的唯一方式是，在心理上用两种模式共有并且可用的一种更抽象的形式将它们表征出来（这就是为什么 Meltzoff 和 Moore 将这种匹配称为"跨通道"的）。

Moltzoff 和 Moore 称这种更抽象的表征方式为"抽象的超通道表征"。他们认为，抽象的原因是因为它只存在于婴儿的头脑之中，而不在现实世界里。也就是说，它只是一种心理表征。但是，因为它对视觉感受器和本体感受器而言都是可用的，所以它也被认为凌驾于两者之上。所以，当这种机制用于解释婴儿如何能够通过主动的跨通道间的匹配过程来模仿成年人的面部表情时，术语"抽象的超通道表征"（abstract supramodal representation）意味着，婴儿能够检测到视觉信息，并将其转化为一种抽象的心理表征，然后，由于这种抽象的心理表征是超通道的，它会和在婴儿制造相应面部表情时产生的来自婴儿本体感受的信息进行匹配。进一步地，Meltzoff 和 Moore 不仅认为视觉感受器和本体感受器之间能够发生信息匹配，他们还认为婴儿是主动进行这种匹配的。这是一种不但能够帮助婴儿了解自己的社交伙伴，同时也能够帮助他们了解自己的行为。这个概念在 Meltzoff 后续的研究中有了进一步的发展，接下来我会更详尽地进行阐述。

超越 Meltzoff 和 Moore（1977）

在与 Meltzoff 的交谈中，我发现他无疑对自己 1977 年文章里的最后一句话感到非常自豪。这句话是这样写的：

> 当婴儿能够对缺少知觉刺激的抽象表征做出反应时，正是婴儿期心理发展的开端，而非顶峰。

对这句话进行重点解读之后发现，它表达了 Meltzoff 和 Moore 对皮亚杰学派理论的直接挑战。正如你能回想起的，在本书第 2 章和第 3 章中已提到，皮亚杰学派理论认为感知运动阶段标志着婴儿期的开始和结束。在组成感知运动阶段的 6 个子阶段中，第六个子阶段出现的年龄大约在 18~24 个月。皮亚杰认为，婴儿在这个时候会进入一个社会性动态阶段。这是第一段真正的人际关系的基础，因为只有到了这个时候婴儿才能够进行成熟的模仿。那么依据皮亚杰学派的理论解释，婴儿在感知运动阶段的终点将是进入社会性世界的起点。

相反地，Meltzoff 和 Moore 认为婴儿能够更早进入社会性世界，甚至有可能在出生的第一个月就可以。确实，Meltzoff 和 Moore 在 1983 年的追踪研究中采用了一个大得多的样本，包括了 40 名婴儿。研究结果甚至揭示，社会性模仿早在婴儿出生后的 42 分钟就能够出现。基于后续的这些数据，Meltzoff 和 Moore 让我们相信，婴儿在出生后很快就能够根据一个缺乏感知刺激的抽象表征而行动。这真是一个革命性的宣言。

由于这两项早期的研究，Meltzoff、Moore 以及他们的同事们继而提出了自己的后皮亚杰式理论。皮亚杰的理论认为，婴儿的模仿能力是其社会性发展的基石。但是，由于 Meltzoff 摈弃了皮亚杰的观点，即，否认模仿的能力是婴儿随着时间而逐渐形成的，因此他仍然有个问题需要解释，那就是这种模仿的能力在出生前是如何进入到婴儿身体里的呢？对于希望可以宣称某一种能力或者才能与生俱来的科学家而言，切实负担着解释上述问题的重任。据我所知，Meltzoff 从来没有给出过一个全面的关于产前社会性模仿起源的解释，但他的确承认这个问题在未来几年中将是儿童心理学需要面临的重大挑战。

Meltzoff 假定，对于婴儿来说，模仿起到了一种功能性适应的作用。他认为，从一开始，在睁开眼睛的那一刻，当婴儿识别到了社会性伙伴的存在，模仿就被激发出来了，对婴儿来说，这个伙伴"看上去像我"。Meltzoff 把上述观点称之为像我假设（Like-Me hypothesis）。像我假设反映了人类婴儿的独特构造，这种构造能够感受到人与人之间的联系与纽带。在人类刚一出生时，只要凝视自己社会性伙伴的眼睛，这种感受就存在了。人与人之间的纽带让婴儿建立起一种社会性伙伴"像我"的感受。Meltzoff 认为，这种认为其他人"像我"的感受是一种社会性本原（social primitive）。当儿童心理学家们在描述一些最终演化为高级功能的新生儿的初级形态时，他们会经常用到"本原"这一术语。而 Meltzoff 使用本原这一术语时似乎希望传达以下几点：①婴儿一出生就将社会性伙伴在某种程度上视作与自己是相似的；②对人类社会性伙伴的最初认识和理解将会随着婴儿的发育成熟和经验积累而不断发展。

一旦我们接受了上述观点，即，婴儿天生认为自己的社会性伙伴与自己相像，那么接下来要理解在我们的进化史上新生儿的模仿行为是如何产生的就会变得容易一些。根据 Meltzoff 及其同事们的观点，一旦婴儿有了模仿的能力，他们就可以用它来探索某一个社会性伙伴是熟悉的还是陌生的。在 1999 年出版的书中，Meltzoff 和 Moore 在其中一章写道：

……婴儿将一个人的非语言行为视为判断这个人是谁的标识符,而且婴儿会用模仿作为确认他人身份的手段。这个过程的基本原理是,人类个体的特异性行为和互动游戏方式是他们身份的标签。如果婴儿难以确定某个人的身份,那么婴儿就会模仿这个人的行为并且重现之前出现过的社会性互动模式,通过这种方式,婴儿能够检测这个人和自己已经熟悉的人是不是同一个人。

到目前为止,我已经在新生儿社会性模仿是否存在以及为何存在等问题上花费了大量的篇幅和时间。但是,有一个或许是最基本的问题我没有提及:"如果它存在,有谁会在意?"事实证明,模仿的能力非常重要,因为这是可供人类使用的最有力的学习工具之一。模仿使得我们可以不需要通过正式的教学就能从另一个人的行动中学习。在我们了解这个世界的诸多方法中,还有哪种方法比模仿经验丰富、学识更多的人类同伴更好的呢?对于我们周围的人来说,我们可以在面对面的互动中模仿他们的行为,而对于不在我们身边的人来说,我们可以通过诸如社交网络或者视频等媒体技术来实现模仿。通过模仿,我们可以获得社会性知识,比如在正式的晚宴上应该用哪个叉子吃沙拉,或者在收到一件不喜欢的生日礼物时应该怎样说出一个善意的谎言。我们还可以通过模仿获得与身体技能相关的知识,比如如何骑自行车或者开汽车。这样的妙处在于根本不需要任何直接教导,我们需要做的仅仅是观看,并且记忆。

模仿对灵长类动物来说尤为重要,因为模仿在动物界其他物种里是十分罕见的。黑猩猩、大猩猩以及猩猩都是众所周知的模仿者,它们会模仿人类以及同物种的其他个体的行为。研究表明,恒河猴也是出色的模仿者。Ferrari 和同事们甚至证明了新生的恒河猴能够模仿人类示范者的表情,正如在 Meltzoff 和 Moore 的研究中婴儿所做的一样。

所以,如果 Meltzoff 和 Moore 是正确的,那么出生后马上就具备的功能性模仿系统——先不管它最初是怎么来的——意味着婴儿刚一出生就开始"吸收"与社会性世界相关的信息和知识。那么,婴儿没必要像皮亚杰所提出的等到 18~24 个月才开始，而且也没必要等到感知和运动系统完全成熟后才开始。婴儿从一出生就可以通过模仿进行学习。假如事实的确如此，儿童心理学家如果想要进一步推动社会认知科学向前发展的话，他们最好是将更多的专业资源投入到对婴儿出生后最初几个月的研究工作中。

对模仿系统更进一步的研究，不仅能够帮助我们理解儿童的社会性发展，同样也会在儿童社会性发展出现问题时帮助我们理解问题的本质。比如在一项文献综述中，Brooke Ingersoll 称，许多研究认为自闭症谱系障碍（Autism Spectrum Disorder，简称 ASD）与模仿能力的缺陷有关。其中有一项研究指出，有一种自闭症儿童被称为"高水平模仿者"，他们的言语表达频率明显比被归类为"低水平模仿者"的自闭症儿童要高很多。在另一项专注于 ASD 治疗方法的研究中，作者发现，向自闭症儿童传授模仿的技巧可以改善孩子们制造和使用符号的能力。

总而言之，社会性模仿是极为重要的，而且在婴儿刚一出生的时候它就已经存在了。它为婴儿了解世界奠定了基础，也为婴儿的社会性发展奠定了基础。拥有模仿的技巧可以加速人类学习的进程，而模仿能力的缺陷则与发展的滞后相关联。

争论

然而，并非所有的科学家都能欣然接受业内同行的新异观点，即使这些观点后来被证明是极具革命性的。Meltzoff 和 Moore 遇到的情况也不例外。当他们第一次发表自己的研究时，他们发现自己很难获得归属感。他们提出的观点不符合皮亚杰理论的框架，而且他们正好与皮亚杰理论观点是对立的。他们的观点同样也不符合行为主义或者行为学理论的框架，而且 Meltzoff 和 Moore 正是用这些发现来反驳行为主义和行为学理论的。

我们甚至可以大胆断言这些发现在自然界也是没有归属的。毕竟，这些发现颇为神奇，甚至可能有点超自然。Meltzoff 和 Moore 的解释看起来非常牵强。表面上，他们试图解释说新生儿能够看见一个人的脸（尽管此时婴儿的视敏度还很糟糕），并且能够主动将看到的这些视觉形象转化成某种不受通道限制的心理表征，然后使用这种不受通道限制的表征，来制造一个与之匹配的面部动作，而这种面部动作是婴儿自己都无从确定是否精准的。婴儿为什么要这么做？为了判断别人是熟悉的还是陌生的吗？Meltzoff 到底想表达什么？

许多对 Meltzoff 和 Moore 的观点持怀疑态度的人认为，他们的结论过于详尽和丰富。他们认为，Meltzoff 和 Moore 所努力"兜售"的内容是花哨且有点超自然的，而简单且精简的解释将会带来更好的效果。确实，Meltzoff 和 Moore 在学术上承受了巨大的阻力，他们的研究结果不仅是 1960 年之后发表的最具革命性的研究之一，同时也是最富争议性的研究之一。Meltzoff 和 Moore（1977）的研究在最具革命性的研究中排名第 12，同时在最富争议性的研究中排名第 3。另一位研究者 Baillargeon 在同一群怀疑论者那里也受到了同样的对待（见本书第 5 章）。

那么，反对意见的源头来自哪里？问题似乎与过度归因有关。在 Meltzoff 和 Moore 实验中，婴儿看起来似乎是在模仿，但这并不意味着他们是真的模仿了。但是，如果婴儿不是在模仿，那么他们是在做什么呢？这个问题的答案随着批评者的不同而不同。让我们来看一看由 Moshe Anisfeld 所发起的相当强有力的攻击。

Anisfeld 对 Meltzoff 和 Moore 的研究进行了驳斥。他一开始就将读者引向了自己早前的一篇文章，在这篇文章中他记录了新生儿的模仿行为，在所有的婴儿中有 28 个得到了肯定的结果，48 个得到了否定的结果。他指出，当自己在试图复制 Meltzoff 和 Moore 的实验结果时，平均将近每 2 个失败的结果后才跟随 1 个成功的结果。很明显，Anisfeld 看起来对 Meltzoff 和 Moore 的实验结果是不信服的。而他所做的还不止这些。Anisfeld 质疑，是否真的有任何肯定结果的存在。在这种情况下，Anisfeld 从报告获得"肯定"结果的研究文献中抽出了 9 篇进行"批判性的"统计再分析。这 9 篇研究报告之所以被选中，是因为研究者声称在自己的研究中，婴儿同时展示了伸舌头的模仿行为和另一种形式的模仿行为（通常是张嘴）。而在这 9 项研究中，有 6 个是由 Meltzoff 和 Moore 他们自己实施的。

来看一下 Anisfeld 是如何看待 Meltzoff 和 Moore 在 1983 年的研究结果的。他先承认也许婴儿在看到成年人伸出舌头时确实更频繁地伸出了自己的舌头。

但是，如果是这样的话，在任何实验过程中，假如婴儿用伸舌头的动作回应成人伸舌头的动作，那么婴儿做出其他的动作时间肯定会变少，比如说张嘴这个动作，因为婴儿不可能同时完成两个动作。因此，出于相同的原因，在伸舌头情境下，婴儿伸舌头动作的数量相对基线来说肯定是增加的，而在这种情境下张嘴动作的数量相对基线来说肯定是减少的。也就是说，张嘴次数的减少是伸舌头次数增加的必然结果。同样的，当婴儿花费更多的时间伸舌头时，他们做张嘴这个动作的机会就变少了。好的，如果你已经理解了这点，那么你对理解第二点就已经有所准备了。

请你关注一下两种实验条件下婴儿行为的比较。二者分别是，婴儿在张嘴实验条件下的张嘴行为，和婴儿在吐舌头条件下的张嘴行为，如果你关注的是婴儿在前一种条件下出现的张嘴行为是否比后一种条件下更多，那么答案看上去似乎是肯定的。但是，导致两种条件下婴儿行为差异的不是他们在张嘴的情境下出现的张嘴次数更多，而是因为他们在伸舌头的情境下张嘴机会较少。因此，在张嘴实验条件下观察到的婴儿出现的张嘴动作，以及在伸舌头条件下婴儿出现的伸舌头动作，这些看上去是模仿的行为不过只是一种实验条件所带来的人工化的产物。

跟上这个推理的节奏，如果婴儿真正能够自己做出的动作只是伸舌头的话，那么任何支持婴儿具备模仿能力的证据就会被极大地削弱。Anisfeld 是这样说的："把早期的行为匹配限定到一种单一的动作，即伸舌头，这会削弱新生儿具有面部模仿能力的这一假设。如果新生儿真的具备这种能力，那么为什么他们展示出来的只有吐舌头这一种单一的动作呢？……不加批判地接受婴儿具有早期模仿能力这一主张太过草率了。"

其他一些学者也加入了 Anisfeld 的批判阵营。他们认为，即使婴儿伸舌头的动作确实是实验所诱发出来的行为，那这些动作也可能根本不是模仿，而是另外一种情况：无论什么时候，一旦婴儿兴奋起来或者处在唤起状态，他们都会自发地出现伸舌头这种口腔运动。这种观点的支持者之一是 Susan Jones，她证明了婴儿仅仅是在听音乐的条件下也会增加伸舌头的动作。Jones 认为，伸舌头仅仅是婴儿处于唤起状态时的一种反应，这与引发唤起的具体来源无关。

反驳

在我与 Meltzoff 的谈话中，我问他对其他科学家如此猛烈地攻击他的研究发现有何感受。他似乎并没有感受到太多的困扰，也不觉得这些批评属于人身攻击，这当真令人惊异。Meltzoff 将这些批评视作来自不同理论视角的观点。他将自己遇到的阻力归因于其他研究人员受到理论的约束而无法考虑跨模式匹配。换句话说，如果你支持的是理论 X，而研究发现结果 Y 与理论 X 不符，那么你有两个选择，要么放弃理论 X，要么抵制结果 Y。Meltzoff 认为，既然大多数科学家在各自的职业生涯中接受的是理论 X 的教育，那么他们自然不喜欢放弃自己的理论；相反，他们绝对甘愿摆脱抵制 Y。

在 Meltzoff 和 Moore 于 1994 年发表的研究报告中，他们对这些批判给予了有力的反击。在这份研究报告中，他们向婴儿示范了两种不同的伸舌头动作。一种是将舌头从嘴唇正中间伸出来，另一种是将舌头从嘴角伸出来。他们希望这种方法可以让那些批评他们的人最终信服，因为如果婴儿通过用不同的方式伸出舌头来回应成年人的两种不同伸舌头的方式，那么除了模仿就再没有其他理由可以解释这些发现了。

研究的结果证实了 Meltzoff 和 Moore 的预期。当婴儿看到了成年人将舌头从嘴唇的一侧伸出来时，他们也试图复制这个从侧边伸舌头的动作。最开始他们做得不对，但是经过重复尝试他们离示范的目标动作越来越接近。Meltzoff 和 Moore 解释说，婴儿持续不断提高的准确性与他们提出的"AIM 解释"完全一致。换言之，婴儿第一次时不能准确地模仿从侧边伸舌头的动作，这件事不是什么问题。他们写道："AIM 并不需要排除在首次尝试并尚未获得反馈时的视觉运动的基本动作匹配。该理论假设的关键在于，成年人是婴儿行为的真正模仿目标。这其中也许存在着初级模仿的一系列限定，如一组基本动作可以不需要太多反馈就能实现，但其他更复杂的行为涉及对这些基本元素的修改以及让更多的本体感受监控相应参与其中。"

结论

Meltzoff 和 Moore 的故事是对现代儿童心理学之父皮亚杰进行拷问的开端。

如同在这本书里提到的其他的革命性研究一样，这项研究的重要性源自它冒险涉足了一个未知的领域。据 Meltzoff 称，这是第一个挑战皮亚杰理论中婴儿社会性发展方面理论的研究。同时，Meltzoff 等人所做的事情与当时的其他人是一样的，即加入批判皮亚杰大军的行列。只是其他人检验的是皮亚杰的关于儿童对于物理世界的理解的观点，而此时 Meltzoff 和 Moore 则另辟蹊径，检验的是皮亚杰关于儿童对社会性世界的理解的观点。

可以说，Meltzoff 用一根舌头引发了无数的研究。在这里我们已经花了一些时间和篇幅讨论了其他那些受 1977 年文章驱动而进行的伸舌头实验，但是，由 Meltzoff 的工作引发了许多关于社会认知的研究，我们连冰山的一角都尚未触及到。不是所有后续的研究都以模仿为工作重点，但有大量研究的确是如此，而且其中有不少是十分吸引人的。比如，1995 年的一项研究凭借自身的价值也成为了经典，Meltzoff 证明了婴儿的模仿可以延伸到成年人所预期的一个动作上，而不仅仅是实际上呈现的行为。例如，Meltzoff 发现，在观察了一个成年人试图扯断一个万能工匠形状的哑铃但是失败之后，18 个月大的孩子可以模仿示范者预期中的行为（将玩具哑铃扯断了），而不是实际发生的行为（扯断哑铃失败）。年幼的孩子似乎能够根据社会性伙伴的愿望和意图做出动作，这个研究验证了这种可能性。这是一种非凡的能力，在婴儿试图破译他们的人类伙伴的意图时，这种能力给他们提供了一个十分有效的工具。

Meltzoff 和 Moore 发表在 1977 年的革命性研究使得儿童心理学界的科学家们停顿下来，踟蹰不前，因为 Meltzoff 和 Moore。研究呈现出来的结果无法被任何一个已有的或是知名的理论框架所吸纳。新生儿的面部模仿行为不能用行为主义、行为学、格式塔心理学或者同时期的皮亚杰学派的理论来解释。这说明了一些问题，因为皮亚杰理论本身比起其他的主流心理学理论来说已经是一个巨大的进步了。正如革命性和争议性的研究常遭遇的一样，Meltzoff 和 Moore 的发现唤醒了一个领域，激发了一大批针对婴儿社会性发展的后续研究。即使 Meltzoff 和 Moore 认可的解释最后被证明是不正确的，但是得益于他们提出的理论，如今我们对于儿童社会性认知的理解无疑变得更好了。令人忍俊不禁的是，这些不断完善的观点最终会追溯到的源头是：一名年轻的科学家对一个婴儿伸出了舌头。

问题讨论

1. "社会性本原"来自哪里？它们是怎么进入婴儿身体的呢？
2. 如果研究的目标是看婴儿是否能够模仿成年人伸出舌头，政府应该资助这样的儿童心理学的研究项目吗？
3. 通过使用跨通道感知，一个幼儿可以从其他哪些途径来了解世界？

第 14 章　政府、小学和杂货店
——影响的多层级
向人类发展的实验生态学迈进

Bronfenbrenner, U. (1977). *American Psychologist*, 32, 513-531. （**排名 9**）

  心理学这门学科，从十九世纪末诞生伊始，在长达一个世纪的斗争中一直致力于能够得到在"自然"科学领域地位显赫的姐妹学科的认可，成为一门"真"科学。诸如物理和化学之类的学科通常会嘲笑心理学的存在，也嘲笑心理学把自己称为"真科学"。甚至自然科学中的"小妹妹"生物学，它本身也近期才被准许加入自然科学俱乐部的，同样对心理学进行过肆意的抨击。各科对心理学的批判几乎如出一辙，"它太模糊了"，"人类不可能客观地研究自己"，"心理学家在研究过程中只是在胡乱编造"，"心理学就是把人人都已经知道的常识性内容收集在一起"，还有"心理学就是因为太不严密所以不能被认为是科学"。

  从表面上看，这些批评是有一些道理的。心理学有时候的确太过模糊；人类不能客观地研究自己这种观点也是十分正确的。但是这样说来，人类也不能客观地研究其他任何对象，包括物理和化学，因为人类必然要受到自身的感觉和直觉信念系统的限制。很显然，只有心理学家意识到了这一点。另外两个批评干脆就是错误的。心理学家，至少那些优秀的心理学家，从不会在研究过程中胡乱编造。并且心理学也不是人人都知道的常识性内容的汇总。实际上，许多心理学研究证明了许多甚至大部分"常识"的看法是完全错误的。

心理学长期以来被人诟病的一个方面是，有人批评心理学在对人类行为进行精确预测方面做得不够好。如同我在第6章中提到的，这是不容否认的事实，至少在对个人具体行为的精确预测上是这样的。但是，心理学家在对群体的行为预测方面实际上非常厉害。比如，我经常能够准确地预测到，在心理学导论这门课上，有40%的学生会在他们的第一次考试中拿到一个D或者F的成绩，误差范围在几个百分点之内。那是因为在这门课上，总是有40%的学生在第一次考试确实只拿到D或者F的成绩。我对群体预测的准确性是基于过去的群体数据，但我肯定没有办法预测我的哪一个学生会拿到一个D或者F。问题就在这。众所周知，心理学家在预测单个个体的行为时表现得极其无力。举一个恰当的例子，心理学家经常被假释委员会传唤作证，去预测一个已经定罪的纵火犯是否会再次纵火，或者一个性犯罪者是否会猥亵更多的孩子。对此心理学家能做的最多就是基于他们对已有数据的判断，给出如下的结论："基于已有的科学文献以及该个体的具体性格特征，我判断有78.2%的可能性这个人不会纵火，可以对他不再继续进行监禁。"这确实给人一个在科学上不够精确的强烈印象，不是吗？

现在，将心理学的精确级别与我们通常在自然科学课堂上学到的东西进行比较。比如，在物理课上，我们学习了万有引力定律、运动定律、热力学定律、量子力学定律等等。使用这些物理学定律，我们学会了对许多人为设计的事件做出判断，并给出无比精确的预测结果。比如，我记得在一次物理考试中，题目要求计算一个乒乓球以多快的速度运动可以使一辆在轨道上运行的机车停止。我学到的经验就是，一个质量非常小的物体需要以非常非常快的速度才能抵消一个质量大很多但是运动速度慢很多的物体的动量。要解答这问题，我要做的所有事情就是将速度和质量的数值填进某个公式，同时对这个事件做某些假设。结果是，对一个重 2.5 克的乒乓球来说，要让一个以 70 千米每小时速度运行的、重达 100000 千克的机车完全停止，它需要的运动速度是 28 亿千米每小时，这几乎是光速的 3 倍。

现在你会说物理学有精确科学的味道，对吗？然而，魔鬼是藏在细节里（以及假设里）的。在乒乓球事件里，我们要假设乒乓球是正面碰撞机车，不是成角度的；我们要假设这个碰撞产生的地方没有任何大气变化；我们要假设没有风，没有雨，以及温度是恒定的；我们还要假设在火车轨道上没有任何隆起，并且火车是在一个水平面上运动的。这些假设是允许我们对物理行为做出高度精确预测的条件。如果没有这些假设的存在，一个物理学家能够达到的精确程度与一个心理学家可以达到的精准程度就相差无几了。

对于那些认为物理学比心理学更精确的人来说，我常用到一个方法去挑战他们：让他们对一个从五层楼的楼顶上推下来的西瓜的最终状态做一个完全精确的预测。（这是我从 20 世纪 80 年代的一档 David Letterman 的老节目中得到的灵感。）现在，如果只是声称西瓜撞到地面时会飞溅，这个答案是不够好的。我所要求的是一个精确程度高的多的描述，是那种人们一想到物理学家就会想到的答案，是那种他们会对心理学家提出的类似要求。西瓜的每一颗种子最终会落在什么地方？西瓜的瓜皮会在哪里碎裂，又会碎成几块？每一块的大小会是多少？每一块最终会落到什么地方？西瓜果肉会出现怎样的分布？很显然，这些问题是无法得到一个高度精确的答案的。如果要回答这个问题，那么需要考虑的变量实在是太多了。在西瓜下降的过程中，太多变量取决于每个海拔高度下风速的变化，而风的影响又依赖于西瓜在空中的位置，而西瓜在空中的转动将依赖于它离开屋顶表面时的摆动。然后，我还要说到的是西瓜皮的结构完整性。它会怎样裂开取决于西瓜首先触地的那个部分的瓜皮厚度，而来自地面的影响则取决于是哪块地面首先接触的西瓜。西瓜本身有裂纹吗？地面会不会到处都是小石子或者小棍子呢？现在，你应该已经对整个状况有了了解了吧。

以下落的西瓜为例，我举这个例子的目的在于说明在这样的情形下，物理学家,如同心理学家一样,只能被迫做最笼统的预测。比如,物理学家可以预测西瓜的果肉将会摊开形成一个扇形,预测西瓜受到冲击时的角度和速度成某种比例。但我不认为这可以称为高度精确的预测。然而,这正是在预测儿童的行为时,儿童心理学家们每天不得不勉强接受的情形。儿童受到太多不断变化的外部和内部因素的影响,以至于心理学家就是没有办法对他们的发展结果做任何高度精确的预测。

这就是 Urie Bronfenbrenner 的革命性研究的切入点。他发表于 1977 年的文章在所有最具革命性研究中排名第 9 位。Bronfenbrenner 在文中提出了"人类发展的生态学理论"(ecological theory of human development)。他提出并创立了自己的理论,用于鼓励心理学家在解释人类的发展时将尽量多的因素考虑在内。当然,影响人类发展的社会—情绪—文化因素无疑与影响西瓜下落的物理因素大相径庭,但是对这两者的预测所涉及的因素的复杂程度大概是有可比性的。甚至,儿童的发展更难预测,因为他们没有西瓜那样好的情绪稳定性。

考虑到太多儿童心理学家花费了太多的时间探索那些太过狭隘的儿童发展问题,且这些问题并不适合在大多数文化背景下大多数情况中的大多数儿童,Brofenbrenner 创立了他的生态学理论。在一个典型的案例中,一位儿童心理学家将一名学步儿带进实验室,给他做各种谜题和测试,使他处于与平时不一样的情境中。尽管这位儿童心理学家可能觉得她是在测量这个学步儿的智力和能力,但实际上她测量到的东西远不止如此。首先,她测量的是她本人对这个学步儿所施加的影响。学步儿回应的不仅是测试中的问题,同样还回应了这位儿童心理学家的语调和举止。实验室带来的陌生感同样也会对这个孩子产生影响。当孩子身处一个陌生的情境,他们的反应一定会跟在熟悉的环境中不一样。Bronfenbrenner 所不满的地方就是,这些额外的影响形成了孩子行为的基础,但是在大多数儿童心理学研究中,这些影响通常被忽视或者被认为是无足轻重的。

Brofenbrenner 在他的生态学理论中提出,如果想要推动儿童心理学这门科学的进步,那么环境影响的四个层级或者说四种背景是儿童心理学家应该纳入考虑范围。通过将所有的这些背景因素考虑在内,儿童心理学家不仅会做出更好更精确的科学研究，而且只有这样做出的研究才是真正有意义的。

引言

　　Brofenbrenner指出，大量儿童心理学的研究中尽管实验设计精致、控制严格，但与真实情境相去甚远，这无疑是现代儿童心理学的局限性。对此，他幽默地将传统的儿童心理学总结为："关于儿童在陌生情境下，与陌生的成年人，在尽可能最短的一段时间里，所做出的各种奇怪行为的科学"。另一方面，有些儿童心理学家为了让自己的研究与现实联系起来而选择在实验室外进行科学研究，却让他们的实验失去了严密的控制。总而言之，儿童心理学家要么专注于严谨，代价是牺牲了与现实的关联性；要么专注于关联性，代价是牺牲严谨。

　　但是，Brofenbrenner否认只有这两种选择。他认为，在真实世界中对儿童的发展进行自然观察同样可以很好地进行控制，而在实验室里获得的观察结果也同样可以有现实的应用价值。诀窍在于，研究人员认识到实验室的环境和自然的环境都是儿童周围自然环境的一部分，而且两种环境都能对孩子的行为产生影响。同样的，测试孩子的研究人员以及照顾孩子的妈妈都是孩子周围自然环境中的人物，都被认为能够影响孩子的行为。Brofenbrenner关于儿童心理学采纳生态学方法的檄文就是呼吁利用所有的环境研究儿童的发展，包括儿童在其中能发现自我的物理环境和社会环境。

　　那么，到底什么是心理学上的生态学方法呢？让我们以生态学这个术语作为开始。在它的标准用法里，生态学（eology）是生物学的一个分支，研究的是生物体和它们周围环境的关系。生态学要处理的问题包括一个生物体怎样利用周围的环境为自己服务，以及如何改变生物体的周围环境以影响生物体的机能等。从生态学的角度来看，除非你将生物体与它们的周围环境同时纳入考虑范围，否则你无法真正了解它们。想一想林地海狸。你可以将它带到一个实验室环境中，给它吃一些虫子和树叶，或者给它一个狗形状的咀嚼玩具，你也可以试着教它骑自行车。但是，由于这只海狸脱离了它的自然栖息地，因此你将彻底错过它的某些最特别、最有趣的自然发生的行为。比如，你可能永远也看不到一只海狸怎么用它的牙齿啃倒一棵树，也无法看到它们用木头和泥巴给自己盖房子时的灵巧创意，更无法看到它们在排水道上建造水坝来维持自己的水供给。生态学的方法会要求你在它周围的自然环境里研究海狸。

Brofenbrenner 将生态学的方法应用到儿童心理学领域，他的目的是让我们不要将孩子看成是一个孤立的生命体，而是应当设法在儿童所在的自然环境的背景下来了解他们。如果能够将儿童的周围环境纳入考量范围，那么儿童心理学家就不会错过儿童某些最独特、最有趣的自然发生的行为。

在正式的术语中，Brofenbrenner 将他的生态心理学定义为"针对成长中的人类生命体与其所生存的不断变化的直接环境之间贯穿终生的动态适应机制的科学研究；这个过程受到那些直接环境内部以及之间的关系的影响，同时也会受到直接环境所根植的正式和非正式的更大的社会环境的影响"。和往常一样，对于职业心理学家来说，这是一个相当晦涩的定义。这个定义表明，儿童心理学家不仅仅应该在儿童所处的自然环境下研究儿童，并且儿童所处的自然环境是以几个不同层级的形式存在的。我马上会具体地描述其中每一个层级，但目前我们可以注意到的是，不同的环境层级影响儿童的直接程度是不同的。最直接的影响来自于儿童的直接环境，这个环境由儿童直接接触的人和物组成，包括他们的家庭和家人，以及他们的教室、同学和老师。然后是较广阔的环境，儿童并不与之发生直接接触，但是这些较广阔的环境会对儿童的直接环境产生影响，包括诸如邻里街坊、公立学校体系以及儿童父母工作的场所等。儿童也许不会与这些较广阔的环境发生直接接触，但是这些较广阔的环境仍然可以对他们产生影响。比如，如果公立学校体系有一个政策，老师不可以接受学生的礼物，那么当这个孩子试图送给数学老师一个苹果时，这个政策对孩子就会产生一种直接的影响；如果孩子的父母亲有一方在工作中得到提拔，那么他或者她回到家就会心情很愉快，这反过来会对这位家长在当天傍晚陪伴孩子的方式产生一种积极的影响。

但是，还有一个甚至比上述环境更广阔的环境。术语"环境"在这里并不特别适用，更合适的一个词可能是"背景"。比如，想一想美国人对公立教育的态度，这就是一种背景。美国政府实施了一项联邦法案，要求所有社区里的所有孩子都要接受正式的、公费的教育。那么，在这种背景下，美国所有地方社区必须给本区域内的孩子提供正式的教育，这就是一项政策。于是，地方公立学校体系得以形成，老师们被聘用，孩子们坐进了教室，祈愿他们能学到点东西。在家上学（home schooling）也在被允许的范围内，只要这种在家上学实施的是正规教育，并且能够达到当地社区的教育标准。尽管这项美国义务教育政策并不会对某一个特定的孩子产生直接的影响，但是当它对政府的行政管理机关发挥自上而下的作用时，这项政策仍然会影响到这个孩子。美国联邦公共教育政策影响州的公共教育政策，而州的公共教育政策影响地方公共教育政策，地方公共教育政策则影响着社区里的孩子将会接受怎样的教育，而且也影响着老师如何开展教学活动。

环境或者背景，能够对儿童在多个不同层面产生影响，Bronfenbrenner将这些环境或背景划分成了四种不同的类别，并解释了每一个层级的作用。根据施加影响的直接程度，Bronfenbrenner对它们进行了排序（从影响最大的到最小的），并且将它们分别命名为：①微系统（microsystem），②中间系统（mesosystem），③外系统（exosystem），以及④宏系统（macrosystem）。我们将依次讨论每一个系统。

微系统

基于Bronfenbrenner使用的术语，微系统指的是"发展中的个体与该个体所处的直接环境之间各种关系和联系的总和"。这里所说的小环境（setting）可以是家、学校、游乐场或者糖果店，这只是举几个简单的例子。在每一种小环境中，儿童会扮演一种特定的角色，这些角色可能是女儿、学生、玩伴或者顾客等。另外，在每一种环境中，儿童会接触到一些事物，会接触到一些人。如果要理解微系统对儿童的影响，那么就要理解每一个小环境是怎样对儿童发展产生直接影响的。比如，当一个孩子进行每天的例行活动时，他可能会和妹妹一起吃早餐，和最好的朋友一起走路去学校，坐在教室里学习数学，放学后与篮球队一起练习，与家人一起吃晚餐，在自己卧室里的桌前写作业，洗澡，一边看《足球之夜》一边吃零食，然后在睡觉之前看一会儿书。这里的每一种行为代表了一整套家、学校和同龄群体共有的经验，并且每一种行为都有可能对孩子的发展产生潜在影响。所有的这些小环境一起组成了微系统。关于微系统，Bronfenbrenner 归纳出了四个生态心理学应当包含的"命题"。

命题 1

实验室通常采用的是传统的单向研究模式，与之相反，生态学的实验必须要考虑到的是交互的过程；就是说，A 不仅影响了 B，同样地，B 也影响了 A。这就是交互作用的要求。

换句话说，儿童心理学研究者们必须认识到，环境不仅对儿童有影响，儿童对环境的也有同样程度的影响。想一想上面孩子与妹妹一起吃早餐的例子。当这个孩子走到餐桌前发现妹妹吃掉了最后一碗"嘎吱嘎吱船长"早餐，他可能会因此大发雷霆，说一些诸如"你是全世界最讨厌的人"之类的话。很明显，直接环境对这个男孩产生了影响。但是，他说自己妹妹"讨厌"的这个行为同样也影响了直接环境，因为妹妹扮演的角色也是环境的一部分。第二天早晨，这个孩子来到餐桌旁发现环境变得更加不友好了。当他坐在餐桌边时，可能妹妹一开口就叫他"怪胎"。这毫无疑问给一天定下了一个充满敌意的基调。兄妹两个人可能最终进行一场口水战，然后这个男孩可能带着很恶劣的情绪去了学校。但是，当前的整个状况可以追溯到男孩自己前一天对妹妹的言语攻击。问题的关键在于，当儿童心理学家做研究时，如果他们认为影响的方向仅仅是从环境到孩子，那他们就是愚不可及的。孩子对坏境也会产生影响，忽略了这个方向可能产生的影响，儿童心理学家们就错过了一半的故事。

命题 2

社会系统在研究设定的条件下是可以运转并发挥作用的，这是生态学实验要求研究人员认可的一个命题。这里所指的社会系统通常包括了研究进行过程中所有在场的成员，不排除实验主试。这就是研究人员需要认可的前提条件，即，实验环境中的功能社会系统的总体性（totality of the functional social system）。

当一个孩子被邀请参与一项儿童心理学研究时，他们就进入了一种社会系统，这个系统包括他们自己、实验主试以及主试的所有助手。在上一个例子里，小男孩会因为说了自己妹妹"讨厌"而导致自己情绪恶劣，同样的道理，如果一个孩子和主试相处不好，这也会影响这个孩子在实验中的表现。我在自己的研究中，见过许多21个月大的婴儿让我的实验室助手感到无比挫败。比如，有一次我的一项实验要求婴儿们去找球，而不是简单地指出球的位置，或者将球交给实验室助手。有些婴儿一把抓起球，把它扔到房间的另一头（因为是橡皮球，会弹跳）。当然，每一次婴儿扔球的时候，实验室助手都不得不起身去追球，而当她把球放回到桌子上，许多婴儿会再一次把球扔出去。尽管我训练我的助手对婴儿的"独特性"要表现出应有的尊重和耐心，但我还是能够看到他们脸上恼怒的表情，这意味着助手们打算提前结束这个环节。因此，我们可以这样认为，扔球的婴儿造成了实验环节中实验室助手的结束行动。当然，如果实验助手在实验环节中决定尽早结束，那么婴儿展示自己智力能力的机会就会变少。在更一般性的层面上进行推论，实验室里的婴儿能够直接影响到主持测试的主试，从而间接地影响到自己的实验测试成绩，这一点应该是很明显的了。

命题3

传统的二阶研究模型被限定在评估两个事物对彼此施加的直接影响上，与之相反，生态学研究的实验设计必须将实验条件下的各个系统考虑进来。这里所指的系统是实验条件下存在的且包含人数超过2个的那些系统，而相对较大的系统必须能够被拆分成各种子系统。

这意味着，如果在一个小环境中彼此之间产生关联的人数超过2个，那么事情就会很快变得复杂起来。假设你招募了一个小女孩杰妮参加一个研究项目。她来自一个完整的家庭，杰妮不仅与父亲和母亲有关系，她的父亲和母亲彼此之间也有关系。这个家庭中每一种两两组合之间的关系被称为"二阶"（dyad），家庭中三个人组成更大的系统可以被称为"三阶"（triad），每一个二阶系统是都是三阶系统的子系统。Bronfenbrenner提示我们说，如果不了解杰妮和爸爸之间的关系以及爸爸和妈妈之间的关系，我们就无法了解杰妮和妈妈之间的关系。如果杰妮和妈妈走进实验室，在自由游戏环节我们发现妈妈对杰妮的行为过于严厉和管控，我们一开始的判断可能是妈妈是一个过度严厉和有控制欲的人。但是在草草下结论的时候，我们忽视了在实验环节中妈妈的行为可能受到妈妈与爸爸之间或者杰妮与爸爸之间关系的影响。比如，可能本来应该是由爸爸带杰妮到实验室来的，可能到了最后时刻他食言了。在这种情形下，妈妈临时接手，她可能对此很不高兴，在自由活动中她可能是在通过与杰妮的互动表达这种不满。因此，妈妈在这个特定的自由游戏阶段的行为也许并不能真实地反映她平常乐天派的个性，这一事实将削弱我们最初对妈妈的判断，即，她未必是异常严厉和有控制欲的人。

命题 4

在进行生态学实验时，物理环境可能会对社会性过程产生非直接的影响，研究人员必须考虑到这一点。

Brofenbrenner 指出，人不是存在于儿童自然环境中的唯一实体，同时还存在着其他物理实体。这些物理实体可能会对它附近的人类的社会性行为产生强有力的影响。比如 Bronfenbrenner 描述了一项他自己的研究，该研究认为，在电视机正在播放节目的时候，将近80%的家庭降低了交谈行为的水平。毫无疑问，在过去的半个世纪中，在家看电视从根本上剥夺了孩子与父母或父母与孩子交谈的机会。这种局面的现代版本是智能手机的泛滥。比如，在最近的一次节日聚会上，我亲眼见证了一屋子的亲戚（没有睡觉的）是那么的安静，以至于你几乎可以听见针掉到地上的声音。这不是因为他们没有在进行社交活动，他们只是没有彼此社交而已——他们完全沉浸在自己智能手机上的社交媒体网页里！甚至有些人在同一个房间里还彼此发着信息！所以，当儿童心理学匆忙下结论说父母亲对与孩子进行交流没有兴趣之前，研究人员最好还是先把周围环境中技术的显著作用重视起来吧。

中间系统

下一个环境层级是中间系统，理解这个层级最好的办法就是把它想象成许多个彼此相互影响的微系统。Bronfenbrenner 提出，"中间系统是由发展中的个体在其生命进程中所处的各个时间节点上的主要小环境构成的。因此，对一个

12岁的美国孩子来说,中间系统通常包括了与家庭、学校以及同龄群体之间的相互关系;对有些孩子来说,可能还包括教堂、露营地或者工作场所"。这段话的意思是,一个小环境产生的影响会溢出,继而影响到在另一个小环境中发生的事情;当一个小环境中的影响溢出到另一个环境,这就是中间系统。在研究中间系统的时候应该考虑什么,Bronfenbrenner为儿童心理学家精心准备了3条建议。

命题5

在传统的研究模式中,对行为和发展的研究都是在一种环境下开展的,不考虑两种环境之间可能的关联性与相互依赖性。生态学的研究取向要求研究人员考虑到两个或两个以上的环境对环境中元素的共同影响。这就要求研究人员,在有两种及两种以上环境存在时,应当尽量分析背景之间的相互作用。

举例来说,一个孩子在上学的路上可能会在路过糖果店时买一包扭扭糖。你已经能看到糖果店这个微系统对孩子的直接影响了,因为它给孩子提供了耐嚼的、樱桃味道的扭扭糖。当孩子到了学校,他可能在数学考试的过程中吃扭扭糖,而这导致他的老师斥责他违反了学校的规定。在这个案例中,正如你已经注意到的,在教室这个微系统中孩子和老师的影响是双向的。孩子吃糖的行为影响了老师,老师的斥责影响了孩子。但是,我们应当注意到还有一个间接影响的存在:糖果店微系统对教室微系统的间接影响。责骂起源于两个微系统的共同作用,这两个微系统因为孩子的行为而彼此关联。没有老师就不会产生责骂,但没有糖果也不会有责骂。只有通过老师与糖果的相互结合,加上孩子在考试期间有吃糖果的意愿,才导致责骂的发生。

这样一来,这个孩子在一天结束时回到家后告诉妈妈的可能是,他因为在数学考试中间吃糖果而惹了麻烦。这时候,妈妈可能会罚他不准外出,因为他不但把钱浪费在了糖果上,而且还破坏了学校的规矩。这里再次体现了微系统之间的又一次协同作用:如果孩子没有在店里买糖果,如果他没有打破学校的规矩,如果他没有被老师责怪,如果他什么也没跟妈妈说,他就不会被禁足。最后,要更好地理解为什么孩子会被禁足,就要对所有微系统间的相互作用有一个合理的理解。这就是Bronfenbrenner所谓的在中间系统层面理解的意思。

儿童心理学研究者如果只在一个时间点上考虑孩子的行为，注定会错过对孩子行为产生影响的丰富来源。

命题 6

生态学的实验设计要求，若一个人同时处在多个小环境中，就应当考虑这些环境中存在的以及可能存在的子系统，以及存在的或者可能存在的跨环境的子系统。

当一个孩子在不同的环境中扮演不同的角色时，比如买糖果的人、学生和儿子，不但每个环境都能分别对孩子产生影响，这些环境还能一起对孩子产生协同影响，而且在不同环境下的人彼此也能形成关系体系。比如，这个吃糖果孩子的妈妈参加半年一次的家长会，她见到老师，问候老师，与老师建立了一种关系。她可能偶尔给老师发短信，而且老师可能也会给妈妈回短信。妈妈和老师之间关系的形成就是跨环境子系统存在的实例。如果这个孩子决定继续在教室里吃糖果，那么老师对孩子的指责在某种程度上可能取决于她与孩子妈妈之间的关系。如果老师喜欢孩子的妈妈，她指责孩子的程度可能会温和一点。如果她觉得孩子的妈妈脾气暴躁，她可能压根儿不会责怪这个孩子，因为她觉得孩子在家就已经够艰难了。相反，她可能仅仅从孩子手中悄悄地将糖果拿走，避免造成不必要的尴尬。当然，重点在于儿童不仅仅是他们自己信念、欲望以及能力的产物，同样也是其信念、欲望和能力与所处的环境之间彼此作用的产物。而所有的环境既然本身可以影响孩子，彼此也就会相互影响。

命题 7

在人的一生中会出现周期性的生态转换（ecological transitions），它为开展发展研究提供了一个丰富的背景。生态转换包括了许多变化因子，如个人角色的转变、影响个人成熟的子系统的变化或者是促进个体成熟发展的他人生活中的一些事件等。这些改变应当被置于生态系统的背景下加以考虑和分析，而不是只着眼于个人层面。

这一命题背后的含义是，儿童心理学家应该意识到，不仅仅儿童自身会变化和发展，他们所处的生态环境也会变化和发展。比如，我们常常将家庭想象成一个稳定、永恒的环境。但是，家庭环境可以有相当大的变化，特别是如果孩子和家人搬进一个新房子时。孩子可能在新家有一个篮球场，这给他提供机会去提高自己的运动技能；或者新家可能有一个对他来说非常大的院子需要他割草，结果是他的零花钱相应猛增。

外系统

在我们刚刚讨论过的两种环境类型（微系统和中间系统）中，儿童是环境中所发生事件的直接参与者。把微系统和中间系统理解为环境很容易，因为儿童直接牵涉其中。但是，还存在一些即使儿童没有与之产生实际的直接接触，它们也会影响到儿童的范围更广的环境类型。其中最重要的是外系统，Bronfenbrenner将它定义为"包含着某些正式或非正式的特定社会结构的中间系统的延伸。虽然发展中的个体并不直接身处这些结构之中，但是这些结构会对个体所处的直接环境产生影响，或者这些结构包含着个体所处的直接环境。通过这种方式，外系统影响、界定甚至决定将会发生的事情。"你熟悉的典型外系统可能包括职场环境、媒体、地方政府、商业与工业以及社会团体。Bronfenbrenner提出了一个关于外系统的命题，但在此他只是建议儿童心理学家将外系统纳入考虑范围，并没有给出具体如何做的建议。

命题 8

人类发展的生态学研究要求调查研究超越个体所处的直接环境并向更大的背景扩展，而这个更大的背景，无论是正式的还是非正式的，都可能对直接环境产生影响。

我写这本书第一版的时候住在俄亥俄州西北部。那个时候，当地的公立学校系统决定留出一部分经费来支持一些特殊的项目，这些项目的目标是满足社区内"有天赋"孩子的需求。那些在标准化智力测试和学业成就测试中获得分数极高的孩子被定义为"资优的孩子"。为了满足这些孩子的需要，当地教育系统成立了一个每周一天的"起航"项目。每周四，所有社区内的资优小学生们被从普通的学校课堂带出来，然后用公共汽车将他们送到设置在某所小学里的特殊的课堂上。在那里，有一名专职教师，他获得了可以与资优儿童一起工作的认证，管理着一间坐满了天才的教室。课堂采用的是为满足高级的智力需求而量身打造的目标。这是一个外系统对儿童发展产生影响的最佳案例。在这里，"更大的背景"是学校系统决定给资优儿童提供的额外服务。尽管孩子们实际上并没有与政策直接发生关联，但他们确实与天赋课堂以及老师有直接关联，而课堂和老师正是政策带来的结果。

让我们想一想外系统会如何影响一项儿童心理学的研究。假设一个儿童心理学家对研究资优儿童的高中毕业率有兴趣。那么她去到自己周边的12个地区，从这些地区的学校系统收集到了毕业生的数据并对其进行了分析之后，假定她得出的结论是：一般来说，纵观若干不同的学校系统，资优儿童毕业的可能性并没有比其他孩子更高。那么她的结论有可能是错的吗？是的，当然有可能。如果没有考虑外系统的作用，那么这个结果的准确性就是岌岌可危的。一个资优儿童能够从高中毕业的概率，可能很大程度上取决于当地学校系统针对资优儿童所提供的服务政策。如果在学校系统中没有给资优儿童提供一套适合其特征的课程，这可能会让资优儿童对普通的课程感到厌倦。结果就是，比起其他孩子，他们实际上更有可能从学校辍学。但是，在学校系统中，如果资优儿童的需求确实被满足了后，与其他孩子相比，他们辍学的倾向性就会减轻。如果没有考虑到能够影响学校系统是否会给资优儿童提供服务的外系统，那么这个儿童心理学家是完全没办法识别资优儿童和普通儿童之间的区别的。

宏系统

对儿童发展最大、最广泛、最普遍和最微妙的影响来自于宏系统。Bronfenbrenner将宏系统定义为"包罗万象的文化或者亚文化的制度形式，比如经济、社会、教育、法律以及政治体系。微系统、中间系统和外系统是其具体表现。宏系统不仅是一个结构术语，它同时也承载着包含意义与动机的信息以及意识形态，这些信息与意识形态来自于特定的机构、社交网络、角色、行为以及它们之间的关系，在形式上以外在显性形式或是内在隐性的方式存在。"

宏系统，又一个晦涩而模糊的心理学定义。这一概念的关键在于，就任何一个社会而言，它所承载的文化和亚文化价值观对于社会结构而言都至关重要,以至于身处其中的社会成员甚至可能都没有意识到其他价值观存在的可能性。用隐喻的说法,《地球村的战争与和平》(*War and Peace in the Global Village*) 的作者 Marshall McLuhan 曾经写道:"有一件东西是鱼一无所知的,那就是水。因为鱼没有另一个相反的环境让它们可以去认识自己赖以生存的自然环境。"比如,在美国,教育的价值已经受到了普遍的认可。目前,绝大多数美国人都希望接受大学教育。作为在美国文化下长大的孩子,他们自然也会顺应这种背景下的文化期待。这并不是说大多数美国人都在刻意寻求大学教育,而是说那些没有上大学的美国人会认为其实自己应该去上大学。

但并不是所有的文化都赋予了教育如此高的价值。比如在一些中东文化中,女人被禁止接受大学教育。在另一些文化中,特别是经济欠发达的文化里,女孩子接受哪怕一点点教育可能都是很罕见的。Bronfenbrenner 警告我们说,在儿童心理学研究中,研究人员不但必须了解儿童成长的主流价值环境,同时,由于作为研究人员的我们本身也带有某种特定的文化价值观,会对科学研究产生某种影响,因此作为科研人员,我们要对此类时刻保持敏感。这些领悟给 Bronfenbrenner 的最后一个命题提供了素材。

命题 9

对人类发展生态学的研究应该采用一些脱离固有意识形态与结构的创新性的实验手段。对此,我们可以通过重新定义目标、角色和行为,并且在曾经彼此孤立的系统之间建立相互连接等来实现。

正因为宏系统是如此无孔不入,科学研究很难探索并解释其对儿童发展的影响。你可以做跨文化研究,将一个文化背景下的孩子与另一个文化背景下的孩子进行比较。但是,既然文化是不同的,而且宏系统对外系统、中间系统以及微系统的影响如此彻底,我们甚至难以确定从不同文化中来的孩子之间的不同是源自宏系统还是源自其子系统?为解决这个难题,Bronfenbrenner 建议实行转化实验(transforming experiments),让儿童完全暴露在与其已形成的文化价值观和期望相背离的环境中。当然,下一个问题接踵而来:研究人员应该怎么做呢?

根据 Bronfenbrenner 的想法,转换实验最好的例子就是著名的"罗伯斯洞穴实验"（Robbers Cave Experiment），这个实验在20世纪50年代由Muzafer Sherif主导完成。洞穴研究的环境是在罗伯斯山洞露营地。24个12岁左右的男孩被带到这个营地，进行了一系列团队和友谊建设等典型的夏令营活动。然而，正当男孩们开始彼此了解的时候，他们被分成两个小组。不同小组中的孩子一起生活、工作以及玩耍，并发展出了许多新的友谊。小组内部的团结观念变得很强。然后，实验人员在两个组之间设立了各种各样的竞争项目。由于竞争的结果，小组成员内部的忠诚度进一步增加，每个小组都有了自己的组名，还选定了吉祥物（"老鹰"和"响尾蛇"）。但是，在小组之间也出现了对抗，对抗最终变得非常激烈，以至于两组成员之间（其中许多人不久前还是朋友）生出了极端的厌恶。

当然，这种在罗伯斯洞穴案例中出现的组内联结、组间不信任的状况在美国文化中随处可见。虽说我们不能以此为豪，但它的确时有发生。人们经常根据自己所属群体的积极品质来定义自己，而消极品质属于其他群体，并且自己会远离这些群体。我们对于不熟悉事物产生不适感，有时候这种不适感甚至会升级到厌恶和偏执。不管怎样，当Sherif在两组男孩中建立了这种美国文化下的偏执微观世界后，接下来他试图对此做一些改变。他设置了一些"紧急"问题，需要两组男孩合作才能解决。比如，当水源被切断，两组中的男孩被募集起来共同合作，一起帮忙寻找漏水的源头。Sherif所选择的方法被证明是非常成功的。其结果是，两组男孩将他们的不同搁置到一边，为了共同的利益彼此合作，和谐取代了不信任。而至此，我们从宏系统一课中学到的是，没有什么比一个突然出现的、更加危险的共同敌人能更有效地让两个敌对的人走到一起。

结论

时至今日，Bronfenbrenner的生态学方法经历了不断地完善和改进，尽管其中许多术语发生了变化，但是大多数核心思想和议题仍然未变。现在，Bronfenbrenner称自己的理论为"生物生态范式"（Bioecological Paradigm），采用生物生态观点进行儿童心理研究被视作遵循"过程—人物—背景—时间"

(process-person-context-time，简称 PPCT) 模式。如同该理论最初的构想，新的模型集中关注儿童的心理发展、直接环境的影响以及间接的社会和文化意识形态的普遍影响。但是改良过的模型明确地更加侧重时间在儿童发展中的角色（被称作时间系统）。在 1994 年与 Stephen Ceci 合著的发表在《心理学通报》上的一篇文章中，Bronfenbrenner 对他的理论的当前状态给予了全面描述。

Urie Bronfenbrenner 提出他的生态学理论，其目的在于让儿童心理学家更清晰地思考儿童所处环境对儿童心理发展的多层面影响，同时考虑儿童怎样影响他们自己的周围环境，并敦促儿童心理学家改进实验来揭示这些影响的作用机理。尽管儿童心理学家早已意识到环境对儿童发展的重要性，但"环境"一词迟迟没有被很好地定义，过去的方式是将儿童头脑以外存在的所有事物松散地归集到一起形成概念。相比于此，Bronfenbrenner 生态理论的革命性在于它细分了"环境"，并确定了环境影响的若干层级，这些环境同时运作并且相互作用，从而影响着孩子们的生活。此外，Bronfenbrenner 还给我们提供一个通用的词汇表，可供我们在谈及环境作用的各个层级时使用。

尽管 Bronfenbrenner 的生态理论在逻辑上具有吸引力和全面性，但是，该理论使用起来却并不容易。在一个单一的实验环境做一项单独的实验已经够艰难了，更不要说将研究扩展到大量的其他微系统环境中，同时还要考虑实验参与者与这些环境中其他人的关系，以及该环境中其他人相互之间的关系。也许是出于这个原因，绝大多数儿童心理学研究仍然没有采纳 Bronfenbrenner 的思路，至少没有采用完全成熟的版本。尽管如此，Brofenbrenner 的提示仍然引起了大多数儿童心理学研究者强烈的精神共鸣，他们都意识到了考虑多重背景在理解儿童的心理发展方面的重要性。在他们发表的文章中，你可以在谈及未来研究方向的部分看到这样的想法与意愿。尽管大多数研究者并没有明确的承认 Bronfenbrenner 的理论，但是看到那么多同时代的儿童心理学家意识到需要考虑生态学问题，我猜想 Brofenbrenner 至少应该是很高兴的。如果没有 Brofenbrenner 对儿童环境的本质革命性的再概念化，如今的儿童心理学会是什么样的状况是很难预料的了。

第14章　政府、小学和杂货店——影响的多层级

问题讨论

1. 你能否找出 Bronfenbrenner 提出的四个系统中每一个系统此刻影响你行为的因素是什么？你能否找出 Bronfenbrenner 提出的四个系统中每一个系统此刻影响你最好朋友行为的因素是什么？他们的系统与你的系统相比，结果会是怎样的呢？

2. Bronfenbrenner 主张，主试要将自己从实验情境中剥离开是不可能的，因为她的存在本身就影响了孩子对她的反应。那么，对于物理学家来说，是否有可能将自己从自己的实验情境中剥离开呢？物理学家的存在是否会影响她所研究的物理环境呢？这个物理学家的性格会不会影响她对自己从物理实验中获得的结果的解读呢？

3. 据你所知，与被以色列占领的巴勒斯坦地区的居民相比，宏系统对以色列公民的影响有何相似与不同？宏系统所产生的哪种影响能够解释为什么这两群人如此憎恨对方？

第 15 章 迟来的糖果会更甜
儿童的延迟满足

Mischel, W., Shoda, Y., & Rodriguez, M. I. (1989). *Science*, 244, 933–938. （排名 13）

你是否注意过，我们在教育孩子上的许多智慧都源于那些言简意赅并且代代相传的名言金句。我们把这些蕴含智慧的宝贵哲思视为孩子们的生存准则，以此来指引我们迎难而上，探索未知的领域。这些金玉良言有的源自古老的谚语，有的出自著名演讲或是文学作品中的经典片段，还有的源自诸如孔子、本杰明·富兰克林和莎士比亚这样的历史名人。

很多名言警句都蕴含着相同的道理。比如，在告诫孩子不要拖拖拉拉的时候，我们会说：

> 人生只在旦夕间。
> 迟疑不决者必失良机。
> 早起的鸟儿有虫吃。
> 今日事，今日毕。

当你忙着制订其他计划时，你也编织了你的生活。

这就是我当下要谈的主题。我活在当下，也为当下而活；与其在行动之前寻求许可，不如等做完之后再请求谅解。毕竟，再没有哪一时刻能好于当下。值得注意的是，有些名言金句所蕴含的道理与这一主题完全相反，比如我们用来教导孩子们要有耐心的那些谚语。在这种情况下，我们会说：

欲速则不达。
三思而后行。
防微杜渐。
久等必有一善。
谁笑到最后，谁笑得最好。

我宁愿和一个狡猾的骗子周旋，也不愿闲坐一旁，无所事事。但在上面这些谚语中，分别蕴含着两种道理，而且这些道理都经受住了时间的考验，但由于它们所蕴含的喻义不同，继而将我们带入了完全相反的两个方向。每种道理单独听起来都合乎情理，我们可以想起每种道理指导我们找到最佳方案的时刻，但把这两种道理放在一起时，它们却是截然相反的。这时候，我们该如何教导我们的孩子？我们应该提防孩子拖延还是让孩子学会保持耐心？是都赞成，还是都反对？

正如著名的人格理论家 Walter Mischel 毕生的大部分工作所证实的，其中一种道理确实要比另外一种好，虽然这并不是我所期望的结果。Mischel 认为，"欲速则不达"更胜一筹。Mischel 于 1989 年发表在《科学》（*Science*）上的那篇文章，在所有最具革命性的研究中位列 13。Mischel 和他的学生 Yuichi Shoda、Monica Rodriguez 提出了一个引人注目的观点：最好的方式是逐渐培养儿童的耐心，教导他们延迟想要即刻满足的需求和欲望，并且帮助他们认识到这种延迟的价值。事实上，该研究的数据显示，儿童延迟满足的能力可能是其日后成功的最佳单一指标；与此同时，缺乏这种能力会使儿童处于一种不利境地，其中包括被社会排斥以及罹患心理疾病。

这是一项非常重要的发现，同时也是使 Mischel 及其同事的文章具有如此巨大的变革性的主要原因。并且，这项研究的过程十分有趣，或许，其简单易行也在一定程度上决定了这篇文章的革命性。因此，这一章将会介绍 Mischel 及其同事们的重要发现，但在此之前，我要先谈谈他们是采用什么样的研究过程得到这些结果的。如此一来，我不仅会谈到研究过程中如何变革儿童心理学这个领域的一系列创新，还会谈到这些著名的研究过程在后来是如何被误读和误解的。在初步了解了早期研究中 Mischel 如何打磨和改进"延迟满足范式"后，我将为你呈现一张更大的蓝图，即延迟满足能力是如何成为影响儿童日后成功与否的重要指标的。

棉花糖实验

也许只有一个"沉溺于"儿童心理学的书呆子会称赞这项研究在实验过程上的创新性，但 Mischel 的延迟满足范式（有时人们更爱称之为"棉花糖实验"）的确是当代儿童心理学中最富盛名的成果之一。很多有关这个实验的有趣描述都可以在 YouTube 网站上找到，其中我最喜欢的一个视频名叫"儿童棉花糖实验"，网址为：https://www.youtube.com/watch?v=QX_oy9614HQ

在你看这个视频时，我会耐心地在这里等着你。

正如你所看到的，这个实验过程的核心就是让孩子们在两件事之间做出选择，是立刻吃掉一颗棉花糖，还是 15 分钟之后吃掉两颗棉花糖。结果表明，只有少部分孩子（大约 1/3）有毅力和耐心等待。但是，有这种有毅力等待的孩子之后狼吞虎咽地吃掉棉花糖的概率也是那些无法等待的孩子的两倍。

现在看来，对于棉花糖实验的这种解读是十分正确的，至少媒体、视频网站、电视、杂志和报纸上都是这样报道并描述这项实验的。但有趣之处在于，在历史的记载以及人们不堪一击的记忆中，公众对于棉花糖实验的理解与真实情况并不一致。如果"走近"一些看一看，我们会发现 Mischel 使用延迟满足范式的方式与我们的理解之间并不相同。

这两篇文章发表于 20 世纪 70 年代，它们代表着 Mischel 在儿童延迟满足方面的研究处于领先地位；文章同时还向读者展现了这项研究实施的过程。首先是一篇 1970 年发表的论文，作者是 Mischel 和他的研究生 Ebbe Ebbesen。这篇论文很重要，因为在文章中 Mischel 首次向心理学界介绍了他的延迟满足范式，但实验范式中并没有涉及棉花糖。直到 1972 年，在 Mischel、Ebbesen 和另一名研究生 Antonette Zeiss 合作发表的另一篇文章中，棉花糖才被提起。但即便是在 1972 年的这篇文章中，实验实施的细节也和现在广为流传的且大众深以为然的关于棉花糖实验的描述大相径庭。对于 Mischel 来说，他似乎并不喜欢公众对自己实验过程的强行解读。Mischel 在 2007 年的自传中回忆道，"将希望立即得到满足的欲望加以延迟，目的是为了获得更大的价值，这是我所使用的研究范式"，这种范式就是"媒体后来所谓的'棉花糖实验'，然而这种叫法虽说更为简洁，但是却不准确。"可是，尽管没有棉花糖，对于 Mischel 来说这种富有创新性的延迟满足范式仍然是他开展研究的基石，同时，这种范式成为了他在 1989 年发表的那篇具有革命性意义论文的核心。

Mischel 在 20 世纪 70 年代初所做的实验使他名声大噪，并在全美范围内受到了广泛的关注，这种状况和 20 世纪 60 年代末美国心理学界的整体取向有关。当时，整个美国心理学界期待着淘汰掉老旧过时的行为主义和精神分析理论，并迎接认知理论光明的"未来"。正是在这样的时代背景下，Mischel 开始了对延迟满足实验范式的探索。与此同时，学术界对于气质理论和依恋理论的兴趣也日益浓厚了起来，有关个体差异研究的可信度也因此得以提升。所以，Mischel 无需依靠儿童意识控制之外的因素——比如，强化依随①或快乐驱力②等——来解释延迟满足。反之，他可以从其他更有意思的角度来探索实现儿童延迟满足的可能成因，即延迟满足可能源于儿童的某些内部因素，并且这些因素具有可控性；如果情况确实如此，那么 Mischel 可以进一步验证下一个问题：

---

① 强化依随（reinforcement contingencies）是斯金纳言语获得理论中的一个术语，具体指强化的刺激紧跟在言语行为之后的现象。该理论认为，人的言语活动是一种有机体自发的操作行为，通过各种强化手段获得。——译者注
② 快乐驱力（pleasure drives）是弗洛伊德心理结构理论中的一个术语。弗洛伊德认为，本我、自我、超我共同组成人格，其中，本我遵从"快乐原则"活动，不顾一切地寻求满足和快感。——译者注

是否能够通过训练、干预或者实践提高儿童的延迟满足能力。

有鉴于此，Mischel 的目标是识别在意识上可控的、可能会影响儿童延迟满足能力的内在因素。其中两个候选因素是儿童的心理表征能力和注意力，这些都是新兴的认知理论的核心概念。Mischel 的观点如下：以对于"为了奖励而等待"这个事件的表征为例，如果该表征中根本不包含任何"为了奖励而等待"的成分，或者如果儿童把自己的注意力转向奖励以外的其他事件上，那么这种方式很可能会帮助儿童在延迟任务中表现得更好。不幸的是，由于"心理表征"和"注意力"这样的概念并不能被传统的旧心理学流派所认可，因此有关"心理表征"和"注意力"对儿童延迟能力影响作用的研究一直处于无人问津的状态。但是，Mischel 所处的那个时代正是心理学发生变革的时代。此外，作为一名从被纳粹占领的奥地利逃出来的犹太难民，Mischel 在反对主流观点方面颇富经验，并把验证这些"不被认可的"心理学概念作为一种挑战承接了下来。

Mischel 和 Ebbesen（1970）

在 1970 年那篇论文的引言中，Mischel 和 Ebbesen 写道，其研究目的是探究自我调节在儿童延迟满足中的作用。他们特别感兴趣的地方在于，建构一种强调儿童自我调节机制的理论。Mischel 和 Ebbesen 提出，"探索包含目标导向在内的延迟机制尤为重要，因为我们考虑到了这样的事实，即为了获得更大的奖励而做出延迟，这大概是最复杂的更高级别人类行为的一个主要的组成部分。"然而，在那个时代，尽管科学家们已经有充足的理由去探索自我控制机制，但几乎没有人真正开展研究。由于没有太多的前人经验可供借鉴，Mischel 和 Ebbesen 将关注的重点转向了可能的认知机制上，他们推论"任何能够放大延迟后满足感的线索都应当会促进等待的行为，这些线索能够在心理层面使延迟行为带来的结果更加明确或更加直接。"但是，Mischel 和 Ebbesen 从认知角度，比如注意的突出性（attentional saliency），寻求解释的行为无异于在挑战占据主流的行为主义和精神分析学派。Mischel 和 Ebbesen 使用注意的突出性作为对延迟满足的解释时，他们的逻辑是这样的：如果我们为了什么事而等待，那么通常情况下这样做都会有一个合理的理由,因此我们只需把这个合理的理由牢记于心,就能够忍受任何的延迟。Mischel 和 Ebbesen 假设,在这个过程中最重要的机制就是,一种让儿童将注意力维持在延迟后能够获得的奖励上的能力。

方法

由于 Mischel 和 Ebbesen 提出了一个基于认知理论来解释延迟满足的新思路,因此,他们创造了一个与此相匹配的新范式,并称之为"这项实验的主要目标之一"。

被试

斯坦福大学宾格幼儿园的 16 名男孩和 16 名女孩。这些儿童的年龄范围在 3 岁 6 个月到 5 岁 8 个月之间。实验共有 4 种条件,每种条件下有 8 名被试(4 名男孩和 4 名女孩)。

程序

后来人们发现,Mischel 延迟满足实验的复杂程度远远超出了人们在媒体上所看到的关于棉花糖实验的描述。事实上,人们很容易产生困惑,觉得 Mischel 根本没必要把这个实验设计得如此复杂。他要做的很简单,就是给孩子一个棉花糖,然后观察他在 15 分钟等待时间内的表现。但这种评论是不公平的,事后诸葛亮人人都会做。实际上,Mischel 创建的这个实验范式第一次揭示了棉花糖实验的现代特征。无论如何,我将在此阐述这个实验中的部分细节,以便你感受到这个范式的复杂性。

延迟满足实验的基本过程包括以下几个步骤:

首先,每名儿童会在主试的陪同下进入实验室。实验室中有一张桌子,几把椅子,一个玩具箱,几块 1.25 厘米见方的咸脆饼和一个蛋糕烤盘。

接下来,主试向每个孩子展示玩具箱,并告诉他们,实验结束后他们可以一起玩玩具。"提及玩玩具的设计是为了帮助孩子们放松……"

然后主试向儿童说明要等待的时间,如何结束等待,如何呼叫主试。主试还会解释，他有时会离开这个房间一小会儿，但如果孩子需要或是想让他回来，她只要吃一口咸脆饼，主试就会回来。接着，主试演示了如何结束等待，如何呼叫主试。介绍完这些之后，主试会离开这个房间，然后立即通过墙上的一个小孔观察房间里的孩子。只要看到孩子把咸脆饼干放进嘴里，他就会立刻返回实验室。这样的"离开—呼叫"重复三次以上，直到桌上只剩下一块咸脆饼。

然后，主试会端一个蛋糕烤盘进来，向儿童展示两个奖品：2块小甜饼和5块5厘米见方的咸脆饼，并询问这名儿童更喜欢哪个。在儿童选择了自己更喜欢的那个之后，比如说儿童选了小甜饼，主试会和儿童进行详细的说明：他将离开这个房间，但如果儿童能一直等到他回来，那么儿童可以吃掉所有的饼干（她更喜欢的那种）。但如果她想要主试早点回来，只需要吃掉1.25厘米大的咸脆饼来传唤主试（就像刚刚训练的那样），然后主试进来之后会允许她吃掉5块5厘米大的咸脆饼（她不太想要的那种），但就不允许她吃更喜欢的小甜饼了。

在交代完所有这些可能发生的事项，并确保儿童已经理解所有的指导语之后，由一名实验助理通知主试这个孩子会被分派到实验中的哪一种条件。"这种方式是为了确保主试直到实验最后才知道被试要参与的实验条件。"主试离开房间后有以下4种可能：

- 主试离开的时候，将两种奖品都留在孩子的面前。
- 主试离开的时候，将两种奖品都带走。
- 主试离开的时候，将孩子更喜欢的那种奖品留在孩子面前。
- 主试离开的时候，将孩子不太喜欢的那种奖品留在孩子面前。

结果

Mischel 和 Ebbesen 假设，当留在儿童面前的是她更想要的那个奖品时，儿童会延迟更久；因为在这种情境下，儿童会把注意力放在奖励上。他们认为，如果儿童的注意力在奖励上可以增强他们的决心，让他们坚持到需要的等待时间。但结果恰恰相反，那些面前没有奖品的儿童在呼叫主试前所等待的时间（平均约 11.5 分钟）是面前仅有一种奖品的孩子（平均约 5 分钟）的两倍，同时比面前有两种奖品的儿童所等待的时间（平均约 1 分钟）长了 10 多分钟。

讨论

那么，Mischel 和 Ebbesen 该如何解释这些与假设恰恰相反的实验结果呢？他们更进一步观察了这些儿童在等待（即延迟）期间做了些什么，同时记录了那些成功延迟的儿童的行为表现，据此做出了一个解释，至少是部分解释。令人惊讶的是，那些成功的儿童"绞尽脑汁地想出了很多自我转移的方法，并通过这些方法在心理上将时间花费在等待之外的其他事情上（几乎是任何事情）"。因此，研究的假设是将注意力集中在奖品上可以促进延迟满足行为，但实验结果与假设完全相反。Mischel 和 Ebbesen 发现，更好的办法是让孩子们把注意力从奖品上"移开"。他们总结道"学会不去想你所等待的东西会比总是想着它更能增强延迟满足的能力。"（Mischel 和 Ebbesen 的论文原文重点强调了这一点。）

好的，但是即便如此，自我转移又是如何促进延迟行为的呢？根据 Mischel 和 Ebbesen 的观点，这个问题的答案在于"无奖励挫折理论"（frustrative nonreward theory）。依据该理论，如果存在着一个极度渴望却不可得的奖励物，那么这会引发人们的挫败感，进而让人们对延迟的时间产生厌恶感。对延迟的时间越厌恶，儿童就越有可能采取措施避免或终止延迟。因此，任何能够增加挫败感的事情，无论是对奖励的渴望更强烈或是得到奖励的可能性变小，都会使人想要中止延迟的行为。相反，一些可以减少挫败感的因素，包括任何让人不再去想目标奖励的分心物——无论这些分心物来自人们自身或其他来源——都会增强人们忍受延迟的意愿。对此，Mischel 和 Ebbesen 总结如下：

这些实验结果初步表明，掌握延迟满足的关键或许在于学会抑制产生挫败感的观念,并通过外在的或内在的方式将注意力转移到更有吸引力且能够减少挫败感的刺激物上。

Mischel、Ebbesen 和 Zeiss（1972）

现在,对于那个著名的延迟满足实验范式,你已经有所了解了。但是,请注意,到目前为止,你并未看到任何棉花糖的"身影"。实际上,直到1972年的那篇论文发表时,作为标志物的棉花糖才首次露面。在这篇文章中,Mischel和他的学生们继续了在先前论文中进行的一系列探究。他们在开篇就指出,注意这一概念长期以来都与自控过程相联系,这种联系可以追溯到美国第一位伟大的心理学家——威廉·詹姆斯的论述。在詹姆斯1890年出版的经典心理学教材中,他就曾提到过这一点。Mischel 等人还在第一个研究中得到了证据:通过观察幼儿在任务中如何分配注意来分析幼儿拒绝诱惑的能力。

相比发表在1970年的论文,Mischel 及其同事在1972年发表的这篇论文中进一步验证了一些基于先前实验而产生的更为具体的假说。首先,他们进一步探讨了他们所关注的"无奖励挫折理论"。该理论认为,当对等待的厌恶降低或出现更好的情况时（如对等待持中立或乐观的态度）,儿童的延迟满足能力就会提高。在1972的这篇文章中,Mischel 等人在不同的实验条件下使用了延迟满足范式,例如增添了明显或不明显的分心活动。他们在三个独立的实验中使用了不同的实验操纵,在此我将按顺序呈现这三个实验。

实验 1

被试

来自宾格幼儿园的50名儿童（25名男孩和25名女孩）,年龄在3.6岁至5.6岁之间。实验共有5种条件,每种条件下随机分派10名儿童（男女各一半）。由一名成年男子和一名成人女子担任实验主试。

程序

除了加入了一个屏障之外,其他实验场景布置均与1970年的研究相同。

在这个屏障后,有一个机灵鬼玩具(一种弹簧玩具)和一个蛋糕烤盘。在蛋糕烤盘的底部有一颗棉花糖(它终于出现了!)和一根咸脆饼干棒。

同 1970 年的实验一样,儿童被告知如何传唤主试,除了将原来吃咸脆饼干的传唤方式换成了按铃之外,其余都没有改变。Mischel 之所以替换了这部分的操作是因为他不想让传唤物品(1.25 厘米的咸脆饼干)和其中一组奖励物相同。

实际上,这项实验有两个自变量。第一个自变量是,给儿童用于分心的指令。指令分为两种情况。分心指令 1,外部活动指令,主试会邀请孩子们在等待他们回来的过程中玩机灵鬼玩具。分心指令 2,意识主导指令,主试仅仅是建议孩子们去"想一些有趣的事情"。

第二个自变量是,儿童是否期待奖励。Mischel 等人感兴趣的问题是,和不期待奖励的儿童相比,期待奖励的儿童是否会缩短等待时间。因此,他们对实验进行了这样的设计:对于不同的儿童来说,主试回到房间代表着不同的结果。在延迟满足的条件下,主试在儿童做出延迟行为后回来意味着儿童可以吃到他们更想吃的奖励品。在非延迟满足的条件下,主试不会告诉儿童他们能够吃到奖励品。而且,在非延迟满足的条件下,主试只是告诉儿童自己等一下必须要离开房间一段时间,能回来的时候就会回来。在这种条件下,儿童在等待过程中按铃传唤主试回来并不会有任何食物上的奖励,不论是更喜欢的食物还是其他种类的奖励,什么都没有。

一共有 5 组孩子参与到了实验当中。第 1、2、3 组被安排到了延迟满足的条件,主试向他们发出了延迟满足的指令。主试告诉孩子们:如果能够等到大人回来,他们就可以吃到自己更喜欢的食物;但如果提前结束了等待,他们就只能吃到自己不太喜欢的那些食物了。对于第 4 组和第 5 组孩子,主试完全没有和他们提到有奖品的事。主试只是告诉孩子们:大人稍后就会回来,但如果孩子们想让大人早点回来可以按铃。这样,这 5 组孩子分别代表了实验两个自变量的不同组合。纵观这 5 组孩子,他们是否会在某一时刻结束等待时间取决于:①能否吃到奖励食物作为回报;②他们用什么方式转移注意力。所以这 5 组孩子所处的实验条件设定如下:

- 第1组：主试告诉孩子，在等待食物奖励的时候可以玩机灵鬼玩具。
- 第2组：主试告诉孩子，在等待食物奖励的时候自己想一想有哪些有意思的的事情可以做，比如说唱歌或是玩。
- 第3组：主试没有给孩子任何建议来帮助他们在等待食物奖励的过程中如何转移自己的注意（既没有说玩玩具，也没有说找一些有趣的事情做）。
- 第4组：主试没有告知儿童有食物奖励，但是告诉他们可以玩机灵鬼玩具。
- 第5组：主试没有告知儿童有食物奖励，但是告诉他们可以去想一些有趣的事情。

结果

结果表明，转移注意对儿童的等待能力产生了相当大的影响。当为儿童提供了转移注意的方法时，无论是哪种方法都能够让他们的等待时间比没有被提供方法的儿童延长约20倍。第1组的儿童平均等待了8分钟，第2组的儿童平均等待了12分钟，但是第3组的儿童仅仅等待了30秒。然而，在没有奖励的情况下，两种分散注意的方法都没有帮助儿童延长等待的时间。第4组和第5组的儿童在等待了1分钟后就按铃传唤了主试。

实验2

仅仅让儿童想一些有趣的事情就可以使他们耐得住更长的等待时间，Mischel及其同事对这个发现很感兴趣。所以，在实验2中，他们想测试一下，如果让儿童想一些消极的事情会不会产生相反的效果。

被试

来自宾格幼儿园的26名儿童（实验未记录性别），年龄在3.9岁到5.3岁之间。实验共有 3 种条件，26 名儿童被分派到其中一种条件中。尽管 3 组被试人数并不一致，但 Mischel 及其同事表示，各组的男女比例是相同的。

程序

这 3 组均使用棉花糖和咸脆饼干棒作为奖品，并且均告知儿童：如果他们能等到主试回来，那么就可以获得自己更喜欢的那组奖品。但这 3 个实验组的儿童会使用不同的方法转移注意。第 1 组与之前的实验类似，儿童被告知：想一些有趣的事情。第 2 组儿童被告知：想一些伤心的事情，比如说"摔倒了，摔伤了膝盖，膝盖流血了，还很疼……或者是哭的时候没人安慰"。第 3 组儿童被告知：要只想着奖品本身。例如，主试会说，"等我走了以后，如果你喜欢的话，可以想着棉花糖和咸脆饼干，你愿意想多长时间就想多长时间。"

结果

与预期结果一致，Mischel 及其同事发现，在"想悲伤事情"的条件下，儿童能够或愿意为他们更喜欢的奖品而等待的时间明显减少了。在"想有趣事情"的条件下，儿童平均等待了 13 分钟；在"想悲伤事情"的时候，儿童平均等待的时间仅为 5 分钟。然而，在"只想着奖品"的条件下，儿童的平均等待时间为 4 分钟。这个结果很有趣，因为在后两种条件下，儿童的等待时间虽然没有"想有趣事情"的条件下那么长，但均比实验 1 中未使用转移注意力方法的情况长了 10 倍。显然，无论进行什么样的有指向的思考都会比没有具体指向的思考更容易转移孩子的注意力。

实验 3

另一方面，Mischel 之前研究所得到的结论受限于一定的条件。也就是说，在实验 2 的三种情境中，儿童都看得到有食物奖励的存在；这意味着，在这三种情境中，除了被引导的所想事物之外（有趣的事或伤心的事），儿童还可能会想到食物奖励。因此在实验 3 中，Mischel 他们拿走了儿童面前的食物奖励，然后进一步观察有指向的思考是否仍然可以帮助儿童转移注意。

被试

16名被试（11名男孩，5名女孩），年龄均在3.5岁到5.6岁之间。实验共有1个实验组和2个对照组，分别由8名、4名和4名被试组成。3组中的男女比例均"相近"。

程序

像之前一样，主试会向儿童展示棉花糖和咸脆饼干棒，并让他们选择自己最喜欢的一种作为奖品，同时告诉他们：如果能够等到主试回来，便可以吃到自己最喜欢的那个奖品；也可以按铃结束等待，但这样就只能吃到另外一种不那么喜欢的奖品了。实验3和之前实验的主要不同之处在于，主试在离开前会把奖品（棉花糖和咸脆饼干棒）放回蛋糕烤盘里，因此，在整个延迟等待期间，儿童都不会看到这些奖品。

在离开房间前，主试会根据儿童所在的组别，给每名儿童一个关于在等待的过程中想些什么的建议。第1组儿童没有得到主试的任何建议，因此他们可以在等待时想任何事情，这一组也被称为"无想法组"。第2组儿童的实验条件为"想有趣的事情"，主试鼓励这组儿童想一些有趣的事情。第3组儿童的实验条件为"想奖品"，主试鼓励这组儿童想一想那两种食物（棉花糖和咸脆饼干棒）奖品。

结果

结果表明，第3组也就是"想奖品"组的儿童明显比其他两组更难忍受等待。平均来看，想奖品的儿童只等了1分钟左右就按铃了。相反，"想有趣事情"的儿童平均等待了14分钟，而没有具体事情要想的儿童平均等待了13分钟。显然，在等待吃奖品的时候，总想着奖品是无法延长等待时间的。但如果像之前提到的那样，想有趣的事情或者想任何不特定的事情，都有助于延长等待的时间。

对三个实验的总结

快速开展了这三个实验后，Mischel及其学生证实了：①总体上说，如果没有什么事情来分散儿童注意的话，那么他们都无法忍受15分钟的延迟满足时间；②转移注意可以帮助儿童实现延迟满足；③转移注意的方法可以是外在的，比如玩机灵鬼玩具；但也可以是内在的，比如想某件事情；④如果转移注意的方式是内在的，那么让孩子想一些积极的事情（除了想奖品之外）是最有效的办法。以上发现为下列想法提供了支持，即等待是令人讨厌的，而且任何可以减轻这种厌恶感的事情都可以延长等待的时间。总之，等待中转移注意的效果好过不转移，通过想积极的事情来转移注意的效果好过想消极的事情。

同样，在能看到奖励时，心里想着奖励可以延长等待的时间；在看不到奖励时，心里想着奖励反而不利于等待时间的延长。对于这一点，我想让你好好思忖一番，因此我再重复一遍：在能看到奖励时，想着奖励可以延长等待的时间，在看不到奖励时，想着奖励反而不利于等待时间的延长。在 Mischel 后来的研究中，这两组截然相反的结果显得尤为重要，它们反映了这样一个事实，即同样是转移注意，是否会产生相反的结果取决于儿童所处环境中可以得到的激励物的种类。随后，Mischel 将这种差异描述为激励物的"热"特性和"冷"特性。热特性会使人兴奋和激动；冷特性是那些你能想到的事情，但并不会使你感到格外的兴奋和激动，至少在理性状态下是如此。在 Mischel 转移注意的实验中，无论奖励是否在当场可见，他和他的研究生们都会引导儿童想着这些奖品。Mischel 认为，当奖品呈现在面前时，想奖品的行为会激发儿童思考奖品的冷特性，如颜色、大小和位置，这种对奖品的理性思考有利于让儿童等待更长的时间。但是当奖品不在眼前时，想着奖品的行为会诱使儿童渴望得到奖品，转而专注于奖品的热特性，如令人垂涎的美味和酥甜的感觉。这样的情况会使儿童变得迫不及待，所以他们早早地结束了等待。

回顾与反思

所以，现在你了解了延迟满足范式的诞生以及棉花糖实验。这些就是初始阶段的全部实验。但你也会发现，它们和现在人们关于棉花糖实验的描述只是部分相似。这些研究共同组成了 1989 年那篇由 Mischel、Shoda 和 Rodriguez 发表的具有革命性意义的文章的基本结构。正如 Mischel 后来总结的那样，从这些研究中我们可以了解到，儿童延迟满足的能力并非来自于与奖励关联的强度，也并非源于所处环境的设置，而是来自"他们的头脑"。Mischel 在自传中写道："这在现在看来是显而易见的。但在那时，当行为主义占据着主流地位，而认知主义才刚萌芽的时候，这个观点令人瞠目结舌。但很快，这也使我对自控能力产生了兴趣，至少像对刺激控制①那样。"

然而，早期这些实验顶多算作 Mischel 自控研究的第一阶段，研究的第二阶段始于 1981 年。你或许还记得，参加早期实验的那些小男孩和小女孩都来自当时斯坦福大学新开设的宾格幼儿园。显而易见，这所幼儿园是斯坦福大学的一部分，这一点是十分重要的。你要知道，Mischel 是斯坦福大学的教授，他自己的孩子也在宾格幼儿园上学。在餐桌上或是乘车时的随意交谈中，Mischel 经常听到他的女儿们谈论她们的朋友和同学。正如他在《纽约客》(*New Yorker*) 杂志的访谈中所描述的那样，他会问女儿们："简妮怎么样？艾瑞克怎么样？"此外，他还会让女儿给同学在学校的表现评级，从 0 到 5。他的原话是："那时我才意识到，我必须认真地做这个研究。"

第二阶段的研究成果于 1988 年首次出现在 Mischel、Shoda 和 Peake 发表的学术论文中。在这篇文章里，Mischel 及其同事选取了一些早年参加过延迟满足实验的孩子，此时这些孩子都已经步入了青少年阶段的中期。他们找到孩子们的联系方式，并且对这些孩子的父母进行了问卷追踪调查，其中包括 4 项有关孩子能力的问题（从 1 到 7 评分）：

1. 您的孩子和他或她的同龄人相比，在学习上表现如何？
2. 您的儿子或女儿在维持友谊以及和同龄人相处中的表现如何？
3. 与同龄人相比，您的儿子或女儿遇到各种问题（包括大问题和小问题）的频率如何？
4. 与同龄人相比，他或她在处理一些较为重要的问题时表现如何？

---

① 刺激控制（sitmulus control）属于行为主义学派的概念，指通过系统地操纵起控制作用的环境刺激，矫正个体不健康的行为。——译者注

这项 1988 年的研究显示，在幼儿园时对延迟有较好忍耐力的儿童，在青少年时的学习表现、社交能力以及处理问题的能力都比同龄人更胜一筹。这是一项不可思议的发现。普通研究很难发现这两个变量之间的关联。因此，Mischel 及同事在相隔 10 年之后还能找到同一批孩子进行研究，并揭示了这两个变量之间的关系，这绝对是一件无比激动人心的事情。

那么，这个结果意味着什么？至今，我们仍在努力寻求答案，可喜的是，每天都会有更多的资源可以运用到这个有趣的主题中来。这至少意味着，3~5 岁的孩子为我们提供的信息已经足以预见其将来成功或失败的可能性。这还意味着，或许我们应该投入更多的时间探究延迟满足到底如何影响孩子们未来的成功或失败。

Mischel、Shoda 和 Rodriguez（1989）

我们现在可以更清楚地看到，为什么 Mischel、Shoda 和 Rodriguez 的论文（1989）可以排在 1960 年以来发表的具有革命性的儿童心理学研究的第 13 名了。正如前文中我们提到过的那样，这篇论文发表在《科学》杂志上，而这本杂志上发表的文章都有潜力享誉世界。事实也的确如此，Mischel 等人的这篇论文在谷歌学术搜索引擎上的引用频次高达 1766 次。要知道，并非所有发表在《科学》上的文章都能够有如此高的关注度。那么，是什么导致这篇文章脱颖而出的呢？我认为，以下三点可以解释为什么这篇论文在学术界引起了如此大的反响。

第一，这篇文章回顾了 Mischel 早期所做的关于延迟满足的研究，并且包含的内容极为丰富。除了我们在本书中介绍的两个研究以外，还涉及了很多他们在 20 世纪 70 年代早期所做的一些研究。因此，在 1989 年发表的这篇论文中，Mischel 及其同事不仅追溯了前期所有关于延迟满足研究的实验过程，并且记载了这些研究的先后顺序。他们首先介绍了第一个研究，然后介绍了研究发现的影响儿童延迟满足能力的其他因素。尽管在《科学》上发表的论文一般只有 2~3 页的篇幅，但这篇论文却以其长达 5.2 页的篇幅"独树一帜"。

第二，这篇文章进行了纵向的追踪研究，将儿童的早期延迟能力与后期的认知、社会和情感功能联系起来。Mischel 等人不仅回顾了 1988 年之前发表的文章，还展示了在此之前从未公开的新数据——SAT（学术能力评估测验）成绩。众所周知，SAT 成绩意味着你是否准备好上大学，并被美国各大学视为录取标准之一。美国高中生会花费一大笔钱去参加这个考试，同时，各大学也很愿意根据这个分数来录用最优秀、最有前途的学生。对于大学来说，像 SAT 以及 ACT（美国大学入学考试）这类标准化测试有时会成为一个学生能否成功的最重要的指标。因此，当发现一个人 4 岁时延迟满足时间的长短可以有效地预测这个人在青少年中期到后期的 SAT 测验成绩的高低时，这确实令人震惊。但另一方面，在 Mischel 等人的研究中，只有总人数中的一小部分儿童（约 35 名）的 SAT 成绩被纳入了研究样本。因此，他们研究得到的第二阶段的结果通常被认为是需要进行重复性验证的。

第三，Mischel 及其同事提出了很重要的一点，即相较于其他因素，儿童使用策略的能力对延迟满足的影响更大。他们在 20 世纪 70 年代所做的实验发现，主试仅仅只是通过建议儿童想些什么的方式就可以改变儿童的延迟满足能力。但是，这一发现引发了两个重要的后继问题。首先，在多大程度上，我们能说儿童可以使用自己的策略产生延迟行为？其次，为了提升儿童的延迟满足技能，干预方式在多大程度上对儿童来说是有效的？如果儿童可以自主使用策略完成延迟满足，并且这种策略能够通过训练或治疗获得，或者如果延迟满足能力更强可以使儿童变得更加优秀、更加聪明以及更加友好，那么或许我们可以据此创建一个巨大的自我提升产业。这个巨大的产业将生产一种产品，目的在于教会儿童延迟满足的策略，而顾客在购买了这些产品之后可以预期这些孩子将来获得更高的 SAT 分数、更坚固的友谊，以及在青春期和成年期更全面周到的应对技能。

超越 Mischel、Shoda 和 Rodriguez（1989）

如今，在儿童心理学领域中，延迟满足的概念已经被纳入到那个众所周知的"超级概念"——执行功能（Executive Function）当中了。我使用"超级概念"这个词有一部分原因是，执行功能即便不能被视为所有心理学领域中的热门话题，也终将是儿童心理学贯穿始终的关键概念之一；还有一部分原因是，执行功能被概念化为一种高层次的能力，可以协调并整合低层次的能力成分。理论上，执行功能协调并整合了5种能力成分。如果你问不同的科学家，他们关于执行功能成分的看法可能略有差异，但是通常来说，执行功能的成分包括：①选择注意某件事情的能力；②记忆事件的能力；③计划、排序、组织的能力；④在需要完成次要的或是不喜欢的行为时，对主要的或是更喜欢的行为的抑制能力；⑤发起、调整、矫正言语及非言语行为的能力。

执行功能已被证实和一些看起来毫不相干的能力之间存在关联，例如过度肥胖、攻击行为、种族主义、注意缺陷多动障碍（ADHD）、情绪及行为紊乱等。这比延迟满足行为本身所能预测的结果种类要更为宽泛，但这或许是因为执行功能通常被认为与延迟满足略有不同，它是一种比延迟满足更为高级别的能力。事实上，执行功能与延迟满足之间的不同也确实吸引了众多研究者的关注。

然而，孩子们用于成功完成各类延迟满足任务的很多能力依旧被普遍运用于执行功能当中，包括Mischel的棉花糖任务。例如，在Mischel的棉花糖实验中，成功的关键因素在于不吃棉花糖。但是请你想一想，孩子选择不吃棉花糖需要用到哪些能力成分呢？首先，她必须抑制吃棉花糖这个主要的或者说自己更偏爱的动作，转向除此之外的其他次要或者不那么偏爱的动作。这个孩子必须抵抗自己想吃甜食的天性。同时，这个孩子可能要有意识地想一些事情来分散注意，使自己不再想着棉花糖。这后一种意志努力能够反映出儿童如何在有趣的"热"特性以及无趣的"冷"特性上自主分配注意的能力。成功的儿童一定会牢记，她的短期目标是不吃棉花糖，只要她能熬过规定的时间，就会有更好的结果等着她。最后，在等待期间，她会不断检测自己分散注意的方法是否有效，以便在现有的方法不奏效时再换另一种方法。一想到延迟满足，我们可能就会把它当作检测执行功能的一种方法。其实还有一些其他方法能达到同样的目的，只是这些方法除了延迟满足之外还会检测到执行功能中的其他能力成分。

结论

　　Mischel、Shoda 和 Rodriguez 的这篇论文（1989）是儿童心理学中革命性文章的新成员，这至少反映了学术界对于儿童执行功能的热潮。我猜，它的排名还会继续上升。尽管对于成年人，尤其是在老年研究领域，我们对执行功能已经了解了许多，但是对于婴幼儿方面，我们依然知之甚少。有鉴于此，儿童心理学的研究者们已经在自己的科研领域上跨出了重要的一步。他们想要探究在婴儿和儿童身上的执行功能是什么，有什么表现，以及这些年龄段内的执行功能会对孩子们的将来产生什么样的影响。从 Mischel 的研究中我们可以得知，至少执行能力的其中一项成分，即延迟满足，肯定会对儿童后期及成年期的行为产生强烈的影响。现在，关于执行功能中的其他成分是否同样可以预测生命后期的行为这个问题，还需要其他研究者进一步探索。当然，这些首先应当归功于 Mischel 及其学生为后续研究者开辟的这条道路。

问题讨论

1. "心急吃不了热豆腐"和"早起的鸟儿有虫吃"，你会站在哪边？哪个更适用于你个人的生活方式？你的看法是什么？这二者之间的分歧严重吗？
2. 你能否举出生活中的例子来说明延迟满足会比没有延迟带来更好的结果？反之可以举出例子吗？
3. 延迟满足的理念在认知、社交、情感及物质等生活领域中所起的作用是相同的吗？

第四部分
改变家长教养方式与儿童临床心理学的七项研究

第16章 她爱我，可她不爱我
情感系统

Harlow, H. F., & Harlow, M. K. (1965).In A. Schrier, H. F. Harlow, & F. Stollnitz(Eds.), *Behavior of Nonhuman Primates*: *Modern Research Trends*. New York: *Academic Press*.

（排名4）

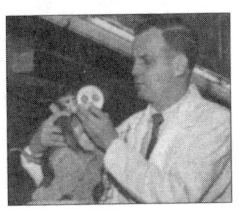

"这些猴子是怎么回事？它们跟心理学到底有什么关系？心理学是关于人的学问。"大概30年前，我还在读本科的时候，我的一个同学突然在课堂上爆发，问了这个问题，但他的名字我现在已经不记得了。无论出于何种原因，这个同学对研究猴子怎么能给心理学提供关于人的知识而感到由衷的困惑。我猜想，我之所以对他的惊讶如此印象深刻，是因为在我看来他似乎太无知了。我对此感到难以置信，至少当时我是这样想的："你是在开玩笑吧，啊？哎呀，是个人都知道，在进化的阶梯上人类仅仅比猴子高几个横档而已。怎么会有人看不到其中的相似之处？"当然，我当时并没有这么心直口快，但是我的确因为有人无法看到这其中的相似之处而感到难以置信。

在那个时候，我认为有一些心理学专业的同学是无知的，对此我不是很能容忍。现在我变得越来越宽容了之后，我意识到，关于"低级"动物的行为如何能够深化我们对人类的理解，这一点并不总是那么显而易见。我意识到，学生们的宗教信仰，可能有时候会模糊他们对于高级灵长类生物与低级灵长类生物之间存在因进化而导致的相似性的看法。如同我想要登上讲台振臂高呼进化论是对的一样，我意识到其实最重要的不是猿和猴子与人类之间的相似性，而是在研究人类时，猿和猴子给心理学家提供了探索的方向。

这章我将要讲述的研究是由 Harry Harlow 和 Margaret Harlow 主导的，他们对猴子行为的研究为解释人类行为的秘密提供了重要证据。尤其是读过 John Bowlby 和 Mary Ainsworth 的研究（见本书的第 17 章和第 18 章）后，你将认识到 Harlow 夫妇的许多关于母猴和幼猴之间情感生活的发现同样适用于人类的母亲和孩子。Harry Harlow 和 Margaret Harlow 的研究在 20 个最具革命性的儿童心理学研究中名列第 4，而研究的标题就是简单的"情感系统"四个字。但除非你已经上过一门变态心理学的课，否则我猜想这样的标题不能激起你兴奋的火花。实际上，你以前可能从没见到过将"affect"一词作为名词（意为"情感"）使用。当它作为名词使用时，或多或少有"情绪"（emotion）的意思。但是，当你对这个词有了彻底的了解之后，你会发现我们实际上说的是"爱"。因此，用另一种方式来解读 Harlow 提出的问题就是"婴儿与母亲之间的爱是怎样发展的？"现在，好戏开锣了。

引言

Harlow 夫妇在他们的文章里达成了两个目标。首先，他们概括出了他们所构想的非人类灵长类动物中 5 个最重要的情感系统。尽管非人类灵长类（non-human primates）这个专有名词涉及的物种范围相当广，但是 Harlow 夫妇将他们大部分的研究时间花在了一种低级别的旧世界猴[①]身上，这种猴子叫作猕猴（Macaca mulatta），通俗叫法是恒河猴。恒河猴主要居住在地面，原产自亚洲

[①] 旧世界猴，指分布在欧、亚、非三大洲的猴。另有新世界猴和猿两种分类。——译者注

的许多地区；但是，有超过 70000 只恒河猴遍布在北美和欧洲的各个实验室。

其次，Harlow 将一系列关于这些猴子情感发展的实验结果集中到一起，并加以介绍。他们不仅用这些发现来支撑自己的理论，还由此提出了另外的研究思路。

在开始的部分，他们对情感系统进行了简要的描述。一共有 5 个情感系统："①婴儿—母亲情感系统，它构成了母亲和婴儿之间的纽带；②母亲—婴儿情感系统，或者说母性情感系统（确保母亲发展出一种对婴儿的保护性情感）；③婴儿—婴儿情感系统，即同龄或者同伴情感系统，让孩子们之间彼此产生关联，并且发展出持久的感情；④性以及异性的情感系统，在青春期持续增强，并最终导致成年时出现生育行为；⑤家长情感系统，从广义上定义为成年男性对婴儿、青少年以及特定的社会群体成员的积极回应。"

你是否注意到猴子的情感系统与人类情感系统之间存在相似性？你应该注意到了。现代心理学在这上面花费了大量的精力，政府也已经给发展心理学家、临床心理学家以及社会心理学家提供了数百万美元的资金支持，这些科学家正在研究的恰恰就是在人类的家庭里家庭成员之间的关系。

与本章关系最密切的是第一个系统：婴儿—母亲情感系统。Harry Harlow，与其他一些同样研究婴儿亲密关系和安全感发展的同事一起，在这个问题上获得了规模最大且范围最广的关注。因此，我将重点阐述 Harlow 所呈现的恒河猴幼崽情感的发展，因为它从属于婴儿—母亲情感系统的研究。

婴儿—母亲情感系统

在一开始讨论婴儿—母亲情感系统的时候，Harlow 夫妇指出，这个特别的系统可能是所有系统中最稳定最不易变的。因为它可能是对婴儿或幼崽的生存来说最重要的一个系统，牢牢地扎根于猴子的生存机制当中。在这个系统里，幼猴在情感上依恋着自己的母亲，这种关系甚至比与之互补的母亲—婴儿情感系统（第二个系统，作用是让母猴依恋自己的孩子）更为重要。在某种意义上讲，这听起来似乎方向反了。婴儿对母亲的情感依恋怎么可能比起母亲对婴儿的保护性依恋更加重要呢？如果母亲没有对自己的宝宝发展出情感依恋，小宝宝怎么可能生存下来？但根据 Harlow 的理论，婴儿对母亲的依恋确实更重要。这是因为"许多婴儿可以在相对无效的抚养技巧下存活，甚至在面对冷酷无情的母亲强烈而持久的惩罚时，这个系统仍会持续发挥强大的力量。"所以，即使一些母猴并不太看重自己的幼猴，如果幼猴依旧对自己母亲产生强烈的依恋，它们生存的概率也会增加。

Harlow 介绍了婴儿—母亲情感系统发展的四个标准阶段：反射阶段、舒适和依恋阶段、安全阶段以及分离阶段。但是，尽管 Harlow 将情感系统分成了四个阶段，可他们同时也指出，这些阶段彼此间存在着一些重叠。前一个阶段的结束与后一个阶段的开始并不一定是同时发生的，因为存在着很多影响因素：母亲和婴儿的具体特性以及婴儿被养育的具体环境等。但是，在相对正常的情况下，婴儿会逐步经过这四个阶段，一直到长大成熟，并且在适当的时候成功地与自己的母亲分离。

反射阶段　婴儿—母亲情感系统的反射阶段，在婴儿出生后持续大概 15~20 天，它与皮亚杰提出的感觉运动阶段（见第 3 章）中的反射子阶段（第一子阶段）很相似。这一阶段主要由保证婴儿生存所必需的基本反射所组成。反射一共有两种类型：与喂养相关的，以及与母亲保持身体上的亲密接触相关的。其中第一个与喂养有关的反射是觅食反射。当幼猴察觉到自己面部受到了某些刺激，尤其是在嘴部附近的刺激，觅食反射首先被激活。这个刺激会导致幼猴将头上下左右地移动直到自己的嘴唇碰到母亲的乳头。一旦碰到并用嘴含住乳头，吸吮反射（这是与喂养相关的第二种反射）便开始了。第三个可能与喂养相关的反射是攀爬反射，当幼猴处在母亲的脚边时，幼猴会努力爬到母猴身上直到觅食反射被激发。此时这种反射显然是有价值的。这种攀爬动作之所以被看作一种反射，而不是幼猴有意为之的行为，是因为根据 Harlow 所说，"如果将新生的幼猴放置在金属斜坡上，它会爬上斜坡甚至越过斜坡摔到地板上，除非将它束缚住。"很明显，这是一种可以将人类的婴儿与幼猴区分开来的反射，因为婴儿直到完全进入童年期才获得攀爬的能力。

另一种反射是紧握反射，尽管可以在人类婴儿手掌的"抓握"反射中能看到紧握反射的残留，但这种反射类型是人类婴儿所不具备的。当幼猴用它们的双手双脚将自己紧紧贴近母亲身体的下面一侧时,紧握反射就产生了。这种反射也能提高幼猴的生存概率。没有这种反射,母猴就不得不在大多数时间里用自己的手和胳膊来抱住它们的孩子。由于猴群需要每天迁徙数千米远,而且猴子需要同时使用自己的双手和双脚来移动,所以如果没有这种反射的帮助,母猴就难以跟上猴群大部队。

舒适和依恋阶段 随着反射阶段消失,它逐渐被婴儿—母亲情感系统的第二个阶段所替代。在这个阶段里,婴儿的主要目标是与母亲保持亲密并找到归属感。Harlow 夫妇提到,尽管这个阶段在猴子身上会持续到幼猴 2 个月至 2 个半月大时,但是它在人类身上可能会持续到婴儿出生后的第 8 个月。母亲在这个阶段具有高度的保护性。婴儿主要通过两个方式获得舒适和依恋的感受:喂养和身体接触。但是,Harlow 夫妇根据自己的实验提出,这两种方式并不是同等重要的,具体内容我会在下面加以介绍。尽管婴儿必须通过吃奶得到所需的营养从而生存下去,但是,对婴儿的"精神"健康来说身体接触似乎重要得多。那么,只要允许婴儿与母亲保持亲密的身体接触,这个婴儿将会逐步开始探索她周围的世界——首先探索的是妈妈的身体,并最终探索附近原本够不着的东西。

安全阶段 对于已经与母亲建立正常联结并获得了舒适和依恋感觉的幼猴来说,它们接下来要做的将会是开始探索所处环境中自己能够达到的更远的范围。但是,对参与这种探索行为的幼猴来说,母猴至少要在自己附近。当母亲在身边,幼猴就好像有了探索未知领域的勇气;但是如果母亲不在身边,情况就不妙了。Harlow 夫妇写道:"当母猴不在场时,幼猴的行为发生了根本变化。诸如发声、蜷缩、摇晃以及吸吮等情感性行为的指标急剧增加。其典型的反应是,要么以蜷缩的姿态一动不动,要么后脚着地满屋子跑,用它们的胳膊紧紧抱住自己。"这是一种相当令人不安的景象,不是吗?

这里有一个有意思的附加说明,幼猴探索周围的世界时能够走多远在某种程度上取决于它们的母亲在猴群中的地位。如果母亲在猴群中处于非常高的支配地位,那么幼猴可以自由地"招摇过市",不太需要担心会被其他猴子攻击或者骚扰。它们可以表现得像一只"自以为是"的猴子。但是,对于母亲在猴群中地位较低的幼猴来说，情况就截然不同了。这些幼猴必须保持高度的警惕性，并且时常处在一种担心被同伴甚至是其他母猴欺负的状态中。

分离阶段　随着幼猴的成熟，当它们有能力离开之前与母亲建立的紧密联结网时，婴儿—母亲情感系统的最后一个阶段就出现了。从某种意义上说，这种即将发生的分离源自幼猴对自己独自闯荡并探索世界的天生兴趣。但是，这种现象同样部分源自母亲"将孩子踢出家门"之类的举动。实际上，我们在这里还没有讨论过母亲—婴儿情感系统，在这个系统的第二阶段就是Harlow夫妇所说的"过渡或矛盾情绪的阶段"。在此期间，母亲开始表现出对孩子的存在越来越冷漠的趋势。母亲还会开始对孩子采取越来越严厉的惩罚措施。总之，婴儿与母亲的分离似乎与母亲对自己后代负面反应的增加是相关的。最终，如果孩子减少与母亲联系的频率，那实在是件皆大欢喜的事情。一旦分离发生，家庭中的消极情绪就消失了。

Harlow 的研究

在 Harry Harlow 与同事一起开展一系列长期的实验之后，Harlow 夫妇提出了他们的情感系统理论。就像在 Hubel 和 Wiesel（见第9章）身上发生的一样，早期的很多重大发现都是偶然获得的。起初 Harry Harlow 和他的同事们感兴趣的是社会隔离，因此他们有意在幼猴出生后将它们与母亲分离。但出乎意料的是，他们发现幼猴对铺在它们笼子里充当地垫的棉布毯子产生了强烈的依恋。事实上，1959年 Harry Harlow 与同事 Robert Zimmerman 对此曾有过描述，他们表示，当有人试图移动棉布地垫时，幼猴会表现出极端的情绪反应。

这个非常偶然的发现第一次让人想到另一个可能，那就是与某些柔软而舒适的东西接触可能对婴儿的情感发育有着极其重要的作用。直到那一刻之前，心理学界普遍认为婴儿对母亲的依恋要么通过某种条件反射的方式形成，要么就是通过弗洛伊德所说的某种口唇满足的方式形成。在前一种条件反射的理论解释中，母亲对婴儿的吸引力源于她们给婴儿提供奖励性的食物。Harry Harlow 的发现无疑令人振奋，因为这些发现表明，喂养行为可能与婴儿对母亲的情感依恋没有任何关系，反而肌肤相亲的接触才是与依恋有关的。

在 Harlow 夫妇这篇革命性的著作中，包含了太多他们获得的研究发现，因此我们无法一一回顾。在此我将要介绍的是 Harlow 夫妇最负盛名的那些研究以及一些主要的研究发现，还有他们所采用的研究程序。Harlow 夫妇在著作中对他们的发现进行了总结与提炼，我们也将尽最大的努力将其中最有趣和最重要的部分提取出来，给诸位呈现一份精华摘要。

方法

如同本书涉及的其他研究报告，从作者本人的描述里想要获得 Harlow 研究中被试的细节信息不太容易。但是，为了至少让读者对研究方法有一点概念，我在这里稍微"投机取巧"一下，借用部分 1959 年 Harry Harlow 和 Zimmerman 在《科学》(*Science*) 上发表的文章里的内容。

被试

60 只猕猴（恒河猴）幼猴在出生后的半天内就与它们的母亲分离。事实证明，代理母亲喂养是很成功的，因为这些幼猴比由自己母亲喂养的幼猴增重更多。

材料

研究人员制造了两个代理母亲。"棉布母亲是一个圆柱木头，上面包裹了毛巾布，而铁丝网母亲是一个钢丝网的圆柱体。这两个人造母亲都呈 45 度角安装在一个铝座上，并且为了保证在不同测试情境中的独特性，两个人造母亲的脸是不同的。"在图 16.1 中，你可以看到这两个代理母亲实际上是什么样的。两个代理母亲身上都安装了可以给幼猴提供食物的装置，但是只有一个代理母亲可以提供接触时的舒适感。在这样的安排下，由两种代理母亲"抚养"的幼猴体重增加都正常。但是，Harlow 也报告了，出于某种原因，由铁丝网母亲"抚养"的幼猴粪便会软一些。

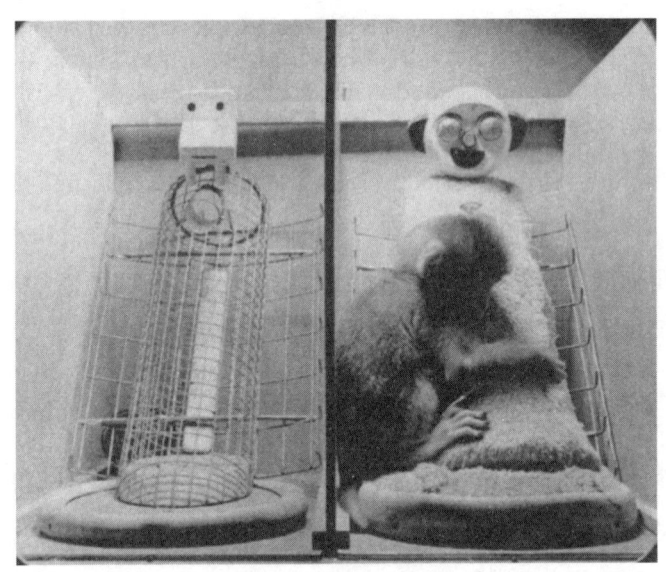

图 16.1　Harlow 实验中的一只幼猴从棉布母亲那里获得慰藉

程序

虽然 Harlow 和同事们会根据具体的需要调整实验过程，但是这一系列实验之间存在着许多共性。在典型的实验程序中，4 只新出生的幼猴被放置到一种实验条件下"抚养"，另外 4 只幼猴被放置在另一种实验条件下"抚养"。此外，这些幼猴通常会在一种特定的实验条件下至少生活 165 天。

例如，有一种设定是，4 只新出生幼猴会被分开单独喂养，每一只幼猴都拥有两个代理母亲；但是，只有棉布母亲能够提供牛奶。与这种设定相对应的是，每一只幼猴都拥有两个代理母亲，这是完全相同的；但是，只有铁丝网母亲能够提供牛奶。还有一种设定是，每一只幼猴都只有一个代理母亲，有 4 只幼猴只拥有一个棉布母亲，另外 4 只幼猴只拥有一个铁丝网母亲。例如，在这个实验后续的一个特别版本中，4 只新生的幼猴由一个可以授乳（提供牛奶）的铁丝网母亲"抚养"，而另外 4 只新生的幼猴则由一个不能授乳的棉布母亲"抚养"（但是，这些幼猴可以通过其他的手段人工喂养）。

在所有这些"家庭安排"中，研究人员关注的关键问题是：幼猴将如何应对会引发焦虑的情境。这些情境因引发焦虑的方式不同而不同。在一些情况下，研究人员会在实验房间中距离幼猴生活的区域很近的地方放一只会动的玩具熊或者玩具狗。在另一些情况下，研究人员会把幼猴带到一个它完全不熟悉的房间，房间里有许多"已知可以引发幼猴好奇心并让它们开始把玩的刺激物"。在某些时候，代理母亲会在这些引发幼猴焦虑的情境中出现（有时候出现的是铁丝网母亲，有时候出现的是棉布母亲），而在另一些时候，代理母亲不会出现在唤起幼猴焦虑的情境中。

我猜，你能想见，按照这样的设计，实验处理的数量是极其惊人的。确实，Harlow 和他的同事们借助这一系列实验大约发表了 24 篇文章，其中一个很简单的原因就是，要将所有不同的实验操纵类型介绍给读者，必须花费大量的篇幅。但是，纵观所有的实验，到了最后，问题都会落到"婴儿—母亲之间的爱是如何发展起来的？"这点上。

结果

由于 Harlow 夫妇有太多的研究发现，我将根据实验操纵的类型对这些发现分别进行介绍。

幼猴由两个代理母亲抚养

在这种情形下，一半幼猴由提供牛奶的铁丝网母亲喂养，另一半由提供牛奶的棉布母亲喂养。但是，对所有的幼猴来说，两个代理母亲都一直放置在实验房间里。这里最有趣的发现是，所有的幼猴都把自己绝大多数的时间用在与棉布母亲的接触上，即使当幼猴不得不去铁丝网母亲那里吃东西时，它们也经常坚持呆在棉布母亲身上，然后弯下腰去另一个母亲那里吃。从出生第 25 天起到第 165 天时止，两组幼猴每天与棉布母亲接触的时间大约为 15～18 小时。相反的是，它们与铁丝网母亲接触的时间大概每天只有 1～2 小时。

现在对这些结果有至少两种解释。一方面，你可以认为幼猴花费那么多时间贴在棉布母亲身上是因为呆在棉布母亲身边更舒适。谁会愿意躺在一个由铁丝做的东西上呢？另一方面，比起铁丝网母亲，棉布母亲或许能给予幼猴更好的安全感。如果后一种可能性是正确的，那么我们可以想见，在面对恐惧和压力的时候幼猴会逃向棉布母亲。为了测试这种可能性，Harlow和同事们引入了诱发恐惧的刺激。

幼猴由两个代理母亲抚养并接触诱发恐惧的玩具

在这种情形下，如前面一样，幼猴仍拥有两个代理母亲，并且一半的幼猴由铁丝网母亲提供牛奶，另一半的幼猴由棉布母亲提供牛奶。接下来，研究人员引入了诱发恐惧情绪的刺激物。在大约80%的情况下，不管是由哪个代理母亲提供牛奶，幼猴都倾向于跑向棉布母亲。但是，在棉布母亲身上找寻过安全感之后，它们很快又会回来探究让它们恐惧的玩具。Harlow和Zimmerman对此进行了形象的描述："起初它们无助而恐惧，于是这些幼猴会来到棉布母亲身边，在与棉布母亲进行接触之后，它们对那些恐怖的刺激物所怀有的恐惧很快就消失了。在一到两分钟内，大多数幼猴便开始在视觉上探索那个不久前还看起来像魔鬼的东西。其中，最勇敢的幼猴会真的离开代理母亲，走近让它恐惧的怪物，当然，整个过程中它们都处在代理母亲充满保护意味的注视之下。"

那么很显然，幼猴并不仅仅是因为棉布母亲更舒适才将所有的时间都花费在棉布母亲身上。基于在感到恐惧时幼猴会冲向棉布母亲这一事实，棉布母亲似乎在除了触觉上的舒适感以外，还能给幼猴提供一种安全感。

幼猴由一个代理母亲抚养并处在陌生的房间

Harlow和同事们探索的下一个问题是：如果幼猴从一开始就没有与棉布母亲建立关系的机会，那么将会发生什么呢？为了探索这种可能性，研究人员只让棉布母亲或者铁丝网母亲中的一位来"抚养"幼猴。同时，在这个实验中棉布母亲不是提供奶源的代理母亲，而铁丝网母亲才是食物的来源。然后，研究人员会连续8周每周2次将幼猴带入一个陌生的房间，房间里有许多它们不熟悉的物体。在8周的时间里，每周有1次机会一个合适的代理母亲会出现在这个陌生的房间，而另一次则不会。在这个实验中，研究人员同时采用了对照组设计。作为对照组的幼猴都没有被安排代理母亲，而仅仅是在出生最初的14天里得到一张粗棉布的毯子。

当被放置在一个陌生的房间里时，被棉布母亲养育的幼猴"当代理母亲一出现就冲向它们的代理母亲，紧紧地抓住她。反应如此之强烈，只有通过影像才能体现。如同在饲养笼里观察到的恐惧实验一样，它们很快就放松下来，不再表现出任何恐惧，并且开始显示出明确的积极反应，去摆弄它们的代理母亲，并在代理母亲的身上攀爬。在经过了几轮之后，幼猴开始以代理母亲作为行动的基地，离开她去探索和摆弄刺激物，然后又回到她边，之后再转向一个新的玩具。"

与此形成鲜明对比的是，被铁丝网母亲"抚养"的幼猴似乎并不因为代理母亲是否出现在陌生房间而受到影响，尽管铁丝网母亲一直是这些幼猴的主要食物来源。有时候幼猴会去铁丝网母亲身边，但是它们与铁丝网母亲的接触与那些可以接触到棉布母亲的幼猴相比，有本质上的不同。当幼猴在陌生房间面对给它们提供奶源的铁丝网母亲时，研究人员对它们的表现有着另一种生动的描述："它们坐在她怀里，紧紧抱着自己，或者用胳膊抱着自己的头和身体，浑身抽搐、抖动和摇晃，与那些贫穷的被社会福利机构收容的人类儿童相似。"

讨论

Harlow 夫妇的一系列实验指向一个明显的结论：如果想要建立一种健康的母婴联结，那么身体接触是最重要的因素之一。而且，不是任何形式的身体接触都可以实现产生联结关系的效果，这种接触必须产生触觉上的舒适感。在 Harlow 等人的研究中，冰冷又坚硬的金属质地的触感不足以帮助幼猴与铁丝网代理母亲之间形成亲密的情感联结。而缺少这种情感联结，导致在这些幼猴身上，似乎永远无法发展出归属感和安全感。

所有的这些并不是说，一个没有生命、没有反应的木头和棉布组成的物体就足以满足幼猴的情感需要；至少，棉布带来的感觉是无法替代一个真正的、活生生的亲生母亲的。相对于生活在自然栖息地的野生猴子来说，参与 Harlow 实验的幼猴在长大后有可能会变成功能失调、神经质且不健康的猴子，即使它们拥有棉布母亲。但对于这些我们无从得知，因为 Harlow 从未将这些猴子放回过大自然。但是，被棉布母亲"抚养"长大的幼猴和被亲生母亲抚养长大的幼猴相比，至少有两种典型的行为是它们都会表现出来的。

第一，棉布母亲充当了幼猴的安全基地。当受到惊吓时，它们跑向自己的棉布母亲，并保持亲密的身体接触。由亲生母亲养育的猴子也会有同样的表现。第二，当受到惊吓的幼猴回到棉布母亲身边后，如果它们感到足够舒适，它们会再出来冒险，探索引起它们恐惧的玩具或让它们感到陌生的房间。同样的，这些行为在由亲生母亲抚养的幼猴身上也有所展现。

从总体上看，Harlow 对当时关于婴儿—母亲感情系统的主流观点是持强烈反对态度的。在那时，关于婴儿—母亲情感系统最著名的理论来自行为主义心理学家。尽管行为心理学家可能各不相同，但是他们都一致认同婴儿—母亲联结形成的基础是条件反射。举例来说，持这种观点的学者会认为，婴儿之所以被自己的母亲吸引，不是因为婴儿对她有爱，而是因为她为婴儿提供食物。反复将食物与母亲的出现这两者进行匹配的结果就是，婴儿无论如何都能了解到食物与母亲之间的关联，并且最终仅仅是因为母亲与食物之间的关联而被她所吸引。很明显，Harlow 的研究向这种观念提出了强有力的挑战。在 Harlow 的实验中，幼猴喜欢棉布母亲远远多过喜欢铁丝网母亲，即使铁丝网母亲才是食物提供者。

Harlow 的发现也公然挑战了当时非常流行的弗洛伊德学派的观点。弗洛伊德认为，影响婴儿行为的一个重要动机来自于寻求口唇欲满足的本能。由于给婴儿喂奶是可以满足他们口唇欲望的一种方式，所以婴儿找寻自己母亲的动机应该主要是为了吃奶。因此，根据弗洛伊德学派的观点，是吃奶的本能，而不是妈妈的爱，将婴儿与母亲联结在了一起。但是同样的，这种理论也不能解释 Harlow 的研究发现。因为很明显，Harlow 实验中任何可能驱使幼猴满足口唇欲望的动机都不足以抵抗它们与棉布母亲保持身体接触的欲望。

结论

Harlow 的研究掀起了一场儿童心理学领域的革命，因为他们在实验控制的情境下第一次关注并强调了身体接触对建立母婴情感联结的重要性。也许正如你能想到的，这样的理论取向为 Bowlby 的依恋理论铺平了道路（见第 17 章），使得数年后依恋理论应运而生。

Harlow 的研究同样也预示并宣告了一场激烈讨论的开始,这是一场关于母婴联结本质的热烈讨论。在这场讨论中,儿童养育文献尤其关注婴儿是否需要一出生就立刻和母亲进行皮肤接触,这个话题在 20 世纪 80 年代末 90 年代初尤为火热。许多行事高调又热衷于表态的育儿专家认为,皮肤接触至关重要,因为它激活了人类几十万年进化而来并内置在母亲身体里的照料本能。这群专家中就包括了 John Kennell 和 Marshall Klaus。

然而,上述观点吓到了许多新妈妈。比如说,这个观点暗示,如果缺乏及时的皮肤接触,婴儿可能会出现情感功能异常。这种观点还会导致新妈妈产生深深的内疚感,因为她们是负责发生皮肤接触最关键的一环。这种育儿的标准意味着除了把孩子生出来,新妈妈还应当确保在孩子出生后立刻进行皮肤接触。如果她没能做到立即进行皮肤接触,那么她就要为孩子将来可能出现的任何情感问题承担责任。然而,许多分娩时的特殊情形都会超出新妈妈的控制。比如,婴儿早产或者出现并发症,这时候新妈妈可能不得不被转移到其他地方实施紧急医疗救助;或者异常艰苦的分娩使得新妈妈在产后几小时内都虚弱无力。总而言之,在二十世纪七八十年代,这场母婴皮肤接触运动,导致在怀孕诱发的众多压力中又出现了一个全新的心理维度。

幸运的是,这种皮肤接触的观点很快被发现是夸大其词了。20 世纪 90 年代初,研究人员如 Diane Eyer 等发现,即使在分娩后没有立刻进行母婴皮肤接触,婴儿最后也发展得相当不错。这些研究人员还发现,问题不在于缺失皮肤接触这件事本身;更确切地说,在于母亲是否相信皮肤接触是必要的。只有当母亲相信皮肤接触不可或缺但却没有进行皮肤接触时,问题才会出现。这是为什么呢?呃,这可能是某种自我实现预言。如果一个母亲认为健康的情感发育依赖于出生后立刻进行皮肤接触,而这个皮肤接触由于某种原因却没有发生,那么这位母亲可能会预期从她的孩子身上发现一些情感问题。在这种预期的作用下,这位母亲对待孩子的方式可能从一开始就好像孩子已经有了那些情感问题一样。可以说,也许是母亲的这种行为诱发了儿童的情感问题,而不是缺乏皮肤接触本身。人类心灵的工作方式真是不可思议,不是吗?

问题讨论

1. 人类的婴儿—母亲之间的爱与其他灵长类动物的幼崽—母亲之间的爱有很大区别吗？人类的婴儿和母亲之间的哪些具体行为显示了他们之间的爱意？这与 Harlow 的研究中非人类的灵长类动物所展示的各种行为有怎样的区别？
2. 从进化论的角度来看，婴儿—母亲之间的爱具备怎样的生存价值？对一个母亲来说，用她全部的能量来照顾一个宝宝会不会有风险？
3. 有意让幼猴脱离自己的母亲生长是否存在伦理问题？你能想出在哪些情形下，人类婴儿所处的抚养环境与 Harlow 夫妇的实验中幼猴所处的环境是相似的？
4. 我们知道恒河猴的探索行为部分依赖于其父母在群体中的社会地位。人类的儿童是否也会体验到类似的被父母社会地位所影响的情形？

第17章　隐形的蹦极绳
依恋与失落

Bowlby, J. (1969) Vol. 1. *Attachment*. New York: Basic Books. （排名7）

你是否曾经观察过一种自发游戏，蹦极宝宝（bungee-baby）？哦，也许你从来没有听过"蹦极宝宝"这个叫法，但是你肯定见过它是怎样玩的。这种游戏与蹦极运动有许多共同的特征。在蹦极运动中，一个疯子将一条长长的、但愿是结实的蹦极绳系到自己的脚踝上，接着从一栋高楼或者一座桥上一跃而下，期待在脸砸进地面之前那一瞬间，蹦极绳的弹性将会减缓自己降落的速度，并将自己从重力的深渊和死亡的边缘拽回来。

蹦极宝宝的游戏也是一场冒险与勇气的游戏，它同样也需要一个固定的平台，但是在这种情形下，蹦极绳联系起来的是母亲与她蹒跚学步的孩子。这不是真正的蹦极跳，并且这里的蹦极绳是隐形的。在遍及全世界的公共场所，只要是能看到母亲和学步儿的地方，你都能看到蹦极宝宝。母亲扮演的是本垒的角色，当她们在等候室或者游乐场相对固定的位置安顿下来，游戏就开始了。一开始，孩子的位置离母亲很近。而这个游戏的目标是，在焦虑和恐惧这两根隐形的蹦极绳将孩子拽回母亲身边之前，孩子会尽可能远离母亲。同时，如果孩子没有集中注意力或者走得离本垒太远，蹦极绳会将母亲拽向孩子。蹦极宝宝的游戏在公共场所无时无刻不在上演。下一次你去游乐场、机场或者餐馆，你可以静静地坐着观察。你将会发现母亲和学步儿之间一直发生着这种来来回回、反反复复、你来我往的运动。你永远都不会看到真的蹦极绳，但是你知道它就在那，因为它总是能让母亲和孩子之间保持一个恰当的距离。

John Bowlby 是儿童精神健康领域的重量级人物，因为他发现了蹦极宝宝的规律。嗯，好吧。也许没有其他人叫它蹦极宝宝，这是我给它起的名字；并且它也未必是一场游戏，它就是正常情况下在母亲和年幼的孩子之间会发生的事情。Bowlby 称之为"依恋"（attachment）。但是如果你将他的依恋理论想象成一个蹦极宝宝的游戏，你将会对 Bowlby 所持有的观点有一个更清晰的认识。

Bowlby 和同事 Mary Ainsworth（见第 18 章）大概是有史以来（更不用说在近 50 年间）在母婴关系的科学研究中获得唯一且最重要理论成果的人。他们两个人共同建立了一个为整个心理学领域所熟知的理论巨伞：依恋理论。通过 PsycINFO 数据库，我做了一个研究，我想看一看到底有多少篇文章是以依恋为主题发表的。结果发现有超过 16000 篇文章。我很幸运，因为我可以用至少两章的篇幅将这两位研究依恋最具代表性的人物所做出的贡献做一次粗浅的梳理。在当前这一章我们将以 Bowlby 的成就为重点（他在自 1960 年以来 20 位最具革命性的作者中位列第 7 位）。在第 18 章，我们将更仔细地了解 Mary Ainsworth（她位列第 1）所做出的贡献。

Bowlby 最初是作为医师接受训练的，并且专业方向是精神病学。作为一名典型的在 20 世纪初接受教育的精神病学家，Bowlby 接受的临床训练在哲学层面与精神分析一脉相承。精神分析是一种心理疗法，它根植于弗洛伊德理论。由于篇幅的关系，我无法深入地探讨弗洛伊德关于人格发展的心理泛性论。但是，为了理解 Bowlby 所处的特定时代背景，我将会对弗洛伊德及其传承者所信奉的理论取向进行简要的介绍。

弗洛伊德的心理疗法以及他包罗万象的人格发展理论都源于他治疗成年病患时所积累的经验。这些病人通常都是女性，并且经常在弗洛伊德问诊的过程中出现异常的，有时候甚至很诡异的心理症状。这些症状之所以看起来古怪，其中一个原因是它们似乎没有任何生理基础，就像凭空冒出来的一样。典型的异常症状是类似于"癔病性麻痹"这样的问题。出现这种症状的病人声称自己身体某处的肢体活动或者感觉受到了限制。术语"癔病的"或者"歇斯底里的"（hysterical）经常被用来描述此类症状，因为这些问题没有任何已知的神经病学解释。hysterical 这个词语来自希腊词汇 hystéra，意思是子宫，在这里用到这个术语也可能是因为这些症状通常都出现在女性身上。

　　有意思的是，弗洛伊德发现，只是通过与患者谈论个人生活经历就能使这些奇怪的症状得到一定程度的缓解，甚至能够消除这些症状。确实，这就是精神分析常见的治疗方式。通过与病人谈论他们的个人生活经历，就有可能回顾过去，识别出某些特别的、值得注意的事件，这些事件或经历也许就是导致疾病的原因。弗洛伊德发现，导致异常的原因通常可以追溯到病人童年时代与父母的关系。但是，弗洛伊德关注的重心不在于父母是否给孩子提供了正常程度的关爱和怜惜；相反，他极为感兴趣的是父母是否满足了一个孩子最基本的、对快乐的需求。弗洛伊德认为，孩子在童年早期获得的快乐无论是太多还是太少，都会导致成年后出现"神经症"。

　　因为 Bowlby 接受的是弗洛伊德式的精神分析学派的训练，所以他对于母子关系在儿童人格形成方面所起的作用尤为敏感。但是，精神分析理论普遍采取回溯性的方式来关注亲子关系，Bowlby 对此有些失望。他认为，个体在处理自己和父母之间的动力关系（也就是接受精神分析）之前必须首先患上某种心理问题，这是非常不幸的。Bowlby 认为，这是一种相当落后的研究方法。他认为，假如我们先从正常的亲子关系入手，在了解了正常情况之后再着手解决偏离常态的异常情况，对心理学来说将大有裨益。Bowlby 相信，一旦了解了母子关系的本质，科学家就能够专注于探索这一关系在人类后续的心理发展中所起到的作用。

　　由于当时还没有人提出完整的预测取向的理论，Bowlby 并没有前人的基础可供借鉴，只能"自力更生"。Bowlby 的目标只有一个，即希望描绘一张蓝图，一张具备前瞻性（预测性的）的精神分析心理学方法论蓝图。这种前瞻性的取向不仅对心理学大有裨益，同时也能提升精神分析的科学信誉。遵循着这种理念，孩子目前经历的亲子关系质量能够预测其未来的精神状况。传统的弗洛伊德学派精神分析法采用的是事后解释的方式，而Bowlby的理论主张是前瞻性的。从科学性的角度看，这种主张要优于传统的精神分析学派，因为它对未来的预测具有可验证性。可验证性是科学的基本特征，无法进行验证的理念不是科学。很不幸的是，许多在Bowlby之前的精神分析学家依赖的是对病人过去生活经历的挖掘，包括病人对年幼时发生在自己身上的事件的回忆，而个人的事后回忆其实并不那么可靠。沿着前瞻性理论取向的思路，Bowlby已然明确展开了他对心理学理论的革命，因为他的理论允许科学家基于当前的亲子关系对未来可能发生的事情进行可验证的展望与预测。

然而，这并不意味着Bowlby是一边坐在摇椅上啜着下午茶，一边思考得出的这些抽象的概念。相反，当Bowlby面对大量由于这样或那样的原因与母亲分离，由慈善机构抚养并经常处于严重的社会隔离状态下的幼儿时，他被迫直面的问题比他最初的理论构想范围更大。Bowlby本人就经历过几次与自己主要照顾者之间的情感分离。比如，Minnie，他最喜欢的保姆及主要的照顾者，在许多方面对Bowlby来说就像母亲一样，但她在他年仅4岁的时候离开了他家。所以，总而言之，对于在母婴相对分离状态下长大的幼儿来说，没人真正了解这个孩子未来会如何，因为还没有人开展过前瞻性的科学研究。而Bowlby就要开始挑战这一切了。

引言

在他的书中，Bowlby在开头写下了"一些亟待解释的观察结果"，他希望向读者展示一种带有前瞻性的精神分析心理学；"一些亟待解释的观察结果"也是书中第二章的标题。在展示一系列需要解释的观察结果时，Bowlby不希望读者认为他一开始就受到某种理论预先施加给他的束缚。他承认自己受到过精神分析的训练，但是他也同样承认了精神分析这种方法在科学性上的不足。相反，Bowlby给我们的感觉是，他希望用归纳法形成自己的新理论。换句话说，他计划从与母亲分离的儿童群体入手，观察这些孩子与母亲分离之后会发生什么，然后对这些观察结果加以解释，继而形成自己的理论。

方法

被试

Bowlby 将功劳归功于他的同事 James Robertson，因为他提供了用于构建依恋理论（Attachment Theory）最有力的观察资料。出现在 Robertson 视频资料里的那些孩子，他们的个人特征信息是缺失的。我们所知的只是这些孩子生活在 20 世纪中期的伦敦以及伦敦周边的养育机构里，Robertson 拍摄的就是他们在这些机构里的生活。这些孩子被要求延长时间待在寄宿制幼儿园或者医院里，他们因此不再由自己的母亲照顾，"取而代之的是由一系列不熟悉的人在一个陌生的地方对他们进行照料"，而研究的基础数据就来自于影片记录下的这些从学步期开始至学龄前阶段孩子们的日常行为。

材料

研究没有采用特别的装备和材料，因为这个研究主要是运用影像手段记录儿童与父母分离期间每天自然发生的行为。

程序

同样的，在这里也没有采用任何所谓的正式研究程序。数据收集的过程充其量可以被称为"自然观察法"。然而，记录结果并不是原始的、不连贯的影像片段，而是用真正的电影制作方式将它们剪辑到一起讲述了一个故事。事实证明，Robertson 是如此具有天赋的一名电影制作人，以至于后来每当有必要拍摄有关被隔离儿童的电影时，人们都以他的拍摄方式作为标准。最终，Robertson 的这部影片在欧洲和美国广为流传，并致使医院一再改变它们的探视规定。

结果

在影片里，这些孩子被迫与自己的主要照顾者分离。根据他们在分离期间的行为表现，Robertson 提出了一套渐进式的三阶段理论。这一理论在很大程度上具有普遍性，不管孩子与自己的父母在分离之前的关系如何，在分离期间，每一个孩子的身上都能观察到 Robertson 理论所涉及的行为。Robertson 描述的三个阶段包括：抗议、绝望以及冷漠。Bowlby 指出，儿童未必会在前一个阶段刚结束时就紧接着进入下一个阶段，并且，不同儿童在每一个阶段停留的时间长度差异很大。但是，这些阶段显著的普遍性给 Bowlby 留下了深刻的印象。下面来看看三个阶段中所发生的具体情况。

抗议

之所以被称之为抗议阶段，是因为当儿童刚与母亲分开时会出现强烈的抗议行为。对有些孩子来说，抗议阶段立刻就开始了，而其他一些孩子则需要过一会才开始。同样的，有些孩子的抗议过程仅仅持续几个小时，而有的孩子可以持续超过一周的时间。出现这些差异的原因很明显与孩子跟母亲关系的质量有关。因此，尽管所有的孩子都会经历抗议阶段，但是，他们最初与母亲的关系质量影响着抗议的时间和程度。

正如 Bowlby 所描述的那样，在抗议时"年幼的孩子对于失去母亲表现出了强烈的痛苦，并且试图动用自己有限的资源竭尽全力要找回母亲。他经常会大声哭喊，摇晃自己的小床，挥舞四肢，每当看到或听到任何东西像是有可能来自自己失踪的母亲时，他就会急切地看向那个方位。所有的行为表明，孩子深切盼望着母亲能够回来。同时，他通常会拒绝所有代替母亲角色的人帮他做事情，不过有一些孩子会绝望地紧紧抓住一个护士不放。"

绝望

从孩子的角度看，经过一段时间后，抗议明显没有作用，他们逐渐开始接受自己的母亲不会回来这一事实。在绝望阶段，孩子们的绝望感逐渐加深。在抗议阶段呈现出来的精神头儿与活力消失了，孩子们开始变得越来越沉默和消极。Bowlby 描述这种状态为一种深切哀痛的状态。

冷漠

进入冷漠阶段之后，孩子们看上去放弃了。但具有讽刺意味的是，至少单纯从行为的角度看，他们竟然更像是有了改善和进步。或许对于没有经验的观察者来说，在第三个阶段孩子似乎已经没有了压力，并且终于肯直面自己的命运了。他仿佛已经从母亲的离去中恢复。他开始接受护士们给予的照顾，而不是一味的拒绝，并且他甚至还可能表现出快乐和友善的迹象。但是，如同Bowlby指出的，当母亲来探访时，并不是一切都好。这些孩子没有表现出正常的依恋行为，而是一幅不认识母亲的样子；他们不会黏着自己母亲，而是表现冷漠；他们也不会对着母亲哭泣，而是干脆转身不理。

尽管这部影片拍摄的对象是待在医院或者在寄宿幼儿园里的时间被延长了的孩子，但是，有时候在不那么极端的情形下也能观察到类似的情况。比如，在孩子第一天去上学的时候，常常可以观察到程度较轻的抗议。我两岁的外甥马修，当他的妈妈结束为期一周的远足后回到家时，他所表现出来的是全然拒绝，这让我一直记忆犹新。在这个例子中，马修从未表现出公开的抗议和绝望的迹象，也许是因为在妈妈离开期间他一直与爸爸待在一起。但是，当妈妈回来时，他对妈妈的接近甚至拥抱都表现出几乎不感兴趣的样子，这让我印象十分深刻。我看到的不是快乐的拥抱，以及分离母子喜悦相聚的时刻，相反，我见证的是一个尽管短暂却完全冷漠的状态。

讨论

这些就是Bowlby所掌握的影像资料，他的研究就是对所有这些影像资料进行观察。除了精神分析理论之外，当时几乎没有其他学说可以指导他对自己的研究观察进行解读。因此，Bowlby开始走上一条全新的理论道路。很大程度上，动物行为学（animal ethology）领域研究的突飞猛进给了他很多帮助。作为一门学科，动物行为学以达尔文的进化论观点为基础，即认为通过自然选择而出现适应。动物行为学家研究某个具体物种的行为，其目的是了解该物种的特定行为是否有可能帮助这一物种在所处环境中更好地生存。有些行为能够帮助某一物种成员获得适应性效果，即这些行为赋予了该物种更多的生存机会。如果一种行为增加了生存的可能性，那么任何导致产生这种行为的基因就更容易被传递到下一代身上，从而增加了这些后代采取同样的适应性行为的可能性。

Bowlby 认为，人类的母婴关系也是一种适应性行为。他深信这对于发育中的儿童来说，如此强大又至关重要，以至于它会借助进化的方式植入儿童的身体，从而帮助人类这一物种存续下去。为什么不是呢？Harlows 夫妇（第16章）已经证明了母婴关系对于恒河猴幼猴健康的重要性，对于人类来说，这为什么不能同样适用呢？

借用行为学的他山之石

Bowlby 所处的时代是行为学的全盛时期。世界范围内的动物行为学家纷纷发表记录了各类动物行为的文章，其中许多都是相当具有吸引力的。这些行为往往是不常见的、奇特的，但是对于展现这些行为的物种而言，它们几乎总是具有适应性的。为什么人类的母亲与她们幼小的孩子彼此会保持极为亲近的关系，如同被一根隐形的蹦极绳绑住一般呢？Bowlby 认为，也许在这方面动物行为学能够提供一些深刻的见解。Bowlby 在他的著作中使用大量篇幅展现了来自动物行为学的理念，并指出，这些理念可能是使得人类母婴之间形成牢固联结的原因。

适应性的环境　Bowlby 紧紧抓住了一个动物行为学的核心概念，这个概念被他称为适应性的环境（environment of adaptedness）。适应性的环境指的是这样一种特定环境，它通过自然选择的过程建立起一种特定的系统并能够使该系统发挥最优化的作用。"系统"可以是任何数量的事物。比如，我们可以将某物种看作一个系统。以虹鳟鱼为例，作为一个系统，虹鳟鱼这一物种在水温处于摄氏6度到24度之间的淡水环境下状态最好。如果将一些虹鳟鱼转移到异常的环境中，比如温暖的热带淡水池塘，或者任何温度下的盐水水体，它们的状态就会很糟糕。当然，虹鳟鱼在炎热无水的环境下状况会更加糟糕，比方说在你露天的野营篝火上挂着的铸铁煎锅里。

我们也可以将一个生物学过程看作一个系统。设想一下人类的心脏和肺。人类心肺系统的主要功用是从周围环境中吸取氧气，并将其泵至全身。比如说，在海平面位置大气条件下，人类的心肺系统运行效果最好，在其他的大气条件下运行效果将会差一些。这就是为什么在全美橄榄球联赛中，那么多比赛队伍在对抗丹佛野马队时感觉如此恐惧的原因之一。在和丹佛野马队对战时，这些球队的队员会发现自己在场地中跑得气喘吁吁，需要频频将氧气面罩贴到自己的脸上。这些运动员原本身体是相当健壮的，只不过在海拔1600米的球场，呼吸对他们来说变得十分具有挑战性，因为这里，大气中可利用的氧气相对较少。

尽管所有的系统在各自的适应性环境中运行效果最好，但是随着时间的变化，某个特定系统的适应性环境可能会发生变化。这种变化可以给系统的适应性制造难题。有时候环境的变化只是暂时的，比如由于夏季长时间的干旱少雨，天鹅最喜欢的湖床干涸了。但是，有时候环境的变化是永久的，并且造成这种变化的原因是由于物种本身的有意行为导致的。在永久改变自己环境的物种里，人类大概是最声名狼藉的了。现在人类生活的环境，与我们最初进化并融为一体的环境相比有着极大的不同。好比说，没有哪一个人类系统是被构建来用于生活在一个有飞机、火车和汽车的环境里的。相反，我们如今所拥有的行为和生物系统，事实上是进化出来用于帮助我们远古时期的祖先生存的，而那时的生存环境用我们当前的标准来看极其原始。所以，你马上能够意识到人类当前的进化状态与工业化环境之间存在着明显的不相称，前者是通过进化去适应原始的环境，而后者则压根儿与原始毫无关联。

从动物行为学的观点来看，很容易发现如今出生的人类婴儿对于在现代社会中生存准备得并不很充分。在人类的婴儿天生适合生存的时间和空间里，没有飞机、火车和汽车；那里没有诸如医院和孤儿院的机构；那里的孩子通常不会被延长与母亲分离的时间。Bowlby很明白，如果我们要理解母子关系，就不能遵循现代社会的逻辑。相反，我们必须从人类原始的适应性环境的角度来思考。Bowlby写道："如果要考虑当前人类行为技能中任何特定部分的自然适应性，那么我们所能采用的唯一标准是，它在帮助人类在原始环境中生存方面做出的贡献程度及其采用的方式。"因此，要真正地了解现代母婴关系对于人类生存的价值，我们必须以这种关系发生进化时的环境为背景，而很不幸的是，这种环境并没有在数十万年后的今天继续存在。遵循着这种逻辑，在与母亲分离后，孩子体验到的抗议、绝望以及冷漠阶段其实就是错配的结果，是婴儿和母亲实际具有的生物适应性与他们所处的现代环境之间出现了错配。

Bowlby 对系统这一概念极有兴趣，他甚至将系统这个概念应用到儿童行为集合中。在这个层面上，我们可以把儿童的行为看作一个或多个行为系统的一部分。Bowlby 有理由相信，儿童在内心里有一个特定的系统，这促使他们在身体上接近自己的母亲。至少根据在托儿机构环境中儿童展现出来的分离后行为来看，这样一个系统是可能存在的。为了高度概括这一系统的复杂性，Bwolby 将这个系统命名为依恋系统（attachment system）。

头脑中有了这个理念，Bowlby 开始试图搜集更多的证据来支持（他认为的）人类身上有可能存在一个原始的依恋系统的观点。这些证据不仅仅支持了依恋系统"内置于"史前人类的婴儿和母亲身上，还证实了如下观点：依恋系统的存在使得婴儿和母亲以及作为一个整体的人类物种拥有了生存上的进化优势。此外，这些证据还能够帮助解释儿童在与母亲分离过程中表现出来的反抗、绝望以及冷漠。既然在母婴关系的方程式中存在两个部分，那么我们应该问两个问题：①是什么因素——如果存在的话——导致了婴儿天生具有希望靠近自己母亲的强烈愿望？②是什么因素——如果存在的话——导致了一个母亲天生具有希望靠近自己孩子的强烈冲动？同样，Bowlby 在针对非人类物种进行的动物行为学研究中看到了这些问题可能的答案。

印刻 关于人类母亲对于婴儿而言是否天生拥有一种特殊的吸引力，一个 Bowlby 最喜欢用的动物行为学概念是印刻（imprinting）。印刻这一概念可能是通过动物行为学家洛伦兹（Konrad Lorenz）针对小鹅和小鸭的研究而家喻户晓。洛伦兹发现，当小鹅和小鸭刚刚孵化出来的时候，它们会对所见到的距离最近的活动对象产生一种偏好。很快，这些刚孵化出来的小动物还会开始跟着那个对象，并且它们会尽最大的努力保持与那个对象尽可能近的距离。如果那个对象离开了，这些刚孵化的小动物还会试图找到它，或者会发出痛苦的叫声召唤那个对象回来。这就是印刻的过程，换句话说，就是欲求的对象（object of desire）被印刻进了小鹅和小鸭的"思维"或者大脑中。

在一个自然的环境里，印刻对象几乎总是鹅妈妈或者鸭妈妈。印刻系统或多或少保证了刚孵化的幼禽与母亲保持较近的距离。但是，行为学家的实验操作证明，母亲不是唯一能够印刻的对象。这个对象可以是一个球、一只狗甚至是行为学家脚上穿的一双橘色的袜子。尽管具体的对象看似无关紧要，但一些自然的因素确实帮助禽类缩小了潜在印刻对象的范围。首先，印刻对象必须有特定的大小，太大或者太小的东西都不能激发印刻。其次，对象必须发出可以被听见的声音，比如嘎嘎的叫声，这可以增加印刻的强度。但是，禽类一旦已经印刻了一个对象，它们就很难再对另一个对象产生印刻。并且，如果一个事物不是印刻对象，那么当它靠得太近时，可能会激发这些刚孵化的幼禽的恐惧反应。

印刻的适应性价值十分明显。在自然环境下，它可以保证幼禽紧跟着自己的母亲。你可能在湖边或者小溪边看到过这样的景象，小鹅或者小鸭如一列火车一样紧跟在母亲身后。保持紧跟着母亲的行为是具有适应性的，因为母亲可以抵御捕食者或者入侵者，给自己的后代提供完全的保护。有一次，我打高尔夫时，有一个短杆打偏了。我不得不靠近一群鹅母亲，但在它们充满威吓的叫喊声中，我只能眼睁睁看着自己的球掉进了附近的池塘。所以，千万不要去招惹一个正在孵化后代的禽类母亲。

Bowlby 认为，人类的母子关系中很明显也存在印刻的作用。或许人类婴儿印刻的对象也是自己的母亲。当然，禽类和哺乳类动物之间存在明显的区别，特别是与人类这样的高级哺乳动物相比。人类新生儿做不到一出生就围着母亲蹒跚而行。所以，人类婴儿的任何印刻意愿如果想要付诸实践，都得在一段相当长的时间后才能发生，比如说几个月。但是，如果对定义的要求不那么严格的话，小鹅和人类婴儿的行为之间确实存在着一些可比性。比如，人类婴儿在生长到几个月大时，比起其他对象，他们开始对特定对象表现出更强烈的偏好。通常，偏好的对象是母亲。当母亲不在身边时，婴儿还会表现出恐惧反应，并且当不受欢迎的陌生人靠近婴儿时，他们会表现出极端的恐慌。当母亲在身边时，能够自行移动的婴儿还会表现出强烈的意愿要一直待在母亲身边，母亲走到哪里就跟到哪里。（蹦极宝宝！）

Bowlby 写道："因此，我们可以总结说，就目前所知道的而言，依恋行为在人类婴儿身上形成并且发展成专注于一个偏爱的对象的方式，与在其他哺乳动物和鸟类身上形成的方式十分相似。因而，上述过程可以被合理地纳入印刻的范畴——前提是,对印刻这一概念的理解是广义的。确实,如果不是遵循上述思路的话,我们将会在人类和其他物种之间制造一条毫无根据的鸿沟。"从中你可以看到,在解释人类的依恋行为时,Bowlby 重视与达尔文进化论学说保持理论上的一致性。人类行为与其他物种行为之间存在行为学上的潜在相似性,这是 Bowlby 理论建构的基础。

本能 尽管印刻可能能够解释婴儿保持与自己母亲亲近的天性,但是它不能解释母亲亲近婴儿并且保护婴儿的天然倾向。因此,Bowlby 从动物行为学借用了另一个概念:母性的本能(instinct)。目前,关于人类的行为是否可以被视作本能,仍有着相当大的争议。许多现代心理学家也许会声称,人类没有哪个行为是真正出于本能的。但是,Bowlby 不认同这一观点。对他来说,母亲的照料行为符合本能的标准。根据 Bowlby 的标准,母亲的照料行为是本能,因为:①这种行为在族群中的大多数成员身上有着相似且可预测的模式;②这种行为不是对单一刺激的简单回应,而是按照一种可预测的顺序执行的行为系列;③这种行为的结果对于保证个体和物种的存活具有价值;④即使不通过学习,这类行为也能产生。

现在,由于现代人类社会已经反映不出原始的适应性环境,我们不得不依靠对其他动物的观察结果来探索母性的本能。从其他"生活在地面的灵长类"动物身上,我们可以进行更为清晰的探索。在地面生活的其他灵长类生物的一个显著特点是高度社会化。它们有自己小规模的灵长类社会,有自己的社会等级。不同成员在群体中的地位不同,任何一个成员都不敢尝试享受比自己的社会地位所能允许的更高级别的特权,否则更高级别的群体成员会加以压制使其回归到自己本来的社会等级上(美国文化就是其中一例)。但是,生活在一个角色高度分化的社会中也有好处,其一就是每一个成员都知道自己应该做什么。比如,当某个群体面临捕食者的威胁时,雄性成员就会聚集起来抵挡入侵者,而雌性则将幼崽集合起来逃向安全地点。参照我们刚刚概括的定义,这些受角色支配的行为就出于本能。所以,人类母亲对自己的孩子如此具有保护性的一个原因可能是,在史前时代,每当面临威胁时,抱起婴儿和将婴儿藏起来的行为帮助人类这个物种作为一个整体存活了下来。相应的,物种的存活导致激发人类母亲这一行为的基因得以传承,于是这些行为与人类社会一起延续至今。

还有一个动物行为学因素可能也帮助激发出了母亲保护婴儿的欲望。这个因素就是,婴儿发出使得母亲觉得有义务做出回应的信号。比如,婴儿有所需求的时候他们会不可避免地哭泣,婴儿的哭泣或多或少地会起到使母亲寻找婴儿的应激源并且帮助婴儿缓解应激的作用。婴儿同样也会笑,而笑容可以引发母亲满足的情绪。Bowlby 对母亲有这样的描写:"当她累了或者被激怒了,婴儿的笑容会缓和她的情绪;当她在喂奶或者用其他方式照料后代时,婴儿的笑容对她来说是一种奖赏和鼓励……孩子的笑容对妈妈如此有影响力,以至于加快了将来她响应婴儿发出的信号的速度,并且提高了她采用有利于婴儿存活的方式来响应婴儿需求的可能性。"

最后,婴儿是如此的可爱,这一点也是非同小可的!事实上,婴儿可爱的特征可能会激发所有人类的照料行为,不仅仅是母亲。你是否有过这样的体验,在看到一个可爱的小宝贝的时候,特别想要上前抱一抱她?并且,这种感觉并不只限于针对人类的婴儿,小狗、小猫、小猴子,甚至是小雏鸟似乎都能让世界上所有的成年人露出充满爱意的笑容,并生出将它们抱进怀里的冲动。所有物种的幼崽都是如此可爱,这难道是巧合吗?洛伦兹(研究印刻的那位科学家)曾经解释说,许多物种的幼崽身上都包含着能够让人类体验到"可爱"感觉的解剖学特征。与所属物种的成年成员相比,幼崽往往都拥有不同寻常的又大又圆的脑袋、圆圆的脸蛋、大大的眼睛以及高高的额部。可能在物种的成年成员看来,幼崽的这些特质是极其具有吸引力的,甚至足以直接"激发"出养育者身上的照料行为。这种源于对幼崽的可爱特征做出反应的照料行为有一个名字:可爱回应(the cute response)。总之,尽管 Bowlby 本人没有对可爱回应进行讨论,但是它非常有可能是另一项内置在母亲身上的、通过进化而来的机制,以保证她们愿意照料自己的后代。

母亲和孩子:互相吸引

利用动物行为学的研究成果来为母亲和孩子之间的相互吸引建立一个革命性、生物学的基础,这真是神来之笔。将两个差异如此巨大的领域联系在一起，明确且系统地阐述一套关于母子关系的理论立场，这是前无古人，也许也是后无来者的。但是，Bowlby 也指出，这种母子关系并非先天注定。母亲和孩子并不是像计算机一样的机器，只运行编辑好的程序。进化也许促进了母亲和孩子之间的互相吸引，但是母子双方也需要做一些额外的工作来保证形成成功的依恋关系。

举例来说，母亲和孩子必须对对方做出回应。Bowlby 指出，依恋关系是一件极富感情的事情。如果母亲出于某些理由，在情感上或者身体上不能亲近孩子，或者孩子无法亲近母亲，那么心理异常就会产生。他写道："由于双方在亲近和深情互动时都是愉悦的，而在疏远和表达拒绝时都感到讨厌或者痛苦的……因此，在某一个体的发展过程中，当某些情况明显异于常规——有时候确实会出现这样的情况——就会被判断为是病态的。"这就是我们的理论切入点。正如我们在分离研究中所看到的那样，由于某些外部原因导致母亲与孩子被迫分离，孩子会不可避免地表现出某些强烈的情感创伤，要么是抗议和绝望，要么就是最糟糕的，冷漠的样子。

最后，尽管母亲也许是被优先选择的依恋对象，但婴儿也能对他们生活中其他重要角色表现出依恋。正如小鸭子可能印刻并追随小狗，人类的婴儿也可以印刻和依恋自己的父亲、哥哥姐姐、护士或是保姆。甚至在一些罕见的案例中，非人类的动物也可以充当婴儿的依恋对象和主要照料者。比如，18 世纪末在法国阿韦龙省附近的森林里被发现的名叫 Viktor 的野孩子，就是被一群狼养大的。

依恋革命

值得注意的是，虽然我们提及弗洛伊德精神分析的内容少之又少，但是我们花了一整章的篇幅讨论了一名弗洛伊德学派精神分析学家的理论创新。正如我之前提到过的，这主要是因为 Bowlby 对弗洛伊德的理论感到不满意。但是，虽然他最初的意图只是尝试在精神分析理论中加入动物行为学的新思想，从而更新弗洛伊德的理论，但是最终 Bowlby 提出的依恋理论几乎可以"自成一派"。Bowlby 并没有从弗洛伊德学派中获得多少支持。事实上，弗洛伊德学派的一些传统追随者甚至把 Bowlby 当作异教徒。

尽管如此，许多精神分析治疗师在治疗有各种心理障碍的成年病人时，都会对 Bowlby 的依恋理论大加运用。这种后 Bowlby 学派的精神分析方法以一种传统的方式展开——以病人当前的心理问题作为起点，追溯病人的童年时期。但是，这种方式有着强烈的 Bowlby 理论风格。首先，治疗集中关注病人目前与重要社交对象之间的依恋关系，包括配偶、孩子以及所有的好友。如果发现这些关系大多很糟糕，那么下一步就是探究病人在童年时期是不是没能与自己的母亲建立安全的依恋关系。

尽管这个方法采用的仍然是回溯式的方法论，但是 Bowlby 关于依恋的理念很明显是其中的关键所在。治疗的目标是通过多年密集的、以小时为单位的疗程来帮助病人建立新的依恋关系。程序上，在分析过程中治疗师会帮助病人了解自己童年时期与母亲的依恋关系，以及这种依恋关系是否受到了阻碍或破坏。通过进行深入的了解，Bowlby 学派的精神分析学家还能够引导病人采取补救措施，以修复受损的依恋关系，即使这个病人的童年早已远逝。

依恋理论的传承　尽管可以说模仿是最真诚的恭维形式，但对依恋理论的某些滥用有可能会让 Bowlby 虽死难安。例如，有一种叫作"重生治疗"（rebirthing therapy）的疗法。这种疗法背后的逻辑很简单：一个有依恋问题的病人象征性地回到从前，再一次体验"出生"，从而给予病人第二次建立安全依恋关系的机会，或许甚至是与主要照顾者之间重新建立依恋关系。一些"重生中心"（Rebirthing Centers）应运而生，它们提供为期 9 个月的治疗项目，这显然不是出于巧合。如今重生中心的受欢迎程度已经大不如前，但它们的确曾经风行一时，你只要花 5000 到 7000 美元就可以让自己重生一次，并且只要搜索一下重生（rebirthing）和中心（center）两个关键字就能找到一家离你最近的诊所。

虽然我并不是特别反对象征性的重生，但一个广为人知的案例揭示了这种方法有多离谱。Candace Newmaker 是一个 10 岁的女孩，她在感情上对于亲近自己的养母有些困难。于是，母亲在科罗拉多州埃弗格林的一个重生中心花费 7000 美元，购买了一个为期 2 周的治疗项目，其中就包括象征性重生的环节。为了象征她是在"子宫"里，Candace 被包裹在一个毯子里。然后 4 个成年人开始用枕头挤压这个被毯子包裹的女孩,以象征分娩时的宫缩。据《美国新闻与世界报道》(U. S. News & World Report)上的描述,孩子在最开始的24分钟里,已有7次表示自己不能呼吸;在最初的16分钟里,她6次提到自己快要死了。但这时候,治疗过程没有结束,治疗师一边继续动作一边说:"你想死?好的,那么死吧。来吧,现在就死。"疗程进行到1小时10分钟后,由于无法将Candance"重生"出来,他们解开这个子宫,发现了孩子已经失去了意识,身体发紫——尤其讽刺的是,她呈现出胎儿般的姿势。第二天,Candance被宣告死亡。

结论

John Bowlby的研究给全世界医疗服务人员提供了研究一个儿童情绪发展的新视角。他的研究表明,如果一个孩子长时间不与依恋对象接触,将会造成严重的精神创伤和长期的损害。从进化论的角度看,人类的婴儿不应与自己的母亲分离太长时间。母亲不仅仅是一个移动的乳房,只满足孩子被喂养的需求,她们同样还提供爱。Bowlby的研究表明,如果托儿机构真的对儿童病患的精神健康感兴趣,就应该允许孩子的母亲全天都有机会亲近他们。而对于孤儿来说,应该有特定的人员介入照料,并承担母亲的职责。另外,母亲是给孩子提供安全感所必需的要素,她们的存在使得孩子们能够涉足和探索未知的世界。因此,依恋不仅仅对于情感安全来说是必要的,对于孩子了解周围世界从而实现智力发展也是必需的。

Mary Ainsworth,John Bowlby的老熟人、同事以及朋友,在《美国心理学家》(American Psychologist)杂志中写道:"作为一名科学家的John Bowlby与作为一个普通人的John Bowlby是不能分割的。所有认识他的人都认为他是一个极度温暖和关爱他人的人,一个出色的临床医生。他尊重他人、理解他人并且对人满怀怜悯。他着重强调父母的行为对一个儿童的个性发展过程具有重大影响,但有些人错误地理解了他的意图,认为这是将所有过错归咎于父母。而Bowlby深知'能够理解一切,便能宽容一切',他无意责怪任何人。"

问题讨论

1. 人类的婴儿真的能像洛伦兹研究的小鹅一样进行印刻吗？一般来说，当涉及生存问题的时候，人类婴儿的行为与幼禽的行为有哪些异同？
2. Harry Harlow 的研究（第 16 章）可以与 Bowlby 的依恋理论进行整合吗？
3. 基于你所了解的依恋关系的作用，长期抑郁的母亲生出的婴儿所具有的依恋行为可能是什么样子的呢？
4. 现代社会环境与人类的适应性环境有怎样的区别？是否存在与适应性环境差别不大的社会文化？你是否能想象出一种未来的社会环境，会让依恋行为变得不合时宜？

第 18 章　一个多么陌生的情境
依恋的类型

Ainsworth, M. D., Blehar, M. C., Waters, E., & Wall, S. (1978). Hillsdale, NJ: Erlbaum.

（排名 1）

我成年后第一次造访芝加哥闹市区时的情绪状态可以用"恐慌"来形容。并不是芝加哥这个地方有什么特别恐怖之处，事实上，它与任何一个人口百万级的大城市相比并没有多大的不同。现在，作为芝加哥的常客，我为芝加哥所提供的文化机会感到兴奋不已。但是，出于某种原因，我第一次到访芝加哥时确是惶恐不安的。经过许多年的反思，我觉得我找到了其中的原因。我和我的未婚妻抵达芝加哥的那一天，我们的联系人踪迹全无。要知道我们计划好了要去拜访我们的朋友萨拉，她住在芝加哥的市区，我们想要给她一个惊喜，因为我们"就在附近"。而且我们还知道虽然萨拉频繁出差，但当天她并没有外出。我们就想着，不如给她来个突然袭击。我们想当然地认为，因为她没有出差，她应该就会呆在她的公寓里。对我们来说这样的预期貌似很合理，毕竟在芝加哥一个阳光明媚的周六下午，人们还能有什么其他事情可做呢，对吧？然而，她并没有在等着我们，她根本不在家。

就在我意识到我们孤零零地身处在那个偌大、嘈杂且高楼林立的城市的那一刻，我心里突然产生了一阵恐慌。尽管我是在城里长大的（一个比芝加哥小很多的城市），但我最初的反应是赶快离开那片都市丛林，回到我熟悉的领地。现在，当我回想起那时，我意识到当时感到那么害怕那么脆弱的原因是：那不是我们的主场，不是"我们说了算的地方"。我知道如果萨拉当时正好回到家，打开那扇对我们来说犹如安全网一样的公寓大门，那么一切就都好了。我们将会自在地讨论去哪里观光，去哪个餐馆尝鲜。我们将会怀着出门冒险的心情去探索对我们来说全新又陌生的城市，我们将心怀慰藉，因为知道身后有一个安全基地等着我们。幸好，萨拉很快就回家了，那个安全场所的存在的确让一切变得截然不同。当我们把行李搬上42楼时（用电梯），人人都能听得到我那如释重负的叹息。

根据Mary Ainsworth的研究，我这种对安全场所的需要其实十分正常。事实上，一个安全场所（或者用Ainsworth的话说是"安全基地"）是身为人类最基本的需要之一。在她那本被公认为1960年以来儿童心理学领域所发表的最具革命性的研究成果第1名的书里，Ainsworth详细地探讨了拥有一个安全基地对于人类发展的重要性。为达到这个目标，她和她的三个同事，Mary Blehar、Everett Waters和Sally Wall，从对Bowlby的依恋理论（见第17章）进行回顾开始，开启了一场研究依恋对儿童情感发展影响的探索之旅。Ainsworth和她的同事们最感兴趣的是，儿童的"依恋系统"在熟悉的环境中和陌生的环境中分别如何运作。开门见山地说，Ainsworth发现，不同的儿童可能与自己的父母形成不同类型的依恋关系。正是由于发现了依恋的这些不同类型，Ainsworth博士和她的研究才如此具有革命性。她甚至将自己的书直接命名为《依恋的类型》（*Patterns of Attachment*）。

引言

正如我刚刚提到过的，Ainsworth和她的同事在书的开篇重新梳理了John Bowby依恋理论的主要特征。当然，我们刚刚已经花了一章的篇幅介绍了这一主题，所以在此我们不需要再对此进行讨论。简单来说，Bowlby 理论体系中让 Ainsworth 和她的同事最感兴趣的是，Bowlby 认为在所有的人类婴儿身上都存在着依恋系统。而 Ainsworth 的关注尤其集中于了解激发和终止儿童依恋系统的环境。

你说什么？你有点儿忘记了依恋理论的内容？好吧，在这里我们进行一下简要的回顾。Bowlby 认为，人类的婴儿天生拥有一个依恋系统，这个系统由一组进化而来的适应性行为组成，它帮助婴儿与自己的母亲保持亲近。几乎每一个孩子可以做的所有的能让自己的母亲亲近自己并将她留在身边的行为都是依恋行为。比如，孩子们能够做的最明显的一件事情就是无论何时何地都跟着母亲。但是，这不适合还不会爬或不会走的婴儿。对于不能自由行动的婴儿来说，他们不得不用哭或者笑来达到自己的目的。尽管不够完美，但是这些信号行为（signaling behavior）可以在母子间距离较远时起作用，通常足以达到让母亲靠近自己的效果。但是，即使是有这些信号行为，倘若母亲没有察觉到，那么它们的作用就不是很大。然而，孩子最终是可以自由行动的，因此他们依恋行为的集合将会扩展到包括各种运动在内，运动允许他们完全依靠自己的能力来靠近母亲。正如我们在前一章提到过的，所有这些行为的意义在于它们能让孩子处于母亲保护性的照顾之下，具有保证生存的功能。在史前时代这是一个很重要的因素，因为那时候一个落单的儿童可能成为一只饥饿的野兽的猎物。

让 Ainsworth 和她的同事们感兴趣的还有儿童思维的发展是如何伴随并改善依恋行为的。年长一点的儿童，除了能够自由活动以外，还拥有思考和计划如何待在母亲身边的能力。尽管我在第 17 章没有用足够的篇幅对此进行讨论，但 Bowlby 确实花费了很多的时间来构建心智模型（mental model），或者说"认知地图"（congnitive map）这个概念，并且他认为它可能在儿童的依恋系统中起到了重要的作用。心智模型是什么？你可以把心智模型看作基于自己的过往经验形成的一系列预期。让我给你举个例子。小时候，我家周围的人对冰激凌车的声音都很熟悉。这个冰激凌车，车顶连接的扩音器总是播放着响亮悦耳的音乐，而且它能给所有居住在附近的孩子提供他们的父母能够买得起的，或者是容许买的那么多数量的冰激凌。不管当时我们在玩什么游戏，冰激凌车的音乐总是能抓住我们的注意力，让我们知道它很快就会经过这里了。用 Bowlby 的话说，我们已经形成了一个关于冰激凌车的心智模型。模型中包括了嘹亮的音乐声、冰激凌车的外观、我们买到的冰激凌的味道，以及我们是否足够幸运可以说服父母来满足我们的需要。同样根植于我们关于冰激凌车的心智模型中的还有它每年出现的时间。我们从未期待在隆冬季节看见冰激凌车，那时候伴随着美国中西部城市的通常是及膝深的雪。

总之，Bowlby 和 Ainsworth 两个人都认为，在决定儿童的依恋系统什么时候将会被激活的问题上，儿童关于自己母亲的心智模型起到了至关重要的作用，但必须说明的是这些模型在本质上取决于儿童与母亲相处时独特的个人体验。如果母亲能够可靠地待在自己的身边，那么这些孩子最终将会形成"母亲是可以信赖的"这种心智模型。相反，如果母亲频繁地不知所踪或者让孩子无法接近，那么这些孩子最终将会形成"母亲是难以捉摸的"心智模型。Ainsworth 和同事在书中写道："如果在与母亲的交流过程中，孩子所形成的模型是母亲通常是容易接近的，并且能够回应他的信号和交流，那么这种经验对于确定母亲的可接近性是一种重要的矫正手段。如果孩子形成的经验告诉他，母亲是不容易接近的或者母亲不会回应他……那么这个孩子对于母亲可接近性的预期就会被限定在一个较低的水平上。"

头脑中有了这些概念之后，Ainsworth 和同事们开始了对儿童依恋系统的研究。他们认为，如果在研究可控的条件下激发儿童的依恋系统，那么他们就能更好地理解它，因为这种控制将会提供详细查探依恋系统内在运作机制的机会。为了激发儿童的依恋系统，Ainsworth 实施了一个叫作陌生情境（strange situation）的实验程序。时至今日，这已经是非常著名的一项实验了。Ainsworth 陌生情境实验法独具创意，其来源可以追溯到 Harlow 的恒河猴研究（第 16 章）。回想一下，Harlow 将恒河猴幼猴放在一个它们不熟悉的房间，他称之为"开放空间实验箱"（open-field chamber）。幼猴对那里很不熟悉，特别是 Harlow 还在其中放进了一个吓人的、一边敲着鼓一边溜达的玩具熊，以至于它们产生了巨大的痛苦。尽管 Ainsworth 不想像 Harlow 惊吓猴子那样吓唬人类的儿童，但她的确想要给儿童呈现一些他们在日常的真实生活经验中可能会遇到但却不常见且他们不熟悉的情境。

方法

被试

引用 Ainsworth 和她同事的话说："被试来自巴尔的摩地区的中产阶级白人家庭，最初是通过私人诊所里的儿科医生联系到的。样本一共包括了 106 个婴儿。这些孩子大约一岁左右。实验中将他们分成 4 组，并在 4 种独立的条件下进行观察。"

材料

所有的观察都发生在两个实验室中的一个里，这两个实验室通过一个双向镜相连（从一侧看是一面真实的镜子，但是如果从另一侧看，则是一扇明亮的窗户）。在一个 2.7 米×2.7 米的实验室里稀疏地放置了一些家具，比如书桌、椅子、一个书架以及金属储藏柜（具体的内容因实验的不同而不同）。其中有 13 个被试参与实验时地板上铺着编织地毯，但其他被试在参与实验时，地板是裸露的并且被划分成 16 个方格，以方便研究者更精确地观察儿童在房间里活动的位置和方式。在房间的一头有一把儿童椅，"椅子上和椅子周围都堆满了玩具"。在房间的另一头放着两把成人的椅子，一把是给被试的母亲坐的，另一把则是给"陌生人"坐的。双向镜在离成人椅子最近的那面墙上。观察者通过双向镜观看在房间里发生的所有事情，并借助录音机将他们的观察口述录入磁带中。

在理想状况下，执行陌生情境实验的流程需要 5 个人的参与：两个观察者，一个"陌生人"，一个实验者以及一个接待人员。接待人员的工作是会见婴儿的父母并将他们带入实验室。实验者的工作是给每一个阶段计时，并提示母亲和"陌生人"何时进入或者何时离开实验室。观察者的工作是观察以及记录实验室中发生的所有事情，同时进行实况录音（采用两个观察者是为了确保不会遗漏任何重要的内容）。最后，"陌生人"的作用就是充当一个陌生人；但需要根据提示进入、离开然后再进入实验室。我猜你应该会想到还需要第六个人：婴儿的母亲。母亲的工作就是承担她做母亲的角色，但是她也需要根据提示离开和进入房间。这套程序要得以执行，最少也得需要两个人，一个扮演接待和观察的角色，另一个则扮演实验者和陌生人的角色。

程序

陌生情境实验的过程由 8 个独立的阶段组成。大体实验过程众所周知，而且在过去的半个世纪里，它是所有关于亲子关系测量的实验方法中最具创造性的一个，因此我将会对每一个阶段给予较多的细节描述。但有意思的是，Ainsworth 在设计这个流程时并没有花费太多的时间。她和她的同事 Barbara Wittig 在聊了大概半个小时后就制定出了这些阶段和它们的先后顺序。

阶段 1：母亲、婴儿和实验者 在这个阶段，母亲和婴儿被带入实验室。母亲应将婴儿抱进房间。实验者会告知她将婴儿放在哪里，同样还会告诉她此后她应该坐在哪里（双向镜旁边两把椅子中的一把）。在这个阶段，对婴儿的观察开始了，这是婴儿对陌生环境的第一次体验。

阶段 2：母亲和婴儿 母亲将婴儿放在她自己的椅子和空椅子之间，婴儿坐着的方向朝着房间另一端的玩具。如果婴儿想要探索房间（特别是玩具）是被允许的，甚至他们被期待这样做。在最初的 2 分钟内，实验要求母亲不要指示孩子做任何活动，但允许她对婴儿发出的请求做出她认为合适的回应。如果 2 分钟后婴儿还没开始对房间和玩具进行探索，母亲将遵从实验者的指示将婴儿抱到玩具那里，并引发婴儿对玩具的兴趣。在这个阶段中，研究者观察的是婴儿所展示出的探索行为，以及探索的数量和种类。

阶段 3：陌生人、母亲和婴儿 接下来，陌生人进入房间，并且富有创意地打招呼"你好，我是陌生人。"陌生人直接坐在空椅子上（在母亲的椅子旁边）并且保持沉默 1 分钟。如果婴儿看起来对她很警觉，她就不看婴儿。1 分钟后，陌生人开始和母亲交谈。再过 1 分钟，陌生人按照提示离开椅子，并开始和婴儿互动。3 分钟后，母亲按照提示离开房间，但确保将她的包留在椅子上。母亲应该尽量在婴儿没有直接注意她的时候离开。在这个阶段，主要观察的是，相比于对母亲以及对探索玩具的关注，婴儿对陌生人的关注程度和关注类型，同样也要观察婴儿对陌生人试图与他进行互动的接受程度如何。

阶段4：陌生人和婴儿 母亲离开房间后，陌生人减少与婴儿的互动，这样婴儿就有机会注意到母亲已经离开了。如果婴儿继续探索玩具，那么陌生人回到她的椅子上并且静静地坐着。此时要观察的是，与母亲在房间时相比，婴儿探索玩具的行为数量。但是，如果婴儿开始哭泣，陌生人尽量通过用玩具转移其注意力的方法来干预，如果这个方法不管用，就将婴儿抱起来或者和他讲话。如果安抚成功了，陌生人会努力让婴儿重新对玩具产生兴趣。如果婴儿的焦虑不是很严重，这个阶段将持续3分钟。在这个阶段，研究者观察的是婴儿对母亲离开产生的反应，以及陌生人试图安抚婴儿时婴儿对她的回应。3分钟后，母亲按提示回到房间。

阶段5：母亲和婴儿 母亲回到实验室关着的门外，大声说话使婴儿能够听见她的声音。接着母亲停下来，打开门，然后再停顿一次。设计有意的停顿是为了允许婴儿有机会奔向母亲，当然前提是他想要这么做的话。如果婴儿在那个时候很烦躁，实验者会指示婴儿的母亲采取任何必要的措施使婴儿安静下来，并重新将他的注意力引向玩具。同时，陌生人悄悄地离开房间。3分钟后，或者是在婴儿已经足够稳定后，可以进入下一个阶段时，母亲按提示离开。母亲在婴儿玩得很开心的时候离开，朝门口走去（再一次将包留下），并且说"再见"告别，出去后把门关上。这个阶段观察的目标是婴儿在母亲回来时以及再次离开时的反应。

阶段6：婴儿独自一人 这个阶段会持续3分钟，此时婴儿可以独自探索房间。如果他哭了，那么给他一个机会让他自己安静下来。但是如果他哭得很厉害，这个阶段的时间将会缩短。此处要观察的是婴儿对母亲离开的情感反应以及过多久他重新开始探索玩具。

阶段7：陌生人和婴儿 现在陌生人回到关闭的房门外，大声说话让婴儿能够听到。她停顿一下，打开门，然后再停顿一下。与之前相同，设计停顿是为了让婴儿有机会靠近陌生人，前提是如果他有这个打算的话。如果婴儿很烦躁，陌生人再次努力安抚他，如果他允许的话，陌生人还会将他抱起来。如果安抚成功，那么陌生人会将他放在玩具旁边，并尽力用玩具吸引他。如果他开始玩玩具，这个陌生人就回到自己的椅子上。如果陌生人进入房间的时候婴儿没有在哭，她要试图将婴儿哄到身边。如果婴儿不肯过来，陌生人就走近他，并努力引起他对玩耍的兴趣。如果他开始玩起来，和前面一样，陌生人就会回到自己的椅子上。这时观察的是婴儿被陌生人安抚的难易程度，他是否寻求或者接受陌生人的加入，以及他是否会跟陌生人玩。同样，还要观察婴儿对陌生人回到房间的反应，并与阶段 5 中母亲回到房间时婴儿的反应进行对比。

阶段 8：母亲和婴儿 陌生人和婴儿单独相处 3 分钟后，母亲回到房间，阶段 8 开始。母亲打开门，在跟婴儿打招呼之前先停顿一会，然后跟婴儿说话并将他抱起来。

如何确认你观察到的是依恋

对观察者进行训练，以便他们找到各种与依恋有关的行为。有 6 种行为被认为尤其重要。Ainsworth 和同事们将这 6 种行为总结如下：

1. 寻求亲近和接触，即婴儿试图接近另一个人的努力程度；
2. 维持接触，即一旦接触建立，婴儿试图保持与另一个人接触的努力程度；
3. 抗拒，这是与寻求亲近和接触相反的状态，即婴儿主动想要远离另一个人的努力程度；
4. 逃避，这指的不是婴儿在试图离开另一个人的时候进行的主动反抗，而是婴儿无视另一个人的程度；
5. 寻找，与寻求亲近和接触非常相似，不过它发生在当喜欢的人不在房间时，出现寻找行为的婴儿通常会走到门口，试图打开门，要不然就呆在门口；
6. 远距离互动，即婴儿远距离与喜欢的人互动，也就是说，尽管他们并没有寻求肢体上的接触，但婴儿对眼神的交流很感兴趣或者反复对着自己喜欢的人笑。

结果

陌生情境实验程序的巧妙性和创新性为 Ainsworth 带来了巨大的名声，而当她发现婴儿的依恋行为可以划分为三种类型之后，Ainsworth 的名气又上升了一个台阶。她将依恋的三种类型通俗地称为"A 型"、"B 型"和"C 型"。我记得第一次看到这些命名时，我的反应是：为什么 Ainsworth 会使用这么无趣的名字？它们很明显没有任何实际意义。事实证明，Ainsworth 选择这些标签正是因为它们稀松平常。她担心，如果自己采用具有具体含义的分组标签，比如"哭泣型"或者"快乐型"，标签本身将会使她和她的同事产生倾向性，继而因为去寻找某种类型的行为而忽视了其他的东西。通过选择"A""B"和"C"的标签，Ainsworth 希望避免儿童所属分组的名字影响观察者所看到的内容。然而，Ainsworth 必须以某种方法区分不同的依恋行为，因此，不管怎样，不同的分组标签最终还是会与不同的依恋行为相对应。

在区分不同的依恋行为时，Ainsworth 指出，所有的儿童都会展示出某种依恋行为，所有的儿童都会以某种方式依恋着自己的母亲。其中的区别只是依恋的质量，但不存在没有依恋的孩子。下面是在 Ainsworth 的陌生情境实验中儿童展示出的三种主要的依恋行为模式，以 Ainsworth 的三个类别标签为序。

A 型

A 型婴儿唯一且最突出的行为模式是，他们对于自己被单独留在一个陌生的房间与一个陌生人相处毫不在意，但是，他们在重聚阶段中也同样回避自己的母亲！对 A 型婴儿的整体印象是，这些婴儿不在意母亲是不是在场。有一些孩子甚至看起来更喜欢呆在陌生人身边，而不是呆在自己母亲身边！Ainsworth 进一步将 A 型的婴儿分成了两个子类型。A_1 型的婴儿是完全回避或者无视自己的母亲，A_2 型的婴儿看起来有一点喜欢待在母亲身边，但混杂着偶尔想要远离自己母亲的强烈愿望。

B 型

这个类型的婴儿展现出的是与母亲之间最健康且最恰当的依恋行为。这个类型的婴儿的共同特征是，他们在重聚阶段时认识到了自己与母亲关系的重要性，他们此时的行为表现是想要待在母亲身边。但是，这类婴儿表达依恋的方式各不相同。有一些婴儿在母亲离开时表现得极度焦虑，而其他的则不怎么在意。但是，所有 B 型婴儿身上都具备一个相同点，即他们将母亲当作自己的安全基地，并且他们重视母亲是否在场。根据 B 型婴儿的不同，Ainsworth 将他们划分成三个子类型。B_1 型婴儿在与母亲分离时不太焦虑，但是在母亲回来时会明显表现出喜悦。但是，这些孩子对母亲的兴趣或多或少发生在相隔一段距离的时候。换言之，他们没有试图靠近自己的母亲，并且当母亲回到房间时，他们肯定会用认可的微笑问候自己的母亲。B_2 型的婴儿在母亲离开房间时有轻微的焦虑，并且与 B_1 型的婴儿相比，在重聚阶段他们表现出更多同母亲进行肢体接触的意愿。B_3 型婴儿与前两组 B 型婴儿不同，他们是这三个子类型中最喜欢寻求亲密的一组。在重聚环节，这些婴儿在寻找时母亲表现得最为积极，并且在母亲身边待的时间最长。但是在母亲离开时，这些孩子并不一定会表现出太多的焦虑，并且在分离阶段出现之前也不会表现得特别粘人。

C 型

这个类型的婴儿最引人注目，因为他们的依恋行为看起来自相矛盾。在重聚阶段，这些婴儿表现出一种奇怪的迂回，他们先是积极地靠近自己的母亲，然后又强烈地抗拒她们。比如，孩子可能会在重聚环节将要到来时奔向自己的母亲，然后很快又从母亲的怀抱中挣脱出来。这组儿童在分离阶段要么表现出极度的焦虑和明显的愤怒（C_1 子类型），要么表现得极其消极（C_2 子类型）。所谓极其消极的意思是他们什么都不做，就像一块湿抹布似的待在原地一动不动。

讨论

Ainsworth 提出了不同的依恋类型，这是她做出的最大贡献。儿童心理学界从此认识到儿童与自己母亲之间可能存在不同关系类型。同时，Ainsworth 的研究还有另一项重要结果：她的分类系统可以被用来预测儿童未来在其他领域的发展水平。Ainsworth 认为，如果我们知道哪种类型的依恋关系将会导致更好的结果，将会大有助益。这样一来，当我们看到母子关系有变差的苗头时，我们就有依据进行干预了。让我们对三种依恋关系所隐藏的含义进行更深入的了解。

B型（安全型）依恋

尽管Ainsworth和同事们采用了很朴素的命名法，力图避免自己对婴儿的依恋行为产生认知偏差，但是这些最终都是徒劳的，因为事实证明某些依恋类型确实比其他的更好。B型是最好的。他们在书中写道："比起另外两类婴儿，典型的B型婴儿在对待母亲的行为上明显更正面。他们与母亲的互动更和谐，他们更乐于合作并且更愿意遵从母亲的要求。B型婴儿对母亲亲密的肢体接触表现出的反应是积极的、不抵触的。"另外，B型婴儿倾向于将母亲视作探索世界的安全基地，当母亲不在近旁时，他们的感觉往往也是相对放松的。Ainsworth和同事们写道："甚至当母亲离开了他的视线，典型的B型婴儿仍会相信她是可及的，如果自己找到母亲并给她信号，母亲将会予以回应。"Ainsworth认为B型婴儿能如此放松的原因是，他们生成的对母亲的心智模型包括了容易接近以及能得到可靠的响应。即使他们的母亲不在身边，B型婴儿还是感觉母亲可以随叫随到。Ainsworth认为，导致B型婴儿形成这种正面心智模型的母亲，具备始终如一且可靠的"敏感的响应者"这一特征。幸运的是，大约有2/3的婴儿属于B型婴儿。

拥有B型依恋或者说安全型依恋类型有什么长远的好处呢？有许多，并且它们具有级联效应（coscading）。首先，这些婴儿更具合作性，并且更愿意遵从母亲的意愿。因此，具有安全型依恋的婴儿是更合群的孩子。一个更合群的孩子社交能力强，而一个社交能力强的孩子是受人欢迎的。其次，安全型依恋的婴儿不容易对未知的人和事感到恐惧。如果他们不恐惧新事物，那么他们在不熟悉的环境中将会有好的表现，比如第一天去学校或者参加联考时。安全依恋的B型儿童更容易在各种不同种类的考试中取得较好的成绩。

C型（焦虑矛盾型）依恋

比起B型依恋或者A型依恋，属于C型依恋的儿童数量较少，但仍然多到足以将这类儿童划分为单独的一类。不要忘了，当母亲将他们独自留在陌生情境中时，C 型依恋的儿童通常会大哭，而当母亲回来之后，他们却又不确定是应该拥抱母亲还是要回避她们。事实上，这些婴儿有时候希望母亲拥抱他们，但是同时又会将她们推开。这些孩子对整件事情的感觉似乎是自相矛盾的。由于这个原因，这些孩子有时候也被称为"矛盾依恋型"。

事实证明，这类婴儿的一个共同特征在于，他们的母亲常常不能积极响应他们发出的信号。这样看来，C 型婴儿很多时候都在哭泣就不足为奇了。这很容易理解，如果你是一个婴儿，而你的母亲并不怎么响应你的需求，难道你不觉得应该哭上一哭吗？并且，由于他们的母亲对他们的交流信号不予响应，这类婴儿无法建立母亲在情感上可及的心智模型。又因为这些婴儿的心智模型不包括母亲是可依赖的这一条，于是他们无法形成把母亲当作安全基地去探索世界的意识。安全基地的缺失反过来减少了 C 型婴儿探索行为的数量。从对世界的探索可以转化为对世界的认识这个角度来说，你应该很轻易就能够想见，C 型婴儿在认知水平上通常没有 B 型婴儿高。

A 型（回避型）依恋

Ainsworth 和同事在文中写道："了解 A 型依恋行为的关键在于，在那些其他婴儿的依恋行为被高度激活的特定陌生情境中，他们对母亲选择了回避。"当 B 型和 C 型婴儿期待从母亲那里获得安全感时（在母亲离开期间，B 型婴儿有安全心智模型，而 C 型婴儿嚎啕大哭），A 型的婴儿似乎采取了一种要么接受要么放弃的态度。事实上，他们似乎更倾向于放弃的那个部分。在陌生的情境中，他们常常主动回避自己的母亲，尤其是在重聚阶段。

是这些孩子冷漠没有感情吗？不是。事实证明，这些孩子主动回避母亲可能是相当具有适应性的行为。要知道，他们的母亲其实很不想待在他们身边。与敏感地回应孩子的需求相反，A 型婴儿的母亲是相当冷漠的，她们经常觉得需要避免与自己的孩子亲近。这种排斥可能会让婴儿产生巨大的悲伤，他们因此可能对母亲产生非常大的愤怒和怨恨。但是，从动物行为学的角度来看，长期对自己的母亲表达愤怒很可能不是件好事。你面临的风险是她可能抛下你然后离开，这将会很糟糕，因为她是你的保护者和主要的食物来源。因此，如果你不能对她表达你的愤怒，而她又不愿意待在你的身边，那么回避她大概是你能做的最明智的事情了。当你回避她，你就不必承担对她表达愤怒的风险，而且你也不会使她生气。A 型的婴儿几乎是左右为难，因此回避反应或许是他们在短期内能够采取的最具适应性的行为。

然而，做一个回避型儿童也是要付出代价的。最明显的后果是，在这些孩子以后的人生中，他们可能无法与生活中其他重要的人结成一段安全而稳定的关系。与他人形成健康的依恋关系会带来社会性的安慰，而他们所过的生活将不包括这种安慰在内。相应的，他们同样面临着在未来的人生中无法与他人友好相处的风险。近来的研究表明，表现出回避型依恋的儿童在学校更有可能惹麻烦，并且更难与自己的同伴友好相处。

新的方向

对于 Ainsworth 来说，提出这些依恋类型是一项非常了不起的成就，她的工作推动了其他无数个关于依恋的研究。然而，尽管 Ainsworth 作为一个革命性的研究者颇具声望，尽管她的陌生情境实验独具创意并对三种依恋类型进行了归纳，但在寻求经济资助支持研究这方面，她的徒劳无获出人意料。你也许不知道，美国大多数学术研究型大学都期望，有时候甚至是要求教员从外部机构获得研究资助。美国政府收到的资助申请是最多的，诸如美国国家卫生研究院（National Institutes of Health）和美国国家科学基金会（National Science Foundation）这样的机构每年会给儿童心理学研究者提供数百万美金的支持。因此，为自己的研究找到资金支持对研究者来说是有很大压力的。

但是，出于这样或者那样的原因，Ainsworth 没有尝到过太多外部资助的甜头。Mary Main 是 Ainsworth 的同事和合作者，据她说，Ainsworth 寻找资助失败的原因主要在于她的研究"具有临床上几乎只针对个人的特殊性，并且她所提出的母婴依恋课题所涉及的群体规模极小，几乎不可能被复制。"尽管不同资助机构表达了各种质疑的态度，许许多多依恋关系的研究者还是沿着 Ainsworth 的足迹前行着，大多数人在 Ainsworth 原有理论和方法论的基础上进行了扩展和完善。如同任何一个真正具有革命性的研究一样，Ainsworth 研究所引发的问题数量超过了它所能够回答的问题数量。因此，众多后续研究的一个共同主题是回答这项研究所引发的问题。

在初始阶段，最主要的研究问题之一是母亲是否是婴儿唯一可能的依恋对象。母亲似乎是一个理想的依恋对象，但她是否天生就注定了是唯一的依恋对象？其他人是否也能胜任这个角色？基于自那以后几十年来的研究，我们现在知道了，婴儿能够与除母亲以外各种各样的人建立依恋关系，包括他们的父亲、祖父母、同胞兄弟姐妹或者任何一个充当主要照料者的人。很明显，母亲并不因为她是母亲就成了唯一重要的角色。她作为依恋对象的重要性，依赖于她通常是主要照料者这一事实，同时还因为她能够敏感地回应孩子的需求。正如你能想象到的，这个发现让许多非传统家庭如释重负，包括那些只有爸爸当家的单亲家庭。

另一个重要的研究问题是，一个一天有 8 小时呆在托儿所的孩子是否特别容易形成非安全型依恋关系？正如你可能知道或者可能已经亲身经历过的，在许多年幼的孩子所生活的家庭中，主要照料者一周不得不出去工作五天甚至更多。在没有其他亲属可以帮忙照料孩子的情况下，父母往往只能选择将孩子交给全天的日托机构。多年来，人们一直担心在日托机构中养育的孩子会形成非安全型依恋关系，因为他们大多数时间都没有和自己的主要照料者在一起。遗憾的是，有关这个问题的研究结果仍然很不明确。尽管有一些研究表明在日托机构里的孩子可能面临形成回避型依恋关系的风险，但是另一些研究却没能找到这样的风险。然而，即使在揭示存在这类风险的研究中，受影响的孩子的比例也是相对很小的。

最近，有一个非常有意思的研究趋势是，学界对成年阶段的依恋的测量兴趣在增加。通过成年人依恋访谈，研究人员可以考察身为父母的人在儿童时期与自己父母的依恋关系的种类。通过使用这种方法，研究者们发现，成年人也能被归入三种依恋类型中的某一种，并且这些分类与 Ainsworth 的分类是相同的。更有趣的或许是，研究发现，那些与自己的父母形成了特定依恋类型的成年人，往往会与自己的孩子形成相同类型的依恋。我认为，这可以称之为依恋的代际传承。但是，这也提出了一个问题：在儿童时期属于非安全型依恋的人在成为母亲后,她的孩子形成非安全型依恋的风险可能会增加——依恋关系是具有"传染性"的。

结论

我认为,Ainsworth 的研究中最关键的信息是,母亲(或者其他的主要依恋对象)在儿童健康依恋关系的形成方面发挥了强大而重要的作用。特别是母亲的敏感响应(maternal sensitive responsiveness),对依恋的形成至关重要。因此,与完全没有依恋关系相反,虽然所有的儿童似乎都已经与自己的母亲建立了某种类型的依恋关系,但是只有当母亲具有敏感响应特征时儿童才会发展出安全型依恋。但是,思考一下这种观点带来的附带结果,即为了孩子的幸福将巨大的责任加诸母亲(或者其他依恋对象)。如同之前对 Bowlby 的批判一样,人们指责 Ainsworth 是当母婴关系出现问题时的"母亲谴责者"。然而,就像其他人已经指出的那样,母亲仅仅是母子关系中的一半而已。

依恋关系理论的主要局限在于它没有考虑儿童气质类型的不同。气质研究者曾指出,有些儿童在陌生情境实验中的分离环节哭泣,可能不是因为他们属于非安全的依恋类型,而是因为他们先天具有在不寻常的环境中表现出极度焦虑的生理素质。哈佛儿童心理学家 Jerome Kagan 为人所熟知,是因为他的研究表明,有一些婴儿在生理上先天具有高活性的交感神经系统,这意味着只要出现稍微反常的情况,这些婴儿就会哭泣。Kagan 认为,这些孩子哭泣,并不一定意味着他们是非安全型依恋的孩子;他们可能只是气质上受到了抑制。而如果孩子自身的气质类型能够部分解释他们经常哭泣的行为,那么母亲将不需要承担所有的指责。

尽管 Ainsworth 以儿童标准情绪发展(normative emotional development)的临床研究为关注点,但她的研究已然超出了标准情绪研究范围,产生了更深远的影响,其中最主要的影响是在发展精神病理学领域。在这一领域,许多科学家都忙于通过纵向研究来了解早期的儿童依恋类型是否对后期的儿童精神病理学具有预测作用,比如抑郁和行为障碍。而认知发展领域的研究人员则一直在思考,儿童与父母的依恋关系是否影响他们的认知发展。这似乎是一些常识性的事情——如果你在家里与父母的关系有问题，你可能会出现抑郁和焦虑，并且可能没办法在学校有好的表现。当然，科学不能仅仅依赖常识，它需要实际的数据。不过初步的结果是完全支持这种假设的。

依恋的理论思想是几乎所有同时代儿童情感发展观点的核心所在。你可以说依恋理论给科学界本身提供了一个安全基地；以它为基础，研究人员可以尝试探索儿童心理发展的未知新领域。Bowlby 在推动理论发展方面的贡献，以及 Ainsworth 在实证研究方法论方面的进一步贡献，就像拳手的连环出击，已经给儿童心理学领域带来了革命性的巨变。难以想象下一个在儿童依恋领域的革命将会是什么，但它一定会让人心潮澎湃。

问题讨论

1. Ainsworth 因为不够重视儿童本身的行为对母婴关系质量的影响而受到指责。儿童的气质不同将会对他们的依恋关系产生怎样正面或者负面的影响呢？
2. Ainsworth 的"陌生情境"是真正的实验创新。当然，存在一个限制因素，即它只能在实验室的人工环境中使用。你能想出一个与"陌生情境"相似但真实发生的情境吗？如果科学家们运用这些自然发生的环境，而不是 Ainsworth 的实验版本，会不会更好？理由呢？
3. 依恋理论将"安全基地"这个概念视为童年时期情感健康发展的核心。同样，在整个生命过程中拥有一个安全基地，对人的精神健康也是非常重要的。你能从自己的亲身经历中，举出两三个自己成年后从所拥有的安全基地中获益或者未能获益的例子吗？

第 19 章　"如果是你先出生，我就不会再要孩子了"
儿童的气质与行为障碍

Thomas, A., Chess, S., & Birch, H. G. (1968). New York: New York University Press.

（排名 15）

几年前在我外甥女两岁生日的派对上，我偶然听到一个人说，如果她的第三个孩子克丽丝是第一个出生的，那么后面她可能就不会再要孩子了。很显然，对父母来说克丽丝是一个相当具有挑战性的孩子。因此，克丽丝的出生顺序排在最后对她的哥哥姐姐来说是一件好事。尽管被母亲认为是一个困难型儿童，但克丽丝似乎将自己的气质当成了有利条件加以运用。她现在已年近 50，并且正在为自己的职业道路而努力。我很了解她，因为她就是我来参加生日派对的这个小寿星外甥女的母亲。

兄弟姐妹能够如此独具个性，这真是一件很奇妙的事情。他们都是在同一个屋檐下长大，遵循同样的规则，过着同样的日常生活，尤其是他们的基因还是来自同样的父母,他们彼此之间怎么能有这么大的不同呢?行为心理学家会毫不迟疑的说,同胞之间的不同源自他们接受的强化和惩罚模式的不同。但这个解释却无法帮助父母理解为什么一种强化在一个孩子身上如此有效,但在另一个孩子身上却毫无作用。发展行为遗传学家(developmental behavior geneticist)可能会提醒我们,一母同胞虽然基因相似,却不完全相同。

Alexander Thomas、Stella Chess 和 Herbert Birch 由于围绕着儿童的个体性进行的深入剖析而赢得了革命者的评价。他们的著作名列总体排名的第 15 位,并且已经被证实彻底地背离了当时遵循一般规律研究法的主流儿童心理学。所谓一般规律研究法(nomothetic approach),是指儿童心理学家们花费大部分时间以寻求可以应用于所有儿童的普遍发展规律。皮亚杰在研究儿童认知发展的时候就采用了一般规律研究法,Bowlby 在依恋的研究上也使用了一般规律研究法,而班杜拉在模仿研究中采用的也是一般规律研究法。身为科学家,研究普遍规律就是我们通过科研训练后要做的事情之一。

但是,如同我们已经讨论过的许多其他的革命者一样,Thomas、Chess 和 Birch 对标准的一般规律研究法非常不满。尤其当理论菜单上的选项仅有发展心理学家被迫奉行多年的行为主义以及一度风靡的精神分析时,他们就更加不满意了。Thomas、Chess 和 Birch 觉得这两道菜都让他们难以下咽,并且余味发苦。因此,如同其他出色却人微言轻的革命者们一样,他们决定亲手为自己的理论盛宴烹制食物。作为儿童精神病学家,他们主要关心的是如何理解并消除经常在儿童病患身上观察到的许多奇怪且不适宜的行为模式。因此,他们不仅必须为儿童的个体性找到一个科学的解释,还必须找到行之有效的办法来解决那些在这个范围内出现的极端行为问题。

引言

Thomas、Chess 和 Birch 于 1968 年出版这本书,是为了呈现他们纵向研究的结果,这项研究是一项关于儿童个体性的纵向追踪,规模大、时间长,始于大概 12 年前。纵向研究(longitudinal study)指的是,在某一个时间段内对同一组人所进行的研究。比如,一个短期的纵向研究可能会跟踪一组孩子,年龄为4~5岁，并观察他们在向学前班过渡期间会发生什么。又比如，一个长期的纵向研究可能会跟踪一组孩子，年龄在13岁到18岁之间，以观察他们从青少年时期过渡到成年期会发生什么。Thomas、Chess和Birch的研究开始于1956年，但是直到1988年，他们的书籍出版了20年后，这项研究的势头依然强劲。这个研究是如此出名，以至于有人给它起了一个专门的名字："纽约纵向研究"（the New York Longitudinal Study）。

正如我之前说过，他们的研究主要是为了记录儿童从婴儿初期到童年晚期的个体性（individuality）。他们关注的不仅是环境如何影响儿童的个体性，还有个体内部因素所造成的影响。这些内部因素被统称为气质（temperament）。作者认为，要全面考量一个儿童的个体性，研究人员不仅需要了解该儿童的气质起点，还需要知道这个世界上的其他人对这个气质起点有怎样的反应。但是，你不可以就此停止，你还需要知道外部世界对这个气质起点所做出的反应将使得该儿童的气质发生怎样的改变。但是，你仍然不能就此停止。下一步，研究人员需要了解的是，外部世界对儿童源于世界对气质起点的反应而做的气质改变又会如何反应。循环往复，以此类推。总而言之，Thomas、Chess和Birch认为，在任何时间点上，儿童的个体性都是由儿童的气质和环境之间反复的相互作用与影响所带来的一个复杂的历史结果。

然而，在描述气质在儿童个体性发展中所起的作用之前，Thomas、Chess和Birch首先需要给出一个气质的定义。作为先驱者，他们必须确保给出的定义抓住了他们所关注的概念的本质，并且能让这个领域的其他科学家足够满意。1956年，由于其他大多数儿童心理学家都怀有强烈的行为主义倾向，Thomas、Chess和Birch煞费苦心地依据儿童实际的躯体行为对气质进行了精心描述。如果不这样做，他们或许都无法获准进入到学术圈。其实，他们对儿童做了什么或者为什么这么做并不特别感兴趣，因为他们更关心儿童是如何做的。他们将其称之为风格（style）。

试想一下，一个棒球队里有三个男孩上场击球送跑垒员上垒。第一棒，无人出局。众所周知，对方球队的投手投球数量多，但好球却很少。其中每个男孩，一个接一个，小跑到投手板，放过四个暴投没有击打，获得保送上垒。男孩 1 号似乎因为上垒而特别开心。他将球棒扔到一边，兴奋之情溢于言表。他动作狂野，如冲刺般跑到一垒上，并朝着教练开怀大笑。男孩 2 号似乎对保送上垒兴致不高。他轻轻将球棒放下，随意环视了一下观众们，然后很平静地走向一垒，一路上不停地用手指梳理自己的头发。但是，男孩 3 号，表现的却是强烈的愤怒。他将球棒摔到地上，不加掩饰地朝对方球队打出不友好的手势，还冲投手吐口水，带着咄咄逼人的气势一路小跑到一垒。三个男孩，三次保送上垒，三种截然不同的行为风格。这就是气质的本质。

正如你可能想到的，考虑到当时行为主义的巨大影响，人们并不认为气质是特别值得研究的心理学主题。确实，许多人认为研究这一主题有失科学家的身份。当时流行的理论认为儿童的行为是他们所在环境的产物，不良的行为完全源于不当的教养方式。但是，Thomas、Chess 和 Birch 对自己所持的信念也是坚定不移的。他们认为，对气质的研究是必要的，这源于以下三个理由。首先，儿童做出一个行为后，外界环境对儿童这一行为的反馈结果与儿童未来的行为之间并非是一一对应的关系。其次，儿童对环境应激源的敏感程度似乎具有极大变异性。最后，正如我们在本章开头所看到的，从同一个家庭出来的儿童对相似教养方式的反应可能是天差地别的。

因此，Thomas、Chess 和 Brich 启动了他们的研究。他们心中有三个明确的目标。第一，他们希望找出研究气质的最好方法。别忘了，他们是先驱者，因此他们只能靠自己来创造研究气质的方法。第二，他们想要利用他们对气质的分类来识别可能出现行为障碍的儿童。这一思路反映出他们曾受过儿童精神病学的训练。第三，他们想要对儿童被养育的环境条件进行详细的描述。为了实现最后这一目的，他们必须仔细地追踪研究对象（儿童）接受养育的方式，以及他们在每天的日常活动中遇到的各种环境应激（事件）。

方法

由于 Thomas、Chess 和 Birch 要应对的是儿童个体性这一棘手的主题，所以从研究一开始他们就已经预料到这是一段注定很"嘈杂"的旅途。他们认为，尽可能多地消除源自外部的"噪声"，将会是一个很好的主意。为了实现这一目标，他们将研究范围限定在纽约市及附近郊区的一些中产阶级或富裕家庭。通过这种方法，他们将研究样本中人口学变量的变异性降至最低，同时也将可能会导致不同儿童个体性的外部因素数量降至最低。比如，他们不需要担心儿童个体性中的哪一部分是源于小镇的成长经历，因为他们所有的研究对象都是在大城市里长大的。那么个体性的唯一可能来源就是那些儿童的内心，而这就是最有意思的部分。不管怎么说，正如我曾经提到过的，这个研究从1956年开始招募家庭，最终一共招募了85个家庭。某个家庭一旦被纳入了研究范围，这一家庭中任何一个孩子一出生就会被自动纳入研究。

被试

被试一共包含136个儿童。研究过程中有5个孩子因为搬走而失联。其中45个家庭有1个孩子，31个家庭有2个孩子，7个家庭有3个孩子，还有2家有4个孩子。1966年，即研究开始的10年后，他们有40个10岁的孩子，25个9岁的孩子，18个8岁的孩子，16个7岁的孩子，15个6岁的孩子，10个5岁的孩子以及12个4岁的孩子。男孩（69个）和女孩（67个）各占一半。78%的孩子是犹太人，15%是新教徒，7%是天主教徒。在研究开始时，母亲的年龄范围是20~41岁，父亲的年龄范围是25~54岁。

全部样本中有一个被指定为"临床样本"的子集。这个样本子集里有42个孩子，他们有一些症状引起了父母和学校的关注，并且经临床诊断为存在某种"程度显著的行为失调"。以下是一些行为失调的例子：①在语言、认知或者动作发展等领域明显发育迟缓；②有自我破坏或者自我危害的行为；③对环境缺乏反应性；④公然蔑视社会习俗，比如在公共场合手淫；⑤明显地孤立于朋友；⑥反复霸凌他人；⑦没有智力缺陷，学习成绩却不及格。尽管儿童出现行为失调从来都不是什么好事情，但是有些孩子出现行为问题对于这项研究来说是极其重要的，因为研究中有一个目标就是判断气质与行为失调是否相关。如果所有的被试都很正常，那么这一定会减少此项研究所能够获得的成果。

材料

由于研究对象数量庞大，Thomsa、Chess和Birch采用了许多不同的材料对儿童和他们父母的心理健康进行测量。首先，在孩子 3 岁和 6 岁时，对他们进行标准的认知功能测试（也就是智商 IQ 测试）。另外，当孩子 3 岁时，研究人员会对他们的父母进行关于养育子女态度的访谈，并询问他们实际的养育儿童方式。

依据临床样本中的儿童表现出的具体行为问题，有时候会对他们进行额外的测试。比如，额外测试会包括精神病学游戏访谈（psychiatric play interviews）或者神经病学检查。这些额外测试的结果同样也会纳入研究的范围。

也许你最关心的是 Thomas、Chess 和 Birch 用来测量儿童气质的工具。别忘了，在他们进行研究的时候还没有任何现成可用的儿童气质测量工具，所以，他们必须自己发明一个。他们最终开发了一系列针对父母和老师进行的访谈，其中包含精心设计的问卷，在问卷中询问老师和父母儿童在具体情况下会出现哪些具体的行为。这些访谈以典型的日常行为为主，例如喂养、睡眠、穿衣以及玩耍等。比如，访谈人员有可能会问到父母，当进食或者就寝的惯例被打破时，孩子会如何反应。或者，访谈人员会问老师，某个孩子如何应对将午睡时间变为课间休息时间的情形。研究者在整个访谈中都着重于儿童对新的人、事物或者环境的反应。另外，只有当真正有实际的行为出现时，这样的访谈案例才可以被纳入研究的范畴。如果老师或者父母对孩子的行为进行笼统的主观解读，比如"这个孩子讨厌谷物"，或者"这个孩子得不到想要的东西时就会很生气"，那么这就需要研究人员花更多的心思提示父母描述并澄清孩子具体做了什么，而导致他们产生了上述结论。

除了访谈，研究者会针对每个儿童进行 1 小时的校内自由玩耍的观察。在这个环节中，一名观察者坐在"教室一个不显眼的角落里"。根据 Thomas 等人所述："这个观察者会记录情境所具有的一般和具体的属性，记录儿童与物品、其他孩子以及成人之间可观察到的互动，每一个口头上的、行动上的以及手势上的互动都会被记录下来。所有的行为都会用具体的描述性的语言进行注释。像前述那些对儿童行为意义进行的主观推断是必须避免的。"

程序

遗憾的是，Thomas、Chess 和 Birch 没有对他们所遵循的具体流程进行详细的描述，至少在他们的书中没有提到。但我们的确已经知道的是，他们对父母和老师进行了非常系统的访谈。父母一加入这个研究，就会很快接受第一次访谈。此后，孩子满3岁之前，每3个月进行一次访谈；孩子满5岁之前，每6个月进行一次访谈；再往后，每年进行一次访谈。

有89%的儿童进入了幼儿园，因此可以对大多数儿童的幼儿园老师进行访谈。教师的第一次访谈发生在儿童"对幼儿园环境初步适应时，第二次则在学年的后半段进行"。此后的教师访谈基本上以年为单位继续进行，在幼儿园的第二学年（如果有的话），然后是学前班，接着是小学一年级。至于一年级以后是否继续进行访谈，作者对此的描述不是很清楚，不过看起来他们做了这项工作。

结果

定义气质

如前文提到过的，Thomas、Chess和Birch的首要目标之一是找到一个测量气质的方法。基于访谈和教室观察的结果，他们设计出了一个气质的九维度定义。哇哦！也就是说，他们认为，在9种不同类型行为上的得分能用来描绘儿童的气质！这9个维度如下：①活动水平；②节奏性；③趋避性；④适应性；⑤反应强度；⑥反应阈；⑦心境质量；⑧注意力分散度；⑨注意广度和坚持性。这部分内容虽少，但需要消化的信息量很多，所以让我们一次一个维度地进行更细致的了解。当我们每完成一个部分，想象一下如果你是一个孩子你的得分将会是多少，这或许会很有意思。因此在每一个维度里，我将会问你一些适合大学生年龄段的问题，这样也许会探测到如果再年轻几岁，你会处于当前这个维度的哪个位置。

活动水平 活动水平（activity level）反映了一个儿童参与某种行为的迅速程度和频繁程度，并且它经常包含着对动作的测量。在浴缸里弄得水花四溅的儿童，在房间里到处乱爬的儿童，在操场上四处奔跑的儿童，或者在家长怀里使劲挣扎的儿童，他们在活动水平方面的得分将会较高。在浴缸里很安静的，在房子或公园里总是在一个地方待着的，或者容易被捉住或者抱住的儿童得分将会较低。（大学生年龄段的问题：当静静坐着的时候，你是否觉得躁动不安或者喜欢抖腿？你更喜欢小城镇里节奏缓慢的生活还是熙熙攘攘大都市里繁忙的生活？）

节律性 节律性（rhythmicity）主要关注的是身体功能的规律性。儿童每天入睡、苏醒、感觉饥饿以及上厕所的时间大致都是固定的，这样的儿童在节律性上面将会得高分。儿童每天入睡、苏醒、感觉饥饿以及上厕所的时间都不稳定，这样的儿童在节律性上面得分偏低。（大学生年龄段的问题：你每天感到困倦、觉醒、饥饿以及上厕所的时间是否一样的呢？）

趋避性 趋避性（approach/withdrawal）主要关注的是儿童如何处理新事物。新的事物可以是人、地点、玩具或者是生活的日程。这个维度上"趋"这一端的儿童，在见到陌生人时可能会微笑，或者他们会愿意玩新的玩具。而"避"这一端的儿童则截然相反。在陌生人面前他们常常会表现出焦虑的情绪，他们看到新玩具会退缩，或者可能会在第一次去看医生时大哭。（大学生年龄段的问题：在一个充满异国情调的外国餐厅用餐对你是否具有吸引力？你是否宁愿拔掉自己的牙齿也不愿意去国外旅游，比如土耳其？）

适应性 适应性（adaptability）维度与趋避性维度稍微有一点重合。不过趋避性维度关注的是儿童的初始反应，而适应性维度关注的则是儿童的初始反应能够朝着人们所希望的方向进行调整的难易程度。在父母访谈中，高度适应性的例子表现为"以前给他吃谷物他经常会吐出来，但是现在他完全接受谷物"；"现在去看医生时直到我们给他脱衣服他才会哭，甚至如果能让他抱着一个玩具他就不哭了"。低适应性的儿童则从不朝着人们希望的方向做到完全地适应环境。比如，"每次一看到剪刀他就开始尖叫并把手抽出来，所以我只能在他睡着的时候给他剪手指甲"；或者"他不喜欢鸡蛋，不管我用什么方式烹制鸡蛋他都会做怪样子，把头转开不肯吃"。（大学生年龄段的问题：你和一群朋友正在去看电影的路上，这个电影是你非常想看的，但是其他人改变主意要去远足，对你来说附和他们的决定的难易程度如何？你能够很轻易地将小烦恼置于脑后吗？）

反应强度 反应强度（intensity of reaction）维度关注的是，当儿童对事物做出反应时，她在反应上耗费了多少能量。这与反应的积极性或消极性无关。在高反应强度一端的儿童往往表现出反应过度，即反应超出正常的范围。一个儿童在餐厅看见了气球可能兴奋地大喊大叫，另一个儿童可能会因为仅仅一瞬间阳光刺到了眼睛都会哭上半个小时。在低反应强度一端的儿童几乎对什么事情都没有反应，但是他们会表示出一些轻微的反应来证明他们注意到了这件事情。他们可能会看一会儿气球，或者在阳光强烈时眯一下眼。（大学生年龄段的问题：当有事情激怒你时，你会"爆炸"吗？或者你只是耸耸肩让这件事过去？）

反应阈 这个维度反映的是，某事物带来的刺激达到何种强度时才能引起一个儿童的注意。有着高反应阈（threshold of responsiveness）的儿童也许对最强烈的刺激也表现得无动于衷，尽管他们所有感觉器官都运转良好。高反应阈且年龄较大的儿童可能会对城市公园旁边呼啸而过的消防车充耳不闻，而高反应阈的幼小婴儿则可能能够忍受几小时都穿着湿了的尿布。相比之下，在听到极其细微的声音或者闻到极其轻微的气味时，低反应阈的儿童可能都会四处张望。当这些儿童在城市里的公园玩耍时，他们不仅能注意到消防车的到来，还能在所有的交通噪声中识别出麻雀的歌声以及花栗鼠吱吱的叫声。低反应阈的婴儿一旦尿湿了尿布就会立刻哇哇大哭。（大学生年龄段的问题：当你正在教室考试的时候，如果旁边有人开始用笔头敲桌子或者鼻子不经意发出呼哨声，你会不会觉得受到了干扰？当你从海滩或者游泳池开车回家，如果你身上穿着潮湿的泳衣你会不会觉得不舒服？）

心境质量 此处关注的是反应是趋于积极还是消极。拥有积极心境质量[①]（quality of mood）的婴儿一天中大部分时间都是开心的。他们经常微笑或者大笑，他们经常感到满足，似乎没有什么会让他们感到特别厌恶。父母常这样描述他们心境质量积极的孩子："他很爱看着窗外。他一边笑一边跳上跳下。"相反的，心境质量消极的婴儿似乎会因为他们在白天遇到的各种事物而感到极度紧张，并且在其他人眼中他们可能让人难以忍受。有人举例说："我努力教

[①] 也有人将这个维度翻译为"情绪本质"。——译者注

他在游乐场不要把女孩子打倒在地并骑在她们身上,现在他不会再骑到她们身上了但仍会将她们打倒在地。"(大学生年龄段的问题:你的朋友或者家人会形容你为乐天派吗?或者他们更愿意说你是暴脾气?)

注意力分散度　注意力分散度(distractibility)高的儿童不论在做什么都会很容易受到干扰。在儿童轻微受伤时这是一个很好的品质,因为父母可以通过将他们的注意力转移到花园里漂亮的黄色花朵或者在天空中滑过的蓝色小鸟上,让他们忘记自己受伤的事情。相反,对于注意力不容易分散的儿童,不论父母怎么做,他们的注意力都会回到这件事并继续哭泣。(大学生年龄段的问题:你的朋友是否曾经在你背后或者当着你的面称你为"注意力不集中"或者"注意力分散"的人?你是否会因为全神贯注看一本好书以至于忘了时间?)

注意广度和坚持性　这实际上是将对两个不同维度的测量综合在了一起。注意广度(attention span)指的是,当出现轻微干扰时,儿童在一项特定的任务中保持投入时间的长度。坚持性(persistence)则更多指的是,儿童可以无视干扰继续做某件事情的时间长度。比如,注意广度较好的儿童可能会连续"玩芭比娃娃"长达数小时。如果这个孩子同时还是一个坚持性好的儿童,那么即使她的哥哥不断走进她的房间,将她的芭比娃娃拿开,她还是会继续玩芭比娃娃。注意广度较差的儿童做任何事情都不会坚持太长时间,他们可能一会玩娃娃,一会穿衣打扮,一会又看动画片。当活动流程被什么东西打断了,比如当她的狗走进房间舔她的脸时,坚持性差的儿童就会停止玩芭比娃娃这个行为。(大学生年龄段的问题:如果你在看电视,有人喜欢不停地换频道,这会惹怒你吗?在复习考试或者写某门课的论文时,你是否喜欢同时和别人发信息聊天呢?)

气质与严重的行为失调

如果你还记得的话,Thomas、Chess 和 Birch 的研究目标之一,是了解儿童的气质是否与严重行为障碍的出现有关。因此,他们进行了一个二次分析,以了解与其他的儿童相比,临床样本中的儿童在各个维度上是否存在什么不同。他们首先将临床样本中的儿童大致分为两组:一组是具有主动行为失调的儿童，一组是具有被动行为失调的儿童。这两组儿童所表现出的行为类型几乎处于两个极端。主动行为失调组的儿童的表现如今被称为"无意识行为表现"或者外化（externalizing）行为。这些儿童通常具有行为控制方面的问题。比如，他们可能会欺负其他的儿童，或者可能会公然违抗老师。再看被动行为失调组。我们可以将其看作超级害羞的孩子，以便你对他们有最准确的理解。即使对这样的孩子提出要求，他们也不会参与集体活动，但是也没有外在的迹象表明他们焦虑或者害怕。他们是一群"壁花"（或"局外人"）。这些行为是今天所说的典型的内化（internalizing）行为。

Thomas、Chess 和 Birch 发现，的确存在一些气质测量方法可以预测一个儿童是否将会出现行为失调。这并不是说儿童的气质使得他们产生了行为问题，而是说儿童的整体气质模式对那些行为障碍具有预测性。你可能会把气质当成一个风险指标，但并非所有临床样本中的儿童都有不正常的气质类型，也并非所有具有非正常气质类型的儿童都会发展出行为失调。我们讨论的仅仅是群体的倾向性。这里所总结的是两个行为失调小组在各个气质维度上与"正常"情况相比的不同。我还将为你指出，对于两个临床样本小组而言，他们所具有的气质维度如何随着时间发生改变。下面我们从主动行为失调组作为开始。

主动行为失调儿童的气质画像　不出意料，主动行为失调组的儿童活动水平更高，并且对外界的反应更强烈。你几乎可以将这类儿童想象成你在小学时代遇到的那种从来都坐不住，而且经常大声无礼评价老师或者其他同学的孩子。这些儿童比正常儿童适应性更差，但更具有坚持性。这意味着他们一旦进入状态就很难安静下来，并且由于他们坚持性好，他们同时也很难从那个状态中走出来。在某些气质维度上，主动行为失调的儿童最开始与普通儿童没有区别，只有在逐渐长大后，他们的气质画像才会逐渐偏离正常；遵循这种模式的气质维度是反应阈。开始时主动行为失调的儿童对周围环境中景象和声音的敏感程度并不比正常儿童高，但是随着年龄增长，他们变得越来越敏感。同样的，在年龄小的时候，这些儿童也不比普通儿童更容易分散注意力，但是长大后他们的注意力会变得越来越容易分散。

被动行为失调儿童的气质画像　一般来说，被动行为失调儿童的气质画像比主动行为失调儿童的要复杂得多，并且随年龄增长变化巨大。而且，他们与普通儿童相比存在总体上的差异。首先，被动行为失调的儿童在活动水平上较普通儿童要低得多，他们在心境上也更为消极。换句话说，这些儿童是一群安静又不快乐的小孩。在其余的维度上，这些儿童的气质会由于年龄的不同出现很大差别。就节律性而言，相比普通儿童，被动型儿童最开始时更有规律，也更具备预测性，但是随着时间的推移，他们变得和普通儿童一样难以捉摸。对于其余 5 个维度——趋避性、反应阈、反应强度、注意力分散度以及坚持性——他们最初的表现如同正常儿童一样，然后随着年龄的增长，走到了与正常儿童完全相反的一端。比如，最初被动行为失调的儿童对新事物比正常儿童更感兴趣，但是后来他们遇到新事物往往更容易退缩和回避。最初他们反应阈很低，这意味着他们似乎并不太注意周围发生的事情，但是几年后他们会变得高度敏感。他们最初反应强度低，但是最终他们的反应会变得强烈很多。最初他们不太有坚持性，但是后来会变得非常具有坚持性。最开始他们的注意力很容易分散，但是渐渐地，他们变得注意力不易分散。当然，这些与年龄相关的变化是非常复杂的，我们无法在这里花费太多的时间。关键在于，早期的气质是儿童出现行为失调的一个预报器。

气质集群

如果说在 Thomas、Chess 和 Birch 的研究中有一个唯一存在的特色，使得他们的研究成为新闻的头条，那就是他们对气质特征集群的确认，这使得他们可以将儿童归入 3 个大体的类别。通过运用诸多高级统计分析，他们发现，某些气质维度往往是共存的。比如，他们发现拥有较高退缩分数（回避）的儿童往往生物节律性差，心境质量消极，适应性差且反应强度大。他们将这些孩子称为困难型儿童（difficult children）。具有这种气质画像的儿童常使他们的父母非常为难，Stella Chess 博士有时候甚至在公开场合称其为"母亲杀手"。与之相反的是，有的儿童对新的事物很感兴趣（在趋近维度上得分高），通常具有规律的生物钟、积极的心境、较强的适应性以及较低的反应强度。他们被称为随和型儿童（easy children）。拥有这种气质画像的儿童是父母梦寐以求的类型。Thomas、Chess 和 Birch 同样还发现有第三种气质维度的集群，即慢热型儿童（slow-to-warm-up children）。他们最初具有较高的退缩性，并且适应性差，但是消极反应强度较低。在许多方面，慢热型儿童的反应与困难型儿童相同，但不同之处在于他们最终会转变过来，并在新情境中取得不错的进展。

讨论

通过确定儿童气质特征的 9 个维度，并归纳出 3 个主要的气质集群，Thomas、Chess 和 Birch 为他们的"儿童精神病学与发展的动态理论"设计了蓝图。当然，这一理论的首要特征是儿童的气质。现在，作为这个新气质理论的主要创始人，他们承认该理论一直有意将气质置于核心地位。但同时他们也意识到，如果给气质以独一无二的地位，那么他们的理论，与当时那些"故步自封"的理论，即那些他们所反对的行为主义观点和精神分析理论相比，好不到哪里去。

导致那些理论僵化的原因，是人们总是假定影响是单方向的，并且认为儿童自身在个体性方面的作用不大。例如，行为主义理论几乎只强调儿童个体性形成过程中来自环境的惩罚和强化。与之相似，弗洛伊德学派的理论太过强调潜意识的驱动力。因此，Thomas、Chess 和 Birch 没有将发展过程中的重担全部加诸儿童的气质，他们不想犯与行为主义理论和弗洛伊德理论相同的错误。他们认为，一个导致儿童个体性发展的真实的原因应当更具动态性。

在他们看来，"复杂的动态系统"能够更好地解释儿童个体性的发展。这是儿童内部的因素与外部因素共同协作，组成的一个不断变化的发展系统（注意这与 Thelen 和 Ulrich 的观点具有一些相似性，见第 6 章）。他们提出的相互作用系统是这样的：具有某种气质画像的儿童将会引发环境中的特定反应，而这些特定反应将会反馈到这个儿童身上，并且影响他们具体的气质性特征；之后变化了的气质特征将会进一步影响周围环境，而环境给予的反应将会再一次反馈到儿童身上，并对其气质有进一步的影响。可以想见这个气质→环境→气质→环境的影响循环将周而复始永不停息。这并不一定是一件坏事，特别是假如这个儿童适应性良好，并且拥有健康的精神状态的话。但如果这个循环的结果是行为失调，那么这个循环就需要被打断，比如通过心理疗法或者改进养育技巧等。假如一个孩子总是哭闹不休，可能会引发父母的挫折感和不耐烦的情绪。他们往往会很生气，并可能诉诸于过度的惩罚，而父母给予儿童的惩罚可能会进一步增加儿童哭闹的次数。唯一可以打断这个循环的，要么是减少孩子的哭闹（对于年龄很小的孩子来说不太可能），要么是教父母变得更有耐心。此处给孩子的父母提供可替代的对付儿童哭闹的策略可能是一种有效的治疗。

  Thomas、Chess 和 Birch 试图抓住这个复杂动态系统的本质，他们引入了适合度（goodness of fit）这一概念。这个概念至今仍很流行，它关注一个儿童所处的环境是否能容纳他独特的气质画像，并且认为儿童与环境两者都对儿童的成长负责。在这个框架下，气质与环境彼此匹配有可能培养出精神健康、适应良好的儿童；与此同时，若气质与环境彼此不合适则有可能培养出行为失调，或者面临出现行为失调的风险的儿童。因此，举个例子来说，尽管困难型儿童可能会很难对付，但如果他们的父母能够谅解包容，他们不见得会出现行为失调。同样的，尽管随和型的儿童可能较容易照料，但是如果环境不适合，他们也可能会出现行为失调。比如，如果父亲或者母亲总是很活跃，他或她可能难以忍受和自己的孩子不在同一个节拍上，那么后一种情况就可能会发生。

结论

  Thomas、Chess 和 Birch 掀起了儿童心理学领域的革命，因为他们创立了一套基于气质的全新理论，这套理论在儿童个体性的发展方面掀起了愈演愈烈的研究热潮。早期的气质研究以气质在行为失调发展中的作用为重点，并且从文献的内容来看这些研究本质上都是沿着同样的轨迹进行。但是最近，研究者们已经尝试在发展的各个领域引入对气质的研究。比如，一些研究者开始关注气质是否有可能与儿童的智力发育相关。你可能已经注意到了，Thomas、Chess 和 Birch 的气质量表与对认知功能的测量密切相关。比如，长期以来注意广度都是智力测量的内容之一。在标准的 IQ 智商测试，如儿童韦氏智力量表中，注意广度是例行的测量项目。

  在这一系列的研究中，有一些发现已经有了一些非常有意思的应用。比如，有两个研究发现，困难型气质的儿童实际上认知功能更发达。在我们对困难型气质儿童下一些过于负面的结论之前，这一点让我们有理由保持谨慎。但是，为什么困难型儿童认知能力更发达呢？如果你深入思考一下，这的确是有些道理的。比如，一些儿童比其他儿童更聪明，是因为他们了解的东西很多，并且可以很快解决问题。当儿童知道的东西多并且能快速解决问题，那么比起不那么聪明的儿童，在某种情形下他们可能更容易感到无聊，这是显而易见的。如果比起不那么聪明的儿童，他们更快感到无聊，那么他们可能更容易变得暴躁和不满。暴躁和不满正是困难型儿童的一个特征。因此在气质上属于困难型并不一定是一件坏事，因为这可能预示着较高的智力能力。

另一方面，困难型气质还与语言发展较慢有关联。这同样也有些道理。当有成人与儿童交谈时，儿童的语言发展是最快的；而如果一个儿童具有困难型的气质，她就可能不是一个让人愉悦的谈话对象。困难型儿童可能从来就没有那么多机会与其他人进行长时间的广泛交谈。相反的，随和型的儿童则更容易成为令人愉悦的交谈对象。

最后，研究者同样关注到了气质的生物学基础。Thomas、Chess 和 Birch 坚守严格的行为界限是值得赞赏的，尤其是他们对于确保父母和老师对儿童的行为没有进行过多解读的努力。但是，行为必定源于某处，并且最有可能来自大脑的活动。目前，现代气质研究者们已经在探究大脑的哪些区域最有可能主管气质相关行为。在一篇极其精彩全面的综述中，Mary Rothbart 和 John Bates 强调了一些可能产生各种各样气质特征的神经学因素。（如果你有兴趣知道，这些因素大多数都位于大脑的边缘系统中。）一旦确定了与极度适应不良的气质特征相关的大脑区域，针对这些症状的药物研制则有可能成为现实。

测量的问题

值得一提的是，由于将研究建立在对父母和老师的访谈上，Thomas、Chess 和 Birch 饱受批评。因此，有一些研究者已经开发了气质测量的替代技术。气质测量清单目前至少已经有 6 种，但是其内容仍然依赖于父母的感受。通过进行实验室观察，人们还发明了一些对气质进行直接测量的技术。但是问题在于，它们只能反映儿童在一个单一环境下的行为。由于人们认为气质遍及儿童日常生活经验的方方面面，因此仅仅是实验室的观察是不够的，还需要来自各种其他替代环境的观察予以补充。我们究竟是采用源自父母的报告得出的气质，还是采用实验室观察到的气质，这一点目前颇受争议。但是话又说回来，人们都知道，革命者的道路总是会"尘土飞扬"的。

如同其他所有的科学主题，对"什么是气质，它意味着什么，该如何对其进行测量"这些内容的进一步修正只能一次一个实验地进行。但也许所需要的时间不会那么多。按照目前的进度，气质研究者以每年超过180个研究的速度大规模地推进着自己的工作。我们希望对儿童个体性的持续关注能够加深我们对儿童的心理发展和幸福的理解。一旦气质的概念失去其效力，我们将不得不做好准备，迎接下一场革命。

问题讨论

1. 尽管抚养一个困难型儿童很艰难，但是气质上属于困难型是否有可能给儿童造成某些适应性方面的优势？为什么？困难型儿童和随和型儿童谁会获得父母更多的关注？这种获得关注的不同会如何影响儿童未来的发展？
2. 对于随和型儿童和困难型儿童，分别采用哪种教养策略将会取得最好的效果？
3. 气质研究者已经证明，在对孩子的气质进行评判时，父母的意见不太一致。当谈到气质时，为什么父母会看法不同？父母是如何对孩子的气质产生不同印象的，你能举出几个具体的例子吗？

第 20 章 "这样伤你之深将远胜于伤我"
当前的父母权威模式

Baumrind, D. (1971). *Developmental Psychology Monographs*, 4 (*1, part 2*). (排名 16)

曾经有一家子，靠着体力过活。
爸爸努力挣钱，奈何收入微薄。
妈妈照看孩子，总是生气上火。
爸爸回到家里，只会抱怨良多。

这是一个关于养育的故事。不管我们是由亲生父母，还是由继父母、寄养父母、领养父母、机器人父母或者甚至是由一群狼养大的，这都是一个我们非常熟悉的故事。我们对此都会有些话要说（除非我们是被狼养大的，因为在这种情形下我们将不会具有语言能力）。我们经常会维护自己父母实行的管教策略，然而有时我们又会发誓不用父母养育我们的方式来抚养我们自己的孩子。能够最快激怒我的学生的方法之一，就是挑战他们被养育的方式。我会用自己最具威严的声音说一些这样的话："研究表明，频繁打屁股会产生长期的负面影响"。我的话音一落，就有一个长得像运动员似的大块头男生大声说："嗨，我的父母打过我的屁股，但是我现在成长得还挺正常啊！"我经常会故作忸怩地接着问上一句："你现在到底成长成什么样了呢？"这时候班上的同学便开始咯咯地笑起来。

对于养育这个话题我们都有自己的看法，但是我们却不一定能将虚构和现实区分开来。由于这个原因，当心理学指导老师表示她的学生们关于养育的观点可能是错的，她经常能从学生们身上感受到悲痛。有意思的是，其他学科则不需要背负同样的包袱。当物理老师告诉我们原子是由电子、中子和质子组成，我们会说："哦，好的。"我们不会怀疑物理学家，我们怎么可能怀疑呢？我们对原子的内部一无所知，我们中许多人可能连质子和蛋白质的区别都不清楚[①]。也许这与我们没办法将自己的体积变得那么小有关。

但是我们小时候都被大人管教过。因此，当一个儿童心理学老师告诉我们，经常打屁股意味着长期的负面影响，在这个私密而敏感的话题上，心理学家触及到了我们的痛处。但是，正如在一堂物理课上我们会认真听取物理学家所讲的内容一样，我认为在一堂人文科学的课上，我们也应该把自己的刻板印象和偏见搁置在一边，听一听这位儿童心理学家有什么要说的。作为潜在的科学家，学生们有责任审视有关的证据，尤其是当这些证据能够给儿童心理学领域带来巨大的变革性影响时。

在这项自 1960 年以来所发表的最具革命性的研究中排名第 16 位的研究中，Diana Baumrind 重点关注的是不同的家长教养方式（parenting）所造成的结果。她最重要的发现之一是，有一些教养方式的确比其他的方式更好，尽管这在某种程度上取决于你自己对"好"的定义是什么。在将教养方式归结为是好的或者是差的这一点上，Baumrind 依赖的不是自己个人的观点。相反，她重视的是儿童自身发展的结果。"好"的教养方式定义为那些能够为儿童适应成人社会做最好准备的教养方式，或者说是具有社会适应性的教养方式。与之

[①] 质子的英文单词是 proton，蛋白质的英文单词是 protein，两个单词的拼写和读音都很相似。——译者注

相反,"差"的教养方式则定义为那些导致孩子生存技能很糟糕的教养方式。她的研究之所以具有革命性,是因为这项研究证明了一种好的教养方式的标准,而这种好的教养方式标准直至今天依然在被沿用,至少在主流、教育程度高、中高等收入的家庭中仍然在使用。

引言

在她发表于 1971 年文章的前言中,Baumrind 并没有讲述太多教养方式研究的发展过程。她只是指出,她进行这项研究的目的是为了回答她之前的一些研究所引出的问题。在那些之前的研究中,她已经确定了三种不同类型的教养方式,她将这三种方式称之为:权威型、专制型以及放纵型。但是,这些类型是基于儿童的行为,而不是基于父母实际的教养方式进行划分的。因此,她在 1971 年的研究的目的之一是探寻父母实际的教养行为,并看一下是否同样呈现出这三种类型的教养方式。

之前的研究还有另外一个局限性,即 Baumrind 没有考虑不同的教养方式是否会给男孩和女孩造成不同的影响。在那个时期,性别差异是一个相当重要的社会议题。20 世纪 70 年代初,妇女运动方兴未艾。女性在"妇女解放"的旗帜下"焚烧她们的胸罩"。平等权利修正案写进了美国宪法成为了所有报纸的头条新闻。美国举国上下的社会科学家都在吵吵嚷嚷着要对性别差异和性别平等的来源进行探索。所以,Baumrind 在 1971 年的研究还有一个关键的议题,就是探索教养方式对男孩和女孩所起的作用是否不同。

方法

被试

这项研究中的被试都是从加利福尼亚州伯克利地区的 13 家托儿所(相当于今天的幼儿园)中的一家招募的。Baumrind 要求被试儿童年龄至少达到 3 周岁 9 个月大,智商在 95 分以上(即在正常范围内)。另外,父母必须允许 Baumrind 进入他们的家中进行研究所需要的"家庭访问环节"。16 个黑人儿童及其家庭被排除在研究之外,因为 Baumrind 从其他的研究中发现,黑人父母的教养方式与白人父母不同。尽管她表示她正在准备用另外一篇文章单独介绍黑人父母的教养方式，但我们仍要记住，Baumrind 的研究结果，即这篇文章中提到的研究结果，可能只适用于白人家庭，并且可能只适用于高智商、高收入、生活在加利福尼亚州伯克利地区的白人家庭。最终的样本里有 60 个白人女孩和 74 个白人男孩，平均智商分数是 125（他们超出了平均水平），平均年龄 4 岁多一点。

材料和程序

作为一名革命者，Baumrind 对测量教养模式和儿童成长质量的兴趣意味着她涉足了一个新的领域。作为一个初涉新领域的研究者，她必须找到既能测量教养模式又能测量儿童行为质量的方法。最终她通过给父母和儿童实施一系列非常复杂的测量，得到了一套非常复杂的数据。除此之外，她还采用了一系列非常复杂的统计方法对数据进行分析。为了让读者知道这整件事情有多复杂，我可以告诉你她在文章中用了 46 页的篇幅对测量手段和程序进行了描述。当然，在下面的几段文字中，我将会尽我最大的能力将这 46 页的内容进行总结概括。

儿童测量 如之前提到过的，由于 Baumrind 感兴趣的是找到更好的教养方式，她必须发明一种方法来衡量"更好"。她最终遵循的逻辑是，一个好的教养方式将可以让儿童产生具有社会适应性的行为。毕竟，如果不能让你的孩子通过自身努力获得成功，那教养的目的何在？因此，Baumrind 的首要目标之一，就是测量儿童的社会适应性行为。她最开始采用的是众所周知的自然观察法（naturalistic observation）。使用自然观察法时，一个观察者仅仅是在某种自然情形中观察一个孩子，并记录观察者认为重要的行为情况。在 Baumrind 的研究中，研究人员在以下两种情形下观察儿童：他们幼儿园的教室里以及进行斯坦福—比奈智力测试的时候。

Baumrind 在研究中安排了 7 名观察者，但是每个孩子都只由一名观察者进行观察。她还采用了许多可靠性检验，以确保观察者在如何对行为进行记录这一问题上保持一致。接下来，培训观察者寻找出 7 个不同的行为类型。每种行为类型的一端设定为具有发展适应性的特征（换句话说，是相对好的行为），另一端设定为具有发展非适应性特征（相对差的行为）。同样，要记住一种行为被定义为适应性或者非适应性是针对来自白人小康家庭拥有高 IQ 文化背景的研究目标而言的。Carla Bradley，研究的是非裔美国人的教养策略，他会毫不迟疑地提醒我们，对欧裔美国儿童来说是适应性行为，对非裔美国儿童而言却可能是非适应性的。无论如何，下面是 Baumrind 记录的 7 种行为类型的列表，与此同时列出的还有一些处于"好"和"差"两端的行为范例。

行为类型	适应性行为范例	非适应性行为范例
敌意—友好	照顾、支持其他孩子，帮助其他孩子实施他们的计划。	侮辱他人，欺凌其他孩子。
抵抗—合作	顺从，值得信任。	试图回避成人的权威，挑衅成年人。
跋扈—温顺	无侵略性，顾虑成人的不赞同的意见。	摆布其他的孩子。
支配—屈从	同伴中的领导者，抗拒其他孩子的支配。	易受他人的影响。
有目的—无目的	自信，主动且自我驱动。	旁观者，在环境中是迷惘的。
以成就为导向—不以成就为导向	喜欢学习新的技能，工作和玩耍都尽力做到最好。	遇到困难就妥协，无法愉悦地参与任务。
独立—受暗示	个人主义的。	思维方式刻板，对成人的权威没有任何异议。

尽管我此处只列举了每种行为类别中的一些范例，但实际对每个儿童的观察是从更多具体的行为角度进行的。事实上，观察者对每个儿童都要从 72 个方面为行为打分！

教养方式测量 对教养质量的测量也通过自然观察法进行，但是由于针对父母，观察都在家中进行。Baumrind如此形容家庭访谈的结构："为了获得一个标准化的情境，针对每个家庭的访谈结构都是一样的，所有家庭的访谈时间都是开始于就餐前不久，持续到儿童上床后结束。人们都知道，通常在这个时间段，亲子关系差异的实例能够呈现出来。选取这段时间进行观察，是为了在最紧张的情况下引发亲子之间大范围的关键互动。"换句话说，在一天里最紧张的时段观察者在被试的家里安营扎寨——这个时间正好是父母想方设法让孩子上床睡觉的时刻。

描述Baumrind教养测量的发展过程稍微有点棘手。它一共分为两个阶段。在第一阶段，她提出了15种不同的教养行为，都是她认为可能能够描述父母如何教养孩子的行为。在第二阶段，她采用了一种复杂的统计分析，将这15种行为缩减至一个更合理的数目（比如5或者6）。另外，她还对父亲和母亲分别进行统计分析，用于了解对母亲来说最重要的教养实践是否与父亲所认为的不同。我将以列举Baumrind最初找出15项教养行为作为开始，然后再根据父母亲的不同角度列举简化后的教养行为集合。

首先是15项初级教养行为。记住，对每一种教养行为，Baumrind都确定了一些让观察者找寻的具体行为。对每一种行为，我将会举出两个接受过培训的观察者需要寻找的实例。你也可以试着在每一个级别给自己的父母进行打分，也许你会发现这样挺有启发的（回想你4岁时候的情况）。

1. 期望孩子参与家务琐事对不期望孩子参与家务琐事。举例：父母要求孩子收拾玩具；父母要求孩子自己穿衣服。
2. 给孩子提供刺激丰富的环境对给孩子提供刺激贫乏的环境。举例：父母给孩子提供了一个激发脑力的环境；父母对孩子提出的要求具有教育价值。
3. 指令性的对非指令性的。举例：父母制定很多的规章制度；父母给孩子确立固定的上床的时间。
4. 不鼓励对父母有情感依赖对鼓励对父母有情感依赖。举例：父母鼓励孩子接触其他成年人；父母没有对孩子过度保护。

5. 不鼓励孩子气的行为对鼓励孩子气的行为。举例：父母不赞成孩子表现出幼稚的言谈举止；父母要求孩子在就餐时表现出娴熟的就餐礼仪。

6. 父母的角色具有灵活性且是清晰的对父母的角色是僵化且模糊的。举例：关于孩子该如何做事，父母能对目标和方法进行详细的说明；父母自己对事物有稳固而坚定地看法。

7. 实行严格的执行策略对实行不严格的执行策略。举例：当孩子公然违抗父母时，父母对孩子进行消极制裁；父母要求孩子集中注意力。

8. 将服从视作一种重要的积极价值对将服从视作一种不重要或者负面的价值。举例：当孩子违抗父母时，父母强力压制孩子的反抗；父母很乐意通过行使权力获得孩子的服从。

9. 提倡尊重自己建立的权威对寻求与孩子建立合作的工作关系。举例：认为父母应该具有优先权；父母不给孩子参与决策的权利。

10. 作为一个家长表现出自信对作为家长表现得不自信。举例：父母认为自己是一个有能力的人；父母认为孩子必须听从父母的意见。

11. 鼓励独立自主对不鼓励独立自主。举例：父母鼓励独立的行为；父母询问孩子的意见。

12. 鼓励言语交流和讲道理对不鼓励言语交流和讲道理。举例：孩子的不顺从会导致父母进行更多解释；父母鼓励进行言语交流。

13. 不愿意对孩子表达愤怒和不悦对愿意对孩子表达愤怒和不悦。举例：在表示愤怒以后父母会觉得羞耻和尴尬；当孩子不顺从时，父母隐藏恼怒或者不耐烦的情绪。

14. 鼓励个体性对鼓励增加社会接受度。举例：父母促进孩子的个体性发展；父母展现自己的个体性。

15. 行为苛刻对行为具有鼓励性。举例：父母不开心时，就变得很难接近；父母管制严苛。

哎呀！要处理的内容一大堆！你最好也学一学，因为在下一节课将会有一个突击测验。总之，Baumrind 在统计过程中发现了源于最初的这 15 项教养实践的几组简化后的教养行为，它们对母亲和父亲来说分别是最重要的。Baumrind 对此处采用的名称稍做了修改，因为简化组里有一些教养维度源于一些条目的组合。但是重点在于，你能看到，那些对母亲来说最重要的简化的教养实践与对父亲来说重要的简化的教养实践非常相似，只有少数例外。

对母亲来说重要的教养实践	对父亲来说重要的教养实践
1. 严格的执行	1. 严格的执行
2. 鼓励独立性和个体性	2. 鼓励独立性和个体性
3. 被动的接纳	3. 被动的接纳
4. 拒绝	4. 拒绝
5. 自信、安全、有效的父母行为	5. 提倡不墨守成规
	6. 专制主义

表中的大多数方面是不言自明的。但是我认为其中有一些需要进一步解释一下。首先，被动的接纳意味着即使当孩子不顺从父母的时候，父母表面上对孩子几乎总是表现出接纳的态度。他们也许对孩子很生气，但即使是这样，他们也会隐藏自己的愤怒，不让她知道。如果他们没有隐藏好自己的愤怒，那么接下来他们会因此而觉得尴尬。同样，当孩子不顺从的时候，被动接纳的父母也不太会对孩子进行消极制裁。第二，提倡不墨守成规，这一点只对父亲来说很重要，意味着有的父亲常常偏离文化规范，彰显自己的个体性，并且鼓励自己的孩子也这样做。第三，专制主义，同样也是只有父亲认为重要的一点，意味着有些父亲往往不会倾听孩子的声音，并且在与孩子打交道的时候，他们喜欢采取非常严厉、始终不变的立场。

Baumrind 还发现了教养测量的第三个子集。她将这第三个子集称为"联合教养行为",因为这些行为与其说是反映了父亲或者母亲的行为,不如说是反映了双亲在构建孩子成长环境时共同建立的期望的气氛。这5个联合教养行为也体现在 Baumrind 最初关注的15个教养行为组中。它们包括:

1. 期望孩子参与家务劳动;
2. 提供刺激丰富的环境;
3. 具有指令性;
4. 不鼓励对父母情感依赖;
5. 不鼓励孩子气的行为

结果

Baumrind 这个研究的首要目标是确定有效的教养模式,然后使用这些模式实现研究的第二个目标,即探究教养方式与儿童的成长结果是否相关。她最感兴趣的是自己之前的研究中确认的三种教养模式(即专制型、权威型和放纵型的教养方式);但请记住,这些模式是通过观察儿童的行为形成的。因此首当其冲的问题是,如果观察父母实际的教养行为,是否会出现相同的教养方式?结果证明,一般来说这些教养方式的确会出现,但是在这个研究中,还出现了一些在之前的研究中没有出现过的教养方式的子方式。我们来逐个对这些教养方式及其子方式进行了解。这些方式的确立是通过一套复杂的打分程序实现的。我不指望你能记住每一个教养方式及子方式的定义,但我会将它们在此展现出来,以便你可以对 Baumrind 所研究的教养方式的复杂程度有一个很好的理解。对大多数儿童心理学家来说,他们记住的是 Baumrind 研究中3个主要的教养方式。

教养方式

专制型父母 专制型父母(authoritarian parent)的目标是要实现绝对的服从。如果孩子的意愿与自己的相冲突时,她喜欢采取强有力的惩罚性管教手段。她不太相信合作与让步,只认为自己的话语是不可更改的。Baumrind

发现，专制型教养方式有两个子方式：专制—不拒绝型和专制—拒绝/忽略型。

专制—不拒绝型教养方式描述的是这样的家庭：①在严格的执行方面双亲得分都高于中点；②在鼓励独立性和个体性方面双亲得分都低于中点；③在被动接纳方面双亲得分都低于中点；④父亲在提倡不墨守成规方面得分在倒数1/3或者在专制主义方面得分居前1/3。通俗一点来说，这些父母对规则的执行非常坚定，他们不鼓励独立性和个体性，他们不隐藏自己的愤怒或者挫败感，并且父亲要求孩子对自己顺从。被试中有10个家庭属于这种教养方式。

专制—拒绝/忽略型的定义包含上述所有特征再加上以下这些特征：①双亲在拒绝方面得分都高于中点，②在提供刺激丰富的环境方面，双亲的得分都低于中点。因此换句话说，这些父母不仅仅与第一组父母一样的专制，同时他们还拒绝自己的孩子，他们在激励自己孩子的心理发展方面投入的精力很少。被试中有16个家庭属于这种教养方式。

权威型父母　权威型父母（authoritative parent）的主要目标是实现孩子的个人成长。她制定严格的规则，但同时她愿意与孩子合作对其进行修改。她重视孩子的个体性以及想法。她还认为，在设立规则的时候，应该同时用孩子能够理解的方式加以说明。Baomrind同样发现了这种教养方式的两种子方式：权威—非不顺从型以及权威—不顺从型。

权威—非不顺从型教养方式，尽管名字很别扭，但它与专制型教养方式在两个方面有些相似。这种教养方式被定义为：①在严格的执行方面双亲得分皆超过中点或者双亲中有一方得分居于前1/3；②被动接纳方面双亲得分皆低于中点；③双亲在鼓励独立性和个体性方面得分均高于中点。换句话说，这种类型的父母严格制定规则，如果感觉生气或者挫败时，他们往往会表现出来，但他们同时将自己的孩子视为独立自主的个体，并高度重视促进孩子的情感发展。有19个家庭属于这种教养方式。

权威—不顺从型教养方式与权威—非不顺从型教养方式几乎一样，但其不同点在于：①在严格的执行方面双亲中有一位得分居于前1/3，另一位则低于中点；②父亲在拒绝和专制主义方面得分低于中点；③在提倡不墨守成规方面父亲得分居于前1/3。换句话说，这些父母与权威-非不顺从型教养方式的父母基本上是一样的，但不一样的是权威—不顺从型教养方式中的父亲能够极其敏感的响应孩子，并鼓励孩子质疑权威。只有6个家庭是属于这种类型的。

放纵型父母 放纵型父母（permissive parent）的主要目标是充当孩子可以任意取用的资源。她不实施任何惩罚措施，对孩子全盘接受，并且对孩子的突发奇想总是持积极态度。在家务事以及得体的社交行为方面也几乎对孩子没有什么要求，他们认为孩子应该自己管理自己的行为。在Baumrind对放纵型教养的子方式进行的分类中，她指出，没有任何一个家长是与放纵型父母的定义完全吻合的。相反，他们与我们通常认为的非常宽容的父母有着这样或者那样的区别。

举例来说，不顺从（非宽容也非权威）的教养方式具备许多放纵型父母的典型特征。这种类型被定义为：①在严格的执行方面父母中至少有一位得分低于中点；②在鼓励独立性和个体性方面父母中至少有一位得分高于中点；③在拒绝方面父亲得分低于中点；④双亲在鼓励独立性或者个体性方面排名都在前1/3或者父亲在提倡不墨守成规方面得分在前1/3；⑤父亲在专制主义方面得分低于中点。用通俗的话来说就是，尽管父母并没有完全实施任何家庭规则，但他们至少鼓励孩子独立，并且至少有一名父母尽力不拒绝孩子。并且如果并非双亲都鼓励独立，那么至少父亲会试图提倡不要墨守成规，并且鼓励孩子质疑权威。有15个孩子的父母具有这种类型的特点。

而放纵型（非不顺从）父母则采取一种更真实的放纵型教养方式。可以判定属于这种类型的情形包括：①在严格的执行上双亲得分都低于中点；②在被动的接纳方面至少有一个父母得分居于前1/3；③至少有一个父母在拒绝方面得分排名处于后1/3。另外，有这种类型父母的家庭还应当符合下面三个标准中的两个：①父母中至少有一个人在期望参与家务劳动方面得分低于中点；②父母中至少有一个人在指令性方面得分低于中点；③在不鼓励孩子气的行为方面，父母中至少有一个人位列后1/3。换句话说，这些父母执行家庭规则并不坚定，且往往不指望孩子参与家务劳动。另外，他们对孩子表现出全盘的接受，甚至能够容忍一个4岁的孩子表现得像一个小婴儿。你能想象吗？有14个家庭属于这种教养方式。

拒绝—忽视 最后，还有一组父母的教养方式非常不正常。Baumrind使用了"拒绝—忽视"（rejecting-neglecting）这个标签来形容这些父母的习惯。他们的得分情况是：①在鼓励独立性和个体性方面得分低于中点；②在拒绝方面得分高于中点。如果并非父母两人都在拒绝方面得分高于中点，那么出现下面任意一种情况时，他们仍然属于拒绝—忽视型：①父母中的一位在拒绝方面排名前1/3；②在提供丰富的环境方面家庭的得分处于后1/3，并且在不鼓励情感独立方面得分排名居于前1/3。换句话说，这些父母不仅不会用制定规则的形式给孩子提供可以遵循的框架，而且他们对自己的孩子是相当排斥的，而且在培养孩子的独立性方面提供的指导也很少。有11组父母属于这种教养方式的。

教养方式和儿童成长结果测量之间的关系

在Baumrind证实了可以基于父母自身的行为确定不同的教养方式之后，其后她考察的是这些方式是否会导致儿童身上出现可取或者不可取的品质。记住，可取的品质是指可以帮助儿童适应人类社会的品质。尽管她测量了在儿童身上普遍存在的7种行为特征，但她将这7种特征进行归纳，形成了更普遍的两类特征，她认为这两类特征抓住了最重要、最具有社会适应性的结果测量的本质。第一类特征，她称之为社会责任心；第二类她称之为独立性。社会责任心在大部分（如果不是全部的话）文化中都被赋予了很高的价值，或多或少反映着儿童尊重和关心他人的幸福。她所创造的对社会责任心的测量方法是通过将我们前文中提到过的7种行为类型其中3种的得分进行合并得到的。具体来说，这3种类型是敌意—友好、抵抗—合作以及以成就为导向—不以成就为导向。在社会责任心方面得分最高的儿童，是那些被认为友好、合作以及以成就为导向的儿童。当然，在社会责任心上得分最低的儿童则被认为是不友好、抵抗并且是不以成就为导向的。

独立地工作在许多文化中同样被赋予了很高的价值，特别是在西方的主流文化中。因此Baumrind认为具有高度独立性水平的儿童同样也为进入西方的主流文化做好了准备。她对独立的测量是将最初的 7 种行为类型中的 4 种行为得分进行合并，具体来说是跋扈—温顺、支配—屈从、有目的—无目的以及独立—受暗示。具有高度独立性的儿童在温顺、支配、有目的和独立这几个方面得分很高，与此同时，独立性差的儿童在跋扈、屈从、无目的和受暗示这些方面得分高。

那么现在让我们看看，根据 Baumrind 的最初的假设，父母的教养类型会导致儿童出现怎样的成长结果：

假设 1 Baumrind 认为，相对于其他儿童，拥有专制型父母的儿童将会缺乏独立性，但是不会缺乏社会责任心。在社会责任心方面，Baumrind 认为拥有专制型父母的儿童与其他儿童没有什么区别。事实上，Baumrind 发现，比起拥有权威型父母的女孩，拥有专制型父母的女孩，独立性更差；而相比拥有权威型父母的男孩，拥有专制型父母的男孩独立性同样更差，但其相差的程度没有女孩之间的明显。同样的，比起拥有权威型父母的男孩，拥有专制型父母的男孩社会责任心更弱，但这并不是因为专制型家庭中的男孩的社会责任心太低，而是权威型家庭中的男孩的社会责任心非常高。另外，她发现拥有专制型父母的女孩的成就导向不如拥有权威型父母的女孩高。

假设 2 Baumrind 认为，相对于拥有除专制型以外的其他类型父母的儿童，拥有权威型父母的儿童更具社会责任心，并且相对于拥有除不顺从型以外其他所有类型的父母的儿童更具有独立性。结果是，拥有权威型父母的男孩比起拥有专制型或者放纵型父母的男孩具有的社会责任心明显高很多；比起拥有不顺从型父母的男孩，他们更加友好。比起拥有专制型父母的女孩，拥有权威型父母的女孩在成就导向方面得分稍高。但是并非所有的权威型父母都会养育出具有可取行为的儿童。实际上拥有权威—不顺从型父母的儿童对他们的朋友是相当具有敌意的，并且也不尊重成人的权威。

假设 3 Baumrind 认为，拥有放纵型父母的儿童相对于拥有权威型和专制型但非不顺从型的儿童，将会缺乏社会责任心。这些儿童在独立性方面得分更低。正如 Baumrind 所预测的，比起父母属于其他教养方式的男孩，拥有放纵型父母的男孩在社会责任心方面得分较低。具体来说，他们在社会责任心方面得分低于拥有权威型父母的男孩,但是却高过拥有专制型父母的男孩。另一方面,拥有放纵型父母的女孩,在社会责任心方面并没有特别的欠缺。但是,比起拥有权威型父母的女孩,她们较缺乏独立性,但与拥有专制型父母的女孩相比,她们的独立性得分又相对较高。最后,比起拥有权威型父母的男孩,拥有放纵型父母的男孩在某种程度上怀有的目的性(purposive)(也就是对实现目标的兴趣)更少,并且与拥有不顺从型父母的男孩相比,他们的独立性要差很多。

假设4 Baumrind认为,相比拥有专制型以及权威型但非放纵型父母的儿童,拥有不顺从型父母的儿童较缺乏社会责任心。她还认为,相比拥有专制型和放纵型但非权威型父母的儿童,拥有不顺从型父母的儿童更具有独立性。但结果与Baumrind的预期相反,比起拥有其他任何类型父母的儿童,拥有不顺从型父母的儿童并不缺乏社会责任心。此外,拥有不顺从型父母的男孩,比起拥有放纵型父母的男孩,在成就导向和独立性方面得分要高得多。然而,比起拥有权威型父母的女孩,拥有不顺从型父母女孩的独立性较差。

讨论

正如你所看到的,研究结果非常的复杂。如果考虑到不同的教养方式分别对男孩和女孩产生不同的影响,那么这个结果会更为复杂。但是Baumrind对于男孩和女孩的不同社会化实践,以及它们对儿童可能表现出的两类社会可取行为所产生的影响给出了一些概括性的结论,具体如下。

社会责任心

如果你希望自己的孩子具有社会责任心,那么最好的办法是采取权威型的教养方式。在Baumrind的研究之前,关于教养的研究主流观点认为,采取严格的教养方式基本上都将导致过激和违抗的行为。但是很明显情况并非如此。在Baumrind的研究中,只要父母在严格养育过程中,对孩子持积极接纳的态度并且跟孩子解释他们所制定的规则,就能够养育出具有社会责任心的儿童。但是很重要的一点是,你不可以采取不顺从型的权威型教养方式。这种方式下养育的儿童将会缺乏社会责任心。

独立性

如果你希望自己的孩子在成长过程中能够独立，那么你最好的办法也是选择权威型教养方式。在 Baumrind 的研究之前，养育方面的权威专家也认为采取严格的教养方式将会带来被动性和依赖性。但是 Baumrind 发现，结果恰恰是相反的。她写道："看起来儿童并没有那么容易屈服于父母的压力"。权威型父母往往具备许多可能增进孩子独立性的特征。一方面，他们提供的坏境能够激励孩子。就儿童而言，具有激励性的坏境往往会激发他们的兴趣和探索精神，显然，这些也是独立性定义的一部分。即使当孩子表现出"任性"的状态时，只要这种任性不会导致某种形式的伤害，权威型父母也同样会对孩子展现的个体性和自我表达予以奖励。另一方面，不论孩子的任性是否会导致伤害，专制型父母往往都会惩罚孩子。因为从专制型父母的观点来看，任何形式的违抗都是不能容忍的。而与专制型和权威型父母相反，放纵型父母事实上所给予的奖赏不会因为孩子的任性是否可以被容忍而有什么不同。正如 Baumrind 所说："放纵型父母会对孩子有求必应，直到自己的耐心耗尽。然后他们就会惩罚孩子，有时候惩罚还会非常严厉。"

总而言之，就其本身而言，严格并不是什么坏事，只是父母表现严格的方式导致了所有的差异。如果严格是出于恰当的，并且儿童可以理解的理由，那么所产生的结果就是好的。儿童将会理解为什么需要制定规则，以及什么时候打破规则是被允许的。这样一来，权威型父母也会明白儿童为什么破坏规则，并对这种对规则的违背报以宽容。由此，当这些孩子自己为人父母时，他们的父母就会成为很好的榜样。

结论

Baumrind 引发了儿童心理学领域的革命，因为她证明了不同的教养方式可以被识别，并且会导致儿童出现好或者差的成长结果。她同样证明了社会化实践对男孩和女孩的影响不同。也许她的研究中最重要的发现就是权威型的教养方式会产生最好的结果。所以她的研究一经发表就迅速广为流传，并且举国上下的父母纷纷开始探索与权威型教养相关的养育技巧。这再合理不过了。为什么不这么做呢？谁不愿意培养出能干、适应性好的成功的孩子呢？

然而，如同一张 CD 划伤了表面声音就会失真，别忘了 Baumrind 的教养图式是以加利福尼亚州伯克利社区高 IQ、高教育程度的中高阶层白人家庭为样本研究得到的。尽管在过去的几十年里，就美国其他地区的受过教育的中高阶层白人家庭而言，她的研究发现基本上经受住了考验。但也有一些研究者质疑这种权威型教养方式对于其他文化群体所具有的价值。正如前文提到过的，其中的问题在于被视为"好的"和有适应性的最终行为在不同文化间差异非常大。比如，在美国，我们给予独立性很高的评价。我们都力求"做最好的自己"，我们被鼓励去质疑权威，独立思考。在小学的课堂上，知道正确答案并大声回答（只要他们先举了手）的学生是会受到表扬和鼓励的。但是在其他的文化中，这种独立性的培养并不被视为一种有价值的社会化目标。比如在许多亚洲国家的课堂上，如果儿童做了什么与众不同的事情，他们可能会惹来麻烦。在这些亚洲文化中，集体协作被视为比独立性更"好"的评判标准。因此，对许多欧美儿童来说，同样的权威型教养方式对培养他们的独立性很有效，但可能对许多亚洲和亚裔美国儿童来说却不宜这样做。来自不同文化的父母在养育过程中有着不同的目标。一个亚洲家庭的养育目标，通常包含的是培养出能够对社会的协同努力贡献力量的儿童，而不是让他们想方设法争取个人利益。

即使在欧裔美国人的家庭里，在某些环境中权威教养方式对儿童来说也不是最有利的。试想一下处在犯罪率高发或者帮派活动频繁地区的家庭，在这种情形下，父母如果是温和的，孩子不见得能够受益。相反，一种催生坚韧和强硬品质的教养方式可能更具有适应性。因此与专制型教养方式具有很多相同特征的教养方式可能更值得提倡。

自 Baumrind 最初的研究发表之后，仍有大量关于基本教养方式的后续细化工作，其中许多都是由 Baumrind 自己完成的。现在，研究者指出，有两个养育维度对确定基本的教养方式至关重要。一个维度是反应。一个反应敏锐的家长是一个承认、接受并且试图满足孩子需要的家长。另一个维度是控制。一个控制程度高的家长对孩子表现出来的成熟水平、照顾自己以及遵循家庭规则方面所承担的责任有较高的期望。将这两个维度进行交叉，你将得到与 Baumrind 最初得到的教养方式很相似的四种新方式。如下表所示：

	高控制	低控制
高反应	权威型	宽容—放纵型
低反应	专制型	宽容—冷漠型

最近的研究进一步证明了教养方式对儿童最终行为的影响会一直持续到青春期及以后。由于 Baumrind 最初的儿童样本已经长大，因此从长期影响的角度对教养方式进行研究成为可能。比如，在 1991 年发表的研究报告中，Baumrind 称："那些高控制和高反应的权威型父母在保护他们处于青春期的孩子远离毒品侵害以及获得竞争力方面非常成功。"

我们没有花多少时间讨论专制型父母如何管教他们的孩子，但是考虑到他们高控制低反应的特点，他们的管教策略主要依赖于暴力手段，比如打屁股等。这一点也不让人惊讶。根据定义，专制型家长就是如果有必要，完全可以通过行使权力来迫使孩子服从。但是基于 Baumrind 的研究，我们知道为了帮助孩子社会化，你并不需要让孩子吃苦头。在某些文化中，对孩子采取专制型教养方式会具有适应性的优势，但在美国的主流文化中，专制型教养通常会对儿童成功步入成年期产生消极影响。权威型父母与专制型父母具有一样的高控制性，但他们很少将打屁股作为管教的手段，因而他们的孩子是最开心、最开朗、最成功、最独立以及最具有社会责任心的。假如说这个故事有什么寓意的话，也许可以这样说："你不需要通过打孩子的屁股让孩子成才"。我的那个大块头男学生说，尽管自己常常被打屁股但也还出落的不错，可我仍然不禁有点好奇：如果换一种方式，他又会出落成什么样子呢？

问题讨论

1. 教养方式的研究者总是力图避免这样的假设：在一个群体、一种文化或者一个种族中适用的教养方式对另一个群体、另一种文化或者另一个种族也同样适用。有没有可能存在任何一种教养的实践或行为是适用于全人类呢？

2. 在你看来，Baumrind 这项 40 多年前的研究现在还仍然适用吗？如果不适用，那是为什么呢？

3. 选定三个你最喜欢的电视剧里的家庭，看看你能否根据 Baumrind 的研究结果将这些家庭分类。按照他们父母的教养方式，这几个电视剧家庭中的孩子与 Baumrind 研究中的儿童是否类似呢？

4. 一种教养方式在单亲家庭和双亲家庭中产生的有效程度是否会有区别？在什么情形下前一种情形里的教养方式会比后一种情形里的教养方式更有效或者更无效呢？

第 21 章 另一位母亲的声音

感情纽带：新生儿更喜欢自己母亲的声音

DeCasper, A. J., & Fifer, W. P. (1980). *Science*, *208*, 1174–1176.（排名 17）

上大学时，我有一位教授，专门研究婴儿心理学。我上过至少三门他的课，同时也在他的指导下做过几项"独立研究"。一开始，我在他的实验室做本科研究助理，后来因为他很赏识我，所以将我收入门下。曾经有一段时间，我还做过他的本科实验室协调员。我对 Bob Haaf 教授印象最深的便是他的可靠了。同样的话题会在他的课程中反复出现。在他课程的初期总会有同样的故事，同样的内容，甚至是同样的笑话。我记得我曾经想过不去上他前三周的课。即便如此，我也不会错过任何考试会涉及的内容，因为那些故事、文章和笑话我已经听过很多遍了。

但幽默的是，在我着手开始写这一章的时候，当读到 DeCasper 和 Fifer 的文章摘要时，Haaf 教授的两句经典引述突然进入了我的脑海。这两句引述都是他非常喜欢的，通常会在课程的第一天就提到。它们分别是：

> 一个人在一生中会扮演很多角色，其表演可以分为七个阶段。最开始是婴儿，在乳母的怀抱中低声哭泣，流着口水。
> ——莎士比亚《皆大欢喜》（As You Like It）

> 婴儿，在眼睛、耳朵、鼻子、皮肤和五脏六腑的控制下，感知着世间万物给他们带来的奇妙而又纷杂的困惑。
> ——威廉·詹姆斯《心理学原理》（Principle of Psychology，1890）

这两句引述给我带来的画面感，使得它们至少在我的脑海中栩栩如生。那段莎士比亚的引述使我仿佛面对一个婴儿，脏脏乱乱的，带着婴儿特有的味道，也许照顾他的人的围裙上还残留着他的尿迹和口水。这幅画面充分说明了婴儿是完全无法控制自己身体功能的。他们需要依靠他人的照顾才能健康成长。那段詹姆斯的引述使我开始思考在知觉组织原则完全缺失的情况下，去感知世界将是何等复杂的体验。视觉、听觉、嗅觉和触觉，这些感受杂乱地混合在一起，其中任何一种对婴儿来说都缺乏清晰的含义。当 Haaf 教授使用这些引述时，我经常想起迷幻音乐家 Todd Rungren 式的视觉风格，Pink Floyd 乐队的音乐，以及那种提取自迷幻蘑菇的裸盖菇素（psilocybin）（那正是放纵的 20 世纪 70 年代）。

我相信 Haaf 教授的目标是尽可能清楚地将这些画面展示给他的学生，这样他们才能认真对待婴儿心理发展领域中摆在所有人面前的难题。在接下来几周的课程中，通过评估其他研究者为了克服婴儿研究的局限性而创造出来的新的方法论，Haaf 教授将会对各家众说纷纭的婴儿心理学理论观点加以评述与整合。其中一种独具创新性的方法论便是，作为 DeCasper 和 Fifer 的革命性研究的一大特色的非营养性吮吸技术（nonnutritive sucking technique）。

一点背景信息

正如我之前所说，研究婴儿的心理世界和研究大龄儿童以及成人的心理世界是完全不同的。大龄儿童和成人具备读和写的技能（至少在工业社会中是这样的），所以对他们进行研究时可以使用调查法、日记法、问卷法以及自我评估等方法。但是婴儿不具备这些能力。他们还不会说话，就更不用说阅读了。基本上，在婴儿身上唯一可以使用的科学测量依据就是生理反应了。比如给婴儿一幅图，他们会去看。如果在婴儿身边突然发出很大的声音，他们会吓一跳。还有，如果给他们接种疫苗，他们会哭。

正是出于这个原因，婴儿心理学研究才被忽视了如此长的一段时间。直到近期（大概60年前），儿童心理学家才逐渐克服了这个难题。现在，研究人员只需要学会如何用婴儿能听得懂的方法来问它们问题。在这本书中，其他革命性的研究主要使用的都是婴儿的视觉反应。比如 Fantz（第8章）和 Baillargeon（第5章）的研究都提到了给婴儿展示不同形式的图片，然后记录下他们看这些图片时的行为反应。

DeCasper 和 Fifer 的研究却有些不同，他们采用了完全不同的研究方式。因为他们研究的是刚刚出生的婴儿，所以不能过多依靠婴儿的视觉反应。新生婴儿的视敏度非常差。同样的视力水平如果出现在成年人身上，将被美国全部50个州和联邦社会保障总署法定为失明。因此，DeCasper 和 Fifer 使用了一种发展远远好于视觉的新生儿感知系统：听觉。

DeCASPER 和 FIFER（1980）

DeCasper 和 Fifer 在20世纪70年代末开始了他们的革命性研究，并且于1980年将其成果发表在《科学》（*Science*）杂志上。表面上他们是在研究婴儿与母亲的感情纽带，但实际上，我觉得他们是在研究其他的一些东西：母婴关系仅仅是他们在研究新生儿感知灵敏度时的一个引子。20世纪70年代是母婴关系研究的重要时期。在美国心理学界，母婴关系的研究紧随行为学家主导地位的没落之后被三大巨头 Harlow、Bowlby 以及 Ainsworth（见第16、17、18章）的革命性研究所驱动和激发，大家似乎都在讨论亲子关系在推动儿童健康发展过程中的地位。比如 Harlow，他发现了肢体接触对促进母婴关系的重要影响。另外两位饱受争议的儿科医师 John Kennell 和 Marshall Klaus 甚至更加激进地断言如果新生儿在刚出生的几分钟（或几个小时）里缺少与母亲的肌肤接触，母婴关系的发展将会受阻，并会永久性不可逆地影响儿童的健康成长（这个理论之后被驳斥了）。

但是，DeCasper 和 Fifer 却并没有从肌肤之亲这个角度研究母婴关系。相反，他们另辟蹊径，研究婴儿的语音识别能力。因为他们把新生儿的感知分辨能力作为重点，所以我有些怀疑他们到底是不是真的对母婴关系感兴趣。他们认为婴儿更加偏好自己母亲的声音，这能为长久、亲密且连贯的亲子关系打下基础。基于这个逻辑，他们将婴儿的语音识别能力和母婴关系联系在了一起。

在研究中，DeCasper 和 Fifer 的目标是发现婴儿在刚出生时，是否会表现出对自己母亲而不是别人母亲声音的偏好。为了达到这个目的，DeCasper 和 Fifer 必须验证两件事：第一，婴儿可以区分自己母亲和别人母亲的声音；第二，在第一点的基础上，婴儿能够表现出他们更偏好且更喜欢自己母亲的声音。或许还有第三个实验先决条件，那就是他们需要验证婴儿在刚出生的时候是否具备这些能力。如果婴儿在刚出生时没有语音分辨力和倾向性，那么对母亲声音的偏好又如何在母婴关系促进中起作用呢？

这就是 DeCasper 和 Fifer 的方法论以及科学独创性的切入点。正如我之前所说，婴儿并不具备完全的、广泛的回应技能。他们只能对环境刺激产生反应，而这种反应主要来源于他们的条件反射。因此，DeCasper 和 Fifer 将他们的实验重点转向了婴儿最基本的生存技能：吮吸。婴儿吮吸的意义是什么？思考这个问题的人并不多，但 DeCasper 和 Fifer 却关注到这个问题。这就是为什么他们开展并发表了自 1960 年以来最具革命性的儿童心理学研究之一。

引言

DeCasper 和 Fifer 并没有提供给我们太多的实验背景信息。事实上，他们仅用了一个自然段来描述他们的研究背景。DeCasper 和 Fifer 指出，胎儿在孕期的第九个月便可以对声音产生回应，并且这种产前回应"可能"会促进母婴关系的发展。但如我之前所说，为了证明这种回应可以促进母婴关系，婴儿首先要证明他们有分辨和偏好自己母亲声音的能力。其他一些实验已经验证了大一点的婴儿具备这两种能力，并且这些婴儿已经和母亲建立起了感情联结，但是还没有任何人研究过新生儿的这两种能力。因此 DeCasper 和 Fifer 可以说是"第一人"。

实验 1

方法

被试

10 个新生儿（5 个为女婴），白人，实验开展的时间是婴儿出生后 24 小时内。

材料

母亲朗读 Seuss 博士图书《桑树街漫游记》（*And to Think That I Saw it on Mulberry Street*）的录音。

程序

在生产后不久，母亲会朗读 Seuss 博士的图书并被录音。每一位母亲的录音都会被整理编辑为时长 25 分钟的音频文件。参与实验的婴儿被躺放在摇篮中，戴上耳机，口中放入"非营养"性的安抚奶嘴。奶嘴会被实验助理维持在特定位置，但这些实验助理对实验条件完全不知情，他们听不到录音，婴儿也看不到他们。安抚奶嘴内装有压力传感器，婴儿每吮吸一次，传感器都会将信号传输到电脑。

在 2 分钟的时间里，婴儿不会从耳机中听到任何声音。在这段时间里，婴儿会学习适应这种对他们来说新异的实验设置。然后在接下来的 5 分钟里，婴儿的每一次吮吸都会被记录下来，以此确定每一个婴儿的吮吸基线速率。电脑将吮吸基线速率汇总统计，以备与之后的实验数据进行对比。DeCasper 和 Fifer 发现，在测量基线速率的这段时间里，新生儿并没有连续吮吸，也没有规律吮吸。相反，他们只是偶尔吮吸。比如，新生儿可能快速连续吮吸 6 次，然后停下 4 秒，再快速连续吮吸 5 次，随后停下 3 秒。DeCasper 和 Fifer 用"中断间隔"来描述两次吮吸动作之间的停顿时间。他们规定,中断间隔应当至少在2秒以上,否则将被视为连续吮吸。

接下来是实验阶段,这一阶段的主要目的是,观察婴儿是否会为了听到自己想要听到的声音而改变自己的吮吸速率。DeCasper 和 Fifer 认为,如果新生儿可以检测到他们的吮吸速率和声音之间的关系,那么他们就会改变自己的吮吸速率从而加大听到喜欢的声音的概率。这个过程非常简明直率。首先,新生儿会被随机分配到不同的两组之中,这两组的吮吸速率和声音种类搭配不同。第一组,当新生儿的中断间隔时间小于吸吮基线值时,他们会听到自己母亲的声音;当他们的中断间隔时间大于吸吮基线值时,他们会听到另一位母亲的声音。第二组搭配则相反。这个实验要探究的就是,新生儿是否会延长或缩短他们的吮吸中断间隔时间,以此来增加听到自己母亲声音的概率和时长。第一组新生儿是否会为了听到自己母亲的声音而吮吸得更频繁?第二组新生儿是否会为了听到自己母亲的声音而降低吮吸的速率?

为了使这段简短的实验描述变得更容易理解,我们可以说得再详细一些。假设一个新生儿被分到了第一组。那么这个新生儿可以靠增加吮吸速率,使吸吮的中断间隔时间小于基线值,来获得更多听到自己母亲声音的机会。假设这个新生儿的中断间隔基准值为 14 秒,也就是说,平均每 14 秒吮吸一次。那么在实验过程中,当这个新生儿吮吸一次,10 秒后,又吮吸一次。因为中断间隔只有 10 秒,少于基线值,那么他就会听到自己母亲的声音。但是如果他第三次吮吸发生在第二次吮吸后的 18 秒。那么这一次,自己母亲的声音就会被另外一位母亲的声音替代。

结果

在这个实验中,DeCasper 和 Fifer 希望验证新生儿是否更偏好自己母亲的声音。第一组新生儿的中断间隔时间在实验过程中有所减少,而第二组新生儿的中断间隔时间增加——这正是他们期待的最终结果。在 10 个新生儿中,有 8 个按照实验设计改变了自己的吮吸速率,以此来获得自己母亲的声音。第一组新生儿不断缩短自己的中断间隔,第二组新生儿不断延长自己的中断间隔。

两组数据之间的差异是显著的。剩下两个没有按照实验设计方向改变吮吸速率的新生儿,其中一个改变了自己的吮吸速率以获得更多陌生母亲的声音,而另一个始终没有改变吮吸速率。

这个实验本身足以证实新生儿可以分辨自己母亲与其他母亲的声音,并且他们更倾向于听到自己母亲的声音。但是 DeCasper 和 Fifer 开始思考,如果他们改变实验条件,实验结果将会如何?如果实验反应被设定成相反的模式,那么新生儿是否会改变吮吸频率以获得更多自己母亲的声音呢?为了检验这个假设,他们在 24 小时之后,再一次对其中 4 个新生儿进行了实验。这一次他们只颠倒了获取母亲声音的吮吸速率要求。结果发现,4 个新生儿都根据新的要求改变了自己的吮吸速率,以此获得更多自己母亲的声音,即与一天前他们的吮吸速率改变方向相反。

这个实验当然也有局限性。DeCasper 和 Fifer 意识到自己的实验样本量非常小。他们也希望能够探究如果实验采用不同的分辨程序,实验结果是否依旧成立。为此,他们设计了第二个样本量更大,且分辨程序不同的实验。

实验 2

方法

被试

16 个新生女婴。

材料

母亲朗读 Seuss 博士图书《桑树街漫游记》(*And to Think That I Saw it on Mulberry Street*) 的录音。

程序

实验 2 比实验 1 要复杂一些,但目的只是想验证新生儿的分辨能力到底有多强。和上一个实验一样,新生儿躺放在摇篮里,戴着耳机,口中含着带有压力传感器的奶嘴。最开始同样是 2 分钟的适应调整阶段。但与实验 1 不同的是，这一次婴儿会直接进入测试阶段；所以不需要 5 分钟的吮吸速率基线值测量时间。因为 DeCasper 和 Fifer 的实验目的并不是将基线值与新生儿的吮吸速率进行对比，而是希望探究新生儿是否知道自己母亲的声音与其他任意语音模式之间的关系。

实验过程中，新生儿会听到一段交替出现的静音与响声，具体是 4 秒 400 赫兹的响声和 4 秒静音。对新生儿来说，他们会听到哔哔声，就好像垃圾车慢慢倒车时发出的声音，每两次哔声之间都会有一段静音。每当新生儿不吮吸的时候，他们就会听到这段声音（即，这段声音只在中断间隔的时候播放）。之后会播放什么声音取决于新生儿的吮吸速率。第一组新生儿，如果他们在 4 秒哔声时段开始吮吸，那么他们听到的哔声将会被关闭，自己母亲的录音将被播放。如果他们在 4 秒静音时段开始吮吸，那么他们就会听到另一位母亲的录音。反之，第二组新生儿需要在静音阶段开始吮吸，才能听到自己母亲的声音。如果他们在哔声阶段开始吮吸，则会听到别人母亲的声音。

当新生儿停止吮吸的时候，他们不会听到任何母亲的声音，并重新听到交替出现的静音与哔声。实验的时长为 20 分钟。而研究问题当然就是，新生儿是否会知道他们在静音与哔声时段中的特定时刻开始吮吸可以开启自己母亲的声音录音。

结果

DeCasper 和 Fifer 对比了前 1/3 与后 1/3 实验时间内新生儿的吮吸活动。他们发现，在前 1/3 实验时间内，新生儿似乎并没有意识到改变自己开始吮吸的时间点可以听到自己母亲的声音。但是在后 1/3 实验时间内，新生儿开始改变他们的吮吸时间点，与静音哔声交替时段同步，以此听到自己母亲的声音。DeCasper 和 Fifer 写道，在实验结束时，有 24% 的新生儿学会在实验设定的时刻开始吮吸，以获得自己母亲的声音。这种倾向性在统计结果上是显著的。

讨论

概括而言，DeCasper 和 Fifer 证实了三个先决条件，由此支持了对母亲声音的偏好或许在母婴关系中起到了重要作用的观点。两个实验的数据都表明，新生儿更倾向于听到自己母亲的声音，对自己母亲与另一位母亲的声音具备分辨能力，并且在出生后的 24 小时内就展现出了以上两点。

令人惊讶的是，在新生儿与母亲还没有过多接触的时候，他们就已经具备了这些倾向性。DeCasper 和 Fifer 写道，这些新生儿都住在同一家服务机构，白天的照顾和晚上的饮食都是由女性护理人员提供的。母亲只在早上 9:30，下午 1:30，5:00 以及晚上 8:30 进行哺乳。DeCasper 和 Fifer 估算后指出，从产后到实验前母婴接触时间共计只有 12 个小时。他们总结道："婴儿能够辨别刺激，从而控制自己行为的能力，为婴儿在产后缺乏亲子互动的情况下对自己母亲的声音产生偏好，提供了有力的先决条件"。这种声音偏好，接下来，可以为母婴交流做准备，使之最终发展成母婴感情纽带。

杰出的下一步

鉴于本实验最开始的研究重点是母婴关系，有人可能会期待在文章的结尾能够有一个论述，主题是婴儿的知觉辨认器官如何使他们更倾向于自己母亲的声音，进而这种倾向性如何促进母婴之间情感纽带的建立。不过这个联系至今还没有被建立起来。但这并不影响 DeCasper 和 Fifer 研究的杰出价值，因为他们的实验方法仍旧独具创新性，实验影响力依然深远。无论是否与母婴感情纽带的形成有关，新生儿对于自己母亲声音的认知、辨别以及偏好无疑都是意义重大的发现。并且这些实验结果向我们提出了更具挑战性的问题。如果婴儿在出生时就具备了身份认知能力、分辨能力以及对母亲声音的偏好，那么他们是在什么时候获得这些能力的呢？是在产前吗？如果是，那还有什么其他的能力也是他们在产前获得的呢？虽然 DeCasper 和 Fifer 并没有在 1980 年的研究中提到这些问题，但是他们的实验结果确实给我们提出了一些需要进一步探讨并解决的问题。这也就推动了 DeCasper 和他的同事 Melanie Spence 在之后的实验中对上述这些新问题进行了探讨。这个后续实验同样重要和杰出，值得我们好好看一看。

DeCasper 和 Spence（1986）

虽然没有发表在类似于《科学》这样享有盛誉的学术期刊上，但

DeCasper 和 Spence 的研究还是获得了相当大的认可。在谷歌学术搜索网站上，他们的这项研究被引用了 811 次（虽然次数已经不少，但是和 DeCasper 和 Fifer 研究的 2002 次引用相比，还是相形见绌了许多）。DeCasper 和 Spence 的研究一点都没有涉及母婴关系，而是纯粹的感知科学。在文章的一开始，他们就为读者解释了为什么研究产前胎儿是否具备学习能力是一件重要的事情。之前的研究已经证实声音可以穿过子宫，所以胎儿是可以听到声音的。有些研究还证实了，部分哺乳动物的胎儿能够感受到听觉刺激，并且它们出生后仍会被这些听觉刺激所影响。所以 DeCasper 和 Spence 认为，人类胎儿也可以听到并且记住声音信息，只是需要有些人着手开始这个领域。

他们假设，胎儿在子宫内就已发展出了对母亲声音的偏好。但是，没有什么符合伦理的实验方法可以用来检验这一假设。因为实验中的胎儿需要被随机分组，比如说，对照组是一群可以正常在母亲子宫内听到声音的胎儿，而实验组则是在子宫内完全听不到任何声音的胎儿。很显然，对实验组的胎儿来说，这将是有悖伦理的。所以如果只是为了确定婴儿的语音偏好而去做这样的实验，这是不可能的。

所以 DeCasper 和 Spence 选择了另外一种方法。他们希望给胎儿听一种特定的声音。他们假设，"如果新生儿的母亲可以在怀孕时不断重复一段声音，那么新生儿会更喜欢这段声音的特定声学属性。"为了证明这个假设，他们让准妈妈们录制了三段不同的小故事节选，并要求她们选择其中一段，在孕期的最后 6 周中，每天给胎儿朗诵一遍。接下来和之前的实验过程相似，研究人员在新生儿出生后对他们进行测试，看他们是否能够分辨出这段小故事的声音，并且表现出对这段声音的偏好。

方法

被试

16 位健康女性，怀孕在 7 个半月左右。

产前实验程序

每一位女性都会朗读 3 个简短的故事，并被录音。这 3 个小故事分别是从

《国王、老鼠和奶酪》(*The King, the Mice and the Cheese*);《戴高帽子的猫》(*The Cat in the Hat*) 以及它的翻版《雾中的狗》(*Dog in the Fog*) 中节选出来的。DeCasper 和 Spence 指出,《雾中的狗》与《戴高帽子的猫》故事情节基本相似,只是故事中的"重要名词被替换了"。3 个小故事长度基本一致,阅读难度以及词汇量也相近。但是,它们的阅读节奏和韵律不同。DeCasper 和 Spence 指出,这三个小故事中"每一个单词的声学属性以及阅读韵律都是不同的。"

产后实验程序

在婴儿出生前,母亲平均会给他们阅读指定故事节选 67 次,总计时长大约 3.5 小时。实验检测阶段与 DeCasper 和 Fifer 的实验基本相似。但不同的是,这个实验并没有把婴儿自己母亲的声音与其他母亲的声音录音放在一起,而是将目标故事录音(母亲产前一直给胎儿朗读的)与其他故事录音(母亲朗读的另外两段故事中的一段)放在了一起。

还有一点不同的是,因为在这个实验中 DeCasper 和 Spence 的研究目的并不是为了探究婴儿是否更偏好自己母亲的声音,所以这些婴儿有可能会被分到自己母亲朗读的实验组,也有可能被分到其他母亲朗读的实验组。如果婴儿被分到自己母亲朗读的实验组,他们会听到自己母亲朗读目标故事和其他故事。但如果他们被分到其他母亲朗读的实验组,他们将听到其他母亲朗读目标故事和其他故事。

这个实验的程序和实验 1 的程序基本相似。新生儿被躺放在摇篮中,戴着耳机,并含住非营养性压力传感奶嘴。他们会有 2 分钟的调整与适应时间,然后是 5 分钟的基线值测试时间。像 DeCasper 和 Fifer 的实验一样,在这一阶段,研究人员会确定新生儿的吮吸速率基线值。如同实验 1,中断间隔基线值将作为参照系。在第一组中,如果新生儿的吮吸速率高于基线值,他们将会听到目标故事,如果他们的吮吸速率低于基线值,他们将听到其他两个故事中的一个。第二组的实验条件与第一组相反,当吮吸速率低于基线值,他们将听到目标故事,当吮吸速率高于基线值,他们将听到其他两个故事中的一个。

结果

实验结果正如所料。大部分新生儿都根据实验设定方式而改变了自己的吮吸速率,以此来听到目标故事——那个他们在出生前一直听到的故事,那个与其他两个故事不同的故事。我们需要记住的是,目标故事是母亲在产前6周时间里每天给胎儿朗读的故事,所以胎儿在出生前就已经听过很多遍这个目标故事了。但相反,他们没有听过其他两个故事。所以在对目标故事和非目标故事的选择上,他们更倾向于听到自己熟悉的故事。为此他们改变自己的吮吸速率,以此来获得熟悉的故事。并且,他们听到的是自己母亲的声音,还是其他母亲的声音好像并不影响他们的选择。不论是谁的声音,他们都会选择自己更熟悉的故事。

总体讨论

虽然 DeCasper 和 Spence 并没有过多地讨论他们的实验结果,但是他们的实验结果表明,婴儿在产前已经有能力形成记忆。实际上,依我看来,验证婴儿在产前可以形成记忆是他们最杰出的研究成果。很显然,婴儿在出生前对自己听到的故事中的某个方面形成了记忆,除此之外,没有其他理由可以解释为什么婴儿更倾向于目标故事。你仔细想想就会知道,这是一个不小的发现。产前的记忆形成其实对胎儿/新生儿的心理健康研究意义深远。越来越多的实证研究指出,人类在婴儿时期发生的事情可以长远地影响他们的一生。如果人类在婴儿时期受到积极影响,那么还好。但不可避免的是,婴儿同样也会受到很多消极的影响,即便是相对典型的环境压力因素也逃不过婴儿的注意。

比如说,今早我开车去上班时听到国家公共电台的广播,节目谈到了 Alice Graham 和她的同事们的近期研究。他们想要探究婴儿在睡觉时是否会受到带有负面情绪的语言的影响。很多研究都表明,婴儿和儿童经常听到父母斗嘴和吵架会对他们的身体健康产生负面影响。但是,一直没有人研究过婴儿是否需要在清醒的状态下听到这些负面语言。所以,Graham 和她的同事们通过耳机给熟睡中的婴儿播放情绪激动的言语,并同时使用 fMRI(功能性磁共振成像）仪器扫描他们的大脑。为了排除语言本身语义的影响，实验者使用了不同情绪效价的无实意表达。比如，"Ipulimented a mopar."（此句中 pulimented 以及 mopar 是没有实际意义的单词），但是这句话被朗读者分别使用非常生气、生气、平淡、高兴和非常高兴的五种语气读出来。Graham 和她的同事们发现，经常听到父母吵架的孩子，他们的大脑在听到生气的无实意录音时，会比听到平淡语气的录音时产生更强烈的反应。并且，婴儿大脑中反应强烈的区域都与感情信息处理以及情绪调节高度相关（尤其是边缘系统，包括前扣带皮质喙部和下丘脑）。当然，我们还不知道这些实验结果长远来看意味着什么，但有一点是可以确定的：即便是熟睡中的婴儿也有能力处理情绪刺激。如果把这个实验结果和 DeCasper 等人的研究联系起来——婴儿可以在熟睡时分辨情绪刺激，胎儿在宫内可以处理并且记住听觉刺激，那么胎儿是否也可以分辨和记住情绪刺激？如果可以——当然我们现在没有证据证明——我们就需要重新审视并且定义妊娠环境的特点了。

结论

我们并不能过分夸大 Anthony DeCasper 和他同事们的研究给我们带来的影响。如同这本书中其他的科学家一样，他们独具创意地把婴儿的原始反射转化为对婴儿大脑运转方法的探究。非营养性吮吸行为技术其实对 20 世纪 80 年代的科学研究领域来说并不陌生。早在 1938 年，H. M. Halverson 就曾将这一行为作为自己的研究重点。并且，将其作为测量婴儿认知能力的工具之一，这一行为也并不稀奇。十年前，Einar Siqueland 和他的同事们发表在《科学》杂志上的两篇文章也描述了这种非营养性吮吸行为，并以此测量婴儿的感知分辨能力。其中一篇文章（Eimas et al.）被专业文献引用 2181 次，总体排名 28，差一点被编入本书。但就我所知，DeCasper 及其同事们的研究是最先使用非营养性吮吸行为测量新生儿感知功能的。也许莎士比亚和詹姆斯在描述婴儿以及他们眼中奇妙而又纷杂的世界的时候应当略加修饰，遗憾的是，他们还来不及受到现代婴儿研究的启迪。

问题讨论

1. 具体来说，婴儿对自己母亲声音的倾向性如何有益于母婴关系？
2. DeCasper 和他同事们的研究，看上去似乎毫无疑问地论证了婴儿可以分辨出并更倾向于某种特定的语音。你认为他们是否有意识地觉察到自己的分辨能力以及倾向性？如果没有，他们的这些能力对之后的社会、情感、认知发展会产生怎样的影响？
3. 如果胎儿可以学习，那么母亲应该承担什么义务来促进胎儿的学习过程？政府又应该承担什么义务？或者说他们应该承担什么责任？

第22章　心胜于物
自闭症患儿有"心理理论"吗？

Baron-Cohen, S., Leslie, A. M., & Frith, U. (1985). *Cognition*, *21*, 37-46. （排名20）

对当今很多家庭来说，自闭症乃是最具挑战的心理障碍。就连对自闭症的定义都众说纷纭。一般来说，这种心理障碍会伴有两种看上去完全不同又毫无关联的特征症状。首先是社会互动困难，其中包括言语和非言语的交流障碍。其次，就是过度专注于某些事物。例如，要求环境一成不变，时常重复同一行为或动作。这些症状会因人而异，症状类型和严重程度也存在相应的个体差异。比如，有些严重的自闭症儿童不能独自呆在家里，而另一些则可能看上去很"正常"，以至于人们难以觉察他们有任何障碍。

和对其他心理障碍的研究一样，儿童心理学家希望能够找到自闭症的病因以及治疗方法。但与此同时，他们也希望了解困扰自闭症患儿的问题都有哪些。遗憾的是，因为交流障碍，最严重的自闭症患儿并不能给我们提供太多的信息，甚至很多患儿的家人都不知道他们患有自闭症。然而，爱伦·诺波姆（Ellen Notbohm），作为一名自闭症患儿的母亲，为我们提供了一个出发点。通过仔细观察,她编写了一个列表《自闭症儿童希望你知道的十件事》(*Ten Thing Every Child with Autism Wishes You Knew*)。下面是一个经过缩减,重新改述过后的诺波姆列表。如果自闭症儿童可以交流,他们希望让你知道这些事:

1. 我是一名儿童。我有自闭症。我并不"自闭"。自闭症只是我的一部分。(因为这个原因,在本书中我使用"自闭症患儿",而不是"自闭的儿童"。)

2. 我的感官知觉失调。那些平凡的日常景象、声音、气味、味道以及接触,对你来说可能细小甚微,你毫无察觉,但可能会使我痛苦不堪。

3. 请区分"不会"和"不能"。我并不是不会听从你的教导,而是我不能明白你的意思。当你叫我的时候,我听到的只是"吧啦吧啦吧啦吧啦,比利。"

4. 我是一个死板的思考者。我只会理解字面意思。所以,当你说"拉住你的马,牛仔"(Hold your horses, cowboy! 意为"耐心一点"),我会感到很疑惑。而且也请你不要对我说一件事是"一小块蛋糕"(piece of cake 意为"小菜一碟"),那样我可能会很伤心,因为没有甜品可以吃了。

5. 请容忍我有限的单词量。因为没有合适的、正确的词汇,我很难告诉你我知道什么,我想要什么。有时候我会记得一些曾经听到过的话(从电视、书本、电影、广播电台中),以此弥补我的词汇量不足。请注意我的身体语言。

6. 不要仅仅告诉我该干什么,请示范给我。并且,请多做几遍给我,重复有助于我的学习。

7. 我失败的时候,请不要批评我。多关注我的强项和我可以做的事情。

8. 请帮助我变得更善于社交。我并不能洞察别人的面部表情以及身体语言的含义,而且我也不能明白别人的情感。有时候我想要和同伴玩耍，但我不知道如何主动攀谈或者加入游戏。当我不懂得合适的社会/社交反应时，请不要责骂我、嘲笑我，而是请指导我、训练我。

9. 尽量找到使我发脾气的原因。通常是因为我的某种感官知觉超负荷了，失去了控制。如果你可以记录下我发脾气的时间，那么也许你能找到规律，这样就可以尽量避免类似情况的发生。有时候，当我不能用言语表达时，我会发脾气，以此来表达自己。

10. 请无条件地爱我。我并没有选择自闭症；它恰好发生在我身上，而不是在你的身上。但是，如果没有你，我成功并自力更生的机会将变得十分渺茫。

我们之前谈到，因为交流障碍，患有严重自闭症的儿童不能表达自己的感受。但这其实回避了问题的实质。在当今社会，人们通常假设自闭症儿童不交流是因为他们不能交流。但有没有人考虑过，自闭症儿童不能交流可能是因为他们不想交流？也许自闭症儿童不与人交谈仅仅是因为他们不知道，或者没有意识到人是具有心智（或者说，心理活动）的。换句话说，也许自闭症儿童不具备心理理论（Theory of Mind）。

这正是20世纪80年代，研究生Simon Baron-Cohen与他的导师Alan Leslie以及Uta Frith提出的假设。他们对心理理论很感兴趣，因为他们觉得解决这个问题很可能有助于解决自闭症难题。他们推测，自闭症儿童的交流困难并不是因为他们有交流技巧上的障碍，而是因为他们不认为身边的人是可以交流的。我的意思是，你曾经试图与一台烤面包机或者一只蜡烛聊天吗？可能没有。除非你那时候非常年幼，并且刚刚看完迪斯尼动画片《美女与野兽》（*Beauty and the Beast*）。我们不跟无生命的物体交谈是因为我们知道它们没有心智，它们不能理解或领会我们的交流内容。那么，不懂得理解心智的人是否也是这么想的呢？在思考这个问题之前，我们首先要仔细聊一聊心理理论的概念以及自闭症的本质。这样我们便可以更好地理解它们之间的联系，并了解它们如何启发并促成Baron-Cohen等人的革命性研究。

心理理论的简要介绍

20世纪80年代，儿童心理学家对于儿童对心理状态的理解越来越感兴趣。所谓"心理状态"（mental states），我是指诸如信任、认知、需求以及思维等。我们每个人都有心理状态，并且我们会对心理状态做这样或那样的归类。当我们谈论心理状态时，我们会用到心理状态词汇。比如，当我说"我相信你"这样的话时，我是在用"相信"这个词来形容我对你的内在心理状态。"我相信你"表示我认同你所说的话，我接受你所说的是事实。然而，我也可以说"我不相信你"，这表明我对你抱有怀疑的内在心理状态，我并不认为你所说的是事实。不管哪种表述，你都会了解到我对你的心理状态是信任还是不信任，因为我使用了心理状态词汇来让你知道我的心理状态。在心理学文献中，一个人知晓另一个人的心理状态，这个基本的理念通常被表述为心理理论（Theory of Mind）和心智解读（Mind-Reading）。

如今，拥有应用心理理论的能力是一个很大的优势，其中包括种系发育（物种整体发展）和个体发育（人类个体发展）的优势。就种系发育的影响来说，了解他人拥有心智很可能给人类带来了更多的生存优势，这是人类优于其他物种的地方。作为可以洞察心智的个体，例如史前人类，他们不需要不断地交流也可以预期同类会做出哪些行为。从某种程度上说，物种成员之间的持续交流需要资源，而我们的祖先打败其他竞争者的原因可能仅仅是，他们在生态环境中实现相互协助需要的资源较少。值得一提的是，在所有的地球生物中，只有人类拥有洞察心智的能力。也许这种独特之处可以解释为什么人类"占有"了地球上的所有资源；但这个话题应该是另一本书的内容。

我们只能推测心理理论在种系发育中所扮演的角色，因此我们把大部分的精力都放在了它对个体发育影响的研究上。在正常情况下，人类在大概3～5岁时开始洞察心理；同时，开始拥有理解并预期同伴以及社会伙伴心情和感觉的能力。这种先进的能力使得儿童可以根据同伴以及社会伙伴的心情和感觉预测他们在想些什么，或者将会做些什么。拥有心理理论最大的优势便是儿童因此获得了一种"知情人"的心理知识。如果杰克摔倒了，把花冠摔坏了，懂得洞察他人心理的小伙伴吉尔便会知道杰克可能会需要一些富有爱心的陪伴。在杰克有难的时候，安抚的行为将会为杰克带来一些友情上的加分；从长远的角度来说，也可以增加杰克今后与吉尔分享资源的概率。

由于心理理论的个体发育在儿童社交能力发展中占有重要的地位，有关的研究成为了儿童心理学家关注的重点就不足为奇。其中最早的一篇相关文献是1978年Premack和Woodruff的文章。他们发现，就连我们的近亲黑猩猩都不具备心理理论。事实上，这正是他们的文章标题："黑猩猩是否有心理理论？"（Does the Chimpanzee Have a Theory of Mind?）。这也为Baron-Cohen和他的同事们的文章标题提供了灵感："自闭症儿童是否有心理理论？"（Does the Autistic Child Have a Theory of Mind?）。

自闭症的简要介绍

2013年前，被诊断为患有自闭症的儿童实际上会被归类于四种不同的自闭症亚型。这四类分别是综合性的自闭障碍（autistic disorder）、童年瓦解性障碍（childhood disintegrative）、未特定的广泛性发展障碍（pervasive developmental disorder not otherwise specific）以及阿斯伯格综合征（Asperger syndrome）。但是，在2013年，随着第五版《精神障碍诊断与统计手册》（Diagnostic and Statistical Manual of Mental Disorder, Fifth Edition，简称DSM-5）的问世，这些分类方式被改变了。《精神障碍诊断与统计手册》（第五版）由美国精神病学会（American Psychiatric Association）出版。一直以来，这本手册都被当作心理健康诊断的参考书。所以在2013年，当这本手册重新定义自闭症时，它的解释受到了业界的广泛认可。

其中最主要的实质性改变是所有的自闭症亚型被统一规划在同一个综合诊断类别中，即自闭症谱系障碍（Autism Spectrum Disorder，简称ASD）。加入"谱系"一词是因为，DSM-5指出，自闭症儿童存在着多层次且连续的症状区别，有些很严重，有些很轻微，但仍然属于同一综合诊断。根据DSM-5，自闭症谱系障碍的诊断标准如下（这些标准可能很学术，但很有意思）：

A. 在多种情境下，社会沟通以及社会互动呈现持久缺陷，表现为以下 3 项：
  1. 社交情感互惠缺陷。程度从社交模式异常、无法正常交替对话，到兴趣、情感、情绪分享减退，再到无法发起或回应社会互动。
  2. 社会互动中非言语交流行为缺陷。程度从言语与非言语交流不协调，到眼神接触与身体语言反常，缺乏并难以理解动作示意、手势，再到完全丧失面部表情以及非言语交流。
  3. 无法发展、保持和理解人际关系。程度从难以调整自己的行为以融入不同的社会情境，到难以展开想象游戏或结交朋友，再到对同龄人缺乏兴趣。
B. 行为、兴趣、活动处于局限性重复模式中。表现为以下至少 2 项：
  1. 刻板重复的运动、物体使用、语言使用。
  2. 不做任何改变地坚持某种习惯或程式化的言语与非言语行为。
  3. 高度严格地、反常地、极度固定地专注于同一种事物。
  4. 对感觉输入的反应性过高或过低，或对环境感觉方面有反常兴趣。
C. 症状始于早期发展阶段。
D. 在临床上，症状导致病人在社会、职业以及其他重要功能方面出现重大的损伤。
E. 这些功能失调无法用智力缺陷或整体发展迟滞来解释。智力缺陷和 ASD 经常相伴发生。被诊断为同时患有 ASD 以及智力缺陷的患者，其社会交流能力应该低于整体发展的预期水平。

虽然执业医师在诊断 ASD 时，理论上应当考量以上全部 5 条诊断标准，但实际上，我们看到只有前两条标准真正提到了相关症状。为了更好地区分这两种不同的症状，我们暂且称之为症状"类型 A"和症状"类型 B"。症状类型 A 主要反映在人际交流以及社会互动的质量上，主要包括目光交流的缺失或反常，面部表情的反常或不恰当，以及言语语气与情境的不匹配。但是最普遍存在的症状类型 A 可能还是语言发育迟缓，最严重的 ASD 患者只拥有极少的词汇量。

症状类型 A 主要针对人际交流缺陷，而症状类型 B 主要反映的是反常或不恰当的行为模式。表面上来看，这些与语言缺陷似乎没有什么太大的关系。但是，症状类型 B 的外部可见性极高，它们经常被媒体用来描绘自闭症患者，可以说类型 B 是"勾勒"媒体眼中自闭症患者形象的基础。例如，类型 B 中的这些症状可能会表现为偏执地喜爱将物体排成一行［类似 1999 年电影《亲亲小妹》（*Molly*）中的场景］，检验模式［类似 1998 年电影《水银蒸发令》（*Mercury Rising*）中的镜头］，按固定顺序执行的强迫行为［类似 1988 年电影《雨人》（*Rain Man*）的男主角］以及重复机械运动，比如拍手、旋转或摇摆［类似 2004 年电影《神奇之旅》（*Miracle Run*）］。

虽然这两种类型的症状都有可能出现在 ASD 患儿身上，但并不是所有的患儿都会同时展现出这两类症状，并呈现出相同的发病频率以及严重程度。为了进一步分类，DSM-5 将 ASD 划分为三个不同的级别。这些严重程度的级别代表了，为了拥有尽可能正常的生活，自闭症患儿大致所需要的帮助与支持的数量和程度。

级别 1 的患儿需要"一些"帮助，这种情形近乎之前我们所说的阿斯伯格综合征症状（虽然在新的 DSM-5 诊断系统下，曾经被诊断为患有阿斯伯格综合征的儿童不一定都会被诊断为 ASD 患儿）。级别 1 的患儿在社会互动方面会呈现出明显但并不完全的削弱性损害。他们可以使用语言，能够说出完整的句子，在日常的社会情境中基本能够正常地生活。如果你在派对上遇到一位病症级别为 1 的患者，你可能不会意识到她其实患有 ASD，但你会发现她有一些奇怪的行为模式。级别 1 的成年患者甚至可以过上高度自立的生活，并在专业技能上获得成功。

对于这个级别的患者，最著名的成功案例便是 Temple Grandin。Grandin 拥有动物学的博士学位，现在在科罗拉多州立大学（Colorado State University）任职动物学教授。她在自己的网站上说，她是世界上最成功的成年自闭症患者。她根据自己的自闭症经历写了两本图书，并登上了《纽约时报》（*New York*

Times)的畅销书榜单。她的故事还被改编成了电影。2010年，她入选了美国《时代杂志》(*Time Magazine*)评出的"最具影响力的100个人"（100 Most Influential People）。你可以在TED演讲中看到她讲述自己的故事，地址如下：http://www.ted.com/speakers/temple_grandin。

级别2的自闭症患儿需要"大量"帮助。他们可能会对他人有非常奇怪的反应，或是一点反应也没有。当他们与社交伙伴互动时，他们可能会全身心地关注某一个狭窄的兴趣点。假如一个自闭症患儿对恐龙很感兴趣，那么他可能只会在同伴谈到恐龙的时候才会与他们互动，或者只有当其他人在玩恐龙玩具的时候才和他们一起玩。他们通常十分不稳定，并且很难顺利地在不同的活动之间转换。

级别3的自闭症患儿在日常生活中需要"非常大量"的帮助。他们说的话可能会令人费解，或者他们根本就不说话。他们可能会对某一事物或活动异常感兴趣，比如注视吊式风扇旋转着的扇片，以至于根本不能做其他任何事情。对于这个级别的自闭症患儿来说，即便是日常生活规律中极其细微的改变或活动的转换，都可能导致严重的情绪失控和痛苦。

病症等级的判断取决于多个方面，其中包括最明显的主导症状类型、症状的异常程度以及在哪些情境中这些症状最具破坏性。因此，即便是同一等级的自闭症患儿，也会在症状类型上存在很大的区别。有些可能会在社会关系方面出现损伤，有些可能会在重复行为模式方面出现功能障碍。当然，根据临床医生的经验以及所使用诊断工具的效度和信度的不同，对患者病症等级的判断也会产生差异。

为了得到更精准的ASD诊断，智力缺陷同样应当被考量在内，因为在有些自闭症患儿的身上会伴有智力缺陷的发生。这种状态叫作共病（comorbidity），即被诊断为同时患有两种疾病。如果你回顾一下DSM-5中的诊断标准E，你会注意到，只有当类型A症状和类型B症状并不是"明显"由智力缺陷或整体发育迟滞导致的时候，患儿才会被诊断为患有ASD。例如，除了自闭症之外，其他疾病也可能导致儿童语言发展迟滞。但是，ASD通常与智力及整体发育迟滞同时发生，所以在做ASD诊断时有一点非常关键，那就是必须要判断并确保当前疾病所导致的缺陷并不是单纯由智力以及发育迟缓所引起的。

不过，你可能已经想象到了，关于诊断标准 E 还有一点需要强调，那就是自闭症患儿应当不会在标准智力测试中取得良好的成绩。通常来说，自闭症患儿在智商测验中表现欠佳并不是因为考试的难度太大，而只是因为他们不能很好地回应考官的社会线索。我们需要记住，ASD 患儿在社会技能方面有损伤；而智商测验是由人来执行控制的。所以从这个角度来说，如果被测试的对象倾向于回避社会互动，那么他们的测试结果必然会受到影响。当自闭症患儿获得较低的 IQ 测试分数时，这并不意味着他们在智力方面存在缺陷；相反，这反映的可能是自闭症带来的其他方面的损伤。

引言

现在我们可以更好地来考量 Baron-Cohen、Leslie 和 Firth 的研究带来的革命性成果了。记得我们之前提到过，他们的实验目的是，检验自闭症患儿心理理论的缺失或他们身上存在的"心理盲区"是否可以用来解释他们的社会性障碍。为了引出这个主题，Baron-Cohen 等人指出（正如我们之前所说），虽然大部分自闭症患儿会出现智力发育迟滞的症状，但他们的智力损伤并不一定是由社会性障碍或社交障碍引起的。请思考一下自闭症患儿与唐氏综合征（Down's syndrome）患儿最主要的区别之一。如 Baron-Cohen 等人所说："有的自闭症患儿拥有正常区间内的智商值"，但是也有"智力发育迟滞的非自闭症患儿，比如唐氏综合征患儿，其社交能力就他们的年龄来说是相对正常的，但他们的智力发育迟滞。"综上所述，自闭症患儿存在社交障碍并不是因为智力低下。如果是这样的话，那么唐氏综合征儿童应该也会出现社交障碍，但是他们没有。

据此，Baron-Cohen 等人假设，自闭症患儿的社会性障碍一定来源于智商以外的因素，并且是一些在唐氏综合征患儿身上没有发现的因素，比如心理理论。他们预测，自闭症患儿有社会性方面的缺陷是因为他们的心理理论存在缺陷。所以，Baron-Cohen 等人决定检验自闭症患儿是否拥有心理理论。同时，他们还想检验唐氏综合征患儿是否有心理理论。如果他们在后者中发现心理理论，而在前者中没有，那么这一点就可以作为初步证据，证明自闭症患儿的社会性障碍是因为心理理论缺失。

方法

被试

实验被试包括 20 名自闭症患儿，14 名唐氏综合征患儿，以及 27 名"临床表现正常的学龄前儿童"。由于存在不同的临床诊断结果，作者将他们的实足年龄以及心理年龄进行了区分。这一处理对于研究智力缺陷十分重要。因为根据定义，智力缺陷儿童的心理年龄会比他们的实际年龄小很多。所以，如果我们将实足年龄为 4 岁的唐氏综合征患儿的社交技能与正常的 4 岁儿童的社交技能做对比是不公平的。通过测量儿童的心理年龄，Baron-Cohen 等人可以在只考虑心理年龄的情况下探究不同组别之间的心理理论差异，而不必在意被试的实足年龄。

Baron-Cohen 等人同样测量了被试儿童的言语以及非言语智力。言语智力测量如词汇量、对复杂句子的理解能力以及对语言指令的遵从能力等内容。非言语智力则测量与言语无关的能力，包括短时记忆、解谜以及模式完善等内容。这两类智力对 Baron-Cohen 以及他同事们的研究十分重要，因为自闭症患儿主要的智力缺陷存在于言语智力方面，而不是非言语智力方面。例如，一个自闭症患儿可能只有很少的词汇量，但是他在解谜以及模式补全任务上可以表现得很突出。但是，唐氏综合征患儿在言语以及非言语智力上都有缺陷。

Baron-Cohen 等人研究中儿童的平均实足年龄和心理年龄如表 22.1 所示（格式为年；月）。发育正常的儿童并没有接受智力测验，因此他们的言语以及非非言语智力水平被假定为与实足年龄的平均水平相同。其余两组儿童在研究中接受了智力测验，从而得到表格中的言语与非言语心理年龄数据结果。

表 22.1 不同患病儿童组的平均实足年龄，非言语心理年龄，以及言语心理年龄

小组	实足年龄	非言语心理年龄	言语心理年龄
正常发育儿童	4；5	4；5（假定）	4；5（假定）
唐氏综合征患儿	10；11	5；11（检测）	2；11（检测）
自闭症患儿	11；11	9；3（检测）	5；5（检测）

在粗略浏览年龄数据之后，我们发现这三组数据之间的关系还相当复杂。请特别留意以下几点：

1. 正常发育儿童的实足年龄（四岁半左右）比智力缺陷儿童的实足年龄（十一二岁）的一半还小。
2. 自闭症患儿的言语智力与正常儿童基本一致，但是他们拥有较高的非言语智力。
3. 唐氏综合征患儿的非言语智力比正常儿童稍高，但是言语智力相对稍低。
4. 两组智力缺陷儿童的非言语智力都比言语智力高很多。
5. 总体来说，自闭症患儿的言语与非言语智力比唐氏综合征患儿的这两种智力都要高。

材料

莎莉—小安测试　这个研究的主要创新之处在于它对自闭症患儿使用了莎莉—小安测试（Sally-Anne Test）（又名"错误信念"测试）。在那个时候，错误信念测试还是一个新方法，用以测量正常发育儿童的心理理论。这个测试的逻辑是，如果一个人 A 知道另一个人 B 心里有一种信念，不论这个信念是错的还是对的，那么 A 一定知道 B 是有心智、有思维的。这是错误信念测试的基本逻辑。测试程序会运用木偶将这种逻辑合理地展示给幼儿。图 22.1 是莎莉—小安测试的图解。视频网站 *Youtube* 上有很多有趣的莎莉与小安真实测试

案例，可搜索关键词：*Sally Anne Test*。

图 22.1　莎莉—小安测试图解

在莎莉—小安测试中，儿童会看到两个玩偶（"莎莉"和"小安"），两个成比例的存储容器（一个篮子和一个盒子），还有一个弹球。之后儿童会听到一个关于莎莉和小安的故事。孩子们听这个故事的同时，实验者将用道具演示出故事中的情节。故事叙述大概是这样的：

这个是莎莉，这个是小安。莎莉有一个篮子，小安有一个盒子。莎莉还有一个弹球。莎莉把她的弹球放在了篮子里，然后出去玩了。当莎莉在外面玩的时候，小安把弹球从篮子里拿了出来并放进了自己的盒子里。之后，莎莉回来了，想要玩她的弹球。莎莉应该去哪里找她的弹球呢？

如果你听明白了这个故事，并且你知道其他人是有心智思想的，你应该很快就能意识到当莎莉回来的时候，她应该会认为她的弹球还在她的篮子里。显然，因为莎莉并没有看到小安把弹球拿出来并放进自己的盒子里，所以她不可能知道弹球已经不在自己的篮子里了。所以莎莉应该相信弹球还在自己的篮子里。

因变量 拥有心理理论的儿童会认为莎莉应该相信弹球还在自己的篮子里。所以我们只会简单地问他们："莎莉应该去哪里找她的弹球？"这叫作"信念问题"。如果一个孩子对这个信念问题的答案是正确的，"莎莉会去她的篮子里找她的弹球"，即便他知道弹球并不在篮子里，那么这个孩子便通过了错误信念测试，即他具备心理理论。或者说，至少大体上有心理理论了。在此之前，有两点首先需要被排除。

我们必须承认，儿童有可能完全没懂听故事，所以他们只是在猜莎莉应该去哪里找弹球。还有另一种可能，儿童的记忆力不好，只是忘记了莎莉应该去哪里找弹球。在这两种情况下，儿童都可能回答对"信念问题"，但实际上他们并不具备心理理论。为了确保儿童并不是猜出的答案。莎莉—小安测试还包括两个"控制问题"。第一个是"实际问题"：弹球实际是在哪里？如果儿童认真听懂了故事，无论莎莉认为弹球在哪里，这个儿童都应该可以说出弹球的实际位置。第二个是"记忆问题"：最开始弹球在哪里？如果儿童的记忆是完整的，即使之后弹球被放到了盒子里，她应该还是可以说出弹球在故事最开始时的位置。如果儿童答对了两个"控制问题"，并且答对了"信念问题"，我们就可以确认：这个儿童不是碰巧猜对了答案，并且是拥有心理理论的。

结果

三个实验组中的每一个儿童都答对了两个"控制问题"。这表明，所有的孩子都认真听了故事，而且记住了故事。表 22.2 是他们对"信念问题"的回答结果。我们可以看到，大部分发育正常的儿童以及唐氏综合征患儿通过了莎莉与小安测试。相反，大部分自闭症患儿没有通过莎莉与小安测试。这个实验结果很是令人惊讶。因为在这个实验中，自闭症患儿是实际年龄最大的，并且与其他两组相比，他们拥有最高的非言语智力。同时，自闭症患儿的言语心理年龄几乎是唐氏综合征患儿的两倍，但是他们对"信念问题"的回答却不尽人意。不论自闭症患儿有什么问题，他们在莎莉—小安测试中的失败肯定不是因为智力较低。更好的解释是，自闭症患儿不能知晓并理解莎莉是有思想、有心智的，所以他们不知道莎莉可以拥有错误的信念。

表 22.2 不同实验组对莎莉—小安测试中"信念问题"的回答

答案	正常发育儿童	唐氏综合征患儿	自闭症患儿
正确	27	12	4
错误	4	2	16

讨论

这个实验结果证实了 Baron-Cohen 及其同事对自闭症患儿在理解他人心理状态上存在特殊缺陷的假设。他们写道，由于这种缺陷，自闭症患儿"在需要预测他人行为的时候具有重大的不利条件。"但令人吃惊的是，自闭症患儿在心理状态观点采择方面的不足并没有影响到他们其他方面的观点采择。Peter Hobson 在 1984 年的实验中指出，自闭症患儿在完成不涉及"理解和预测"他人思想的观点采集任务时，表现良好。他采用了皮亚杰经典的"三山任务"（three-mountain task）。儿童在实验中需要回答当玩偶被放置在三维山脊模型的一侧时，是否可以"看到"山脊的另一侧？Hobson 发现，自闭症患儿在回答这样的问题时，与他们的心理年龄相符。或者我们也可以说，自闭症患儿知道玩偶不能看穿山体。Hobson 随之总结道："通过不同视角感知外部情境所需的认知能力，和造成自闭症患儿社会性障碍的认知能力，这是两种不同的认知能力。"

接下来怎么办？

Baron-Cohen 等人的这项研究给我们理解 ASD 所带来的深远影响，怎么强调都不过分。他们的研究关注了一种极其具体的认知缺陷，这种缺陷可能只出现在自闭症患儿身上，并且与智力缺陷毫无关联。这种特殊的缺陷与儿童对心智的理解有关。大多数儿童都是可以洞察他人心理的，而自闭症患儿却似乎并不具备这种能力。Baron-Cohen 等人的研究发现为我们进一步理解 ASD 打开了新的思路。

随着这个新思路，一些治疗方式也随之被研发出来并加以检验。这些治疗方式，无一例外都是为了改善患儿对他人心智的理解。从这个角度出发，"思想气泡训练"（thought-bubble training）随之诞生。在这项训练中，儿童会先看到一个人体模型（或者玩偶），这个玩偶的头部被嵌入了一张图片。随后，儿童会被训练思考这张图片的内容，即这张图片代表了玩偶的思维内容。在训练之后，儿童会学习到思想和想法是可以被视觉化的，就如同一幅图片。确实，经过实验测试，Henry Wellman、Simon Baron-Cohen 以及他们的同事们发现，"思想气泡训练"可以显著改善自闭症患儿在莎莉—小安测试中的回答。

但是，"思想气泡训练"是否可以帮助毫无心理理论的自闭症儿童构建心理理论？也许不行。虽然这种训练方法在改善儿童心理理论的方面是有效的，并且可以提高儿童与他人的社会互动质量，但它并非对所有的自闭症患儿都奏效。即使奏效，也无法将 ASD 患儿的心理理论提升到与正常发育儿童相当的水平。很多治疗手段的有效性都取决于儿童初始的功能水平。症状最轻的 ASD 患者在"思想气泡训练"中受益最大。Wellman 等人这样描述了他们的发现：

> 对于自闭症患儿来说，他们本应当发展的心理理论未能正常发展，我们希望强调的是，"脑海中的画面"这种干预策略并不是为了让这些患儿在心理理论上获得正常的发展；我们同时还需要指出，这种方法也

不是为了让患儿在一定程度上获得健全的心理理论。取而代之的是……这是一种类比化的策略。实物照片和图片——这是自闭症患者能够理解的，他人的心理状态和心理表征——这是患者不能理解的。这种类比化的策略只是帮助患者使用他们能够理解的现象去推测他们不能理解的现象。

但是，即便"思想气泡训练"可以被完美地实施，甚至患儿的社会交流功能改善到正常水平，我们仍然很难看到这种心理理论治疗方法可以对 ASD 的其他症状产生效果。拥有了心理理论，似乎并不能减轻 ASD 的其他症状，比如说强迫重复的行为动作，以及对相同事物严格的坚持。总之，如果不考虑这篇文章作为 20 个最具革命性儿童心理学研究之一的盛誉，Baron-Cohen 等人并没有完全征服自闭症干预手段这个领域。事实上，纵观大量关于自闭症干预手段的实证研究，Baron-Cohen 等人的研究成果或许只能算作疾病干预领域的沧海一粟。但是，对于抱有乐观态度的人来说总是聊胜于无的。

共情—系统化理论

Baron-Cohen 等人的研究到底在多大程度上能够适用于 ASD 的"全局"呢？在一本综合记录自闭症的小册子中，Baron-Cohen 回顾了几个主要的心理学理论。他认为其中"最好的"一个是他自己提出的"共情—系统化理论"（empathizing-systematizing theory）。这个理论不仅适用于解释 ASD 患者在心理理论方面的缺陷，同时也适用于 ASD 患者其他方面的症状，其中包括学者症候群（savantism，或称白痴天才）。正如这个理论的名字一样，共情—系统化理论有两个部分。每一个部分都分别涉及了我们之前提到过的症状类型。

共情部分主要描述的是患者认知共情和情感共情上的不足。认知共情即理解并知晓他人拥有心智，情感共情即知道如何处理认知共情。根据共情—系统化理论，ASD 患儿在这两个共情方面都存在缺陷，这也就是为什么症状类型 A 非常普遍。同时，这两种共情技能的缺陷也解释了为什么"思想气泡训练"的成效欠佳。"思想气泡训练"旨在提高儿童的心智洞察能力，并以此改善他们的认知共情。但是，这个训练没有涉及情感共情，因为它没有为儿童提供如何处理心智洞察的指导。并且，认知共情的缺陷与言语缺陷是一致的。毕竟，如果没有心智可供交流，那么语言存在的意义又是什么呢？

莎莉—小安测试的结果与这个理论的共情部分有直接联系，但对系统化的部分没有太大的影响。系统化的部分与"驱使我们去分析或者构建系统"有关。从更广泛的层面说，任何一个"系统"都遵循着一系列的规则。儿童进行"系统化"的过程就是他们逐渐发现能够控制整个系统的规则的过程。所以，系统化需要一系列的技能，而自闭症患儿实际上很好地拥有这些技能，以至于他们会出现大量的症状类型 B。Baron-Cohen 认为，ASD 患儿对"系统"非常着迷，包括机械（例如，自行车或是窗户上的锁）、数字（例如，机场时刻表或者日历）、抽象符号（例如，音乐符号或数学符号）、自然（例如，海浪模式或植物生长），甚至非常讽刺的是，他们对社会也非常着迷（例如，和同伴跳舞）。对系统的着迷可能致使自闭症患儿展现出对事物极端的、甚至强迫性的专注，特别是对于它们在空间中的移动，以及力的支撑。

ASD 患儿在系统化上展现出的超凡能力或许也可以解释为什么他们很少出现学者症候群。学者症候群通常出现在具有严重智力缺陷，例如 ASD 中的智力缺陷，但是却展现出异常能力与天赋的个体身上。抛开媒体的渲染，学者症候群其实十分罕见。但这类病例一旦出现，便会令人大吃一惊。例如，14岁时，Leslie Lemke 不愿走路也不愿说话。但是有一天，他走到了钢琴前面，坐了下来，随后完美地弹奏出了柴可夫斯基的第一钢琴协奏曲。而事实上，他此前只在电视中听到过一次这首曲子（见 http://www.youtube.com/watch?v=ZWtZA-ZmOAM）。之后，他开始伴着钢琴，唱起歌剧，尽管他仍然有着严重的语言缺陷。类似的还有 Stephen Wiltshire 在特殊教育学校学习期间展现出的对画画的喜爱。直至今日，他可以在俯瞰一眼之后，就高度精准并详尽地描绘出大城市的全景构图。（见 http://www.youtube.com/watch?v=95L-zmIBGd4）。

另一项挑战

自闭症研究中另一个很重要的问题便是其病因。越来越多的证据都在指向一点——基因。但这一点十分复杂，成百上千的基因都牵连其中。《耶鲁新闻》(*Yale News*) 的科学作家 Bill Hathaway 甚至说："试图找出自闭症的病因，就如同从圣地亚哥的一条街道出发，试图找到缅因州一个不知名的小镇。"①

不幸的是，对自闭症病因的科学解释还没有出现，所以目前我们无法阻止这个空白的领域被一些幼稚并自以为是的阴谋论所占据。其中最臭名昭著的谬论便是自闭症是由接种疫苗引起的。这个"理论"，即使已经被科学文献严厉批评并拆穿多次，却还是在美国"民间医学界"扎下了根。每年，成百上千诚挚却又惶恐的父母拒绝给他们的孩子注射疫苗。因此，很多早已被根除的疾病开始死灰复燃。例如，根据美国疾病控制中心的信息，从 2000 年至 2012 年，美国 1 岁以下百日咳发病幼儿数量增长了近 3 倍。2010 年加利福尼亚州爆发了百日咳疫情，出现了超过 9000 个病例，其中包括 10 个死亡病例。这些都与拒绝接种疫苗直接相关。美国卫生保健系统的财政为此负担巨大。

尽管如此，克服这类误解可能仍算得上自闭症研究和治疗专家们最好控制以及管理的问题之一。我们需要考虑的应当是，这类有害的谣传是如何进入现代医学科学领域的。疫苗导致自闭症这种谬论最早出现在 1998 年的《柳叶刀》(*Lancet*) 杂志上，由 A. J. Wakefield 以及 12 位共同执笔者提出。要知道，《柳叶刀》是世界上最享有盛誉的医学科学杂志之一。仅凭借一些家长的证词，Wakefield 等人声称，在接种 MMR 混合疫苗（三联疫苗，即三个疫苗同时接种，针对麻疹、腮腺炎和风疹）后不久，12 个儿童被试中的 9 个开始出现"退行性自闭症"（有些病例是肠疾）的迹象。根据 Wakefield 和他的同事的解释，解决这个问题的办法一目了然，那就是确保儿童不再继续接种三联疫苗，例如 MMR；而应当只接种传统的、经过了时间考验的、单一用途的疫苗。

没有什么理由可以质疑这些发现——至少在最开始的时候是这样——所以这个谬论受到了广泛的接纳。并且你可以想象，这个谬论引发了人们多大程度和范围的恐慌以及来自公众的抗议。我们怎么这么轻易就上了医学的当，让我

---

① 圣地亚哥是位于美国西南角的一个大城市，缅因州则是位于美国东北角的一个州。
——译者注

们的孩子去接触三联疫苗这么危险的医疗实践？但是，质疑 Wakefield 理论的声音也迅速出现。首先是其他实验室无法复制他的结果。芬兰一个涉及 200 万儿童被试的研究，以及美国一个涉及 300 万儿童被试的研究都报告说，没有发现三联疫苗与自闭症的发展相关。

之后，Wakefield 研究的科学性和客观性也被质疑。英国《星期日泰晤士报》(Sunday Times) 的调查记者 Brian Deer 发现，Wakefield 研究中的一些儿童被试，实际上是由一间正在起诉 MMR 疫苗制造商的法律事务所招募的。这些儿童是因为已经有了自闭症症状才被招募到这个实验中的吗？比这个更糟的是，Deer 发现，在发表 1998 年这篇文章的时候，Wakefield 自己正在研发一种单一疫苗，并且已经开始在患者身上试用了。Wakefield 是否为了一己私利而去设法将其他疫苗制造对手驱逐出市场？Deer 表示：就是这样的。

随着反驳的证据不断积累，学术界掀起了轩然大波，Wakefield 的 12 个共同执笔者中有 10 个人最终都撤回了他们认为疫苗与自闭症有关的观点。2010 年，这篇文章也被《柳叶刀》杂志撤回。如今，再没有专家或权威认为自闭症是由疫苗引起，或与疫苗有任何联系了。但遗憾的是，这个谬论还在继续流传，极少数拥有媒体渠道和资源的高姿态"民间科学家"还在继续给那些愿意听他们讲话的普通百姓传播着阴谋论。

虽然这件事的责任在那些坚持拒绝给孩子接种疫苗的家长身上，但他们中的很多人对疫苗的固执己见也充分显示出了 ASD 这种疾病是多么的令人恐惧。有些家长宁愿将自己的孩子置于已知致命的感染中，也不愿意冒险因接种疫苗让自己的孩子"感染"未知的 ASD。在破除谬论、粉碎谣言以及其他类似的努力中，科学家们以及受过教育的理性公众任重而道远。对 ASD 理解上的一点点进展，都是值得庆祝的。也许这就是为什么 Baron-Cohen 的研究发现被票选为自 1960 年以来最具革命性的 20 个研究之一。

隧道尽头的曙光

在当下，自闭症是无法治愈的。但是，也有不少经过科学证实有效的治疗方法能够使得 ASD 患者不再那么痛苦。家长的任务就是将好的治疗方法与那些并不奏效甚至可能导致损伤的方法区别开。最便捷全面的自闭症治疗信息资源就是"研究自闭症"网站（http://www.researchautism.net/）。

这个网站涵盖了所有已知的自闭症治疗方法，总计超过1100个，并且将已证实疗效最好的方法标记为最多三个绿钩，最差的治疗方法标记为最多三个红叉。这些治疗方法的不同之处主要在于它们针对了ASD的不同方面。有些针对ASD的核心症状，有些则针对核心症状所带来的次级问题。

药物治疗主要针对次级问题。例如，根据"研究自闭症"网站所说，有科学依据显示，利培酮（Risperidone）可以治疗ASD患者的情绪暴躁和活动过度，而褪黑素治疗法可以帮助改善ASD可能伴有的睡眠问题。不过，当药物治疗主要针对部分症状时，其他治疗方法则有着更广泛的适用面。

其中一项最为有效的疗法来源于"应用行为分析"（Applied Behavior Analysis，简称ABA）领域。但滑稽的是，虽然应用行为分析是最有效的治疗方法，但它也是最简单的方法之一。应用行为分析疗法可以单独使用，例如改善某一特定的行为问题，也可以在多种治疗环境下与另一些全面治疗性的方法并用以改善患者的整体状态。

应用行为分析治疗方法基于正强化原则。在学习心理学导论这门课的时候，当你读到B. F. 斯金纳的操作性条件反射理论时，你可能听说过这个原则。正强化原则，即当儿童做出预期行为时，便给予他们奖励。当预期行为可以带来奖励的时候，预期行为的频率就会增加。对于ASD患儿，预期行为多指他们通常存在缺陷的行为，它们大多出自于症状类型A。我们需要记住，症状类型A导致儿童社会孤立以及无法与人有效交流。称职的治疗专家可以通过增加有效交流技能出现的频率，例如眼神接触以及用语言表达需求和想法，使ASD患者的生活变得不再那么"举步维艰"。

当预期行为不断增加，很多不良和不当行为会相应减少。实际上，很多ASD患儿的不当行为，例如自残、咬打他人，都可能是因为他们无法与人交流而导致的。为了改善儿童的交流行为，应用行为分析专家可能会同时撤销引发儿童不当行为的刺激物。

在最近的一项研究中，Elizabeth Fulton和她的同事证实了这个发现。他们使用的应用行为分析治疗法叫作"早期丹佛模式"（Early Start Denver Model）。参与治疗的早期丹佛模式认证治疗师结合应用行为分析原则来教会儿童如何在玩耍和日常生活中参与具体的交流活动。作者写道："重点是教会儿童模仿，增加他们的社会互动以及互惠的意识并帮助他们理解交流的力量；教给他们更多灵活、常见以及富有创造力的玩耍技能；并且使他们的社会世界像物理世界一样易于理解。"经过11个月的治疗项目之后，Fulton发现ASD患儿的不当行为显著减少，这表明新习得的交流技能让社会不当行为变得不再有必要。

结论

与其它章相比，这一章我可能有点跑题，没有一直关注1985年Baron-Cohen和他同事们的革命性研究。因为我发现自闭症已经成为了一种非常引人注目的障碍，吸引着全社会的广泛关注。但是，关于自闭症还有很多领域有待研究，自闭症还处在谜团之中。只有继续坚持科学研究，我们才能逐步解开这些谜团。"自闭症有话说"网站（http://www.autismspeaks.org/）显示，现在自闭症的儿童患病率是68分之1，即占全部儿童的1.4%，但美国国家卫生研究院（U. S. National Institutes for Health，简称NIH）给予自闭症研究的经费只占其总预算的0.55%。患病比例与经费支持比例近乎3∶1。万幸的是，并不是所有科学研究都依赖政府或者私人机构出资。有时候，我们更迫切需要的是一些富有创造力的科学家，一些具有挑战性的想法，以及一些愿意参与ASD研究的患儿。这样一来，富于革命性的事就会自然发生。Baron-Cohen、Leslie以及Frith完美地诠释了这个过程。

问题讨论

1. 和其他物种相比，除了已经给出的例子，心理理论还能够在自然选择方面给人类带来哪些优势？

2. 在DSM-5中"自闭症谱系障碍"（ASD）是一种新设立的诊断。这种诊断被用于哪些在症状、能力和面临的挑战方面彼此差异极大的患者。请考虑一下，如果将单一的诊断标签应用于所有自闭症患者，那么这样做的价值有哪些？这样"贴标签"的代价和收益分别有哪些？如果不这样做标记，又会有哪些可能的代价和收益？

3. "研究自闭症"网站是一个能够帮助有需要的人找到自闭症相关资源的慈善团体。网站上列出了超过 1000 种可以用于帮助自闭症患者的方法（见：http://researchautism.net/autism-interventions）。除了"思想气泡训练"之外，你还能找到哪些基于心理理论的干预方案、治疗方式和疗法？

参考文献

第2章

Beilin, H. (1992). Piaget's enduring contribution to developmental psychology. *Developmental Psychology*, 28, 191–204.

Cairns, R. B. (1992). The making of a developmental science: The contributions and intellectual heritage of James Mark Baldwin. *Developmental Psychology*, 28, 17–24.

Ginsburg, H. E, & Opper, S. (1988). *Piaget's theory of intellectual development*. Englewood Cliffs, NJ: Prentice Hall.

Messerly, J. G. (1996). *Piaget's conception of evolution*. Lanham, MD: Rowman & Littlefield.

Piaget, J. (1950). *The psychology of intelligence*. London: Routledge & Kegan Paul.

Piaget, J. (1952). "Piaget" In E. G. Boring, H. S. Langfeld, H. Werner, & R. M. Yerkes (Eds.), *A history of psychology in autobiography*. Worcester, MA: Clark University Press.

Vidal, F. (1994). *Piaget before Piaget*. Cambridge, MA: Harvard University Press.

第3章

Piaget, J. (1952). *The origins of intelligence in children*. New York: International University Press.

Piaget, J. (1954). *The construction of reality in the child*. New York: Basic Books.

第4章

Miller, P. H.(1993). *Theories of developmental psychology*. New York: W.H.Freeman and Company.

Newman, F., & Holzman, L.(1993).*Lev Vygotsky: Revolutionary scientist*. London: Routledge.

Wertsch, J. V. (1985). *Vygotsky and the social formation of mind*. Cambridge, MA: Harvard University Press.

第5章

Baillargeon, R. (2000). Reply to Bogartz, Shinskey, and Schilling; Schilling; and Cashon and Cohen. *Infancy*, 1, 447–462.

Bates, E. (1999). Nativism versus development: Comments on Baillargeon and Smith. *Developmental Science*, 2, 148–149.

Schilling, T. H. (2000). Infants' looking at possible and impossible screen rotations: The role of familiarization, *Infancy*, *1*, 389-402.

Smith, L. (1999). Do infants possess innate knowledge structures? The con side. *Developmental Science*, *2*, 133-144.

第 6 章

Adolph, K. E., & Vereijken, B. (2005). Esther Thelen (1941-2004): Obituary. *American Psychologist*, *60*, 1032.

Lewis, M. D. (2011). Dynamic systems approaches: Cool enough? Hot enough? *Child Development Perspectives*, *5*, 279-285.

Samuelson, L. K., Schutte, A. R., & Horst, J. S. (2009). The dynamic nature of knowledge: Insights from a dynamic field model of children's novel noun generalization. *Cognition*, *110*, 322-345.

Schöner, G., & Thelen, E. (2006). Using dynamic field theory to rethink infant habituation. *Psychological Review*, *113*, 273-299.

Spencer, J. P., Perone, S. P., & Buss, A. T. (2011). Twenty years and going strong: A dynamic systems revolution in motor and cognitive development. *Child Development Perspectives*, *5*, 260-266.

Thelen, E. (1986). Treadmill-elicited stepping in seven-month-old infants. *Child Development*, *57*, 1498-1506.

Thelen, E., & Smith, L. B. (1994). A dynamic systems approach to the development of *cognition and action*. Cambridge, MA: MIT Press.

Thelen, E., Ulrich, B. D., & Niles, D. (1987). Bilateral coordination in human infants: Stepping on a split-belt treadmill. *Journal of Experimental Psychology: Human Perception and Performance*, *13*, 405-410.

第 7 章

Adolph, K. E., & Kretch, K. S. (2012). Infants on the edge: Beyond the visual cliff. In S A. Haslam, A. M. Slater, and J. R. Smith (Series Eds.), & A. M. Slater and P C. Quinn (Volume Eds.), *Developmental psychology: Revisiting the classic studies*. London: Sage.

Caudle, F. M. (2003). Eleanor Jack Gibson (1910-2002): Obituary. *American Psychologist*, *58*, 1090-1091.

Gibson, E. J. (1987). Introductory essay: What does infant perception tell us about theories of perception. *Journal of Experimental Psychology: Human Perception and Performance*, *13*, 515-523.

Gibson, E. J. (2002). *Perceiving the affordances: A portrait of two psychologists.* Mahway, NJ: Erlbaum.

Gibson, E. J., Walk, R. D., & Tighe, T. J. (1957). Behavior of light- and dark-reared rats on a visual cliff. *Science, 126,* 80-81.

Gibson, J. J. (1979). The ecological approach to visual perception. Boston: Houghton Mifflin.

Kretch, K. S., & Adolph, K. E. (2013). Cliff or step? Posture-specific learning at the edge ora drop-off. *Child Development, 84,* 226-240.

Pick, H. L. (2012). Eleanor J. Gibson: Learning to perceive, perceiving to learn. In W. E. Pickren, D. A. Dewsbury, & M. Wertheimer (Eds), *Portraits of pioneers in developmental psychology.* New York: Psychology Press.

Sorce, J. F., Emde, R. N., Campos, J., & Klinnert, M. D. (1985). "Maternal emotional signaling: Its effects on the visual cliff behavior of 1-year-olds." *Developmental Psychology, 21,* 195-200.

Szokolzky, A. (2003). An interview with Eleanor Gibson. *Ecological Psychology, 15,* 271-281.

第 8 章

Fagan, J. F., III. (2000, June). *Visual perception and experience in early infancy: A look at the hidden side of behavioral development.* Paper presented at the biennial meetings of the International Conference on Infant Studies, Brighton, England, UK.

Fagan, J. F., III, & Detterman, D. K. (1992). The Fagan Test of Infant Intelligence: A technical summary. *Journal of Applied Developmental Psychology, 13,* 173-193.

第 9 章

Barlow, H. B. (1982). David Hubel and Torsten Wiesel: Their contributions towards understanding the primary visual cortex. *Trends in Neuroscience, 5,* 145-152.

Hubel, D. H. (1982). Evolution of ideas in the primary visual cortex, a biased historical account. *Bioscience Reports, 2,* 435-439.

Neville, H. J. (1990). Intermodal competition and compensation in development: Evidence from studies of the visual system in congenitally deaf adults. *Annals of the New York Academy of Sciences, 608,* 71-87.

Neville, H. J., & Lawson, D. (1987). Attention to central and peripheral visual space in a movement detection task: An event-related potential and behavioral study. II. Congenitally deaf adults. *Brain Research, 45,* 268-283.

Wiesel, T N., & Hubel, D. H. (1963). Single-cell responses in striate cortex of kittens deprived of vision in one eye. *Journal of Neurophysiology*, 26, 1003–1017.

第 10 章

Michel, J. B., Shen, Y. K., Aiden, A. P., Veres, A., Gray, M. K., Pickett, J. P., ... & Aiden, E. L. (2011). Quantitative analysis of culture using millions of digitized books. *Science*, 331(6014), 176–182.

Miyawaki, K., Strange, W., Verbrugge, R., Liberman, A. M., Jenkins, J. J., & Fujimura, O. (1975). An effect of linguistic experience: The discrimination of [r] and [l] by native speakers of Japanese and English. *Perception & Psychophysics*, 18, 331–340.

Werker, J. E, Gilbert, J. H. V., Humphrey, K., & Tees, R. C. (1981). Developmental aspects of cross-language speech perception. *Child Development*, 52, 349–355.

Werker, J. F., Yeung, H. H., & Yoshida, K. A. (2012). How do infants become experts at native-speech perception? *Current Directions in Psychological Science*, 21, 221–226.

第 11 章

Bonati, L. L., Peña, M., Nespor, M., & Mehler, J. (2005). Linguistic constraints on statistical computations: The role of consonants and vowels in continuous speech processing. *Psychological Science*, 16, 451–459.

Chomsky, N. (1957). *Syntactic structures*. The Hague: Mouton.

Hauser, M. D., Chomsky, N., & Fitch, W. T. (2002). The faculty of language: What is it, who has it, and how did it evolve? *Science*, 298, 1569–1579.

Hirsh-Pasek, K., Golinkoff, R. M., Hennon, E. A., & Maguire, M. J. (2004). Hybrid theories at the frontier of developmental psychology: The emergentist coalition model of word learning as a case in point. In D. G. Hall & S. R. Waxman (Eds.), *Weaving a lexicon*. Cambridge, MA: MIT Press.

Quine, W. V. O. (1960). *Word and object*. Cambridge, MA: MIT Press.

Skinner, B. F. (1957). *Verbal behavior*. New York: Appleton-Century-Crofts.

第 12 章

Anderson, D. R., Huston, A. C., Schmitt, K. L., Linebarger, D. L., & Wright, J. C. (2001). Early childhood television viewing and adolescent behavior. *Monographs of the Society for Research in Child Development*, 66(Serial No. 264).

Bandura, A. (1965). Influence of models' reinforcement contingencies on the acquisition of imitative responses, *Journal of Personality & Social Psychology 1*, 589–595.

Grusec, J. E. (1992). Social learning theory and developmental psychology: The legacies of

Robert Sears and Albert Bandura. *Developmental Psychology*, *28*,776-786.

Liebert, R. M., & Sprafkin, J. (1988). *The early window*. New York: Pergamon Press.

第 13 章

Anisfeld, M. (1996). Only tongue protrusion modeling is matched by neonates. *Developmental Review*, *16*, 149-161.

Dixon, W. E., Jr. (2014). Twenty most controversial studies in child psychology. *Developments: Newsletter of the Society for Research in Child Development*, *57*, 8-9.

Ferrari, P. F., Visalberghi, E., Paukner, A., Fogassi, L., Ruggiero, A., & Suomi, S. J. (2006). Neonatal imitation in rhesus macaques. *PLoS biology*, *4*, é302.

Ingersoll, B. (2008). The social role of imitation in autism: Implications for the treatment of imitation deficits. *Infants & Young Children*, *21*,107-119.

Jones, S. S. (2006). Exploration or imitation? The effect of music on 4-week-old infants' tongue protrusions. *Infant Behavior and Development*, *29*, 126-130.

Meltzoff, A. N. (1995). Understanding the intentions of others: Re-enactment of intended acts by 18-month-old children. *Developmental Psychology*, *31*,838-850.

Meltzoff, A. N. (2013). Origins of social cognition: Bidirectional mapping between self and other and the "Like-Me" hypothesis. In M. Banaji & S. Gelman (Eds.), *Navigating the social world: What infants, children, and other species can teach us* (pp. 139-144). New York: Oxford University Press.

Meltzoff, A. N., & Moore, M. K. (1983). Newborn infants imitate adult facial gestures. *Child Development*, *54*, 702-709.

Meltzoff, A. N., & Moore, M. K. (1997). Explaining facial imitation: A theoretical model. *Early Development and Parenting*, *6*, 179-192.

Meltzoff, A. N., & Moore, M. K. (1999). Resolving the debate about early imitation. In A. Slater & D. Muir (Eds.), *The Blackwell reader in developmental psychology*. Oxford: Blackwell.

Meltzoff, A. N., & Moore, M. K. (2004). Imitation, memory, and the representation of persons. *Infant Behavior and Development*, *17*, 83-99.

第 14 章

Bronfenbrenner, U., & Ceci, S. J. (1994). Nature-nurture reconceptualized in developmental perspective: A bioecological model. *Psychological Review*, *101*,568-586.

Moen, P., Elder, G. H., Jr., & Lüscher, K. (1995). *Examining lives in context: Perspectives on the ecology of human development*. Washington, DC: American Psychological Association.

Sherif, M., Harvey, O. L., White, B. J., Hood, W. R, & Sherif, C. N. (1961). *Intergroup conflict and cooperation: The Robbers Cave experiment.* Norman, OK: University of Oklahoma Book Exchange.

第 15 章

Lehrer, J. (2009, May 18). Don't!: The secret of self-control. *The New Yorker.*

Mischel, W. (2007). Walter Mischel. In G. Lindzey & W. M. Runyan (Eds.), *A history of psychology in autobiography,* Volume IX. (pp. 229-267). Washington, DC: American Psychological Association.

Mischel, W., & Ebbesen, E. G. (1970). Attention in delay of gratification. *Journal of Personality and Social Psychology, 16,* 329-337.

Mischel, W., Ebbesen, E. B., & Zeiss, A. R. (1972). Cognitive and attentional mechanism in delay of gratification. *Journal of Personality and Social Psychology, 21,* 204-218.

Mischel, W., Shoda, Y., & Peake, P. K. (1988). The nature of adolescent competencies predicted by preschool delay of gratification. *Journal of Personality and Social Psychology, 54,* 687-696.

第 16 章

Eyer, D. E. (1992). *Mother-infant bonding: A scientific fiction.* New Haven, CT: Yale University Press.

Harlow, H. F., & Zimmerman, R. R. (1959). Affectional responses in the infant monkey. *Science, 130,* 421-432.

Kennell, J. H, & Klaus, M. H. (1979). Early mother-infant contact: Effects on the mother and the infant. *Bulletin of the Menninger Clinic, 43,* 69-78.

Kennell, J. H., & Klaus, M. H. (1984). Mother-infant bonding: Weighing the evidence. *Developmental Review, 4,* 275-282.

第 17 章

Ainsworth, M. D. S. (1992). John Bowlby (1907-1990): Obituary. *American Psychologist, 47,* 668.

Bretherton, I. (1992). The origins of attachment theory: John Bowlby and Mary Ainsworth. *Developmental Psychology, 28,* lm-lll.

van Dijken, S. (1998). *John Bowlby: His early life: A biographical journey into the roots of attachment theory.* London: Free Association Books.

第18章

Ainsworth, M. D. S., & Marvin, R. S. (1995). On the shaping of attachment theory and research: An interview with Mary D. S. Ainsworth (Fall 1994). *Monographs of the Society for Research in Child Development*, 60(Serial No. 2-3), 3-21.

Bretherton, I. (1992). The origins of attachment theory: John Bowlby and Mary Ainsworth. *Developmental Psychology*, 28, 759-774.

Fagot, B. I., & Kavanagh, K. (1990). The prediction of antisocial behavior from avoidant attachment classification. *Child Development*, 61, 864-873.

Main, M. (1999). Mary D. Salter Ainsworth: Tribute and portrait. *Psychoanalytic Inquiry*, 19, 682-736.

第19章

Dixon, W. E., Jr., & Smith, P. H. (2000). Links between early temperament and language acquisition. *Merrill-Palmer Quarterly*, 46, 417-440.

Rothbart, M. K., & Bates, J. (2006). Temperament. In N. Eisenberg, W. Damon, & R. M. Lerner (Eds.), *Handbook of child psychology, vol. 3, social, emotional, and personality development* (6th ed). Hoboken, NJ: Wiley.

Smith, P. H., Dixon, W. E., Jr., Jankowski, J. J., Sanscrainte, M. M., Davidson, B. K., & Loboschefski, T. (1997). Longitudinal relationships between habituation and temperament in infancy. *Merrill-Palmer Quarterly*, 43, 291-304.

第20章

Baumrind, D. (1991). The influence of parenting style on adolescent competence and substance use. *Journal of Early Adolescence*, 11, 56-95.

Bradley, C. R. (1998). Child rearing practices in African American families: A study of the disciplinary practices of African American parents. *Journal of Multicultural Counseling and Development*, 26, 273-281.

第21章

DeCasper, A. J., & Spence, M. J. (1986). Prenatal maternal speech influences newborns' perception of speech sounds. *Infant Behavior and Development*, 9, 133-150.

Eimas, P. D., Siqueland, E. R., Jusczyk, P., & Vigorito, J. (1971). Speech perception in infants. *Science*, 171, 303-306.

Eyer, D. E. (1993). *Mother-infant bonding: A scientific fiction*. New Haven, CT: Yale University Press.

Graham, A. M., Fisher, P. A., & Pfeifer, J. H. (published online, 28 March, 2013). What sleeping babies hear: A functional MRI study of interparental conflict and infants' emotional processing. *Psychological Science*.

Halverson, H. M. (1938). Infant sucking and tensional behavior. *The Pedagogical Seminary and Journal of Genetic Psychology*, *53*, 365–430.

Klaus, M. H., & Kennell, J. H. (1976). *Maternal-infant bonding: The impact of early separation or loss on family development*. St. Louis, MO: Mosby.

Siqueland, E. R., & DeLucia, C. A. (1969). Visual reinforcement of nonnutritive sucking in human infants. *Science*, *165*, 1144–1146.

第22章

American Psychiatric Association. (2013). *Diagnostic and statistical manual of mental disorders* (5th ed.). Arlington, VA: American Psychiatric Publishing.

Baron-Cohen, S. (2008). *Autism and Asperger syndrome*. Oxford University Press.

Fulton, E., Eapen, V., Crnčec, R., Walter, A., & Rogers, S. (2014). *Reducing maladaptive behaviors* in pre-school-aged children with autism spectrum disorder using the Early Start Denver Model. *Frontiers in Pediatrics*, *2*, 1–10.

Hathaway, B. (2013, November 21). Follow the genes: Yale team finds clues to origin of autism. *Yale News*.

Hobson, R. P. (1984). Early childhood autism and the question of egocentrism. *Journal of Autism & Developmental Disorders*, *14*, 85–104.

Notbohm, E. (2012). *Ten things every child with autism wishes you knew*. Arlington, TX: Future Horizons.

Premack, D., & Woodruff, G. (1978). Does the chimpanzee have a theory of mind? *Behavioral and Brain Sciences*, *1*, 515–526.

Wakefield, A. J., Murch, S. H., Anthony, A., Linnell, J., Casson, D. M., Malik, M., ... & Walker-Smith, J. A. (1998). RETRACTED: Ileal-lymphoid-nodular hyperplasia, non-specific colitis, and pervasive develop mental disorder in children. *The Lancet*, *351*, 637–641.

Wellman, H. M., Baron-Cohen, S., Caswell, R., Gomez, J. C., Swettenham, J., Toye, E., & Lagattuta, K. (200,2). Thought-bubbles help children with autism acquire an alternative to a theory of mind. *Autism*, *6*, 343–363.